V. 843.
3.

62 6.

ELEMENS

DE

GEOMETRIE,

AVEC

UN ABREGE

D'ARITHMETIQUE

ET D'ALGEBRE.

Par M. RIVARD.

A PARIS,

Chez HENRY, ruë S. Jacques, vis-à-vis S. Yves, à S. Louis.

MDCCXXXII.

AVEC APPROBATION ET PRIVILEGE DU ROY.

A MONSEIGNEUR
LE RECTEUR,
ET
A L'UNIVERSITÉ
DE PARIS.

MONSEIGNEUR,

C'eſt dans l'Univerſité dont vous êtes le Chef que j'ai puiſé quelques connoiſſances des Mathématiques. A qui puis-je mieux offrir les Elémens que j'en ai recueillis qu'à cette Mere commune des Sciences de qui je tiens le peu que j'en ai. C'eſt un tribut que je lui dois, ou plutôt c'eſt le juſte hommage d'un bien

EPITRE.

qui lui appartient tout entier: car je reconnois sans peine que mon Livre ne contient que les principes répandus dans les cayers de quelques Professeurs de Philosophie, auxquels j'ai tâché de donner l'ordre & l'etendüe que demande l'Impression.

Témoin des peines & des dégoûts que causent aux jeunes gens qui étudient la Philosophie, des cayers écrits peu correctement sur des matieres embarrassantes, j'ai cru que ce seroit leur rendre service que de leur donner imprimé en un seul Volume, tout ce que le tems leur permet d'apprendre de Mathématiques pendant leur cours. Rien ne peut être plus efficace pour les porter à le lire & à en profiter que de le voir paroître sous le nom & les auspices d'une Compagnie célebre qui depuis plus de neuf-cens ans est en possession de réünir dans son sein toutes les Sciences, & qui passe à juste titre pour la premiere Ecole de l'Univers.

Si ce fut autrefois un grand bonheur pour moi de recevoir de ses leçons, c'est aujourd'hui un honneur dont je connois tout le prix, qu'elle veuille bien me permettre de lui en présenter les fruits. Trouvez bon, MONSEIGNEUR, que je vous supplie d'être le dépositaire & le garant de la reconnoissance & du profond respect avec lequel je serai toute ma vie,

MONSEIGNEUR,

Son très-humble, très-fidele,
& très-dévoüé serviteur
RIVARD.

PREFACE.

L'Estime que l'on fait generalement des Mathématiques, a introduit depuis quelques années dans l'Université de Paris l'usage d'en expliquer les Elemens dans la plûpart des Classes de Philosophie. Les Professeurs les mieux instruits de cette Science & de ses avantages, ont reconnu sans peine que cette partie de la Philosophie ne meritoit pas moins leur attention que la Logique & la Physique : ils ont veu que les Mathématiques étoient une veritable Logique pratique, qui ne consiste pas à donner une connoissance seche des regles qui conduisent à la verité, mais qui les fait observer sans cesse, & qui à force d'exercer l'esprit à former des jugemens & des raisonnemens certains, clairs & methodiques, l'habituë à une grande justesse.

En effet rien n'est plus propre que l'étude de cette Science pour fixer l'attention des jeunes Etudians, pour leur donner de l'étenduë d'esprit, pour leur faire gouter la verité, pour mettre de l'ordre & de la netteté dans leurs pensées, ce qui est le but de la Logique. S'il y avoit encore quelqu'un qui n'en fut pas persuadé, il pourroit s'en convaincre par ces courtes réflexions. Les signes que les Mathématiques employent, les

*

lignes fur tout & les figures dont fe fert la Geometrie, arrêtent la legereté de l'imagination en
frappant les yeux; elles tracent dans l'efprit les
idées des chofes qu'il veut appercevoir ; elles
furprennent & attachent ainfi fon attention; fouvent la preuve d'une propofition dépend de quantitez de principes : l'efprit n'eft-il pas alors obligé
d'étendre, pour ainfi dire, fa vuë avec effort, afin
de les envifager tous en même temps ?

La verité eft difficile à découvrir dans ces
Sciences ; mais auffi elle femble vouloir dédom-
mager ceux qui la cherchent, de leurs peines,
par l'éclat d'une vive lumiere dont elle charme
leur entendement, & par un plaifir pur & fans
mélange dont elle pénetre l'ame. A force de la
voir & de l'aimer on fe familiarife avec elle, &
on s'accoutume à remarquer fi bien les traits lu-
mineux qui l'annoncent & la caracterifent toujours, qu'on eft bien-tôt capable de la reconnoître
fous quelque forme qu'elle paroiffe, & de diftinguer en toute matiere ce qui ne porte pas fon em-
preinte.

Enfin perfonne n'ignore que la methode des
Mathematiciens tend plus que toute autre à rendre l'efprit net & précis, & à le diriger dans la
recherche de la verité fur quelque fujet que l'on
puiffe travailler. Les Mathématiciens pour fondement de leurs connoiffances ne pofent que des
principes fimples & faciles; mais certains, lumi-

neux, féconds. Enfuite ils tirent de ces points fondamentaux les conclufions les plus aifcés & les plus immediates , qui n'ayant rien perdu de l'évidence de leurs principes , la communiquent à d'autres conclufions, celles-ci à de plus eloignées, & ainfi de fuite. Par-là il fe forme une longue chaîne de veritez, laquelle étant attachée par un bout à une bafe inébranlable , s'etend de l'autre côté dans les matieres les plus difficiles.

Peut-on difconvenir qu'une application de quelques mois donnée à la pratique d'une telle methode ne ferve infiniment plus que certaines queftions que l'on avoit coutume de traiter fans aucun fruit , à former le jugement & à l'accoutumer à faire ufage des regles de la Logique dans toutes les autres parties de la Philofophie, dont les routes fe trouvent même par-là fort applanies ? Qui pourroit ne pas approuver les Maîtres de Philofophie qui ont banni à perpetuité de leurs Leçons des matieres vaines & étrangeres , pour y en faire entrer d'autres fi utiles, & qui y ont un droit naturel & inalienable.

Une feconde confideration aufli très - importante engage encore plufieurs Profeffeurs à faire voir les Elemens des Mathématiques , fur-tout ceux de Geometrie ; c'eft qu'ils font très-utiles, pour ne pas dire neceffaires à l'intelligence des matieres de Phyfique. Cette raifon fait même qu'on ne les explique pour l'ordinaire qu'immediatement avant la Phyfique.   * ij

On tombe aifément d'accord que rien n'eft mieux dans les Claffes que de cultiver les Mathématiques, tant pour procurer à l'efprit l'habitude de juger folidement, que pour préparer à la Phyfique : mais quelques Maîtres font embaraffez dans l'execution : l'etenduë des autres parties de la Philofophie refferre dans l'efpace de trois ou quatre mois le temps que l'on peut donner aux Mathématiques : ces bornes étroites ne permettent pas d'approfondir les Elemens d'Arithmétique, d'Algebre & de Geometrie : celle-ci eft plus neceffaire à la Phyfique ; il faut donc fe borner à un certain nombre de principes fur ces deux premieres Sciences, & traiter plus au long la Geometrie. On n'avoit point jufqu'à prefent d'Ouvrage imprimé qui fut compofé fuivant ce projet. En voici un que je prefente, travaillé dans cette vuë.

J'avois oüi dire plufieurs fois à quelques Profeffeurs habiles qu'il feroit à fouhaiter que l'on eut dans un même volume un abregé d'Arithmétique & d'Algebre, avec des Elemens de Geometrie, le tout proportionné au befoin des Etudians de Philofophie ; que par-là on éviteroit deux grands inconveniens qui fe rencontrent à dicter des cayers de Mathématiques, la perte du temps, c'eft-à-dire, près de deux heures par jour employées à écrire des chofes qu'on n'entend point ; & les fautes qui fe gliffent fi aifément dans cette matiere, où un chiffre, une lettre, un trait de plume mis pour un autre, deroutent un Commençant dans les choses les plus faciles, le désolent & l'arrêtent quelquefois pendant long-temps, sans pouvoir passer outre.

Ces considerations sur l'avantage que les jeunes gens pourroient retirer d'un Ouvrage fait dans ce gout, me determinerent à composer quelques cayers sur cette matiere, & à les accommoder aux vuës qui m'avoient été indiquées.

Quand ils ont été achevez, je les ai fait voir à plusieurs personnes qui m'ont aidé de leurs conseils, & qui m'ont enfin engagé à les faire imprimer.

On trouvera à la fin de la Geometrie un Traité de Trigonometrie rectiligne, que j'ai ajouté pour faire voir l'utilité de la Geometrie dans la pratique, & pour montrer aux Etudians de Physique, la maniere dont on mesure la distance des planetes. Je ne doute pas que malgré mes soins il ne se trouve plusieurs défauts répandus dans tout cet Ouvrage. Mais si le fond n'en est pas désapprouvé, & qu'on le croye bon pour l'usage auquel je le destine, je m'estimerai heureux d'avoir contribué en quelque chose à l'instruction des jeunes gens: ce qui fait le principal objet des soins de l'Université.

imprimée & attachée fous notredit contre-fcel, & de les vendre, faire vendre & débiter par tout notre Royaume pendant le tems de six années confecutives, à compter du jour de la datte defdites Préfentes; FAISONS deffenfes à toutes fortes de perfonnes, de quelque qualité & condition qu'elles foient, d'en introduire d'impreffion étrangére dans aucun lieu de notre obéïffance; comme auffi à tous Imprimeurs, Libraires & autres, d'imprimer, faire imprimer, vendre, faire vendre, débiter ni contrefaire ledit Livre cy-deffus expofé en tout ni en partie, ni d'en faire aucuns extraits fous quelque prétexte que ce foit d'augmentation, correction, changement de Titre ou autrement, fans la permiffion expreffe & par écrit dudit Expofant, ou de ceux qui auront droit de lui, à peine de confifcation des exemplaires contrefaits, de quinze-cent livres d'amende contre chacun des contrevenans, dont un tiers à nous, un tiers à l'Hôtel-Dieu de Paris, l'autre tiers audit Expofant, & de tous dépens, dommages & interefts; A LA CHARGE que ces préfentes feront enrégiftrées tout au long fur le Régiftre de la Communauté des Imprimeurs & Libraires de Paris dans trois mois de la datte d'icelles; que l'impreffion de ce Livre fera faite dans notre Royaume & non ailleurs, & que l'Impétrant fe conformera en tout aux Réglemens de la Librairie, & notamment à celui du 10. Avril 1725. & qu'avant que de l'expofer en vente le manufcrit ou imprimé qui aura fervi de copie à l'impreffion dudit Livre, fera remis dans le même état où l'approbation y aura été donnée és mains de notre très-cher & féal Chevalier Garde des Sceaux de France le fieur Chauvelin, & qu'il en fera enfuite remis deux exemplaires dans notre Bibliotheque publique, un dans celle de notre Château du Louvre, & un dans celle de notredit très-cher & féal Chevalier, Garde des Sceaux de France le fieur Chauvelin, le tout à peine de nullité des Préfentes; DU CONTENU defquelles vous mandons & enjoignons de faire jouir l'Expofant ou fes ayans-caufe plainement & paifiblement, fans fouffrir qu'il leur foit fait aucun trouble ou empêchement: Voulons que la copie defd. Préfentes qui fera imprimée tout au long au commencement ou à la fin dud. Livre foit tenue pour duëment fignifiée, & qu'aux copies collationnées par l'un de nos amez & féaux Confeillers & Secretaires, foi foit ajoutée comme à l'Original: COMMANDONS au premier notre Huiffier ou Sergent de faire pour l'exécution d'icelles tous Actes requis & néceffaires, fans demander autre permiffion, & nonobftant clameur de Haro, Chartre Normande & Lettres à ce contraires; car tel eft notre plaifir, Donné à Paris, le trentiéme jour du mois de Mai, l'an de grace mil fept-cent trente-deux, & de notre Regne le dix-feptiéme. Par le Roi en fon Confeil,

SAINSON.

Régiftré fur le Regiftre VIII. *de la Chambre Royale & Syndicale de la Librairie & Imprimerie de Paris,* N° 381. *fol.* 366. *conformément au Réglement de* 1723. *qui fait deffenfe art.* IV. *à toutes perfonnes de quelque qualité & condition qu'elles foient, autres que les Libraires & Imprimeurs de vendre, débiter & faire afficher aucuns livres pour les vendre en leurs noms, foit qu'ils s'en*

difent les Auteurs ou autrement; & à la charge de fournir les Exemplaires preſ-
crits par l'article CVIII. du même Réglement, à Paris, le 4. Juillet 1723.

G. MARTIN, Syndic.

Fautes à corriger dans l'Arithmétique & dans l'Algébre.

P*Age lxxv. lig. 5.* — $4ax$ — $+ b = $ — $4ab$, *liſ.* — $4ax + b = $ — $4ab:$
Pag. lxxv. derniere lig. orſon, *liſ.* lors on.
Pag. clxx & clxxj *dans le IV Problème, à la place de* 1400 *liſ. par tout* 14000:

Fautes à corriger dans la Géométrie.

P*Ag. 66. Corollaire I. il faut mettre g au lieu de G; cette faute ſe trouve trois*
fois dans ce Corollaire.
Pag. 80. Il faut citer la Figure 27. au bas de la marge.
Pag. 131. art. 3. parallelipipede, *liſez,* parallelepipede.
Pag. 198. lig. 18. La ligne HO *qui paſſe par le centre de la terre repréſente*
l'horiſon, liſez, la ligne HB *qui touche la terre, repreſente l'horiſon ſenſible.*

Il y a encore quelques autres fautes que l'on n'a pas marquées icy, parce
qu'elles ſont faciles à corriger.

ELEMENS
DE GEOMETRIE,
AVEC UN ABREGE'
D'ARITHMETIQUE
ET D'ALGEBRE.

DÉFINITIONS.

I.

O N appelle *Mathematiques* toutes les Sciences qui traitent des grandeurs pour en découvrir l'égalité ou l'inégalité.

II.

On entend par *grandeur* tout ce qui peut être augmenté ou diminué : ainsi les lignes, les nombres, les mouvemens, les vitesses, &c. sont des grandeurs, parce qu'elles sont capables d'augmentation & de diminution. Toutes ces choses sont aussi appellées *quantitez* ; ensorte que ces deux termes, *grandeur* & *quantité*, ont la même signification dans les Mathematiques, & peuvent être pris l'un pour l'autre.

Les Mathematiques sont partagées en deux classes ; sçavoir, les *Mathematiques pures* & les *mixtes*.

2

III.

Les Mathematiques pures, font celles qui confiderent les grandeurs en general, indépendamment des qualitez fenfibles que ces grandeurs peuvent avoir, telles que font la dureté, la fluidité, la pefanteur, la lumiere, la couleur, &c.

IV.

Les Mathematiques mixtes, font celles qui confiderent les differentes efpeces de grandeurs avec les qualitez fenfibles qui les accompagnent : par exemple, la Mechanique, l'Aftronomie, l'Optique, la Dioptrique, la Catoptrique font des Mathematiques mixtes.

Nous ne parlerons dans cet Ouvrage que des Mathematiques pures : elles fe divifent en *Algebre*, *Arithmetique* & *Geometrie*.

V.

L'Algebre traite des grandeurs en general exprimées par des lettres de l'alphabet.

VI.

L'Arithmetique traite des mêmes grandeurs exprimées par des chiffres.

VII.

La Geometrie confidere auffi les mêmes grandeurs exprimées par des lignes & par des figures.

Les principes que les Mathematiciens employent dans leurs raifonnemens, font ou des *défuitions*, ou des *axiomes*, ou des *demandes*.

VIII.

Les définitions font les explications des termes dont on fe fert & dont on fixe le fens pour éviter l'ambiguité & la confufion : telle eft la définition fuivante du terme d'*axiome*.

IX.

Les axiomes font des propofitions fi évidentes qu'elles n'ont pas befoin de preuve : telles font les propofitions fuivantes : le tout eft plus grand qu'une de fes parties : deux grandeurs qui font chacune égales à une troifiéme, font égales entr'elles

X.

Les demandes font des fuppofitions qui font évidemment poffibles, ou des chofes fi faciles à faire, que perfonne ne les contefte ; comme fi on demande que *a* fignifie une grandeur, & *b* une autre ; qu'il foit permis d'ajouter un nombre à un autre , &c.

C'eft par le moyen de ces feuls principes que les Mathematiciens démontrent toutes leurs propofitions qui font de quatre fortes, *Theoremes , Problêmes , Corollaires* & *Lemmes.*

X I.

Un Theoreme eft une propofition de laquelle il faut feulement démontrer la verité.

X I I.

Un Problême eft une propofition dans laquelle il s'agit de faire quelque chofe, & de démontrer que la maniere qu'on propofe pour l'execution eft infaillible.

X I I I.

Un Corollaire eft une verité qui fuit d'une propofition précedente.

X I V.

Un Lemme eft une propofition que l'on ne prouve que pour démontrer d'autres propofitions.

Outre ces quatre fortes de propofitions, on fait encore des remarques, foit pour les éclaircir , foit pour en faire connoître l'ufage, foit pour préparer à leur démonftration.

Nous allons expofer quelques-uns des axiomes fur lefquels font fondées les Mathematiques.

Le tout eft égal à toutes fes parties prifes enfemble : par exemple, fi on partage une toife en quatre parties , il eft évident que la toife eft égale à ces quatre parties.

Le tout eft plus grand qu'une de fes parties.

Deux grandeurs, qui font chacune égales à une troifiéme, font égales entr'elles : & réciproquement deux grandeurs égales entr'elles, font égales chacune à une troifiéme.

Si à des grandeurs égales on ajoute d'autres grandeurs égales , les tous qui en réfulteront feront égaux.

Si à des grandeurs inégales on ajoute des grandeurs égales, les tous seront inégaux : pareillement si à des grandeurs égales on ajoute des grandeurs inégales, les tous seront inégaux.

Si de grandeurs égales on retranche des grandeurs égales, les restes sont égaux.

Si de grandeurs inégales on retranche des grandeurs égales, les restes seront inégaux : pareillement si de grandeurs égales on retranche des grandeurs inégales, les restes seront inégaux.

Si de plusieurs quantitez la premiere est plus grande que la seconde, la seconde plus grande que la troisiéme, la troisiéme que la quatriéme, & ainsi de suite, la premiere sera plus grande que la derniere.

Nous diviserons cet Ouvrage en deux parties, dont la premiere contiendra un abregé d'Arithmetique & d'Algebre que nous joignons ensemble, parce que l'on fait les mêmes operations dans l'une & l'autre Science : la seconde partie sera la Geometrie.

ABREGE' D'ARITHMETIQUE
ET D'ALGEBRE.

Cette premiere partie renfermera trois Livres : dans le premier on expliquera les six principales operations tant sur les nombres que sur les lettres : sçavoir, l'addition, la soustraction, la multiplication, la division, la formation des puissances, & l'extraction des racines : dans le second Livre, on expliquera & on démontrera d'abord les raisons & les proportions, & ensuite les fractions : dans le troisiéme, on traitera des équations,

DE L'ARITHMETIQUE.

ART. I. L'Arithmetique est une science qui enseigne à faire differentes operations sur les nombres, & qui en démontre les principales proprietez.

2. On sçait que plusieurs unitez font un nombre: ainsi trois, cinquante-huit, sept cens quarante-six, &c. sont des nombres.

3. Pour marquer les nombres on se sert de plusieurs caracteres qui nous viennent des Arabes; on les nomme ordinairement *chiffres*: il y en a dix; sçavoir, 1, 2, 3, 4, 5, 6, 7, 8, 9, 0, ce dernier ne signifie rien quand il est seul; mais lorsqu'il est avec d'autres chiffres, il sert à augmenter la valeur de ceux après lesquels il se trouve : par exemple, le 5 seul ne vaut que cinq; mais s'il est suivi de o en cette maniere 50, il vaut cinquante. On peut avec ces dix caracteres exprimer tous les nombres possibles : afin de concevoir comment cela se peut faire, il faut faire attention aux remarques suivantes.

REMARQUE I. ET FONDAMENTALE.

4. On est convenu que chaque chiffre auroit des valeurs differentes suivant le rang qu'il occupe dans un nombre; ensorte que les chiffres diminuent en proportion decuple en allant de gauche à droite ; c'est-à-dire, qu'une unité d'un chiffre vaut dix unitez de celui qui est immediatement plus à droite : par exemple, dans le nombre sept mille cinq cens soixante & deux qui se marque en cette maniere 7562, chaque unité du 7 vaut dix unitez du 5 : car les unitez du 7 sont des mille, puisque ce 7 marque sept mille, & les unitez du 5 sont des centaines : or un mille vaut dix centaines. Pareillement chaque unité du 5 vaut dix unitez du 6, parce que les unitez du 5 sont des centaines, & les unitez du 6 sont des dixaines. Enfin chaque unité du 6 vaut dix unitez du 2, puisque les unitez du 6 sont des dixaines, & les unitez du 2 sont des unitez simples. Cette remarque est d'une si grande importance, qu'elle est le fondement des operations de l'Arithmetique.

I Ir

5. On divife les chiffres qui compofent un nombre en tranches qui contiennent chacune trois caracteres, excepté la premiere à gauche qui peut n'en contenir que deux ou même
un feul : c'eft en allant de droite à gauche que l'on partage
le nombre en tranches , lefquelles marquent differentes parties des nombres ; voici l'ordre de ces tranches en commençant vers la droite : celle des unitez , celle de mille , celle des
millions , celle des milliards, celle des billiards, celle des tril-
liards, celle des quatrilliards , &c. Dans chaque tranche on
diftingue trois rangs ; le premier, qui eft le plus à gauche, eft
celui des centaines ; le fecond , celui des dixaines , & le troifiéme , celui des unitez : on peut voir tout cela dans le nombre fuivant.

Trilliards,	Billiards,	Milliards,	Millions ;	Mille ,	Unitez.
7 0,	4 2 5,	6 7 0,	3 8 3,	9 5 2,	1 0 4,
Unitez Dixaines	Unitez Dixaines Centaines	Unitez Dixaines Centaines	Unitez Dixaines Centaines	Unitez Dixaines Centaines	Unitez Dixaines Centaines	Unitez Dixaines Centaines

I I I.

6. On peut bien juger après ce que nous avons dit dans les
remarques précedentes, que quoique chaque tranche contienne des centaines, des dixaines & des unitez ; cependant
une tranche fignifie des parties de nombre fort differentes de
celles d'une autre tranche : par exemple, la tranche des millions marque des centaines, des dixaines & des unitez de millions ; celle des mille fignifie des centaines, des dixaines, &
des unitez de mille ; ainfi des autres , comme nous l'avons
marqué au deffus des tranches dans le nombre précedent.

Quand nous difons que chaque tranche contient trois rangs;
fçavoir, des centaines, des dixaines, & des unitez, il en faut
excepter la premiere à gauche , qui peut ne contenir que des
dixaines & des unitez, ou des unitez feulement s'il n'y a qu'un
chiffre dans cette tranche.

I V.

7. Quand on nomme les rangs en particulier ; par exemple,
ceux des milliards, on dit centaines de milliards, dixaines de
milliards; mais il feroit inutile de dire, unitez de milliards, on

dit seulement milliards : de même pour la tranche des millions, on dit, centaines de millions, dixaines de millions, & millions au lieu d'unitez de millions ; ainsi des autres. Pour ce qui est de la derniere tranche qui est celle des unitez, on dit seulement, centaines, dixaines & unitez, parce qu'il est inutile de dire, centaines d'unitez, dixaines d'unitez & unitez d'unitez ou unitez simples. Tout cela posé, il ne sera pas difficile de concevoir comment on peut nommer un nombre marqué par des chiffres, & comment on peut aussi marquer par des chiffres un nombre proposé : c'est ce que nous allons voir.

8. Pour nommer ou énoncer un nombre marqué en chiffres. il faut 1°. le partager en tranches, en commençant vers la droite ; ensorte que chaque tranche contienne trois chiffres, excepté la premiere, c'est-à-dire, celle qui est la plus à gauche, qui pourra n'en contenir que deux ou même un seul. 2°. Ne prononcer le terme propre à chaque tranche que quand on est venu au rang des unitez, lequel rang est toujours le dernier à droite dans la tranche. 3°. Quand il se trouve des zeros dans quelques rangs, il ne faut point nommer les parties des nombres qui conviennent à ces rangs : par exemple, soit le nombre 4578 2 539, 1°. je le partage en trois tranches par des virgules, en cette maniere 45, 782, 539 ; la premiere tranche, qui est celle des millions, ne contient que deux chiffres, sçavoir 45, la seconde qui est celle des mille, contient ceux-ci 782, la troisiéme enfin contient les trois derniers 539. 2°. Je ne prononce le terme propre à chaque tranche que quand j'en suis venu aux unitez ; ainsi je ne dirai pas pour la premiere tranche, quarante millions, ensuite, cinq millions, mais je ne nommerai millions qu'après avoir exprimé 5 qui est au rang des unitez de millions ; je dirai donc, quarante-cinq millions : de même pour la seconde tranche, je ne dirai pas, sept cens mille, ensuite quatre-vingt mille, & enfin deux mille ; mais je dirai, sept cens quatre-vingt-deux mille : pour la derniere tranche, on dit simplement cinq cens trente-neuf, sans ajouter le terme d'*unité* qui seroit inutile ; toute la somme est donc quarante-cinq millions sept cens quatre-vingt-deux mille cinq cens trente-neuf.

Pareillement, afin de nommer ce nombre 50400060, je remarque, après l'avoir partagé en tranches de trois chiffres chacune, que dans la premiere tranche il y a un zero au rang des unitez de millions ; c'eſt pourquoi il ne faut point parler des unitez de millions, mais ſeulement des dixaines, en diſant, cinquante millions : de même dans la ſeconde tranche qui eſt celle des mille, y ayant un zero au rang des dixaines , & un autre au rang des unitez de mille, il ne faut point parler ni des dixaines ni des unitez de mille ; mais ſeulement des centaines, & dire, quatre cens mille : enfin dans la troiſiéme tranche n'y ayant que des zeros aux rangs des centaines & des unitez, je dirai ſimplement, ſoixante, ſans parler de centaines & d'unitez : le nombre entier eſt donc cinquante millions quatre cens mille ſoixante. Nous allons parler à preſent de la maniere dont il faut s'y prendre , quand on veut exprimer en chiffres un nombre propoſé.

9. Pour marquer par chiffres une ſomme propoſée, il faut d'abord écrire le nombre des millions, (ſi la ſomme commence par des millions ou le nombre des mille, ſi elle commence par des mille, ainſi du reſte) il faut, dis-je, écrire le nombre des millions , ſans s'embaraſſer de ce qui ſuit, enſuite le nombre des mille, & enfin les centaines, les dixaines, & les unitez ſimples, obſervant de mettre des zeros aux rangs des parties du nombre, deſquelles il n'eſt point fait mention dans la ſomme propoſée : par exemple, ſuppoſez que je veuille écrire en chiffres la ſomme ſuivante, cinquante-ſept millions trois cens ſoixante-huit mille deux cens ſix ; j'écris d'abord les millions en cette maniere, 57, ſans faire attention à ce qui ſuit ; après quoi je marque les mille en cette ſorte, 368, & les mettant à côté des millions, il vient 57368 : enfin à la ſuite des mille je marque deux cens ſix de cette maniere, 206 , écrivant un zero au rang des dixaines dont on ne parle point dans la ſomme : ce qui donne le nombre propoſé 57368206.

Soit encore le nombre trois cens millions vingt-trois mille ſoixante-quatre, qu'il faut écrire en chiffres. Je marque en premier lieu les millions en cette ſorte, 300, mettant des zeros aux rangs des dixaines & des unitez de millions , parce qu'il n'en eſt point fait mention dans la ſomme : j'écris enſuite les mille 023 à la droite des millions, mettant encore un zero au rang des centaines de mille dont il n'eſt point parlé ; après cela je marque le reſte 064 à la ſuite des mille : dans cette derniere tranche j'ai écrit un zero au rang des centaines , dont il n'eſt point parlé ; ces trois tranches écrites à côté les unes

des

des autres font 300023064 : c'est la somme proposée exprimée en chiffres.

Voici un troisiéme exemple : si on me donnoit la somme suivante à écrire en chiffres, soixante-neuf milliards cinquante millions trois cens soixante, je la marquerois en cette sorte, 69050000360 : dans cet exemple j'ai mis trois zero à la tranche des mille, parce qu'il n'en est point parlé dans la somme. Il est facile de voir par ce qu'on a dit jusqu'ici, pourquoi j'ai écrit chacun des autres chiffres, comme ils sont marquez.

10. Entre les nombres, on en distingue d'*incomplexes* & de *complexes*, d'*entiers* & de *fractionnaires*.

11. Les nombres incomplexes sont ceux qui ne contiennent qu'une espece de quantitez, comme des livres : tel est le nombre 5236 livres.

12. Les nombres complexes sont ceux qui contiennent plusieurs especes de quantitez, comme des livres, des sols & des deniers : par exemple, 542 livres 15 sols 8 deniers, que l'on marque de cette maniere 542 l. 15 s. 8 den.

13. Un nombre entier est celui qui contient l'unité plusieurs fois exactement, comme 5, 9, 67, &c.

14. Un nombre fractionnaire ou une fraction, est celui qui contient une ou plusieurs parties égales d'un tout regardé comme l'unité : par exemple, si on regarde un écu comme l'unité, & qu'on conçoive l'écu divisé en 12 parties égales, dont on en prenne 5, ces cinq douziémes feront une fraction que l'on écrit en cette sorte $\frac{5}{12}$: il faut donc deux nombres pour former une fraction, dont l'un exprime combien l'on prend de parties égales, on l'appelle le *numérateur*, & l'autre marque en combien de parties le tout est divisé, on l'appelle *dénominateur*; le premier s'écrit au-dessus d'une ligne & l'autre au-dessous, comme on le voit dans l'exemple proposé : de même la fraction trois quatriémes s'écrit en cette sorte $\frac{3}{4}$, ainsi des autres.

15. Quoique l'on ait dit, qu'il falloit deux nombres pour exprimer une fraction, on ne prétend pas en exclure l'unité qui peut être ou numérateur ou dénominateur, comme dans les fractions $\frac{1}{7}$ & $\frac{1}{3}$; ainsi, quoique l'unité ne soit point, à proprement parler, un nombre, cependant il arrivera plusieurs fois, qu'en parlant des nombres en général, on y comprendra l'unité.

Il y a deux opérations generales dans l'Arithmetique, aus-

b

quelles toutes les autres se rapportent : ce sont l'addition & la soustraction : mais il y en a encore d'autres qui ont leurs utilités particulieres , & dont on traite séparément. Nous allons parler des quatre premieres opérations : sçavoir, l'*addition*, la *soustraction*, la *multiplication* & la *division*. Ces quatre opérations sont le fondement de toutes les autres ; c'est pourquoi nous les expliquerons avec étenduë.

DE L'ADDITION.

16. L'Addition est une opération par laquelle ayant plusieurs nombres , on en cherche la somme : par exemple, si ayant les deux nombres 12 & 18, on en cherche la somme qui est 30, cela s'appelle ajouter ensemble 12 & 18. On voit par la définition de l'addition, qu'elle consiste à trouver un tout dont on connoît les parties. Dans l'exemple proposé , les deux parties connuës sont 12 & 18, & le tout qu'on cherche est 30.

17. Afin de faire cette opération , il faut disposer tous les nombres les uns sous les autres , ensorte que les unitez répondent aux unitez, les dixaines aux dixaines, les centaines aux centaines , les mille aux mille, ainsi du reste : ensuite on doit tirer une ligne au dessous des nombres ; après quoi on observe la régle suivante.

18. On commence par la colomne des unitez dont on prend la somme ; il peut arriver deux cas : ou bien cette somme peut s'exprimer par un seul chiffre comme 8 ; & alors il faut écrire 8 au-dessous des unitez ; ou la somme des unitez ne peut être exprimée que par deux chiffres ; dans ce cas il faut écrire sous la colomne des unitez, le dernier des deux chiffres, c'est-à-dire, celui qui est à la droite : par exemple, s'il y a 15 unitez , on met 5 sous la colomne des unitez , & l'on retient 2 pour l'ajoûter aux dixaines qui sont dans la colomne voisine en allant vers la gauche. On opere de la même maniere sur la colomne des dixaines , sur celle des centaines , &c.

19. Remarquez que quand dans quelques-unes des colomnes, par exemple, celle des dixaines, il ne se trouve aucun chiffre positif, pour lors on met un zero au-dessous, si on n'a rien retenu de la colomne des unitez : mais si on avoit retenu quelque chose, par exemple 3 , il faudroit écrire 3 sous la colomne des dixaines.

EXEMPLE I.

Soient proposez à ajoûter les nombres 356025 246 30023 6753200 , 600433.

Après les avoir disposez les uns sous les autres, lesunitez sous les unitez, les dixaines sous les dixaines, les centaines sous les centaines, &c. comme on le voit cy-deſſous, il faut opérer en premier lieu ſur les unitez que l'on peut ajoûter encommençant indifféremment par le haut ou par le bas de la colomne : mais il eſt bon de choiſir une des deux manieres pour la ſuivre toujours, je commencerai par le haut de chaque colomne.

Je dis donc : 2 & 3 font 5, 5 & 3 font 8 ; je
poſe 8 ſous la colomne des unitez : je paſſe enſuite à la colomne des dixaines , en diſant : 5 &
2 font 7 , 7 & 3 font 10 : cette ſomme des dixaines ne pouvant s'exprimer que par deux chiffres,
j'écris le dernier qui eſt 0 ſous la colomne des
dixaines , & je retiens 1, qui eſt le premier chiffre de la ſomme 10, pour la colomne des centaines, à laquelle je paſſe en
commençant par 1 que j'ai retenu ; je dis donc : 1 & 2 font 3 , 3
& 2 font 5 , 5 & 4 font 9, que j'écris ſous la colomne des centaines : enſuite je paſſe à celle de mille , dans laquelle il n'y
a que 8 qui ſoit poſitif, je mets donc 8 ſous cette colomne; puis
je viens à celle des dixaines de mille , & je dis : 6 & 3 font 9,
9 & 5 font 14 ; je poſe le dernier chiffre 4 ſous cette colomne,
& je retiens 1 pour la colomne des centaines de mille , ſur laquelle j'opere de la même maniere , en diſant : 1 & 5 font 6, 6
& 6 font 12, 12 & 7 font 19, 19 & 6 font 25 ; j'écris 5 ſous
cette colomne , & je retiens 2 pour celle des millions ; je dis
donc 2 & 3 font 5 , 5 & 4 font 9 , 9 & 6 font 15 ; je poſe 5
au-deſſous, & j'avance 1 qui reſte.

```
3560252
 4630 23
6758200
 6 0433
————————
15548908
```

EXEMPLE II.

Soient encore propoſez les quatre nombres ſuivans 3504802;
605900 , 106300, 9402 dont il faut trouver la ſomme.

Les ayant diſpoſez, comme on le voit, je
commence par ajoûter les chiffres de la colomne des unitez ; de-là je paſſe aux dixaines, puis aux centaines, ainſi de ſuite, comme il a été preſcrit, remarquant que je dois
19. poſer zero ſous la colomne des dixaines *,
parce qu'elle ne contient aucun chiffre poſitif, & que d'ailleurs
je n'ai rien retenu de la colomne des unitez : de même paſſant
de la colomne des mille, de laquelle j'ai retenu 2 à celle des
dixaines de mille, j'en ai trouvé aucun chiffre poſitif;ainſi je poſe
19. ſous cette colomne le 2 que j'avois retenu *.

$$\begin{array}{r}
3504802 \\
605900 \\
106300 \\
9402 \\
\hline
4226404
\end{array}$$

AVERTISSEMENT.

Lorſque cette marque* ſe trouve à la marge avec un nombre
à côté,cela ſigniſie que la propoſition qui répond à cette marque
dépend de l'article déſigné par le nombre. Ainſi après avoir dit
dans l'explication du ſecond exemple, qu'il falloit poſer un zero
ſous la colomne des dixaines, on a mis le ſigne * tant après cette
propoſition, que vis-à-vis à la marge avec le nombre 19, pour
faire connoître que la propoſition dépend de l'article 19. On a
fait la même choſe après avoir dit qu'il falloit écrire 2 ſous la
colomne des dixaines de mille.

20. On obſerve la même regle dans l'addition des nombres
complexes, & on commence l'opération par les plus petites eſpeces, en allant de ſuite aux plus grandes : ſur quoi il faut remarquer qu'en paſſant d'une eſpéce à une plus grande, comme
des deniers aux ſols, il faut voir combien de fois celle à laquelle on paſſe eſt contenuë dans la ſomme des plus petites,
n'écrivant que le reſte, s'il y en a, ſous la moindre eſpece, &
retenant le nombre de fois que la grande eſpece eſt contenuë
dans la ſomme des plus petites, pour ajoûter ce nombre à la plus
grande : par exemple, ſi on paſſe des deniers aux ſols, & qu'il y
ait 38 deniers, commecette ſomme de 38 den. contient 3 ſols
& 2 den. de plus, on écrira 2 ſous les deniers, & on retiendra
3 pour les ajoûter aux ſols.

De même ,quand on paſſe des dixaines de ſols aux livres, il
faut auſſi réduire ces dixaines en livres : or on ſçait qu'une livre
vaut deux dixaines de ſols; c'eſt pourquoi il faut , ſi le nombre
des dixaines eſt pair , en prendre la moitié qui marquera les li-

vres qui y font contenuës : par exemple, s'il y avoit 8 dixaines
de fols, il faudroit prendre 4 qui eſt la moitié de 8 , & ce 4
marque qu'il y a quatre livres dans huit dixaines de fols; il n'y
auroit donc rien à mettre fous les dixaines de fols; mais on re-
tiendroit 4 pour l'ajoûter à la colomne des unitez de livres. Si
le nombre des dixaines de fols eſt impair, il en faut ôter une
que l'on écrira fous les dixaines, & prendre la moitié du reſte :
cette moitié marquant des livres, on l'ajoûtera à la colomne
des unitez de livres : par exemple, s'il y avoit 5 dixaines de
fols, il en faudroit ôter une, & l'écrire fous les dixaines de fols;
enfuite prendre 2 qui eſt la moitié du reſte 4 , & l'ajoûter aux
livres.

EXEMPLE I.

Si on me propoſe d'ajoûter les nombres complexes 35602 livres 15 fols 8 deniers, 64923 liv. 6. ſ. 11. den. , 7043 l. 18
ſ. 9 den. & 58 liv. 12 ſ. 10 den. , je les diſpoſe de la maniere
fuivante , les unitez fous les unitez, les dixaines fous les dixaines,&c.obſervant de plus de placer les deniers d'un nombre fous
les deniers des autres nombres; il faut placer de même les fols
fous les fols , & les livres fous les livres,comme on le voit.

Je commence par les
deniers, en difant : 8 &
11 font 19, 19 & 9 font
28 , 28 & 10 font 38 :
cette fomme contient 3 ſ.
2 den. c'eſt pourquoi je

	liv.	ſ.	den.
35602		15	8
64923		6	11
7043		18	9
58		12	10
107628	liv.	14 ſ.	2 den.

pofe 2 fous les deniers, & je retiens 3 pour l'ajoûter aux fols:
s'il y avoit eû feulement 36 deniers qui font 3 fols fans reſte ,
il auroit fallu retenir 3 pour ajoûter aux fols, & on n'auroit pû
mettre qu'un zero fous les deniers. Je viens enfuite aux fols &
je dis 3 que j'ai retenu & 5 font 8, 8 & 6 font 14, 14 & 8 font
22, 22 & 2 font 24, je pofe le dernier chiffre 4 fous la colomne des unitez de fols, & je retiens 2 que j'ajoûte aux dixaines de fols, en difant : 2 & 1 font 3, 3 & 1 font 4, 4 & 1
font 5 : ce nombre étant impair, j'en ôte 1 que je pofe fous
la colomne des dixaines de fols, il reſte 4 dont je prends la moitié qui eſt 2 que j'ajoûterai avec les livres.

Je paſſe donc aux livres & je dis : 2 & 2 que j'ai retenu font 4,
4 & 3 font 7, 7 & 3 font 10, 10 & 8 font 18; je pofe 8

& je retiens 1 que j'ajoûte à la colomne voisine, opérant selon
ce que nous avons dit dans le premier exemple de l'addition des
nombres incomplexes

EXEMPLE II.

Voici encore un exemple de l'addition des nombres complexes, où il s'agit d'ajoûter des toises, des pieds & des pouces. On sçait que la toise contient six pieds & le pied douze
pouces.

	toises		pieds		pouces
542		4		10	
927		5		8	
85		3		2	
1556		1		8	

REMARQUES.

I.

21. On peut remarquer que dans l'addition des nombres
complexes qui contiennent des sols & des deniers, on opere
en même tems sur les unitez & sur les dixaines de deniers,
comme dans le premier exemple : au lieu que l'opération se
fait par parties sur les sols; ensorte qu'on ajoûte les unitez
avant que de passer aux dixaines : cette différence vient de ce
qu'il faut exactement un certain nombre de dixaines de sols
pour faire une ou plusieurs livres; au contraire, pour réduire
les deniers en sols, on est obligé d'ajoûter des deniers aux dixaines : par exemple, pour un sol il faut une dixaine de deniers
& deux de plus, c'est-à-dire 12 deniers : pour 2 sols il faut 2
dixaines & quatre deniers de plus, c'est-à-dire, 24 deniers,&c.
Par la même raison dans le second exemple, il faut ajoûter en
même tems les unitez & les dixaines de pouces pour voir combien la somme contient de pieds.

II.

22. Quand on a beaucoup de nombres à ajoûter, il faut pour
plus grande facilité faire plusieurs additions, ensuite ajoûter
toutes les sommes qu'on aura trouvées par ces additions, pour
en faire la somme totale : par exemple, si on avoit 28 nombres à ajoûter, on pourroit prendre les dix premiers pour en
faire une addition, puis les dix suivans pour en faire une se-

conde, & enfin les huit derniers pour une troisiéme, & après ces trois additions, il faudroit ajoûter ensemble les trois sommes qu'on auroit trouvées; ce qui donneroit la somme totale des vingt-huit nombres.

DE LA PREUVE DE L'ADDITION.

23. Si après l'addition on veut sçavoir, si on ne s'est pas trompé dans l'opération, il faut ôter de la somme totale qu'on a trouvée, tous les nombres qui ont été ajoûtez, & s'il ne reste rien, c'est une marque que l'addition est bien faite, parce que un tout est égal à toutes ses parties prises ensemble. Ainsi après avoir ôté de la somme totale tous les nombres ajoûtez, s'il restoit quelque chose, ou si on ne pouvoit pas ôter tous les nombres de cette somme, l'addition seroit mal faite, auquel cas il faudroit la recommencer.

24. Cette maniere de s'assûrer si on a bien opéré, s'appelle *preuve de l'addition* qui se pratique en cette sorte: on commence par la premiere colomne, c'est-à-dire, celle qui est la plus à gauche, dont la somme doit être ôtée du chiffre ou des chiffres de la somme totale qui répondent à cette colomne, & on écrit le reste au-dessous, s'il y en a, pour le joindre par la pensée avec le caractere suivant de la somme totale : on passe ensuite à la seconde colomne dont la somme doit être aussi soustraite des caracteres ou du caractere qui lui répond dans la somme totale, écrivant toujours le reste au dessous, s'il y en a, pour le joindre par la pensée au chiffre suivant de la somme totale: on poursuit en observant la même methode, & à la fin de la preuve, il ne doit rien rester. Cela s'entendra par un exemple.

Pour faire la preuve de cette addition, j'opére en allant de bas en haut, en disant: 3 & 7 font 10, 10 & 8 font 18, que j'ôte des chiffres correspondans dans la somme totale, c'est-à-dire, de 19, il reste 1 que j'écris sous la premiere colomne : je le joints

$$
\begin{array}{r}
8504 \\
7609 \\
3405 \\
\hline
19518 \\
1013
\end{array}
$$

par la pensée à 5 qui est le chiffre suivant de la somme totale, ce qui fait 15, dont il faut soustraire la seconde colomne; je dis donc : 4 & 6 font 10, 10 & 5 font 15, que j'ôte de 15, reste 0 que j'écris au-dessous de 5 ; je passe ensuite à la troisiéme colomne qui ne contient que des zeros, lesquels étant

ôtez de 1 qui répond à cette colomne, il reste
1 qu'il faut joindre par la pensée à 8, ce qui fait
18 dont il faut ôter la quatriéme colomne;
ainsi je dis: 5 & 9 font 14, 14 & 4 font 18,
que j'ôte de 18 il ne reste rien; ce qui fait
voir que l'addition est bien faite.

8504
7609
3405
19518
1010

On se sert de la même methode pour la preuve de l'addition des nombres complexes, en remarquant néanmoins que
quand on passe des plus grandes especes aux moindres, on réduit ce qui reste de la somme des plus grandes aux moindres
qui suivent, par exemple, les livres en dixaines de sols, & les
sols en deniers. Nous allons appliquer cette methode à une addition de nombres complexes.

Pour faire la preu-
de cette addition; je
commence par la pre-
miere colomne, & je
dis 4 & 3 font 7 que
j'ôte de 8, il reste 1

370	liv.	18	s.	9	den.
493		14		11	
6		9		7	
871		3		3	
111		11		0	

que j'écris au-dessous du 8, je le joints par la pensée à 7, ce
qui fait 17: ensuite je dis 9 & 7 font 16 que j'ôte de 17, reste
1 que je pose sous 7; je le conçois joint avec 1 qui suit, ce qui
fait 11, d'où j'ôte 9 qui sont à la colomne correspondante, il reste
2, c'est-à-dire, 2 livres qu'il faut réduire en 4 dixaines de sols; il
faut donc concevoir 4 sous la colomne des dixaines de sols, &
soustraire ces dixaines de 4; il restera 2 que j'écris sous cette
colomne: ce 2 étant joint par la pensée avec le 3 qui suit,
j'aurai 23 dont je dois ôter la colomne des unitez des sols; je
dis donc: 9 & 4 font 13, 13 & 8 font 21, qui étant ôtez de
23, il reste 2 qu'il faut mettre sous 3. Ce 2 marque 2 sols qui
valent 24 deniers, lesquels il faut ajoûter avec les trois autres
qui sont sous la colomne des deniers, cela fera 27 dont il faut
ôter les deniers des trois nombres de la colomne; il y en a 27,
qui ôtez de 27, il ne reste rien: ce qui est une marque que
l'addition est bien faite.

Voici

Voici encore une addition complexe, dont on a fait la preuve comme dans l'exemple précedent , en
observant que quand on a passé des
livres aux dixaines de sols, comme
il y avoit 2 livres de reste , on les a

269	16	11
790	18	3
84	17	9
1145	12	11

réduit en 4 dixaines, ausquelles on a ajouté celle qui se trouvoit sous la colomne des dixaines de sols; ce qui a fait 5 qu'il
a fallu concevoir à la place de 1 qui est sous cette colomne :
on a ensuite ôté du 5 les 3 dixaines de la colomne, & on a
écrit le reste 2 sous 1 , pour le joindre par la pensée au 2 qui
est sous la colomne des unitez de sols. De même lorsqu'on a
passé des sols aux deniers, il a fallu réduire un sol qui restoit
en 12 deniers que l'on a ajoutez à 11 qui sont sous les deniers , & de la somme 23 on a souftrait les deniers qui sont
au dessus: ce qui étant fait, il n'est rien resté ; ainsi l'addition
est bien faite.

25. Il ne nous reste plus qu'à donner la démonstration de
l'addition. On entend par démonstration d'une operation , la
raison sur laquelle est fondée la regle prescrite pour cette operation ; c'est pourquoi il y a beaucoup de différence entre la
démonstration & la preuve d'une operation , puisque par la
démonstration, on fait voir que la regle prescrite pour l'addition , par exemple , est infaillible ; au lieu que la preuve ne
sert qu'à faire connoître qu'on a observé cette regle dans les
exemples particuliers.

DÉMONSTRATION DE L'ADDITION.

26. On cherche par l'addition une somme totale qui contienne plusieurs nombres proposez. Or en suivant la regle prescrite pour l'addition, on trouve la somme totale qui contient
tous les nombres proposez , puisqu'on prend la somme des
unitez, celle des dixaines, celle des centaines, celle des mille,
& ainsi des autres parties des nombres ; par consequent si on
suit la regle prescrite pour l'addition , on trouve necessairement la somme totale de tous les nombres qu'il falloit ajouter.

DE LA SOUSTRACTION.

27. La soustraction est une operation par laquelle on ôte un
moindre nombre d'un plus grand : par exemple , si on ôte 9

de 12, c'est un souftraction. Le nombre qui résulte de la souftraction est appellé *reste* ou *différence*: dans notre exemple 3 est
le reste ou la différence des nombres 12 & 9. Il est visible par
la définition de la souftraction que cette operation consiste à
chercher une partie d'un tout dont on connoît déja une partie aussi-bien que le tout : dans l'exemple proposé le tout est
12, la partie connuë est 9, & le reste 3 est l'autre partie qu'on
cherchoit.

28. Pour faire la souftraction, il faut écrire le nombre que
l'on veut souftraire au dessous de l'autre ; ensorte que les unitez de l'un répondent aux unitez de l'autre, les dixaines aux
dixaines, les centaines aux centaines, &c. ensuite tirer une
ligne au dessous des deux nombres, après quoi on doit observer la regle suivante : on commence par ôter les unitez du
nombre à souftraire des unitez de l'autre : il peut arriver trois
cas ; le premier, que le chiffre inferieur qui marque les unitez
soit plus petit que le superieur ; pour lors on écrit le reste au
dessous dans le même rang : le second cas, est lorsque les deux
chiffres sont égaux: dans ce second cas on met zero au dessous, parce que le caractere inferieur étant ôté de l'autre, il
ne reste rien.

Le troisiéme cas enfin, est quand le caractere inferieur est
plus grand que le superieur ; alors il faut ajouter une dixaine
au chiffre superieur ; ensuite de la somme composée de cette
dixaine & de ce chiffre, ôter celui qui est au dessous, & écrire
le reste sous la ligne dans le même rang: par exemple, si on
vouloit souftraire 28 de 43, il faudroit après les avoir disposez en cette maniere ⁴³⁄₂₈, ajouter d'abord 10 à 3 ; ensuite retrancher 8 de la somme 13 composée de 10 & de 3 ; enfin
écrire le reste 5 au dessous de 8.

Comme dans ce troisiéme cas on a ajouté une dixaine au
nombre dont on veut souftraire, on doit ajouter tout autant
au nombre que l'on doit souftraire ; c'est pourquoi il faut supposer que dans ce dernier nombre le chiffre du rang précédent est augmenté d'une unité, laquelle est égale à la dixaine
ajoutée au chiffre plus reculé d'un rang vers la droite dans le
nombre superieur : dans l'exemple proposé, 2 est le chiffre
qui précede le 8 d'un rang vers la gauche dans le nombre à
souftraire 28 ; il faut par conséquent ajouter 1 à 2. On opere
de la même maniere sur les autres chiffres selon les trois differens cas.

EXEMPLE I.

Soit le nombre 5243 dont il faut ôter 4328 : après les avoir difposez comme nous l'avons dit ; enforte que les unitez répondent aux unitez, les dixaines aux dixaines, &c.

Je dis: 8 de 3, cela ne fe peut : j'ajoute une dixaine à 3 *, en difant : 10 & 3 font 13 : 8 de 13 refte 5 que j'écris fous 8 ; enfuite il faut dire, je retiens 1, après j'ajoute cet 1 à 2 qui précéde 8 dans le nombre inferieur ; ce qui fait 3 ; je dis donc : 3 de 4, refte 1 que j'écris au deffous de 2 : j'opere de la même maniere fur les centaines, en difant : 3 de 2, cela ne fe peut ; ainfi j'ajoute une dixaine à 2 *, & je dis 10 & 2 font 12 : 3 de 12, refte 9 que je pofe fous 3 , & je retiens 1 qu'il faut ajouter au 4 précedent du nombre inferieur ; je dirai donc 1 & 4 font 5 , 5 de 5 refte 0 , qu'il eft inutile d'écrire au deffous, parce qu'il n'y a plus de chiffres à mettre avant lui.

```
  5243
  4328
  ————
   915
```

EXEMPLE II.

Soit encore cet autre exemple de fouftraction à faire felon la même methode.

Je dis: 7 de 4, cela ne fe peut ; j'ajoute donc une dixaine à 4 *, en difant : 10 & 4 font 14 , 7 de 14, refte 7 que j'écris au deffous, & je retiens 1: je dis enfuite : 1 que j'ai retenu & 6 font 7 ; 7 de 0, cela ne fe peut ; c'eft pourquoi j'ajoute une dixaine au zero , en difant : 10 & 0 font 10 : 7 de 10, refte 3 que je pofe fous 6 & je retiens 1: j'ajoute cet 1 au 0 précedent du nombre inferieur, la fomme eft 1 qui ne peut être ôtée de 0 qui eft au deffus ; il faut donc ajouter une dixaine à ce 0, en difant : 10 & 0 font 10 : 1 de 10, refte 9 que j'écris fous 0, & je retiens 1, j'ajoute cet 1 à 5, la fomme eft 6 qui ne peut être ôtée du 0 qui eft au deffus ; c'eft pourquoi je dois ajouter une dixaine & dire : 10 & 0 font 10 : 6 de 10, refte 4 & je retiens 1 qu'il faut ajouter à 2, la fomme eft 3 que j'ôte de 5, il refte 2 que je mets au deffous : enfin j'écris les trois chiffres 607 du nombre fuperieur tels qu'ils font, parce qu'il

```
  60750004
     25067
  ————————
  60724937
```

n'y a point de chiffres correſpondans dans le nombre à ſouſtraire.

29. Si les deux nombres propoſez étoient complexes, ou au
moins un des deux, il faudroit obſerver la même methode,
en commençant par les plus petites eſpeces, & allant de ſuite
aux plus grandes, comme on le verra dans les exemples ſuivans.

Exemple I.

Soit le nombre 5308 liv. 15 ſ. 9 d. dont il faut ſouſtraire
407 liv. 18 ſ. 6 d. après les avoir diſpoſez de maniere que
les livres répondent aux livres, les ſols aux ſols & les deniers
aux deniers en cette ſorte :

Je commence par les deniers, en
diſant : 6 de 9, reſte 3 que j'écris
ſous 6 : enſuite je paſſe aux ſols, &
je dis : 18 de 15, cela ne ſe peut,

5308 liv.	15 ſ.	9 d.
407	18	6
4900	17	3

il faut ajouter une livre réduite en ſols, (ce qui ſe fait toujours
quand on eſt obligé d'ajouter quelque choſe aux ſols) 20 &
15 font 35, dont j'ôte 18, il reſte 17 que j'écris ſous 18 ;
après cela je paſſe aux livres, & me ſouvenant que j'ai ajouté
une livre au nombre ſuperieur, j'ajoute auſſi une livre au 7
qui marque les unitez des livres du nombre inferieur ; ainſi
je dis 1 & 7 font 8, que j'ôte du 8 qui eſt deſſus, il reſte 0
que j'écris ſous 7 ; puis je continuë en diſant : 0 de 0, reſte 0
que j'écris au deſſous : enſuite je dis, 4 de 3, cela ne ſe peut,
j'ajoute 10 à 3, la ſomme eſt 13, de laquelle ôtant 4, il reſte
9 que je poſe ſous 4, & je retiens 1 que je ne puis ajouter à
aucun chiffre, n'y en ayant point avant 4 ; c'eſt pourquoi j'ôte
ſeulement 1 de 5, il reſte 4 que j'écris au deſſous de 5, & la
ſouſtraction eſt achevée.

Exemple II.

Soit encore le nombre 725 liv. dont il faut ôter celui-ci
23 liv. 16 ſ. 11 d.

Le premier ne contenant ni ſols
ni deniers, il en faut ajou.. par la
penſée, afin de pouvoir ôter le ſecond ; je ſuppoſe donc qu'il y a un

725 liv.	0 ſ.	0 d.
23	16	11
701	3	1

ſol réduit en 12 deniers (on n'ajoute jamais moins aux deniers)

& je dis 11 de 12, reſte 1 que j'écris au deſſous : après quoi je paſſe aux ſols, me ſouvenant que j'ai ajouté 1 ſol ou 12 deniers au nombre ſuperieur, & qu'il faut par conſequent ajouter auſſi un ſol au nombre inferieur; je dis donc : 1 & 16 font 17 : laquelle ſomme ne pouvant être ôtée de 0 qui eſt au deſſus, il faut concevoir une livre réduite en ſols, comme dans l'exemple précedent; d'où ôtant 17, il reſte 3 que je mets au deſſous de 6 : je paſſe enſuite aux livres; mais ayant ajouté une livre au nombre dont on veut ſouſtraire, j'en ajoute auſſi une au nombre à ſouſtraire; je dis donc : 1 & 3 font 4, qui étant ôté de 5, il reſte 1, que je poſe au deſſous : puis j'ôte 2 de 2, il reſte 0 que j'écris dans ce rang : enfin je poſe le 7 avant ce zero, n'y ayant rien qui doive en être ôté.

EXEMPLE III.

Voici un exemple de ſouſtraction dont les nombres contiennent des toiſes, des pieds & des pouces. Nous donnons cet exemple tout fait, ſans nous arrêter à l'expliquer au long : cela ſeroit inutile après ce que nous avons dit dans les exemples précedens.

820 toiſes	4 pieds	9 pouc.
30	5	4
789	5	5

REMARQUES.

I.

30. Dans les exemples de ſouſtraction complexe où il y a au moins dix ſols dans un des nombres, on pourroit faire la ſouſtraction par parties ſur les ſols, en ôtant d'abord les unitez des unitez, & enſuite les dixaines des dixaines; mais l'operation eſt plus courte & plus facile en la faiſant comme nous l'avons faite.

II.

31. Si on avoit pluſieurs nombres à ſouſtraire de pluſieurs autres, il faudroit 1°. ajouter tous les nombres deſquels on voudroit ſouſtraire, en une ſomme totale. 2°. Ajouter auſſi tous les nombres à ſouſtraire pour en avoir la ſomme totale. 3°. Enfin ôter la ſeconde de ces deux ſommes de la premiere.

Il y a une autre methode fort commune de faire la ſouſtraction, que nous n'expliquons pas ici, parce qu'elle n'eſt pas plus facile à pratiquer que celle que nous avons donnée, & que d'ailleurs les commençans pourroient confondre ces deux methodes dans l'operation; ce qui cauſeroit des fautes de calcul.

DE LA PREUVE DE LA SOUSTRACTION.

32. La preuve de la souſtraction ſe fait par l'addition ; c'eſt-à-dire, qu'il faut ajouter le nombre à ſouſtraire avec le reſte, & la ſomme des deux ſera égale au nombre dont on a ſouſtrait, ſi la ſouſtraction eſt bien faite. La raiſon en eſt que le nombre à ſouſtraire & le reſte ſont les deux parties du nombre total dont on veut ſouſtraire ; par conſéquent en ajoutant ces deux parties enſemble, il en réſultera une ſomme égale au tout, c'eſt-à-dire, au nombre dont on vouloit ſouſtraire.

Nous allons donner la preuve du premier exemple ſur les nombres complexes ſans l'expliquer, parce qu'elle eſt aſſez facile à entendre.

$$
\begin{array}{rrr}
5308 \text{ liv.} & 15 \text{ ſ.} & 9 \text{ d.} \\
407 & 18 & 6 \\
\hline
4900 & 17 & 3 \\
\hline
5308 & 15 & 9
\end{array}
$$

DEMONSTRATION DE LA SOUSTRACTION.

33. On ſe propoſe dans la ſouſtraction de trouver le reſte du nombre dont on veut ſouſtraire, après en avoir ôté le nombre à ſouſtraire. Or en ſuivant la regle qu'on a donnée, on trouvera ce reſte ; puiſque ſelon cette regle on prend le reſte des unitez, celui des dixaines, celui des centaines, celui des mille, &c. donc on trouvera le reſte du nombre dont il faut ſouſtraire qui exprime l'excès de ce nombre ſur l'autre que l'on vouloit ſouſtraire.

DE LA MULTIPLICATION.

34. Multiplier un nombre par un autre, c'eſt prendre le premier autant de fois qu'il eſt marqué par le ſecond : par exemple, multiplier 5 par 3 ; c'eſt prendre 5 autant de fois qu'il eſt marqué par 3, c'eſt-à-dire, trois fois : ce qui fait 15 ; il y a donc trois nombres à diſtinguer dans la multiplication ; ſçavoir, le *multiplicande*, le *multiplicateur* & le *produit*. Le multiplicande ou le multiplié eſt le nombre qu'on multiplie : dans l'exemple propoſé 5 eſt le multiplié. Le multiplicateur eſt celui par lequel on multiplie, comme 3 dans le même exem-

ple. Le produit est le nombre qui résulte de la multiplication; ainsi 15 est le produit de 5 par 3.

35. On peut définir la multiplication, une operation par laquelle on trouve un nombre, qu'on nomme produit, qui contient autant de fois le multiplié, que le multiplicateur contient l'unité: par exemple, si on multiplie 9 par 8, on trouvera pour produit un nombre, sçavoir 72, qui contient 9 huit fois, de même que 8 contient huit fois 1. Cela est évident par l'expression même dont on se sert dans la multiplication, puisque pour multiplier 9 par 8, on dit huit fois 9; ainsi le produit doit contenir 9 huit fois, c'est-à-dire, autant de fois que 8 contient l'unité.

36. Il y a deux sortes de multiplications, la *simple* & la *composée*. La multiplication simple est celle dont le multiplicateur est exprimé par un seul chiffre: telle est la multiplication de 264 par 5. La multiplication composée est celle dont le multiplicateur a plusieurs caracteres: comme si on multiplie 85304 par 54.

On fera voir dans l'Algebre, lorsqu'on parlera de la multiplication des grandeurs en general, exprimées par des lettres, que le produit de deux chiffres, comme 4 & 3, est toujours le même, soit que l'on multiplie le premier par le second, soit que l'on multiplie le second par le premier.

Nous supposons que l'on sçait les produits des neuf chiffres positifs 1, 2, 3, 4, 5, 6, 7, 8, 9 multipliez les uns par les autres: c'est une chose necessaire avant que de passer plus loin. Nous allons donner une Table qui contient tous ces produits: les commençans ne doivent pas se servir de cette Table pour y chercher les produits, lorsqu'ils veulent faire une multiplication: elle doit servir plutôt à apprendre l'ordre de ces produits qu'il faut chercher soi-même, & les repasser plusieurs fois dans son esprit, afin de les retenir exactement.

TABLE POUR LA MULTIPLICATION.

1 fois	1 c'eſt	1	2 fois	1 font	2	3 fois	1 font	3
1	2	2	2	2	4	3	2	6
1	3	3	2	3	6	3	3	9
1	4	4	2	4	8	3	4	12
1	5	5	2	5	10	3	5	15
1	6	6	2	6	12	3	6	18
1	7	7	2	7	14	3	7	21
1	8	8	2	8	16	3	8	24
1	9	9	2	9	18	3	9	27
4	1	4	5	1	5	6	1	6
4	2	8	5	2	10	6	2	12
4	3	12	5	3	15	6	3	18
4	4	16	5	4	20	6	4	24
4	5	20	5	5	25	6	5	30
4	6	24	5	6	30	6	6	36
4	7	28	5	7	35	6	7	42
4	8	32	5	8	40	6	8	48
4	9	36	5	9	45	6	9	54
7	1	7	8	1	8	9	1	9
7	2	14	8	2	16	9	2	18
7	3	21	8	3	24	9	3	27
7	4	28	8	4	32	9	4	36
7	5	35	8	5	40	9	5	45
7	6	42	8	6	48	9	6	54
7	7	49	8	7	56	9	7	63
7	8	56	8	8	64	9	8	72
7	9	63	8	9	72	9	9	81

DE LA MULTIPLICATION SIMPLE.

Quand on veut multiplier un nombre par un multiplicateur qui ne contient qu'un ſeul chiffre, il faut écrire le multiplicande, & mettre le multiplicateur au deſſous au rang des unitez, puis tirer une ligne ſous le multiplicateur : enſuite on obſervera la regle ſuivante.

37. On commence cette opération par la droite, comme les deux précédentes; c'est-à-dire, qu'on multiplie d'abord le chiffre qui est au rang des unitez du multiplicande par le multiplicateur; & si le produit de ce chiffre peut s'exprimer par un seul caractere, on l'écrit sous le rang des unitez: mais si ce produit ne peut être marqué que par deux chiffres, on met le dernier sous le rang des unitez, & on retient le premier pour l'ajoûter au produit des dixaines, sur lesquelles on opere de la même maniere, comme aussi sur les centaines, sur les mille, &c.

38. Remarquez que s'il y avoit un zero dans quelqu'un des rangs du multiplicande, il faudroit mettre au produit, dans le rang qui répondroit au zero, le chiffre qu'on auroit retenu de la multiplication précédente, si on avoit retenu quelque chose: mais si on n'avoit rien retenu, on ne pourroit écrire que zero à ce rang.

EXEMPLE I.

Soit le nombre 6723 à multiplier par 4. après avoir disposé ces deux nombres comme nous avons dit, & avoir tiré une ligne; je dis : quatre fois 3 font 12; je pose 2 sous 4, (ce 2 est le dernier des deux chiffres du produit 12,) & je retiens 1 pour l'ajoûter au produit

$$
\begin{array}{r}
6723 \\
4 \\
\hline
26892
\end{array}
$$

des dixaines. Je multiplie ensuite 2 par 4, le produit est 8, auquel ajoûtant 1 que j'ai retenu, la somme est 9 que j'écris sous 2; après cela je passe au rang des centaines, en disant : 4 fois 7 font 28, j'écris le dernier chiffre 8 de ce produit sous 7, & je retiens le premier qui est 2 pour l'ajoûter au produit des mille; enfin je dis : 4 fois 6 font 24, & 2 que j'ai retenu font 26, je pose 6 sous le 6, & j'avance 2, c'est-à-dire, que je l'écris avant le 6 : le produit total est 26892.

EXEMPLE II.

Soit le nombre 50207 à multiplier par 3. Après avoir écrit le multiplicateur 3 sous le multiplicande, je multiplie 7 par 3,

d

en difant: 3 fois 7 font
31 , je pofe 1 fous 7,
& je retiens 2. Enfuite
je dis 3 fois 0 c'eft 03

                                        50307
                                            3
                                    ─────────
                                    150621

* 38.

mais ayant retenu 2 , je l'écris fous 0 * : puis je viens au 3 qui
exprime des centaines , & je le multiplie par 3 , le produit eft
6 que je mets au-deffous ; puis je multiplie le 0 qui eft
au rang des mille par 3 , le produit eft 0 que je mets au même

* 38.

rang dans le produit * ; parceque je n'ai rien retenu de la multiplication du chiffre précedent. Enfin je multiplie 5 par 3 , le
produit eft 15 , je pofe 5 & je mets 1 au-devant. Le produit
total eft donc 150621.

DE LA MULTIPLICATION COMPOSEE.

39.   Lorfque le multiplicateur a plufieurs caracteres , on
multiplie d'abord tout le multiplicande par le chiffre qui eft au
rang des unitez du multiplicateur , felon la regle de la multiplication fimple. 2°. On multiplie de même le multiplicande
entier par le chiffre qui eft au rang des dixaines du multiplicateur, obfervant de mettre le dernier caractere de ce fecond produit au rang des dixaines. 3°. S'il y a plus de deux chiffres au
multiplicateur , on multiplie encore tout le multiplicande par
le chiffre qui eft au rang des centaines du multiplicateur, mettant le dernier chiffre de ce troifiéme produit au rang des centaines. On continuë de multiplier tout le multiplicande par
chacun des chiffres du multiplicateur , & de mettre le dernier
chiffre de chaque produit au rang du chiffre ,   par lequel on
multiplie. Ces multiplications particulieres étant faires, on ajoûte
tous les produits qui en viennent , & la fomme réfultante eft le
produit total.

Nous entendons toujours par le dernier chiffre , celui qui eft
le plus à droite.

EXEMPLE I.

Soit le nombre 523407 à multiplier par 546. Pour faire
cette multiplication , 1°. je multiplie tout le multiplicande par
6 qui eft au rang des unitez , & je mets le produit qui en vient
fous la ligne ; enforte que le dernier chiffre réponde au rang
des unitez du multiplicateur : 2°. Je multiplie auffi le multiplicande par 4 qui eft au rang des dixaines,   écrivant le dernier

chiffre de ce produit au rang des dixaines : 3°. Je multiplie encore le multiplicande par 5, & j'écris le dernier chiffre du produit qui en vient au rang des centaines.

Enfin je fais l'addition de tous les produits particuliers, & la somme 285780222 est le produit total.

$$
\begin{array}{r}
523407 \\
546 \\
\hline
3140442 \\
2093628 \\
2617035 \\
\hline
285780222
\end{array}
$$

S'il y avoit un ou plusieurs zeros au multiplicateur, il faudroit de même multiplier les chiffres du multiplicande par les zeros, aussi bien que par les chiffres positifs du multiplicateur, comme on peut voir en cet exemple.

EXEMPLE II.

$$
\begin{array}{r}
52043 \\
7005 \\
\hline
260215 \\
00000 \\
00000 \\
364301 \\
\hline
364561215
\end{array}
$$

REMARQUES.

I.

40. Lorsqu'il y a des zeros au multiplicateur, comme dans cet exemple, les produits particuliers du multiplicande par ces zeros du multiplicateur, ne contiennent que des zeros: ce qui n'augmente pas le produit total, quand on vient à faire l'addition des produits particuliers; c'est pourquoi on n'écrit ces zeros que pour garder le rang des chiffres des produits particuliers suivans; ainsi on pourroit n'écrire qu'un zero pour chacun des produits qui viennent quand on multiplie par zero, & mettre à côté vers la gauche le produit positif qui suit: on pourroit

donc arranger les pro-
duits particuliers de
la multiplication de
l'exemple précedent,
en cette façon.

```
                                    52043
                                     7005
                                  _____
                                   260215
                                36+30100
                                _____
                                364561215
```

I I.

41. Quoiqu'il soit indifférent de prendre l'un ou l'autre des deux nombres pour multiplicateur ; cependant on choisit ordinairement le plus petit, parce que y ayant pour lors moins de produits particuliers, la multiplication est plus commode.

DE LA PREUVE DE LA MULTIPLICATION.

42. La preuve de la multiplication se fait par l'opération opposée, je veux dire, la division ; ensorte qu'on divise le produit par le multiplicateur, & si le quotient est égal au multiplicande, c'est une marque que la multiplication est bien faite : si-non il y a quelque erreur de calcul. En parlant de la preuve de la division, on verra pourquoi on se sert de la division pour prouver la multiplication.

43. Mais comme la division est plus difficile à faire que la multiplication, il paroît qu'il seroit plus à propos de refaire la multiplication d'une autre maniere, en prenant pour multiplicateur le nombre qui étoit multiplicande à la place duquel on substitueroit celui qui étoit multiplicateur : pour lors il faudroit que le produit qui viendroit, en s'y prenant de cette maniere, fut égal à celui qu'on auroit eû d'abord : voici un exemple.

```
      1305                            426
       426                           1305
    _____                        _____
      7830                           2130
      2610                          12780
      5220                            426
    _____                        _____
    555930                          555930
```

44. Remarquez que la preuve d'une opération se peut toujours faire par l'opération contraire. Nous avons déja vû que la preuve de l'addition se faisoit par la soustraction, & que celle de

la souftraction se faisoit par l'addition : nous venons de dire que la preuve de la multiplication se pouvoit faire par la division : nous verrons dans la suite que la division se prouve par la multiplication.

Demonstration de la Multiplication.

45. La regle prescrit de multiplier tous les chiffres du multiplicande par le multiplicateur, & par conséquent en suivant cette regle, on trouvera le produit des unitez, des dixaines, des centaines, des mille, &c ; ainsi on aura le produit du multiplicande entier par le multiplicateur. Ce qu'il fal. dém.

On verra dans la suite *, pourquoi dans la multiplication composée, il faut écrire le dernier chiffre de chaque produit particulier au rang du chiffre, par lequel on multiplie.

46. Nous avons dit que la multiplication se rapportoit à l'addition : c'est ce que l'on peut voir à présent ; en effet la multiplication n'est qu'une espece d'addition, dont les nombres à ajouter sont égaux ; par exemple, multiplier 4850 par 225, c'est la même chose que si on écrivoit 4850 autant de fois qu'il est marqué par 225, ensorte que tous ces nombres égaux fussent les uns sous les autres, & qu'ensuite on fit l'addition, ce qui seroit fort long ; c'est pourquoi on a inventé la multiplication qui est une maniere abrégée de faire cette sorte d'addition de nombres égaux.

La raison de cela, c'est que multiplier 4850 par 225, c'est prendre 4850 deux cens vingt-cinq fois ; & par conséquent c'est la même chose que si on avoit deux cens vingt-cinq nombres égaux chacun à 4850 desquels on chercheroit la somme par l'addition.

47. La multiplication sert à réduire les grandes especes à de plus petites qui y sont contenuës exactement. Ce qui se fait en multipliant le nombre des grandes especes par un autre nombre qui exprime combien de fois la petite est contenuë dans la grande : par exemple, pour sçavoir combien de livres valent 4203 Loüis d'or de 24 livres chacun ; il faut multiplier 4203 par le nombre 24 qui exprime combien de fois la liv. est contenuë dans un Loüis d'or supposé de 24 livres.

De même pour réduire un nombre de pieds en pouces, il faut multiplier ce nombre de pieds par 12, parce que le pied contient 12. pouces.

Pour réduire auffi une fomme de livres en fols, il faut multiplier la fomme des livres par 20, parce qu'une livre vaut 20 fols.

Voici la raifon de cet ufage appliquée au premier exemple : puifque le Loüis d'or vaut 24 livres, le nombre des livres contenu dans une fomme de Loüis doit être vingt-quatre fois plus grand que le nombre des Loüis d'or; il faut donc multiplier le nombre des Loüis par 24, afin d'avoir la fomme des livres que vaut ce nombre de Loüis. C'eft la même raifon pour les autres exemples.

48. Lorfque le multiplicande & le multiplicateur font égaux, le produit fe nomme *quarré* : par exemple, fi on multiplie 532 par 532, le produit 283024 s'appelle quarré de 532; le quarré d'un nombre eft donc le produit de ce nombre multiplié parlui-même : le quarré de 2 eft 4, le quarré de 3 eft 9, celui de 4 eft 16, celui de 5 eft 25, &c. Le nombre que l'on a multiplié pour avoir un quarré eft appellé *racine quarrée* : dans les exemples cy-deffus, la racine quarrée de 283024 eft 532, celle de 4 eft 2, celle 9 eft 3, celle de 16 eft 4, celle de 25 eft 5, &c.

MANIERE ABREGE'E DE FAIRE
la Multiplication en certain cas.

Il y a certain cas où l'on peut abréger la pratique de la multiplication.

49. 1º Quand le multiplicateur eft l'unité fuivie d'un ou de plufieurs zeros, on peut abréger l'opération, en écrivant au produit le multiplicande, & en mettant à la fin autant de zeros qu'il y en a au multiplicateur, comme dans cet exemple.

$$
\begin{array}{r}
5032 \\
100 \\
\hline
503200
\end{array}
$$

50. 2º. Quoiqu'il y ait au multiplicateur des chiffres différens de l'unité fuivis d'un ou de plufieurs zeros, on peut toujours abréger l'opération en multipliant le multiplicande par les chiffres pofitifs du multiplicateur, & mettant les zeros à la fin de la fomme totale des produits particuliers; en voici des éxemples.

7203
40
——
288120

2045
3600
——
12270
6135
——
7362000

31. 3°. Enfin s'il y avoit des chiffres positifs suivis de zeros à la fin tant du multiplicateur que du multiplicande, il faudroit faire la multiplication comme s'il n'y avoit point de zeros à la fin, de l'un, ni de l'autre, & ajoûter au produit total la somme des zeros qui se trouveroient après tous les chiffres positifs du multiplicande & du multiplicateur : voici un exemple.

5302000
6400
——
21208
31812
——
3393280000

S'il n'y avoit des zeros qu'à la fin du multiplicande, on voit bien qu'on pourroit encore abréger l'opération de la même maniere, en mettant les zeros du multiplicande à la fin du produit total. Exemple.

5302000
64
——
21208
31812
——
339328000

32. Remarquez qu'il ne s'agit ici uniquement que des zeros qui sont après tous les chiffres positifs du multiplicande & du multiplicateur ; c'est pourquoi le zero, qui dans l'exemple précédent est entre le 3 & le 2 du multiplié, ne doit pas être mis à la fin du produit total : mais on doit opérer sur lui selon les regles ordinaires.

33. Afin d'entendre les raisons de toutes ces manieres abrégées de faire la multiplication, il faut sçavoir qu'en mettant

un zero à la fin d'un nombre, on le rend dix fois plus grand; si on en met deux, on le rend cent fois plus grand, si on en met trois, on le rend mille fois plus grand, &c. Par exemple, en écrivant un zero à la fin de 5032, il vient 50320 qui vaut dix fois plus que le premier : car dans ce nombre 50320, le 2 vaut des dixaines, le 3 des centaines, le 5 des dixaines de mille; au lieu que dans le premier nombre 5032, le 2 ne vaut que des unitez, le 3 que des dixaines, le 5 que des mille; il est donc évident que chaque chiffre du second nombre vaut dix fois plus que dans le premier. Si on mettoit deux zeros à la fin de 5032, chaque chiffre vaudroit cent fois plus, si on en mettoit trois, il vaudroit mille fois plus, &c.

54. De-là il suit selon le premier cas, que pour multiplier 5032 par 100, il n'y a qu'à écrire à la fin du multiplicande les deux zeros du multiplicateur : car le produit de 5032 par 100 est un nombre cent fois plus grand que 5032. Or en écrivant deux zeros à la fin du multiplicande 5032, on rend ce nombre cent fois plus grand.

55. C'est par le même principe qu'on rend raison du second cas : car quand on a multiplié 2045 par 36, le produit 73620 s'est trouvé cent fois plus petit que le véritable, parce que ce n'étoit pas par 36 qu'il falloit multiplier, mais par 3600 qui est cent fois plus grand que 36; il falloit donc rendre le produit 73620 cent fois plus grand; & par conséquent il a fallu y ajouter à la fin les deux zeros du multiplicateur.

56. Il suit delà que dans la multiplication composée, il faut écrire le dernier chiffre de chaque produit particulier, au rang du chiffre par lequel on multiplie : par exemple, si le multiplicateur est 546, il faut mettre le dernier chiffre du troisiéme produit particulier au rang des centaines; car le multiplicateur qui a formé ce troisiéme produit est le chiffre 5 qui signifie 500; par conséquent après avoir multiplié par 5, il faut ajouter deux zeros au produit. Or en écrivant le dernier chiffre au rang des centaines, on fait la même chose que si on ajoutoit deux zeros au produit.

57. Le troisiéme cas se démontre aussi comme les deux premiers. Supposez, par exemple, qu'on veuille multiplier 340 par 400 : si on multiplioit les chiffres positifs du multiplicande par celui du multiplicateur, & qu'au produit 136, on ajoutât seulement les deux zeros du multiplicateur, le nombre 13600

ne

neseroit le produit que de 34 par 400. Or ce n'étoit pas seulement 34 qu'il falloit multiplier, c'étoit 340 qui est dix fois plus grand ; par conséquent le produit 13600 est dix fois trop petit ; il faudroit donc le rendre dix fois plus grand ; & par conséquent mettre à la fin le zero qui est au dernier rang du multiplicande.

COROLLAIRE I.

58. Il suit du troisiéme cas que quand on multiplie un chiffre par un autre, il y a après le produit autant de rangs qu'il y en a, tant après le chiffre multiplié, qu'après celui du multiplicateur : par exemple, si on multiplie 50000 par 300, il faut qu'il y ait, après le produit des chiffres positifs, autant de zeros qu'il y en a, tant après 5 qu'après 3 ; c'est-à-dire six ; ainsi le vrai produit de 50000 par 300 est 15000000.

Cela n'est pas seulement vrai lorsque les chiffres sont suivis de zero, comme dans l'exemple proposé ; mais aussi quand ils sont suivis d'autres chiffres : supposez qu'on ait à multiplier 57902 par 364, il se trouvera dans le produit total six rangs après le produit partiel du 5, premier chiffre du multiplicande par le 3 du multiplicateur, puisque dans le multiplié le 5 signifie réellement 50000, & que dans le multiplicateur le 3 exprime aussi 300. Par la même raison le produit partiel du troisiéme chiffre 9 par le second 6, sera aussi suivi de trois rangs dans le produit total, parce qu'il y en a deux dans le multiplié après 9 & un dans le multiplicateur après 6.

COROLLAIRE II.

59. Si on multiploit le nombre 57902 par lui-même, le quarré particulier de chaque chiffre auroit après lui, dans le quarré total, le double de rangs qu'il y en a après ce chiffre dans le nombre : par exemple, le quarré particulier de 5, auroit le double de quatre ; c'est-à-dire, huit rangs après lui dans le quarré total du nombre 57902, parce que 5 a quatre rangs après lui dans ce nombre. De même le quarré particulier de 7 auroit le double de 3, c'est-à-dire, six rangs après lui dans le quarré total du même nombre 57902, parce qu'il y a trois rangs après le 7 dans ce nombre ; ainsi des autres. C'est une suite évidente du précedent corollaire ; car le même nombre étant multiplicande & multiplicateur, il y a autant

e

de rangs après le chiffre qu'on multiplie, qu'après celui qui sert de multiplicateur, puisque c'est le même chiffre du même nombre; ainsi, dans l'exemple proposé, y ayant quatre rangs après le 5 consideré comme multiplicande, il y en a aussi quatre après ce même 5 consideré comme multiplicateur; par conséquent il doit y avoir huit rangs dans le quarré total après le produit de 5 par 5, c'est-à-dire, le quarré particulier de 5. C'est la même raison pour le 7 & les autres chiffres suivans.

Nous n'avons parlé jusqu'à présent que de la multiplication des nombres incomplexes; nous ne traiterons de celle des nombres complexes qu'après la division, parce que nous nous servirons de la division pour trouver le produit de ces sortes de nombres.

DE LA DIVISION.

60. Diviser un nombre par un autre, c'est chercher combien de fois le second est contenu dans le premier: par exemple, diviser 18 par 6, c'est chercher combien de fois 6 est contenu dans 18. Pour faire cette operation, on dit: en 18 combien de fois 6, on trouve qu'il y est contenu 3 fois; ainsi 3 exprime combien de fois 6 est contenu dans 18. Il y a donc trois choses à distinguer dans la division; sçavoir, le *dividende*, le *diviseur* & le *quotient*. Le dividende est le nombre à diviser: le diviseur est celui par lequel on divise; & le quotient est le nombre qui marque combien de fois le diviseur est contenu dans le dividende: dans l'exemple proposé, 18 est le dividende, 6 est le diviseur, & 3 est le quotient.

61. On peut donc définir la division, une operation par laquelle on trouve un nombre, qu'on appelle quotient, qui marque combien de fois le dividende contient le diviseur: si on divise 30 par 5, on trouve pour quotient 6, qui marque combien de fois le dividende 30 contient le diviseur 5, c'est-à-dire six fois.

62. Il suit de cette définition, que dans la division le dividende contient autant de fois le diviseur que le quotient contient l'unité: dans l'exemple qu'on vient de proposer, le dividende 30 contient le diviseur 5 autant de fois que le quotient 6 contient l'unité; car le quotient qui marque toujours combien de fois le dividende contient le diviseur étant ici 6, le dividende 30 contient six fois le diviseur 5; de même que le quotient 6 contient six fois 1,

63. On diftingue deux fortes de divifions, la *fimple* & la *compofée*. La divifion fimple eft celle dont le divifeur ne contient qu'un feul chiffre. La divifion compofée eft celle dont le divifeur en contient plufieurs. Nous parlerons d'abord de la fimple, & enfuite de la compofée.

Nous fuppofons qu'on fçait divifer tout nombre plus petit que 90 par les neuf chiffres pofitifs 1, 2, 3, 4, &c. Pour cela il n'y a qu'à fçavoir la table de la multiplication : car fi on connoît, par exemple, que 8 fois 6 font 48, on connoîtra par confequent que 6 eft contenu huit fois dans 48. Il faut donc bien fçavoir cette Table pour faire la divifion ; c'eft pourquoi ceux qui ne la fçavent pas exactement par memoire, doivent l'apprendre avant de commencer cette operation qui eft la plus difficile des quatre.

DE LA DIVISION SIMPLE.

Pour faire la divifion, on écrit le divifeur à côté du dividende vers la droite, & on tire une ligne au deffous de l'un & de l'autre, laquelle on coupe par un crochet que l'on met entre le dividende & le divifeur pour les feparer, comme on voit à la page fuivante : & lorfqu'on fait fa divifion, on place les chiffres du quotient fous le divifeur à mefure qu'on les trouve. On pourroit difpofer autrement le divifeur & le quotient à l'égard du dividende ; mais il eft bon de s'accoutumer à les difpofer toujours de la même maniere. Après ces préparations on obferve les regles fuivantes.

64. 1°. On prend le premier chiffre du dividende, c'eft-à-dire, le plus à gauche, (car c'eft de ce côté qu'on commence la divifion ; au lieu que les trois premieres operations fe font en commençant vers la droite ;) on prend, dis-je, le premier chiffre du dividende, & on confidere combien de fois le divifeur y eft contenu, pour écrire enfuite au quotient le caractere qui exprime combien de fois le divifeur eft contenu dans le premier chiffre du dividende. Si le premier chiffre du nombre à divifer étoit plus petit que le divifeur, on prendroit les deux premiers, & on écriroit de même au quotient le caractere qui marqueroit combien de fois le divifeur eft contenu dans ces deux premiers chiffres du dividende. Cette premiere operation s'appelle proprement la divifion.

65. 2°. On multiplie le divifeur par le chiffre qu'on vient

d'écrire au quotient, pour en avoir le produit.

66. 3°. Enfin quand on a trouvé ce produit, on le foustrait du premier, ou des deux premiers chiffres du dividende, si on a operé fur deux.

67. Après avoir fait la foustraction, on abbaisse le chiffre suivant du nombre à diviser à côté du reste, s'il y en a, & on opere fur ce reste augmenté du chiffre abbaissé comme on a operé fur le premier, ou les deux premiers chiffres du nombre à diviser, y appliquant les trois regles que nous venons de prescrire; on continuë toujours de la même maniere jusqu'à ce qu'on ait operé fur tous les chiffres du dividende, après quoi la division est achevée.

68. Remarquez que si le diviseur n'étoit point contenu dans le chiffre fur lequel on opere, il faudroit mettre zero au quotient; auquel cas la multiplication & la foustraction marquées par la seconde & la troisiéme regle deviendroient inutiles.

Tout cela s'éclaircira par des Exemples.

EXEMPLE I.

Soit le nombre 9408 à diviser par 4: après avoir placé le dividende & le diviseur & tiré les lignes, comme nous l'avons marqué, je dis: en 9 combien de fois 4 ? 2 fois; je mets donc 2 au quotient: ensuite, selon la seconde regle, je multiplie le diviseur 4 par 2, ce qui donne 8: enfin je foustrais, par la troisiéme regle, ce produit 8 de 9, il reste 1 que j'écris fous 9: voilà donc déja les trois regles qui ont été observées fur le premier caractere du nombre à diviser.

J'abbaisse ensuite le 4 à côté du reste 1, & j'opere fur ces deux chiffres, comme j'ai fait fur le premier; je dis donc: en 14 combien de fois 4 ? 3 fois; je mets 3 au quotient à la suite du 2: après quoi je multiplie 4 par 3, le produit est 12 que je foustrais de 14, le reste est 2 que j'écris fous le 4 du dividende.

$$\begin{array}{c|c} 9408 & \!\!\!4 \\ \hline 14 & \!\!\!2352 \\ 20 & \\ 08 & \\ 0 & \end{array}$$

J'abbaisse encore le chiffre suivant du dividende qui est zero que je mets à côté du second reste 2, ce qui sera 20: auquel nombre j'applique les trois regles; je dis donc: en 20 combien de fois 4 ? 5 fois; je pose 5 au quotient, & je multiplie 4 par

5 ; le produit est 20 que je soustrais de 20, il ne reste rien.

Enfin j'abbaisse 8 sur lequel je fais les mêmes operations, en disant : en 8 combien de fois 4 ? 2 fois ; je pose 2 au quotient, & je multiplie 4 par 2, le produit est 8 que je soustrais du 8 abbaissé, il ne reste rien. Tous les chiffres du nombre à diviser ayant été abbaissés, la division est faite, & le quotient est 2352.

69. Les chiffres du dividende dans lesquels on cherche à chaque fois combien le diviseur est contenu, s'appellent *membres* de la division ou du dividende; on peut les nommer aussi *dividendes partiels*; ainsi dans l'exemple proposé 9 est le premier membre ou le premier dividende partiel, 14 est le second, 20 le troisième, & 8 le quatriéme.

R E M A R Q U E S.
I.

70. On doit prendre pour premier membre de la division, un nombre qui soit au moins aussi grand que le diviseur ; c'est pourquoi si en prenant autant de chiffres dans le dividende qu'il y en a dans le diviseur (c'est-à-dire, le premier lorsque la division est simple, & les premiers quand elle est composée,) cela ne fait point une somme égale au diviseur, il faut prendre un chiffre de plus pour premier membre : on en verra plusieurs exemples dans la suite.

Pour avoir le second membre, il faut abbaisser le chiffre qui suit celui ou ceux qui ont servis de premier membre, pour le mettre à la suite du reste de la premiere soustraction, & ce reste, s'il y en a, augmenté du chiffre abaissé, sera le second membre de la division. Dans l'exemple précedent après la premiere soustraction on a descendu le 4 du dividende à côté du reste 1 : ce qui a donné 14 pour second membre. On fait de même pour avoir chacun des autres membres, c'est-à-dire qu'on abaisse le chiffre qui suit ceux qui ont déja servis, on l'abaisse, dis-je, à côté du reste de la soustraction précedente, & ce reste, s'il y en a, augmenté du chiffre abaissé, donnera le membre cherché.

S'il ne restoit rien après la soustraction faite sur un des membres, alors le seul chiffre abaissé seroit le membre suivant ; c'est ce qui est arrivé dans l'exemple précedent, dont le 8 seul a été le quatriéme membre, parce qu'il n'est rien resté après la soustraction du troisiéme.

I I.

71. A mesure qu'on descend quelque chiffre, il est à propos de l'effacer par un petit trait oblique dans le nombre à diviser, afin de ne point confondre ceux qui ont été abaissez avec les suivans, comme il pourroit arriver, sur tout quand il y a plusieurs chiffres de suite du dividende qui sont égaux. En faisant la division des exemples suivans, nous ne rappellerons pas cette remarque, lorsqu'il faudra en faire l'application, de peur de trop allonger le discours.

I I I.

72. Pour s'assurer si on ne s'est point trompé dans la division, il faut, après l'avoir achevé, multiplier le diviseur par le quotient, ou le quotient par le diviseur, & ajouter au produit le reste que l'on a trouvé à la fin de la division, s'il y en a; la somme du produit & du reste est égale au dividende, si la division est bien faite; s'il n'y a point de reste, le produit seul doit être égal au dividende : ainsi dans l'exemple précedent, il faut multiplier le quotient 2352 par 4 & le produit 9408 étant égal au dividende, c'est une marque que l'operation est bien faite.

I V.

73. On ne peut jamais mettre plus de 9 au quotient, pour chacun des membres de la division. On donnera dans la suite la raison des deux dernieres remarques.

La définition précedente & les quatre remarques ont lieu dans la division composée, comme dans la division simple.

Afin de faire mieux entendre l'application des regles de la division, nous distinguerons les differens membres, & nous appliquerons les trois regles à chacun de ces membres en particulier.

E X E M P L E I I.

Soit le nombre 302045 à diviser par 6.

PREMIER MEMBRE DE LA DIVISION.

Voyant que le premier chiffre 3 du dividende est plus petit que le diviseur 6, je prens 30 pour premier membre selon la premiere remarque*; & je dis : en 30 combien de fois 6 ?

ç fois ; je pofe donc 5 au quotient , & je multiplie 6 par 5 , le produit eft 30 , qui étant ôté du premier membre , il ne refte rien.

SECOND MEMBRE.

J'abaiffe le 2 du dividende qui fera feul le fecond membre de la divifion , après quoi je dis : en 2 combien de fois 6 ? mais le divifeur n'étant pas contenu dans le dividende partiel qui eft 2 , j'écris 0 au quotient*, la multiplication du divifeur par 0 , & la fouftraction étant inutiles , il reftera 2. * 68.

TROISIE'ME MEMBRE.

Je tranfporte le chiffre fuivant du dividende qui eft 0 à côté du refte 2 ; ce qui donnera 20 pour le troifiéme membre ; je dis enfuite : en 20 combien de fois 6 ? 3 fois ; je pofe 3 au quotient , & je multiplie 6 par 3 : le produit 18 étant ôté de 20 , il refte 2 qu'il faut écrire fous 0.

QUATRIE'ME MEMBRE.

Je defcends le 4 du dividende à côté du refte 2 : ce qui fait 24 pour le quatriéme membre ; je dis donc : en 24 combien de fois 6 ? 4 fois ; je pofe 4 au quotient , & ayant mul-

$$
\begin{array}{c|c}
302045 & 6 \\
\hline
20 & 50340 \\
24 & \\
5 &
\end{array}
$$

tiplié 6 par 4, je fouftrais le produit 24 de ce quatriéme membre , il ne refte plus rien.

CINQUIE'ME MEMBRE.

Enfin j'abaiffe le 5 du dividende qui fera feul le cinquiéme membre , n'y ayant point eu de refte du précedent ; je dis donc : en 5 combien de fois 6 ? le divifeur n'étant pas contenu dans ce membre , je mets zero au quotient * ; mais la multiplication & la fouftraction étant pour lors inutiles , il refte 5 du dividende qu'il faut feparer par un petit arc , & la divifion eft achevée. * 68.

EXEMPLE III.

Soit le nombre 3780269 à divifer par 7. Nous ne mettons ce troifiéme exemple qu'à caufe des deux zeros qu'il faut écrire de fuite au quotient ; c'eft pourquoi nous n'expliquerons que ce qui regarde ces deux zeros ; car on verra aſſez comment doit ſe pratiquer le reſte de la diviſion , après ce qui a été dit dans les exemples précedens.

Dans cet exemple , après avoir mis le premier zero au quotient, on deſcend le 2 à la droite du zero du dividende , lequel zero avoit été abaiſſé auparavant , & on cherche combien de fois le diviſeur 7 eſt contenu dans le 2 qui eſt le qua-

$$
\begin{array}{r}
3780269 \\
28 \\
0026 \\
59 \\
(3
\end{array}
\left\{
\begin{array}{l}
7 \\
540038
\end{array}
\right.
$$

triéme membre : mais comme le diviſeur n'eſt point contenu dans ce membre, on met un ſecond zero au quotient ; enſuite on abaiſſe le 6 du dividende à côté du 2 ; ce qui donne 26 pour le cinquiéme membre ; on cherche donc combien de fois le diviſeur eſt contenu dans 26 ; & comme il y eſt contenu 3 fois, on écrit 3 au quotient, & on fait tout le reſte comme dans les exemples précedens.

Nous n'avons pas écrit le produit du diviſeur par chacun des chiffres du quotient pour en faire la ſouſtraction : ainſi dans le ſecond exemple après avoir mis au quotient le premier chiffre 5 , on a multiplié le diviſeur 6 par 5 : ce qui a donné le produit 30 que l'on a ſouſtrait du premier membre 30 , ſans l'avoir écrit au deſſous de ce membre , comme on auroit pû faire : mais dans la diviſion compoſée nous écrirons toujours ces produits ſous les membres dont ils doivent être ſouſtraits, afin que l'on ſoit moins expoſé à faire des fautes de calcul dans la ſouſtraction : ce qui arriveroit plus facilement que dans la diviſion ſimple où les produits ſont fort petits, n'é-tant jamais compoſez de plus de deux chiffres.

Avant que de paſſer à la diviſion compoſée, il eſt à propos de refaire pluſieurs fois les exemples que l'on vient de donner, & ſur tout le ſecond & le troiſiéme qui contiennent des zeros au quotient; on doit auſſi ſe donner des exemples : & afin de voir ſi on ne ſe trompe point dans l'application des regles, il faut multiplier un nombre, tel qu'on voudra, par un ſeul ca-ractere, & prenant le produit qui en viendra pour dividende, & le multiplicateur pour diviſeur, il doit venir au quotient le même nombre qui a ſervi de multiplicande ; ainſi il ſera fa-cile de voir ſi on ſe trompe en faiſant la diviſion. On peut faire la même choſe pour la diviſion compoſée, pourvû que le mul-tiplicateur contienne pluſieurs chiffres.   **DE**

DE LA DIVISION COMPOSE'E.

Nous avons dit que lorfqu'il y a plufieurs chiffres au divifeur, pour lors la division étoit appellée compofée.

74. On trouve les différens membres de cette division de la maniere qui a été expliquée *, & on applique fur chacun les trois regles de la division fimple, c'eft-à-dire, qu'il faut 1°. chercher combien de fois le divifeur eft contenu dans chaque membre de la division, & écrire au quotient le caractere qui marque combien de fois le divifeur entier eft contenu dans le membre fur lequel on opere; 2°. multiplier tout le divifeur par le caractere qu'on vient d'écrire au quotient; 3°. ôter le produit de cette multiplication du dividende partiel. Nous allons faire des remarques & donner des exemples de la division compofée, qui feront concevoir comment fe fait l'application de ces regles.

* 73.

REMARQUES.
I.

75. Lorfqu'on veut faire une division compofée, il ne faut pas chercher combien de fois le divifeur entier eft contenu dans le membre de la division fur lequel on opere; cela demanderoit une trop grande étenduë d'efprit : par exemple, fi on veut divifer 27605 par 84, il ne faut pas chercher combien de fois le divifeur entier 84 eft contenu dans 276 qui eft le premier membre : mais concevant que le divifeur eft fous le dividende partiel, (fans l'y écrire effectivement) enforte que le dernier chiffre du divifeur réponde au dernier chiffre de ce dividende partiel en cette maniere, $\frac{276}{84}$. Il faut voir combien de fois le premier chiffre du divifeur eft contenu dans celui ou ceux aufquels il répond : dans cet exemple, 8 répond à 27, parce que n'y ayant aucun chiffre du divifeur avant 8, il eft cenfé répondre non-feulement à 7 qui eft précifément au deffus, mais auffi à 2 qui joint au 7 fait 27 ; on doit donc chercher combien de fois 8 eft contenu dans 27, en difant : en 27 combien de fois 8 ?

I I.

76. Après avoir trouvé combien de fois le premier chiffre du

diviſeur eſt contenu dans le chiffre ou les chiffres auſquels il répond, il ne faut pas mettre d'abord au quotient le caractere qui
exprime combien de fois le premier chiffre du diviſeur eſt contenu dans celui ou ceux auſquels il répond ; il faut auparavant
faire l'épreuve. Or cette épreuve conſiſte à multiplier le diviſeur
entier par le caractere qu'on vouloit mettre au quotient, & ſi le
produit de cette multiplication n'eſt pas plus grand que le dividende partiel, le chiffre éprouvé eſt bon, & doit être mis au
quotient: dans l'exemple propoſé, après avoir trouvé que 8
eſt contenu 3 fois dans les chiffres correſpondans 27 ; il faut
faire l'épreuve, c'eſt-à-dire multiplier le diviſeur entier 84 par
3, & le produit 252 n'étant pas plus grand que le premier membre 276, on doit mettre 3 au quotient : mais ſi le produit du diviſeur par le chiffre éprouvé 3, avoit été plus grand que le dividende partiel, il auroit fallu éprouver 2 moindre que 3 d'u-
ne unité ; & ſi en multipliant le diviſeur par 2, le produit eut
encore été plus grand que le dividende partiel, il auroit fallu mettre au quotient 1 moindre que 2 d'une unité. En un mot, il faut
diminuer le chiffre éprouvé toujours d'une unité, juſqu'à ce que
le produit du diviſeur par le chiffre éprouvé ne ſoit pas plus
grand que le membre ſur lequel on opere, afin que ce produit
puiſſe en être ôté.

On doit écrire à part toutes les multiplications que l'on fait
pour les épreuves ; par ce moyen les épreuves qu'on a faites
pour les premiers chiffres du quotient pourront ſervir pour les
ſuivans.

III.

77. S'il arrivoit qu'en multipliant le diviſeur par 1, le produit ne put être ôté du dividende partiel, ou ſi le diviſeur étoit
plus grand que le dividende partiel, (ce qui revient au même,) ce ſeroit une marque qu'on ne pourroit mettre que zero
au quotient pour ce membre, auquel cas on négligeroit la
multiplication & la ſouſtraction, parce qu'elles ſeroient inutiles, comme on l'a déja remarqué pour la diviſion ſimple.

Ces trois remarques ſont pour tous les membres de la diviſion compoſée, excepté le premier ſur lequel la troiſiéme remarque n'a point d'application.

Soit le nombre 27605 à diviser par 84.

PREMIER MEMBRE.

Les deux premiers chiffres du dividende faisant un nombre
moindre que le diviseur, je prends les trois premiers, sçavoir 276
pour le premier membre, sous lequel concevant le diviseur,
comme il a été dit dans la premiere remarque sur la division
composée *, je cherche combien de fois 8 est
contenu dans les chiffres correspondans 27;
& voyant qu'il y est contenu 3 fois, je multiplie le diviseur entier 84 par 3, le produit est 252, lequel étant moindre que le
premier membre 276, je mets 3 au quotient. Voilà déja l'application de la premiere regle faite sur le premier membre.

$$\begin{array}{r|l} 27605 & 84 \\ \hline 252 & (3 \\ \hline 240 & \end{array}$$

* 75.

Après avoir mis 3 au quotient, je devrois multiplier, selon la
seconde regle, le diviseur 84 par le chiffre 3 que j'ai mis au
quotient; mais comme j'ai déja trouvé le produit en faisant
l'épreuve, j'écris simplement ce produit sous le premier membre; ensorte que le dernier chiffre du produit soit sous le
dernier chiffre du premier membre en cette maniere.

Enfin j'applique la troisième regle en ôtant, selon la méthode ordinaire de la soustraction, le produit 252 du dividende
partiel 276: cette soustraction étant faite, le reste sera 24, &
l'opération sera achevée sur le premier membre. On cherche
ensuite le second sur lequel on opere de la même maniere,
aussi-bien que sur les suivans, comme on le verra dans la
suite.

SECOND MEMBRE.

Le reste du premier membre est 24, à côté duquel j'abbaisse
le chiffre suivant du dividende qui est o: ce qui donne 240 pour
le second membre, sous lequel concevant le diviseur 84 disposé comme il faut *, je cherche combien de fois 8 est contenu
dans 24, qui est le membre auquel il répond : comme je vois
qu'il y est contenu 3 fois, j'éprouve le 3 en multipliant le diviseur par 3, le produit 252 est plus grand que 240 : ainsi le 3

* 75.

f ij

n'eſt pas bon. Je dois donc le diminuer d'une unité, il reſtera
2 qu'il faut auſſi éprouver en multipliant le diviſeur par 2. Or
en faiſant cette multiplication, je trouve le produit 168 qui eſt
moindre que 240; par conſéquent je dois
mettre 2 au quotient à côté du 3 : enſuite la multiplication du diviſeur par
ce 2 étant toute faite, j'écris le produit
168 ſous 240, les unitez ſous les unitez,
les dixaines ſous les dixaines, &c. comme il faut toujours l'obſerver; & faiſant
enſuite la ſouſtraction, je trouve le
reſte 72.

$$
\begin{array}{r}
27605 \;|\; 84 \\
252 \;\big(\; 328 \\
\hline
240 \\
168 \\
\hline
725 \\
672 \\
\hline
(53
\end{array}
$$

TROISIE'ME MEMBRE.

J'abbaiſſe le chiffre ſuivant du dividende, ſçavoir 5, vis-à-vis du
reſte 72; ainſi le troiſiéme & dernier membre eſt 725, ſous lequel
concevant le diviſeur placé comme il faut *, je vois que le 8
répond à 72; je cherche donc combien de fois 8 eſt contenu
dans 72, & voyant qu'il y eſt 9 fois, j'éprouve le 9, c'eſt-à-
dire, que je multiplie le diviſeur par 9; mais le produit 756
étant plus grand que 725, le 9 n'eſt pas bon; j'éprouve donc
le 8 moindre d'une unité que 9 : or le produit du diviſeur par 8
eſt 672 moindre que 725; je poſe donc 8 au quotient, & j'é-
cris ce produit 672 ſous 725 pour faire la ſouſtraction, laquelle
étant achevée, le reſte eſt 53 que je ſépare par un petit arc,
afin de le diſtinguer des autres chiffres; ce qui étant fait, la diviſion eſt entierement finie, parce qu'il n'y a plus de chiffre à
abbaiſſer dans le dividende.

EXEMPLE II.

Soit le nombre 479785 à diviſer par 369.

PREMIER MEMBRE.

Le diviſeur n'étant pas plus grand que les trois premiers
chiffres du dividende, ſçavoir 479, ce nombre eſt le premier
membre de la diviſion, ſous lequel concevant le diviſeur en
cette maniere $\frac{479}{369}$, le 3 du diviſeur répond au 4 du dividende
partiel; je dis donc en 4 combien de fois 3? une fois, j'écris
1 au quotient, parce que je vois que le produit du diviſeur par

1 étant égal au diviseur même, n'eſt
pas plus grand que 479, enſuite je
mets le produit du diviſeur par 1,
c'eſt-à-dire, 369 ſous le premier
membre 479, les unitez ſous les
unitez, &c. après quoi je fais la ſouſtraction qui me donne pour reſte
110.

$$
\begin{array}{r}
4797865 \mid 369 \\
369 \mid 1300 \\
\hline
1107 \\
1107 \\
\hline
00865
\end{array}
$$

SECOND MEMBRE.

Au reſte 110 je joins le chiffre ſuivant du dividende ; ſçavoir 7, en l'abaiſſant à côté de 110, ce qui fait 1107 pour ſecond membre, ſous lequel concevant le diviſeur placé comme
il faut *, le premier chiffre 3 du diviſeur répondra ſous 11 ; je
dis donc : en 11 combien de fois 3 ? il y eſt 3 fois ; c'eſt pourquoi j'éprouve le 3, en multipliant le diviſeur par 3 ; le produit
eſt 1107, lequel n'étant pas plus grand que le dividende partiel, je poſe 3 au quotient, & j'écris le produit 1107 ſous le dividende partiel, pour faire la ſouſtraction, laquelle étant achevée il ne reſte rien.

75

TROISIE'ME MEMBRE.

J'abbaiſſe le 8 qui eſt ſous le troiſiéme membre, parcequ'il
n'eſt rien reſté du ſecond. Ce troiſiéme membre étant plus petit que le diviſeur, je dois mettre o au quotient ; ainſi la multiplication & la ſouſtraction ſont inutiles, & par conſéquent le
reſte du troiſiéme dividende partiel eſt 8.

QUATRIE'ME MEMBRE.

Je deſcends le chiffre du dividende, ſçavoir 6, vis-à-vis du
reſte 8 : ce qui donne 86 pour le quatriéme membre ; lequel
étant encore plus petit que le diviſeur, je mets un ſecond o
au quotient, & le reſte de ce membre eſt 86.

CINQUIE'ME MEMBRE.

Enfin ayant abbaiſſé le dernier chiffre du dividende qui eſt 5
à côté du reſte 86, il vient 865 pour cinquiéme & dernier
membre, ſous lequel concevant le diviſeur placé comme il faut,

le 3 du diviſeur répondra au
8 ; je dis donc : en 8 combien
de fois 3 ? 2 fois ; ainſi je multiplie le diviſeur par 2, le produit eſt 738 qui étant moindre que 865, je poſe 2 au
quotient, & j'écris le produit
738 ſous 865 pour faire la
ſouſtraction, après laquelle il
reſte 127 que je ſépare par un
petit arc, & la diviſion eſt achevée.

$$4797865 \big) 369$$
$$369 \quad \big) 13002$$
$$1107$$
$$1107$$
$$0000865$$
$$738$$
$$(127$$

Voici encore deux exemples de la diviſion compoſée, que
nous donnons ſans nous arrêter à les expliquer comme nous
avons fait les précedens.

EXEMPLE III.

$$2569472 \big) 2953$$
$$23624 \quad \big) 870$$
$$20707$$
$$20691$$
$$(362 \ \text{reſte}$$

Preuve de cette divi-ſion.

$$2953$$
$$870.$$
$$0000$$
$$20671$$
$$23624$$
$$362 \ \text{reſte}$$
$$2569472$$

EXEMPLE IV.

$$28125074880 \big) 3906$$
$$27342 \quad \big) 7200480$$
$$7830$$
$$7812$$
$$0018748$$
$$15624$$
$$31248$$
$$31248$$
$$000$$

Preuve de cette divi-ſion.

$$3906$$
$$7200480$$
$$0000$$
$$31248$$
$$15624$$
$$0000$$
$$0000$$
$$7812$$
$$27342$$
$$28125074880$$

REMARQUES.

I.

78. Si on appercevoit qu'après avoir fait la souftraction, le reste fut plus grand ou égal au diviseur, ce seroit une marque que le chiffre qu'on vient de mettre au quotient ou quelqu'un des précedents seroit trop petit, puifque le diviseur feroit contenu dans le membre dont on viendroit de faire la souftraction, au moins une fois de plus qu'il ne feroit marqué par ce chiffre qu'on viendroit d'ecrire au quotient : ainfi après la souftraction faite sur le second membre du premier exemple de la division composée, si le reste avoit été plus grand ou égal au diviseur 84, alors le 2 qu'on a mis au quotient pour ce membre auroit été trop petit.

II.

79. Chaque membre de la division fourniffant un chiffre au quotient, il est visible qu'il doit y avoir autant de chiffres au quotient, qu'il y a de membres dans la division. Or il est facile de voir tout d'un coup, combien il y aura de membres dans la division, puisqu'il y en a autant & un de plus qu'il reste de chiffres dans le dividende après le premier membre : dans l'exemple cité à la remarque précedente, il étoit aifé de voir qu'il n'y auroit que trois membres en divisant 27605 par 84 ; & par conféquent qu'il n'y auroit que trois chiffres au quotient ; parce qu'il ne restoit que deux caracteres au dividende après le premier membre 276.

III.

80. Quand il n'y a point de reste après la derniere souftraction, c'est une marque que le diviseur est contenu exactement autant de fois dans le dividende qu'il y a d'unitez dans le quotient : mais s'il y a un reste, pour lors le dividende contient le diviseur autant de fois qu'il y a d'unitez dans le quotient, & il contient de plus le reste ; enforte que si on retranchoit ce reste du dividende, le diviseur y feroit contenu justement autant de fois qu'il y a d'unitez au quotient.

On fait du reste qu'on trouve après la division une fraction dont ce reste est le numérateur, & le diviseur est le dénominateur : comme dans le premier exemple cy-deffus, ayant trouvé pour refte 53 , on en fait la fraction $\frac{53}{84}$, laquelle on met à côté du quotient en entier de cette maniere, 328 $\frac{53}{84}$, ce qui marque que le quotient de 27605 divifé par 84 , eft 328 & de plus la fraction $\frac{53}{84}$.

IV.

81. On ne peut jamais mettre plus de 9 au quotient pour un des membres du dividende. Nous allons le démontrer à l'égard du premier membre , & nous ferons voir enfuite que l'on peut appliquer la même démonftration aux fuivantes.

Ou bien il y a autant de chiffres au premier membre qu'il y en a au divifeur, ou il y en a un de plus. Or dans l'un & l'autre cas on ne peut mettre plus de 9 au quotient; fuppofons d'abord qu'il y a autant de chiffres dans le premier membre qu'il y en a au divifeur ; par exemple, trois à chacun ; enforte que les trois du premier membre foient les plus grands qu'il foit poffible, & que les trois du divifeur foient au contraire les plus petits que l'on puiffe , afin que le divifeur foit contenu plus de fois dans le premier membre ; que ce premier membre foit donc 999 & le divifeur 100 : il eft certain que 100 n'eft point contenu dix fois dans 999 ; car afin que 100 fut contenu dix fois dans 999 , il faudroit que ce nombre 999 fut dix fois plus grand que 100 , ce qui n'eft pas , puifque pour rendre un nombre dix fois plus grand qu'il n'eft, il n'y a qu'à lui ajoûter un o*: or en ajoûtant un o à 100, il vient 1000 qui eft plus grand que 999 ; donc 999 n'eft pas dix fois plus grand que 100 ; & par conféquent 100 n'eft pas contenu dix fois dans 999 ; on ne peut donc mettre plus de 9 au quotient, en divifant 999 par 100.

* 53

De même s'il y avoit un chiffre de moins dans le divifeur que dans le dividende partiel ; par exemple , fi le divifeur étoit 625 , & le premier membre 6249 , (ce premier membre eft le plus grand qu'il foit poffible par rapport au divifeur , puifque fi on l'augmentoit d'une unité, la fomme qui en réfulteroit, fçavoir 6250 , ne pourroit plus être prife pour premier membre , mais feulement 625 égal au divifeur ,) dans ce cas le divifeur ne feroit pas contenu dix fois dans le dividende partiel, puifqu'en rendant ce divifeur dix fois plus grand, c'eft-à-dire, en le multipliant par 10 , le produit 6250 eft plus grand que le premier membre 6249 ; on ne peut donc , même dans ce cas, mettre plus de 9 au quotient.

Ce que l'on vient de dire pour le premier membre de la divi-

fion doit s'entendre également de tous les autres, parce que le
refte qui fe trouve après chaque fouftraction,étant toujours plus
petit que le divifeur, il eft impoffible que ce refte augmenté
du chiffre qu'on abbaiffe, contienne dix fois le divifeur.

Ces quatre remarques conviennent à la division fimple, comme à la division compofée.

82. Entre plufieurs manieres de faire la division compofée
nous avons choifi celle qui vient d'être expliquée, parce qu'elle
eft plus facile à entendre, & que d'ailleurs elle paroit moins
fujette aux fautes de calcul que les autres : ce qui eft d'une
grande conféquence. Au refte, lorfque le quotient ne doit être
compofé qu'environ de 3 ou 4 caracteres, il feroit plus court
de ne faire l'épreuve que par la penfée, & de commencer la
multiplication du divifeur vers la gauche, en faifant la fouftraction en même tems fans rien écrire : la fouftraction fe fait de la
même maniere que pour la preuve de l'addition. On va appliquer cette methode fur un exemple.

Si je veux divifer 843067   843067 2965
par 2965, je dis : en 8 com-   ——————
bien de fois 2 ? il y eft 4 fois,

j'éprouve donc 4 en commençant à multiplier le divifeur vers
la gauche, & enfaifant en même tems la fouftraction de la maniere fuivante : 4 fois 2 font 8; j'ôte ce produit 8 du premier chiffre du dividende auquel répond le 2 du divifeur, * & il ne refte   *75.
rien; je multiplie enfuite le 9 du divifeur par 4 : mais
le produit ne pouvant être ôté du 4 du dividende, il eft
vifible que ce chiffre éprouvé, fçavoir 4, n'eft pas bon ; j'éprouve donc le 3 de la même maniere, & je dis : 3 fois 2 font
6, j'ôte 6 de 8, il refte 2, qu'il faut joindre par la penfée avec
le 4 fuivant du premier membre, ce qui fait 24 : enfuite je dis :
3 fois 9 font 27 que je ne puis ôter de 24 ; ainfi le chiffre 3
n'eft pas encore bon, j'éprouve donc le 2 en difant : 2 fois 2 font
4 que j'ôte de 8, il refte 4 qu'il faut joindre par la penfée avec
le 4 fuivant, & la fomme eft 44 : Après cela je multiplie 9
par 2, & j'ôte le produit 18 de 44, & voyant qu'il refte plus
de 9, je fuis affuré que 2 eft bon, c'eft pourquoi je fais la mul-

tiplication du diviſeur par 2
à l'ordinaire, en commençant
à la droite, & en écrivant le
produit : après quoi je fais la
ſouſtraction & j'écris le reſte,
comme il a été pratiqué dans
la methode dont on s'eſt ſervi
ci-deſſus.

$$
\begin{array}{r}
843067\ \big(\ 2965 \\
5930\ \big(\ 284 \\
\hline
25006 \\
23720 \\
\hline
11867 \\
11860 \\
\hline
1007
\end{array}
$$

La ſouſtraction étant faite,
& le chiffre ſuivant du dividende étant abaiſſé, le ſe-
cond membre eſt 25006 ſur lequel je fais l'épreuve comme
ſur le premier : je dis donc : en 25 combien de fois 2 ? on ne
peut mettre que 9 ; ainſi j'éprouve 9 en diſant : 9 fois 2 font
18 que j'ôte de 25, il reſte 7 ; je joins par la penſée le reſte 7
au zero ſuivant du ſecond membre; ce qui fait 70, après quoi
je multiplie le 9 du diviſeur par le 9 éprouvé : mais le produit
ne pouvant être ôté de 70; je conclus que le 9 n'eſt pas bon.
J'éprouve donc le 8 en diſant : 8 fois 2 font 16, que j'ôte de
25, il reſte 9; ainſi je ſuis aſſuré que le chiffre éprouvé eſt bon;
c'eſt pourquoi je multiplie le diviſeur entier par 8, & j'écris le
produit; je fais enſuite la ſouſtraction en écrivant auſſi le reſte.
On fera l'épreuve de la même maniere ſur le troiſiéme membre de la diviſion.

PREUVE DE LA DIVISION.

83. La preuve de la diviſion ſe fait, comme on l'a remarqué, en multipliant le diviſeur par le quotient, ou le quotient
par le diviſeur : ce qui donne un produit égal au dividende,
lorſque la diviſion ſe fait exactement ; c'eſt-à dire, lorſqu'il
n'y a point de reſte après la derniere ſouſtraction : voici la
raiſon pour laquelle le produit du diviſeur par le quotient doit
être égal au dividende. Nous avons dit que le quotient mar-
quoit combien de fois le diviſeur eſt contenu dans le dividende:
par exemple, 100 étant diviſé par 4, le quotient 25 fait voir
que le diviſeur 4 eſt contenu 25 fois dans 100 ; par conſéquent en prenant le diviſeur autant de fois qu'il eſt marqué
par le quotient, l'on doit avoir un nombre égal au dividende.
Or prendre le diviſeur autant de fois qu'il eſt marqué par le
quotient, c'eſt multiplier le diviſeur par le quotient; par con-

sequent le produit du diviseur par le quotient, ou du quotient
par le diviseur est égal au dividende.

84. Il est facile de voir à présent qu'on peut se servir de la
division pour prouver la multiplication : car le produit contenant le multiplicande autant de fois qu'il est marqué par le
multiplicateur, il est évident que si on divise le produit par le
multiplicande, le quotient sera le multiplicateur : & réciproquement si on divise le produit par le multiplicateur, le quotient sera le multiplicande.

85. Puisque le dividende est égal au produit du quotient
par le diviseur, il s'ensuit que le quotient est contenu autant
de fois dans le dividende qu'il est marqué par le diviseur; c'est
pourquoi de même que le quotient exprime combien de fois
le diviseur est contenu dans le dividende; pareillement le diviseur exprime combien de fois le quotient est contenu dans
le dividende; ainsi on peut définir la division, une operation
par laquelle on partage un nombre, qu'on nomme dividende,
en autant de parties égales, qu'il y a d'unitez dans un autre
que l'on prend pour diviseur : par exemple, diviser 100 par
4, c'est partager 100 en quatre parties, dont chacune est
égale au quotient 25.

86. C'est delà qu'on déduit l'usage que l'on fait de la division: par exemple, si on veut partager 100000 liv. également
à cinq personnes, on divise 100000 par 5, & le quotient
20000 est la cinquiéme partie de 100000, parce que le diviseur 5 marque que le quotient 20000 est contenu cinq fois
dans 100000; il faut donc donner 20000 liv. à chacune des
cinq personnes.

87. Nous avons supposé, en donnant la raison de la preuve de
la division, que cette operation, c'est-à-dire, la division se
faisoit exactement ou sans reste: mais s'il y avoit un reste, il
est clair qu'en l'ajoutant au produit du diviseur par le quotient, la somme qui en résulteroit seroit égale au dividende:
par exemple, si on divise 103 par 4, le quotient sera 25, & il
y aura 3 de reste. Or si on multiplie le quotient par le diviseur,
& qu'au produit 100 on ajoute le reste 3, la somme sera necessairement égale au dividende: car puisqu'il est resté 3 après
la division, c'est une marque que si le dividende avoit été diminué de 3, la division se seroit faite sans reste; ainsi le produit
du quotient par le diviseur auroit été égal au dividende 103

diminué de 3 , comme on vient de le prouver *; par conséquent si on ajoute 3 à ce produit, la somme sera égale au
dividende entier.

88. Quoiqu'on puisse également, pour faire la preuve de
la division, multiplier le quotient par le diviseur, ou le diviseur par le quotient, cependant il est pour l'ordinaire plus
commode dans la division composée, de faire la preuve en
multipliant le diviseur par le quotient, parce qu'il n'y a qu'à
écrire les produits particuliers du diviseur par les différens
chiffres du quotient, lesquels produits ont été trouvez en
faisant la division, comme on peut le voir dans le troisième
& quatrième exemple de la division composée dont on a donné la preuve.

DEMONSTRATION DE LA DIVISION.

89. Diviser un nombre par un autre , c'est en chercher un
troisième, qu'on nomme quotient, qui exprime combien de
fois le diviseur est contenu dans le dividende. Or en suivant
les regles de la division, on trouve pour quotient un nombre
qui exprime combien de fois le diviseur est contenu dans le dividende : car pour voir combien de fois un nombre est contenu dans un autre ; il n'y a qu'à sçavoir combien de fois le
premier peut être ôté du second. Or en suivant les regles de la
division, on trouve pour quotient un nombre qui exprime combien de fois le diviseur peut être soustrait du dividende,
puisqu'à chaque chiffre qu'on écrit au quotient, on doit multiplier le diviseur par ce chiffre, pour en soustraire le produit du
dividende: par exemple, si on divise 100 par 4, il se trouvera
à la fin de l'operation, qu'on aura multiplié 4 par 25, & qu'on
aura soustrait le produit, c'est-à-dire, 25 fois 4, de 100 ;
& par consequent le diviseur est retranché du dividende autant
de fois qu'il y a d'unitez dans le quotient : d'ailleurs le diviseur est retranché du dividende autant de fois qu'il y est contenu ; puisque selon les regles de la division , le reste, s'il y en
a , est toujours moindre que le diviseur ; donc le quotient exprime combien de fois le diviseur peut être ôté du dividende;
ainsi il marque combien de fois le diviseur est contenu dans
le dividende. Ce qu'il fal. dem.

90. Les commençans pourroient être embarassez pour comprendre comment dans la pratique de la division, le diviseur

est ôté du dividende autant de fois qu'il est marqué par le quotient : supposé, par exemple, que le dividende soit 4578 & le diviseur 6, le quotient sera 763. Or il ne paroît pas d'abord qu'en suivant les regles de la division, le diviseur 6 ait été ôté du dividende 763 fois, parce que pour le premier membre de la division, on n'a multiplié le diviseur 6 que par 7, après quoi on a ôté le produit 42 ; c'est-à-dire 7 fois 6, du dividende : pour le second membre on n'a soustrait le diviseur 6 que 6 fois du dividende, ou ce qui est la même chose, le produit du diviseur par le second chiffre 6 du quotient ; enfin pour le troisiéme membre on a encore ôté le diviseur 3 fois du dividende : on a donc ôté le diviseur du dividende seulement 16 fois ; sçavoir, 7 fois pour le premier membre, 6 fois pour le second, 3 fois pour le troisiéme ; ce qui fait en tout 16 & non pas 763.

Pour faire évanouïr cette difficulté, il faut considerer de quelle maniere se fait la soustraction dans la division. Quand pour le premier membre on a ôté du dividende le produit de 6 par 7, c'est-à-dire 42, on a fait comme si on avoit voulu soustraire 4200 produit de 6 par 700, puisque pour soustraire 4200 de 4578, il faudroit disposer ces deux nombres ; ensorte que 42 repondît à 45, & pour lors on trouveroit pour reste 378 qui est le même nombre qui est resté du dividende entier après la premiere soustraction ; ainsi par cette soustraction on a ôté 700 fois le diviseur 6 du dividende : de même par la seconde soustraction de la division on a ôté du dividende le produit du diviseur 6 par 60 qui est 360 ; enfin par la troisiéme soustraction on a ôté du dividende qui restoit, 3 fois le diviseur, c'est-à-dire, le produit de 6 par 3 ; il est donc certain que le diviseur a été ôté du dividende, en faisant la division 1°. 700 fois, 2°. 60 fois, 3°. 3 fois ; ce qui fait en tout 763 fois.

91. Après ce que nous venons de dire, il est clair que la division n'est qu'une espece de soustraction par laquelle on ôte le diviseur du dividende autant de fois qu'il est marqué par le quotient.

92. C'est par la division qu'on réduit une somme de petites especes à de plus grandes : ce qui se fait en divisant la somme des petites especes par le nombre qui exprime combien la grande espece contient de fois la petite : par exemple,

pour réduire une fomme de deniers en fols, il faut divifer le nombre des deniers par 12, parce qu'un fol vaut 12 deniers, & le quotient fera le nombre des fols contenus dans la fomme des deniers.

La raifon de cette pratique eft que le nombre de fols que vaut la fomme des deniers, eft 12 fois plus petit que le nombre des deniers, puifqu'il faut 12 deniers pour faire un fol ; il ne s'agit donc pour réduire les deniers en fols, que de trouver un nombre qui ne foit que la douziéme partie de celui des deniers. Or en divifant le nombre des deniers par 12, on trouve pour quotient un nombre qui n'eft que la douziéme partie de celui des deniers, puifqu'en divifant par 12, on partage le nombre de deniers en 12 parties égales. Donc ce quotient marquera le nombre de fols contenus dans la fomme des deniers.

Nous allons donner plufieurs exemples de réduction des petites efpeces aux plus grandes.

Combien 546 deniers valent-ils de fols ? il faut divifer 546 par 12, le quotient 45 & le refte 6, font voir que 546 deniers valent 45 fols 6 deniers.

Combien 720 pieds en longueur valent-ils de toifes ? il faut divifer 720 par le divifeur 6 qui marque combien de fois le pied eft contenu dans la toife, le quotient 120 fait connoître que 720 pieds contiennent 120 toifes.

Combien 50 onces d'argent valent-elles de marcs ? Il faut divifer 50 par 8, qui marque combien il y a d'onces au marc ; le quotient 6 & le refte 2 font connoître qu'il y a 6 marcs 2 onces dans cinquante onces.

MANIERE ABREGE'E DE FAIRE LA DIVISION en certain cas.

Il y a des occafions où l'on peut faire la divifion plus facilement qu'à l'ordinaire : il eft bon de ne pas ignorer quand cela fe peut faire.

93. 1°. Lorfque le divifeur eft compofé de l'unité fuivie de plufieurs zeros, s'il y a autant de zeros à la fin du dividende que dans le divifeur, pour lors, afin d'avoir le quotient, il n'y a qu'à retrancher autant de zeros de la fin du dividende qu'il y en a dans le divifeur, & le refte eft le quotient de la divifion : par exemple, pour divifer 2475000 par 1000,

comme il y a trois zeros dans le diviſeur , il faut retrancher les trois zeros qui ſont à la fin du dividende , le reſte 2475 eſt le quotient de la diviſion.

Autre exemple ; le nombre 624000 étant diviſé par 100, le quotient eſt 6240.

Voici la raiſon de cet abregé appliquée au premier exem-ple. Diviſer un nombre par 1000, c'eſt chercher la milliéme partie de ce nombre , ou bien, ce qui eſt la même choſe , c'eſt en chercher un qui ſoit mille fois plus petit. Or en re-tranchant trois zeros qui ſont à la fin du dividende , on le rend mille fois plus petit, comme il paroît par ce qui a été dit ſur la maniere abregée de faire la multiplication ; par conſequent ce qui reſte du dividende , après en avoir retran-ché les trois zeros qui ſont à la fin , eſt le quotient de la di-viſion. * 53.

Le diviſeur étant toujours compoſé de l'unité ſuivie de plu-ſieurs zeros, ſi le dividende avoit des chiffres poſitifs à la fin, on pourroit auſſi retrancher autant de caracteres de la fin du dividende, qu'il y auroit de zeros dans le diviſeur , & le quo-tient ſeroit encore le reſte du dividende, auquel il faudroit ajouter une fraction dont le numerateur ſeroit les chiffres qu'on auroit retranchez du dividende, & le dénominateur, le diviſeur. Exemple, ſi on diviſe 2475894 par 1000, le quo-tient ſera 2475 $\frac{894}{1000}$: c'eſt une ſuite neceſſaire de ce que l'on vient de dire.

94. 2°. Lorſqu'on veut diviſer un nombre par 2 , il faut prendre la moitié de chaque caractere de ce nombre : ce qui eſt plutôt fait que d'obſerver les regles ordinaires de la di-viſion.

Soit, par exemple, le nombre 65207 à diviſer par 2. Au lieu de ſuivre la regle generale, je dis : la moi-tié de 6 eſt 3 que j'écris au deſſous de 6 ; après je dis : la moitié de 4 c'eſt 2 que je poſe ſous 5 ; j'ai dit exprès la moitié de 4 ; quoi qu'il y ait 5, parce que 5 étant un nombre impair , dont par conſequent on ne peut prendre la moitié , il a fallu rejetter une unité au rang ſuivant où elle vaudra 10 * ; c'eſt pourquoi je dirai au troiſiéme rang : 10 & 2 qui ſe trouvoit déja à ce rang ſont 12, dont la moitié eſt 6 que je poſe ſous 2 ; enſuite je dis : la moitié de 0 c'eſt 0 que j'écris au deſſous. Enfin la moitié

65207
32603 +$\frac{1}{2}$

* 4.

de 6 (je prens 6 au lieu de 7 qui eſt impair) c'eſt 3 que j'écris encore ſous 7, & comme il reſte 1 à diviſer par 2, il y aura une fraction dont 1 ſera le numerateur & 2 le dénominateur.

Voici encore deux autres exemples que nous donnons ſans les expliquer comme le précedent.

$$14050416 \qquad 130407020$$
$$7025208 \qquad 65203510$$

On peut ſe ſervir de la même methode lorſqu'il s'agit de diviſer un nombre par 3; mais au lieu de prendre la moitié de chaque chiffre du nombre, il en faut prendre le tiers, comme on le peut voir dans l'exemple ſuivant, où il s'agit de diviſer 48104 par 3.

Je dis donc: le tiers de 9 eſt 3 que
j'écris ſous 9: enſuite je prens le tiers
de 6 au lieu de 8, c'eſt 2 que j'écris

$$98104$$
$$32701 + \tfrac{1}{3}$$

ſous 8. On remarquera que je n'ai pris que le tiers de 6, parce que je ne pouvois prendre le tiers de 8 non plus que de 7; c'eſt pourquoi j'ai rejetté deux unitez de 8 au troiſiéme rang où elles vaudront 20; je dis donc: 20 & 1 qui ſe trouve à ce rang font 21, dont le tiers eſt 7 que je poſe ſous 1 : après cela je dis : le tiers de 0 c'eſt 0 que j'écris au deſſous : enfin le tiers de 3, au lieu de 4, c'eſt 1 que je mets ſous 4; mais y ayant une unité de reſte, il y aura une fraction dont 1 ſera le numerateur & 3 dénominateur. Le quotient de 98104 diviſé par 3 eſt donc $32701 + \tfrac{1}{3}$.

Voici deux autres nombres
dont on a pris le tiers ou qu'on
a diviſé par 3 par la même methode.

$$250805 \qquad 150402600$$
$$83601 + \tfrac{2}{3} \qquad 50134200$$

On peut encore ſe ſervir de la même methode pour diviſer par 4, 5, 6, &c. mais elle devient plus difficile à meſure que le diviſeur augmente.

Il eſt inutile de s'arrêter pour démontrer cette methode, étant aſſez évident qu'en prenant la moitié de chaque chiffre d'un nombre, on a la moitié de ce nombre : c'eſt la même raiſon quand il s'agit du tiers.

95. On tire delà une maniere fort courte de réduire les ſols en livres : elle conſiſte à retrancher le dernier caractere du nombre qui marque les ſols ; & à prendre enſuite la moitié du reſte ſuivant la methode qu'on vient d'enſeigner.

Soit, par exemple, 617409 ſols à réduire en livres, il faut

retranche

retrancher le dernier chiffre 9 qui marque les unitez de fols , &
prendre la moitié du refte : cette
moitié eft 30870 ; ainfi 617409 fols
valent 30870 liv. 9 f. on ajoûte 9 f.
à caufe du 9 qu'on a retranché.

61740 | 9 f.
30870 liv. 9 f.

Second exemple , dans lequel l'a-
vant-dernier chiffre 7 étant impair,
il refte une unité qu'il faut joindre

41047 | 8 f.
20523 liv. 18 f.

avec le chiffre retranché , en la mettant avant ce chiffre ; parce
que c'eft une dixaine de fols.

Voici encore deux fom-
mes de f. à réduire en liv.

460134 | 0 f.   61405 | 0 f.
230067 liv.   30702 liv. 10 f.

La raifon de cette maniere d'opérer vient de ce que le
nombre de livres contenu dans une fomme de fols , eft 20
fois plus petit que le nombre de fols ; ainfi il ne s'agit que de
prendre la vingtiéme partie du nombre de fols. Or fi le dernier
caractere eft un zero , en le retranchant , le refte eft la dixiéme partie de ce nombre ; par conféquent en prenant la moitié
de ce refte, on aura la vingtiéme partie du nombre de fols ; donc
cette moitié exprime le nombre de livres que renferme la fomme des fols.

Si au lieu de fuppofer que le dernier caractere du nombre
des fols eft un zero , il fe trouve que c'eft un chiffre pofitif,
tel que 9 , comme dans le premier exemple ; il eft vifible que
le nombre eft plus grand de 9 fols , que s'il y avoit un zero à la
place du 9 ; par conféquent outre les livres marquées par la
moitié du refte, il contient encore 9 fols de plus.

96. Il fuit du premier cas, dans lequel nous avons dit qu'on
pourroit abréger l'opération de la divifion, que l'on peut prendre la dixiéme partie d'une fomme de livres , en retranchant le
dernier chiffre de la fomme , fi ce dernier chiffre eft un zero.
Exemple , le dixiéme de 504720 livres eft 50472 , qui eft le
nombre reftant de 504720, après en avoir retranché le dernier
chiffre qui eft un zero.

La raifon de cette pratique eft, qu'en retranchant le 0 du
nombre , on divife ce nombre par 10 , comme il a été dit dans
le premier cas ; & par conféquent il en refte la dixiéme partie
que l'on cherchoit.

S'il fe trouvoit un chiffre pofitif à la fin du nombre propofé,
à la place du zero , & qu'il y eut 504723 au lieu de 504720,

h

il faudroit toujours retrancher ce chiffre pofitif qui eft ici 3 , dont le double qui eft 6 marqueroit des fols ; enforte que le dixiéme de 504723 liv. eft 50472 liv. 6 f.

On voit que le dixiéme de 504723 l. eft plus grand de 6 f. que celui de 504720 liv. la raifon en eft , que le premier de ces deux nombres eft plus grand que le fecond de 3 livres : or le dixiéme de trois livres eft fix fols, puifque le dixiéme de chaque livre eft deux fols ; de-là vient qu'il faut toujours prendre le double du chiffre retranché , quand il eft pofitif , pour exprimer des fols.

Autre exemple. Soit 492058 liv. le dixiéme eft 49205 l. 16 f.

DE LA MULTIPLICATION
des nombres complexes

Nous avons remis à traiter de la multiplication des nombres complexes après la divifion , parce que pour faire cette multiplication , il faut fe fervir de la divifion, comme on le verra dans la fuite.

Les nombres complexes font ceux qui contiennent des quantitez de differentes efpeces : tel eft le nombre fuivant , 40 livres 15 fols 6 deniers , & celui-ci 26 toifes 8 pieds 10 pouces. Nous allons donner la methode de multiplier ces nombres l'un par l'autre après la remarque fuivante.

97. Lorfqu'on cherche le prix d'une marchandife par la multiplication , on doit toujours regarder comme le multiplicande, celui des deux nomb es qui contient des quantitez femblables à celles du produit : par exemple , fi on cherche le prix de douze aunes de drap à 15 livres l'aune , & qu'on multiplie les deux nombres 12 & 15 l'un par l'autre, on doit regarder 15 livres comme le multiplicande, parce que le produit qu'on cherche exprimera des liv. & l'autre nombre 12 aunes eft le multiplicateur ; car lorfqu'on cherche le prix de 12 aunes à 15 livres chacune, il eft évident qu'il faut prendre 12 fois 15 livres , c'eft-à-dire , multiplier 15 livres par 12 , & par conféquent les 15 livres font le multiplicande, & le nombre 12 eft le multiplicateur. Souvent on s'énonce , comme fi le nombre qui marque le prix étoit le multiplicateur : mais on doit toujours le concevoir comme étant le multiplié. Cette remarque doit s'entendre des nombres complexes & des incomplexes.

98. Pour multiplier un nombre complexe par un autre, il faut 1º réduire chacun des deux nombres à la plus petite efpece

qu'il contient ; 2°. multiplier l'un par l'autre les deux nombres réduits : ce qui donnera un premier produit ; 3°. multiplier auſſi l'un par l'autre les deux nombres qui expriment combien de fois la plus grande eſpece de chaque nombre complexe contient la plus petite, & on aura un ſecond produit ; 4°. diviſer le premier produit par le ſecond, & le quotient ſera le produit des deux nombres propoſez. Cela s'entendra par des exemples.

EXEMPLE I.

On demande combien valent 4 toiſes 5 pieds 8 pouces à 3 livres 2 ſols 4 deniers la toiſe. Pour trouver cette valeur, il faut multiplier 3 liv. 2 ſ. 4 den. par 4 toiſes 5 pieds 8 pouces ; & afin de faire cette multiplication, 1°. je réduis 3 liv. 2 ſ. 4 den. à la plus petite eſpece, c'eſt-à-dire, à des deniers, la ſomme eſt 748 : je réduis pareillement 4 toiſes 5 pieds 8 pouces à la plus petite eſpece qui ſont les pouces ; la ſomme eſt 356. 2°. Je multiplie ces deux ſommes 748 & 356 l'une par l'autre, le produit eſt 266288. 3°. Je multiplie auſſi 240 par 72, parce que 240 exprime combien de fois la livre contient le denier & 72 marque combien de fois la toiſe contient le pouce : on aura le ſecond produit 17280. 4° Je diviſe le premier produit par le ſecond, & je trouve 15 au quotient & le reſte 7808 ; ainſi la valeur de 4 toiſes 5 pieds 8 pouces eſt 15 livres plus $\frac{7808}{17280}$. Cette fraction marque des livres à diviſer par 17280.

EXEMPLE II.

Combien valent 5 marcs 7 onces & 6 gros à 48 liv. 16 ſ. 10 den. le marc ? Pour trouver la ſomme qu'on cherche, il faut ſçavoir que le marc contient 8 onces, & l'once 8 gros. Cela poſé, 1°. je réduis 48 liv. 16 ſ. 6 den. en 11722 deniers, & je réduis pareillement 5 marcs 7 onces 6 gros en 382 gros. 2°. Je multiplie 11722 par 382, le produit eſt 4477804. 3°. Je multiplie auſſi 240 par 64, parce que 240 exprime combien la livre vaut de deniers & 64 marque combien le marc contient de gros : le produit de cette ſeconde multiplication eſt 15360. 4°. Enfin je diviſe le premier produit par le ſecond, c'eſt-à-dire, 4477804 par 15360, & je trouve pour quotient 291 & le reſte 8044 ; ainſi les 5 marcs 7 onces & 6 gros à 48 liv. 10 ſ. 10 den. le marc, valent 291 l. & la fraction $\frac{8044}{15360}$ qui vaut des parties de liv.

99. Si on veut avoir la valeur de la fraction $\frac{8044}{15360}$ en ſols, il faut multiplier 8044, reſte de la diviſion par 20 ſols, parce que la livre contient 20 ſols, & diviſer enſuite le produit

160880 par le même diviſeur 15360, & on trouvera au quoᵗient 10 ſols & la nouvelle fraction $\frac{7280}{15360}$ qui exprime des parties de ſols. Pour ſçavoir combien cette fraction vaut de deniers, il faut pareillement multiplier 7280 reſte de la ſeconde diviſion par 12, parce que le ſol vaut 12 deniers, & diviſer encore le produit par 15360, le quotient ſera 5 den. avec la fraction $\frac{12160}{15360}$ que l'on peut négliger, parce qu'elle n'exprime que des parties de deniers. Ainſi le prix de 5 marcs 7 onces 6 gros à 48 liv. 16 ſ. 10 den. eſt 291 liv. 10 ſ. 5 d.

On peut de la même maniere ſçavoir la valeur de la fraction $\frac{7088}{17280}$ du premier exemple, en multipliant 7088 reſte de la diviſion par 20, & diviſant enſuite le produit par le diviſeur 17280, le quotient ſera 8 ſols, plus le reſte 3520 qu'il faudra encore multiplier par 12 & diviſer enſuite le produit 42240 par le même diviſeur 17280 : on trouvera au quotient 2 deniers & le reſte 7680 que l'on peut négliger : ainſi le prix de 4 toiſes 5 pieds 8 pouces à 3 liv. 2 ſols 4 den. la toiſe, eſt 15 liv. 8 ſ. 2 d.

* 93. Les deux premiers articles de la methode propoſée * pour la multiplication des nombres complexes, n'ont pas beſoin de preuve : voici la démonſtration des deux derniers appliquée au premier exemple.

100. Si chaque pouce valoit 748 deniers, il eſt évident que 4 toiſes 5 pieds 8 pouces, ou 356 pouces vaudroient 266288 deniers, puiſque ce nombre eſt le produit de 748 par 356. Mais par la ſuppoſition 748 deniers ſont le prix de la toiſe & non pas du pouce ; ainſi puiſque la toiſe vaut 72 pouces, le prix d'un pouce n'eſt que la 72 partie de 748 deniers ; par conſéquent le prix de 356 pouces n'eſt auſſi que la 72ᵉ partie de 266288 deniers ; donc afin d'avoir le prix de 356 pouces en deniers, il faut diviſer 266288 deniers par 72 : mais le quotient de cette diviſion n'exprimant que des deniers, il faudroit pour le réduire en livre, le diviſer par 240, parce que la livre contient 240 deniers. Or au lieu de faire ces deux diviſions, il eſt plus court de diviſer tout d'un coup par 17280 qui eſt le produit des deux nombres 72 & 240.

101. La multiplication eſt plus facile, lorſqu'un des deux nombres à multiplier eſt incomplexe : ſuppoſons, par exemple, qu'on veüille ſçavoir le prix de 35 toiſes à 4 liv. 2 ſ. 6 den. la toiſe, il faudra multiplier 4 liv. 2 ſ. 6 den. réduits en deniers, c'eſt-à-dire, 990 deniers par 35, le produit ſera 34650 den.

Si on veut réduire ce produit en livres, il faut le diviser par 240, parce qu'une livre vaut 240 deniers ; on trouvera 144 & la fraction $\frac{40}{345}$ qui exprime des parties de livres : cette fraction vaut 7 f. 6 den. comme on peut le voir en opérant selon ce qui a été dit dans l'article 99.

Lorsqu'un des deux nombres à multiplier est incomplexe, & que l'autre contient des livres, des fols & des deniers, comme dans l'exemple précédent, on peut pour lors se servir d'une autre methode. Nous allons exposer les principes de cette methode, & ensuite nous en ferons l'application sur quelques exemples.

102. Si on veut multiplier 2 fols par un nombre, comme par 456, il faut retrancher le dernier caractere de ce nombre, & doubler le caractere retranché, le reste exprimera des livres, & le double du dernier caractere marquera des fols : ainsi 456 toises à 2 fols la toise valent 45 livres 12 fols. Pareillement 35 toises à 2 fols chacune valent 3 liv. 10 f. de même 450 toises à 2 f. chacune, valent 45 liv.

Pour entendre la raison de cette pratique, il faut considérer que si on multiplioit une livre par 456, le produit seroit 456 livres. Or 2 fols ne sont que la dixième partie d'une livre ; par conséquent le produit de 2 fols par 456 ne doit être que la dixiéme partie de 456 livres. Or pour avoir le dixiéme de 456 livres, il faut retrancher le dernier chiffre 6 & le doubler comme on l'a fait voir * ; ainsi la valeur de 456 toises à 2 fols chacune, est 45 liv. 12 fols.   * 95.

103. Si on vouloit multiplier un nombre de fols différent de 2, par exemple 8 fols, il faudroit chercher d'abord le produit de 2 fols, & multiplier ensuite ce produit par 4, parce que 8 fols valent 4 fois 2 fols. Ainsi pour avoir le prix de 456 toises à 8 fols chacune, il faut chercher le produit de 2 fols par 456 c'est 45 liv. 12 f. & multiplier ensuite 45 liv. 12 f. par 4, le produit 182 liv. 8 f. sera le prix de 456 toises à 8 f. la toise. Si on vouloit multiplier 9 fols, il faudroit faire comme pour 8 f. & ajouter de plus la moitié du produit de 2 fols. Pareillement pour 12 f. il faut multiplier le produit de 2 fols par 6, & pour 13 fols, il faut faire comme pour 12, & ajouter la moitié du produit de 2 f. ainsi des autres nombres de fols jusqu'à 20.

104. Lorsqu'on veut multiplier des deniers, il faut encore chercher le produit de 2 fols, & prendre ensuite une partie de

ce produit proportionnée au nombre des deniers : par exemple, si on veut multiplier 6 deniers par 456, il faut chercher le produit de 2 sols par 456, c'est 45 liv. 12 s., & prendre ensuite le quart de ce produit, parce que 6 deniers font le quart de 2 sols ou de 24 deniers : ainsi le produit de 456 toises à 6 den. la toise, est 11 liv. 8 s.

Voici une table pour faire voir quelle partie du produit de 2 sols il faut prendre pour tous les nombres de deniers jusqu'à 12.

Pour 3 deniers, prenez la huitiéme partie du produit de 2 s.
Pour 4 den. prenez la sixiéme partie.
Pour 6 den. prenez la quatriéme partie.
Pour 8 den. prenez le tiers.
Pour 1 den. cherchez le prix pour 4, & prenez-en le quart.
Pour 2 den. cherchez le prix pour 4, & prenez-en la moitié.
Pour 5 den. prenez pour 4, & ensuite pour 1.
Pour 7 den. prenez pour 4, & ensuite pour 3.
Pour 9 den. prenez pour 6 & ensuite pour 3.
Pour 10 den. prenez pour 6 & ensuite pour 4.
Pour 11 den. prenez pour 8 & ensuite pour 3.

La methode abrégée de faire la division de l'article 94 est fort commode pour prendre ces différentes parties du produit de 2 s.

105. Cela posé, on peut trouver le prix de 35 toises à 4 liv. 2 s. 6 den. la toise, en cette maniere : il faut multiplier 4 liv. 2 s. 6 den. par 35 ; 1°. le produit de 4 liv. par 35 est 140 liv. 2°. Le produit de 2 sols par 35 est 3 liv. 10 s. 3°. le produit de 6 deniers par 35, est 17 sols 6 den.

Ces trois produits joints ensemble, font la somme de 144 liv. 7 s. 6 den. c'est le prix de 35 toises à 4 liv. 2 s. 6 den. la toise.

$$
\begin{array}{r}
140 \text{ liv.} \\
3 \quad 10 \text{ s.} \\
17 \text{ s. } 6 \text{ den.} \\
\hline
144 \quad 7 \quad 6
\end{array}
$$

Voici encore un autre exemple pour lequel on se sert de la même methode. On demande quel est le prix de 43 aunes de drap à 14 liv. 15 s. 9 den. l'aune.

Il faut multiplier 14 liv. 15 s. 9 den. par 43. 1°. Le produit de 14 liv. par 43 est 602 liv. 2°. Pour avoir le produit de 15 s. par 43, je cherche d'abord le produit de 2 s. par 43, c'est 4 liv. 6 sols, & je multiplie ce produit par 7, je trouve 30 liv. 2 sols ; j'ajoute encore le produit d'un sol, parce que 15 s. valent 7 fois 2 s. & 1 sol de plus : ce produit par 1 sol est la moitié de

4 liv. 6 f. 3°. Pour avoir le produit de 9 den. je prends d'abord pour 6, c'est 1 liv. 1 f. 6 den., & ensuite pour 3 den. c'est 10 f. 9 den. tous ces produits ajoûtez ensemble, font la somme de 635 livres 17 sols 3 den.

```
602 liv.
 30    2 f.
  2    3
  1    1  6 den.
     10    9
─────────────────
635 l. 17 f. 3 den.
```

106. Il y a quelques cas où l'on peut abréger la multiplication : par exemple, si on veut multiplier 5 sols, il faut prendre le quart du multiplicateur, & on aura le produit en livres; parce que 5 sols sont le quart d'une livre. Si on veut multiplier 10 sols, il faut prendre la moitié du multiplicateur. Pareillement s'il faut multiplier 3 f. 4 den. il n'y a qu'à prendre la sixiéme partie du multiplicateur, parce que 3 sols 4 den. sont la sixiéme partie d'une livre. Enfin s'il faut multiplier 6 f. 8 den. on prendra le tiers du multiplicateur. Lorsqu'on a un peu d'habitude dans le calcul, il n'est pas difficile de trouver soi-même des abrégez dans certains cas.

DE LA DIVISION DES NOMBRES COMPLEXES.

Après avoir bien compris la multiplication des nombres complexes, il sera facile d'entendre la division de ces nombres; c'est pourquoi nous en parlerons en peu de mots.

7 marcs 2 onces d'argent ayant coûté 346 liv. 18 f. 6 den. on demande à combien revient le marc. L'état de la question fait voir que c'est en divisant 346 liv. 18 sols 6 den. que l'on trouvera le prix de chaque marc. Voici la méthode pour faire cette division.

107. 1°. Il faut réduire le diviseur à la plus petite espece qu'il contient. 2°. Faire la division en commençant par les plus grandes especes du dividende & allant de suite aux plus petites. 3°. Multiplier le quotient entier par le nombre qui marque combien de fois la plus grande espece du diviseur contient la plus petite.

108. Remarquez que s'il y a un reste après la division de la plus grande espece, par exemple, des livres, il faut réduire ce reste en sols, & ajoûter les sols qui viennent de cette réduction à ceux qui se trouvoient déja dans le dividende, pour diviser ensuite cette somme par le diviseur par lequel on a divisé les livres. Pareillement s'il y a un reste après avoir fait la division des sols, il faut réduire ce reste en deniers, pour les ajoûter aux

deniers qui étoient dans le dividende. On a déja pratiqué cette
remarque en traitant de la multiplication *.

Pour faire l'application de cette methode à l'exemple proposé. 1°. Je réduis tout le diviseur 7 marcs 2 onces, en 58 onces. 2°. Je divise 346 liv. 18 f. 6 den par 58, en commençant
par les livres, & je trouve au quotient 5 liv. & le reste 56 que je
réduis en sols en le multipliant par 20 ; le produit est 1120,
auquel il faut ajoûter les 18 sols du dividende, il vient 1138,
que je divise par 58, & je trouve au quotient 19 sols, & le reste
36 que je réduis en 432 deniers, ausquels ajoûtant les 6 deniers du dividende, la somme est 438 : je divise encore cette
somme par 58, & je trouve au quotient 7 den. & la fraction $\frac{32}{58}$
que l'on peut négliger. Ainsi le quotient entier est 5 liv. 19 f.
7 den., sans compter la petite fraction $\frac{32}{58}$ qui n'exprime que
des parties de deniers. 3°. Je multiplie ce quotient entier par 8,
parce que le marc contient 8 onces, le produit est 47 liv. 16 f.
8 den. c'est le prix d'un marc, en supposant que 7 marcs 2
onces ont coûté 346 liv. 18 f. 6 den.

On n'a point eu d'égard à la fraction $\frac{32}{58}$; mais si on n'a-
voit rien voulu négliger, il auroit fallu multiplier le numerateur 32 par 8, comme on le verra dans la suite, en parlant
de la multiplication des fractions.

Si le diviseur avoit contenu des gros, il auroit fallu multiplier le quotient par 64, parce que le marc contient 64 gros.

109. Il n'y a point de difficulté par rapport au premier & au
second article de la methode. Voici la raison du troisiéme. Il est
clair que le quotient que l'on trouve après avoir divisé 346 liv.
18 f. 6 den. par 58, exprime la valeur d'une once, parce que
le diviseur 58 marque des onces ; par conséquent afin d'avoir
la valeur du marc, il faut multiplier le quotient par le nombre
qui exprime combien il y a d'onces dans le marc, c'est-à-dire,
par 8 ; & le produit sera la valeur du marc.

110 Lorsque le multiplicateur est un nombre incomplexe,
pour lors le premier & le troisiéme article de la methode n'ont
point de lieu. Voici un exemple : 26 muids de vin ayant coûté
1467 liv. 12 f. 8 d., on demande à combien revient le muid. Il
faut diviser par 26 les livres, ensuite les sols & enfin les deniers
du dividende commé dans l'exemple précedent, & on trouvera 56 liv. 8 f. 11 den. plus 10 den. à diviser par 26 : c'est le
prix d'un muid.

ABREGE'

ABREGÉ D'ALGEBRE.

111. L'Algebre est une partie des Mathématiques qui traite de la grandeur en general, exprimée par les lettres de l'alphabet.

112. On se sert des caracteres de l'alphabet préferablement à d'autres, tant parce qu'on les connoît & qu'on est accoutumé de les écrire, que parce que ne signifiant rien par eux-mêmes, on peut les employer pour exprimer toutes sortes de grandeurs.

113. De ce que les caracteres dont on se sert dans l'Algebre peuvent exprimer toutes sortes de grandeurs, il s'ensuit que les démonstrations de l'Algebre sont generales : ce qui est un des principaux avantages de cette Science.

114. Un autre avantage de l'Algebre, c'est qu'on opere également sur les quantitez inconnuës comme sur celles qui sont connuës. On employe ordinairement les premieres lettres de l'alphabet a, b, c, &c. pour designer les grandeurs connuës ; & les dernieres r, s, t, u, x, y, z, pour exprimer les inconnuës.

115. Ceux qui commencent à étudier l'Algebre sont souvent fort embarassez sur la signification des caracteres a, b, c, d, &c. qui ne presentent aucun objet déterminé à l'esprit ; ils sont même tentez de croire que tout le calcul algebrique est un vain amusement qui ne peut avoir aucune application aux objets de nos connoissances. Mais de ce que ces caracteres ne signifient rien par eux-mêmes, on en doit plutôt conclure qu'on les peut employer pour exprimer toutes sortes de grandeurs, & que par consequent le calcul algebrique peut être appliqué aux grandeurs de toutes especes, étenduës, nombres, mouvemens, vitesses, &c. d'ailleurs personne n'est embarassé sur la signification des caracteres arithmetiques $1, 2, 3, 4, 5, 6$, &c. qui cependant ne presentent aucun objet déterminé à l'esprit non plus que les lettres de l'alphabet : par exemple, le chiffre 4 ne signifie ni quatre toises, ni quatre pieds, ni quatre hommes, ni quatre écus, &c. On ne doit donc pas non plus se mettre en peine de chercher la signification des

i

lettres a, b, c, d, &c. il fuffit de fçavoir qu'on peut les employer à marquer toutes fortes de grandeurs.

116. On fait fur les lettres dans l'Algebre les mêmes operations que l'on fait fur les nombres dans l'Arithmetique : il y en a quatre principales, l'addition, la fouftraction, la multiplication & la divifion. Avant de traiter de ces operations, il eft neceffaire d'expliquer les fignes & les termes dont on fe fert dans l'Algebre.

117. Ce figne $+$ fignifie plus, & cet autre $-$ fignifie moins: le premier eft la marque de l'addition ; ainfi $a+b$ fignifie que la grandeur b eft ajoutée avec a ; le fecond eft la marque de la fouftraction; ainfi $a-b$ fignifie que la quantité b eft ôtée de a.

118. Ce figne $=$ fignifie égal, & marque qu'il y a égalité entre les quantitez qui le précedent & celles qui le fuivent ; ainfi $a=b$ fignifie que a eft égale à b. Pareillement $a-b=c+d$ marque que $a-b$ eft égale à $c+d$.

119. Voici encore deux fignes $\vee$ & $\vee$ dont le premier fignifie plus grand, & l'autre plus petit; ainfi $a\vee b$ marque que la quantité a eft plus grande que b ; & $a\vee b$ fignifie que a eft moindre que b. Afin de ne pas confondre ces deux fignes, il faut remarquer que la quantité que l'on met du côté de l'ouverture eft toujours la plus grande, & que celle qui eft du côté de la pointe eft la plus petite : cela paroît par les exemples qu'on vient de donner.

120. Les lettres de l'alphabet fur lefquelles on opere font appellées *quantitez algebriques*.

121. Les quantitez algebriques font nommées *fimples*, *incomplexes* ou *monomes*, lorfqu'elles ne font pas jointes enfemble par les fignes $+$ & $-$; ainfi $+a$, $+5ab$, & $-4aa$ font trois quantitez incomplexes.

122. Les quantitez algebriques font nommées *compofées*, *complexes* ou *polynomes*, lorfqu'elles font jointes enfemble par les fignes $+$ & $-$: ainfi $a-b$, $c-d+f$ font des quantitez complexes.

123. Dans les quantitez complexes les parties feparées par les fignes $+$ & $-$ font appellées *termes* ; ainfi dans la quantité $ab+cd-bd$, il y a trois termes ; fçavoir, ab, cd & bd.

124. Les quantitez complexes qui n'ont que deux termes font appellées *binomes* ; celles qui en ont trois, *trinomes*, &c. ainfi $a+b$ eft un binome & $ab+cd-bd$ eft un trinome.

125. Les quantitez incomplexes qui font précedées du figne + font appellées *positives* ; & celles qui font précedées du figne — font appellées *negatives*. Les termes des quantitez complexes font auffi appellez *positifs* ou *negatifs* felon qu'ils font précedez du figne + ou —.

126. Remarquez que les quantitez incomplexes qui ne font précedées d'aucun figne, font fuppofées avoir le figne +, & font par conféquent pofitives. Il en eft de même du premier terme des quantitez complexes : ainfi *ab* eft la même chofe que + *ab*. Pareillement *ab* + *cd* — *bd* eft la même chofe que + *ab* + *cd* — *bd*.

127. Il faut bien remarquer que les quantitez negatives font des grandeurs oppofées aux quantitez pofitives : par exemple, fi le mouvement vers l'Orient eft pris pour pofitif, le mouvement vers l'Occident fera negatif. Pareillement le bien que l'on poffede peut être regardé comme une grandeur pofitive, & ce que l'on doit comme une quantité negative. De cette notion des quantitez pofitives & negatives, il s'enfuit que les unes & les autres font également réelles, & que par conféquent les negatives ne font pas la negation ou l'abfence des pofitives ; mais que ce font certaines grandeurs oppofées à celles que l'on regarde comme pofitives ; ainfi dans le premier exemple qu'on vient de propofer, la quantité negative par rapport au mouvement vers l'Orient, n'eft pas de n'avoir pas de mouvement vers l'Orient ; mais c'eft d'avoir un mouvement vers l'Occident : & dans le fecond exemple, la quantité negative par rapport au bien que l'on poffede, ce font les dettes que l'on a, & non pas de n'avoir pas de bien.

128. Lorfque l'on compare deux quantitez égales en mettant le figne = entre deux, cela s'appelle *equation* ou *égalité* : par exemple, *a* + *b* = *c* eft une equation. Les deux quantitez que l'on compare font appellées *membres* de l'equation : la quantité qui eft à la gauche du figne d'égalité eft le *premier membre*, & celle qui eft à la droite eft le *fecond* ; ainfi dans l'equation *a* + *b* = *c* le premier membre eft *a* + *b*, & le fecond eft *c*.

129. Les nombres qui précedent les lettres, font appellez *coefficiens* : ainfi 3 eft le coefficient de 3 *ab*. Lorfqu'une quantité incomplexe ou un terme d'une quantité complexe n'a pas de coefficient marqué, il faut concevoir que l'unité eft fon coef-

ficient : par exemple, dans la quantité $5ab+cd$, l'unité est le coefficient du dernier terme cd.

130. Les quantitez incomplexes sont apellées *semblables* lorsqu'elles contiennent les mêmes lettres écrites autant de fois dans chacune des quantitez ; ainsi $+3a$ & $+2a$ sont des quantitez semblables. Pareillement $+4aab$ & $-5aab$ sont aussi des quantitez semblables. Il paroît par cette notion & par ces exemples, qu'afin que deux quantitez soient semblables, il n'est pas necessaire qu'elles ayent les mêmes signes, ni les mêmes coefficiens ; mais il faut qu'elles contiennent les mêmes lettres, & que ces lettres soient écrites autant de fois dans une quantité que dans l'autre ; c'est pourquoi aab & ab ne sont pas semblables, parce que la lettre a est écrite deux fois dans la premiere quantité & une fois seulement dans la seconde. Tout cela doit aussi s'entendre des termes des quantitez complexes.

131. Lorsqu'il y a plusieurs termes semblables dans une quantité complexe, on les réünit en un seul terme : c'est ce qu'on appelle réduire les quantitez semblables à leurs plus simples expressions. Or cette réduction se fait en deux manieres, ou en ajoutant les coefficiens, ou en ôtant l'un de l'autre. Lorsque les termes semblables ont les mêmes signes, afin de faire la réduction, il faut ajouter les coefficiens, & écrire la somme avec le signe des termes qu'on réduit : ainsi dans la quantité $3abb+4abb+2ab$, les deux premiers termes étant semblables & ayant le même signe $+$, pour en faire la réduction, j'ajoute les coefficiens 3 & 4, & j'écris la somme 7 avec le signe $+$ qui est celui des termes semblables ; ainsi la quantité réduite est $+7abb+2ab$ ou $7abb+2ab$. De même pour faire la réduction des trois derniers termes de la quantité $5bb-3bd-4bd-bd$, j'ajoute les trois coefficiens 3, 4 & 1, & j'écris la somme qui est 8 avec le signe $-$ en cette maniere $5bb-8bd$. (On a pris l'unité pour coefficient du dernier terme $-bd$, parce qu'il n'en a point qui soit marqué.) *

Mais si les termes semblables ont des signes differens, pour lors il faut ôter le plus petit coefficient du plus grand, & écrire le reste avec le signe du plus grand coefficient : par exemple, afin de faire la réduction de la quantité $-3ad+5ad+7aa$ dont les deux premiers termes sont semblables, il faut ôter 3 de 5, & écrire 2 avec le signe $+$ qui est celui du plus grand coefficient 5 ; ainsi la quantité réduite est $+2ab+7aa$ ou

$2ab + 7a.1$. Pareillement afin de faire la réduction de la quantité $3cx - 7xx + 5xx$, dont les deux derniers termes sont semblables, il faut ôter 5 de 7, & écrire le reste 2 avec le signe — en cette maniere $3cx - 2xx$.

DE L'ADDITION.

132. L'Addition est une operation par laquelle on cherche la somme de plusieurs quantitez : par exemple, si ayant les trois nombres 6, 9 & 10, je les joins ensemble pour en avoir la somme qui est 25 ; cela s'appelle faire l'addition de ces trois nombres.

133. Afin d'ajouter les quantitez algebriques, il n'y a qu'à les écrire telles qu'elles sont, sans rien changer aux signes qui les précedent : par exemple, si on veut ajouter b ou $+ b$ avec a, on écrit $a + b$: mais si on vouloit ajouter $- b$ avec a, il faudroit mettre $a - b$. Pour ajouter $c - d$ avec $a + b$, on écrira $a + b + c - d$. Pour ajouter $- 3aab + 2ad$ avec $5aab - 7ad + 3cd$, on écrira $5aab - 7ad + 3cd - 3aab + 2ad$.

134. Lorsqu'après l'addition il y a des quantitez semblables dans la somme, il faut faire la réduction ; ainsi dans le dernier exemple qu'on vient de proposer, la somme qu'on a trouvée se réduit à $2aab - 5ad + 3cd$. Souvent dans la pratique on fait la réduction en même temps que l'addition.

135. Cette operation porte la démonstration avec elle, étant évident que la somme de a & de b est $a + b$; & que celle de a & de $- b$ est $a - b$: ainsi des autres exemples.

DE LA SOUSTRACTION.

136. La soustraction est une operation par laquelle on ôte une grandeur d'une autre. Ainsi, si on ôte 4 de 7, c'est une soustraction. La grandeur qui résulte après la soustraction est appellée *reste*. Dans l'exemple proposé 3 est le reste.

137. Pour ôter une quantité algebrique d'une autre, il faut changer les signes de la quantité à soustraire, & laisser ceux de la quantité dont on veut soustraire. Exemples : pour ôter b ou $+ b$ de a, il faut écrire $a - b$: mais pour ôter $- b$ de a, il faut écrire $a + b$. Pour soustraire $c - d$ de $a + b$, on écrira $a + b - c + d$. Pour soustraire $- 3aab + 2ad$ de $5aab - 7ad + 3cd$, on écrira $5aab - 7ad + 3cd + 3aab - 2ad$.

138. Lorsqu'après la soustraction il y a des quantitez semblables dans le reste, il faut faire la réduction ; ainsi dans le

dernier exemple qu'on vient de propofer, le refte qu'on a trouvé fe réduit à $8aab - 9ad + 3cd$. Souvent dans la pratique on fait la réduction en même temps que la fouftraction.

On entend facilement pourquoi dans la quantité à fouftraire on change le figne de plus en moins : par exemple, fi on veut ôter b de a, il eft évident que le refte fera $a - b$. Mais on ne voit pas d'abord pourquoi on change le figne de moins en plus : par exemple, fi on veut ôter $-b$ de a, & qu'on écrive $a + b$ felon la regle prefcrite, il femble que l'on aura fait le contraire de ce que l'on fe propofoit ; parce que $a+b$ eft plutôt une fomme qu'un refte.

139. Pour faire comprendre la raifon de la regle dans le cas où il y a des fignes de moins dans la quantité à fouftraire, nous allons prendre un exemple en nombre. Suppofons donc qu'il s'agiffe de fouftraire $7 - 3$ de 12 : je dis qu'il faut écrire $12 - 7 + 3$: car fi on écrit $12 - 7$, il eft évident qu'on a trop ôté de 12, parce qu'on ne veut pas ôter 7 de 12, mais feulement $7 - 3$ qui eft moindre que 7 ; par confequent il faut ajouter 3 qu'on a ôté de trop en mettant $12 - 7$, c'eft-à-dire, qu'il faut écrire $12 - 7 + 3 = 8$.

Que s'il s'agit d'ôter une quantité negative toute feule ; il eft encore évident qu'il faut changer le figne de moins en plus : par exemple, fi on veut fouftraire $-b$ de a, il faut écrire $a+b$. Car ôter une quantité negative, c'eft en ajouter une pofitive ; comme fi un homme devant cent écus, on lui ôte, c'eft-à-dire, qu'on lui remette cette dette qui eft une quantité negative, c'eft la même chofe que fi on lui donnoit cent écus ; par confequent afin de faire la fouftraction, il faut changer les fignes de la quantité à fouftraire, en mettant moins à la place de plus, & plus à la place de moins.

DE LA MULTIPLICATION.

140. Multiplier une grandeur par une autre, c'eft prendre la premiere autant de fois qu'il eft marqué par la feconde : par exemple, multiplier 5 par 3, c'eft prendre 5 autant de fois qu'il eft marqué par 3 ; c'eft-à-dire trois fois : ce qui fait 15. Il y a trois chofes à diftinguer dans la multiplication ; fçavoir, le *multiplicande*, le *multiplicateur* & le *produit*.

Le multiplicande ou le multiplié, c'eft la grandeur qu'on multiplie. Le multiplicateur eft celle par laquelle on multi-

plie, & le produit est la quantité qui résulte de la multiplication: dans l'exemple proposé 5 est le multiplicande ou le
multiplié, 3 est le multiplicateur, & 15 est le produit.

Cette notion de la multiplication convient aux quantitez
litterales ou algebriques aussi-bien qu'aux nombres ; ensorte
que multiplier *a* par *b*, c'est prendre la grandeur *a* autant de
fois qu'il est marqué par *b*.

141. On peut donc définir la multiplication, une operation
par laquelle on cherche une grandeur qu'on nomme produit qui
contienne autant de fois le multiplié, que le multiplicateur
contient l'unité : par exemple, si on multiplie 6 par 4, on
trouvera pour produit un nombre, sçavoir 24, qui contient
6 quatre fois, de même que 4 contient 1 quatre fois. Cela
est évident par l'expression même dont on se sert dans la multiplication des nombres, puisque pour multiplier 6 par 4, on
dit quatre fois 6 ; le produit doit donc contenir 6 quatre fois,
c'est-à-dire, autant de fois que 4 contient l'unité. Cette définition convient également aux quantitez litterales.

142. Le produit de deux grandeurs algebriques se marque
en mettant l'une à côté de l'autre ; ainsi *ab* désigne le produit
de *a* par *b* : *aa* signifie pareillement le produit de *a* par *a*. Pour
marquer la multiplication on se sert aussi du signe × en le mettant entre les deux grandeurs qu'on multiplie: par exemple,
a × b exprime le produit de *a* par *b* : *a × a* marque aussi le produit de *a* par *a*. Il est plus ordinaire de mettre une lettre à côté
de l'autre sans mettre aucun signe entre deux, comme nous
l'avons dit d'abord.

143. Le multiplicande & le multiplicateur sont souvent
appellés les *racines* du produit: par exemple, *a* & *b* sont les
racines du produit *ab*, & lorsque les deux racines d'un produit sont égales, on les appelle *racines quarrées*. Ainsi *a* est la
racine quarrée du produit *aa*. Dans la suite nous parlerons
plus au long des racines.

144. On distingue deux sortes de multiplications algebriques, celle des quantitez incomplexes & celle des quantitez
complexes. Nous en traiterons séparément. Mais avant d'expliquer les regles de l'une & l'autre multiplication, il est necessaire de démontrer que quand on multiplie plusieurs grandeurs, comme *a*, *b*, *c*, les unes par les autres, le produit est
toujours le même, quelque ordre qu'on observe dans la mul-

tiplication; c'eſt-à-dire, que les produits *abc*, *acb*, *bac*, *bca*; *cab*, *cba*, ſont égaux : & de même tous les produits qu'on peut former de quatre grandeurs ſont égaux. Pareillement tous les produits qu'on peut faire de cinq grandeurs ſont égaux : ainſi de ſuite.

145. Remarquez que deux grandeurs *a* & *b* peuvent recevoir deux arrangemens differens, *ab*, *ba*. Trois grandeurs *a*, *b*, *c*, peuvent recevoir trois fois deux ou 6 arrangemens : car chacune des trois étant miſe dans le premier rang , les deux autres peuvent recevoir deux arrangemens : ce qui fait 3 fois 2 ou 6 arrangemens que voici: *abc*, *acb* ; *bac*, *bca* ; *cab*, *cba*. Quatre grandeurs *a*, *b*, *c*, *d*, peuvent recevoir 4 fois 6 ou 24 arrangemens : car chacune étant miſe au premier rang , les trois autres peuvent recevoir ſix arrangemens, ce qui fait 4 fois 6 ou 24 que voici : *abcd*, *abdc*, *acbd*, *acdb*, *adbc*, *adcb* ; *bacd*, *badc*, *bcad*, *bcda*, *bdac*, *bdca*; *cabd*, *cadb*, *cbad*, *cbda*, *cdab*, *cdba*; *dabc*, *dacb*, *dbac*, *dbca*, *dcab*, *dcba*. De même cinq grandeurs peuvent recevoir 5 fois 24 ou 120 arrangemens, ſix en peuvent recevoir 6 fois 120 ou 720 ; ainſi de ſuite.

On ſuppoſe ordinairement comme une choſe qui n'a pas beſoin de démonſtration que le produit de deux grandeurs ſeulement eſt toujours le même , de quelque maniere que ces deux grandeurs ſoient multipliées: par exemple, le produit de 4 & 3 eſt toujours le même, ſoit que l'on multiplie 4 par 3 ou 3 par 4 : on peut s'en convaincre en cette maniere.

146. Suppoſons qu'il y ait 12 points arrangez comme on le voit ; il eſt évi-   *m*   *n* dent que dans ces 12 points, il y a trois   . . . . rangs, comme le ſuperieur qui eſt mar-   . . . . qué par *mn*, dont chacun contient 4   . . . . points; & par conſequent ces 12 points   *p* contiennent 3 fois 4 points, ni plus, ni moins. Il eſt pareillement évident que dans ces 12 points il y a quatre colomnes comme celle qui eſt marquée par *mp*, dont chacune contient 3 points; ainſi ces 12 points contiennent auſſi 4 fois 3 points; donc le produit de 4 par 3 eſt égal à celui de 3 par 4, puiſque l'un & l'autre eſt 12. On peut dire la même choſe de deux autres nombres , ou deux autres quantitez telles qu'elles ſoient : par exemple , ſi on multiplie *a* par *bc*, que l'on peut regarder comme une ſeule grandeur,

grandeur ; le produit $a \times bc$ ou abc est égal à celui de bc par a.

Cela posé, nous allons démontrer dans le lemme suivant que tous les produits des trois grandeurs a, b, c, sont égaux, que tous ceux qui viennent de quatre grandeurs a, b, c, d sont égaux; &c.

LEMME.

147. Les produits qui naissent de la multiplication des mêmes grandeurs sont égaux, en quelque ordre qu'on multiplie ces grandeurs.

1°. Tous les produits des trois grandeurs a, b, c, sont égaux: car si entre les six produits qui peuvent venir de la multiplication des trois grandeurs a, b, c, on prend les deux abc & acb où la lettre a est la première, il est facile de faire voir qu'ils sont égaux, puisque les deux produits bc & cb étant égaux, comme on l'a prouvé, il s'ensuit qu'en multipliant a par bc & par cb, les deux nouveaux produits $a \times bc$ & $a \times cb$ ou abc & acb sont aussi égaux. Par la même raison les deux produits bac & bca dans lesquels la lettre b est la première, sont encore égaux. Enfin les deux autres produits cab & cba, où la lettre c est la première sont pareillement égaux entr'eux. Il ne s'agit donc plus que de faire voir qu'un des produits égaux abc & acb dont la lettre a occupe le premier rang, est égal à un des produits dont chacune des deux autres lettres b & c tient la première place : c'est ce que je démontre en cette maniere : le produit de a par bc est égal à celui de bc par a * ; ainsi $abc = bca$. Pareillement le produit de a par cb est égal à celui de cb par a * ; ainsi $acb = cba$. Par conséquent les six produits qu'on peut former des trois grandeurs a, b, c, sont égaux.

* 145.
* 145.

2°. Les 24 produits qu'on peut former des quatre grandeurs a, b, c, d sont égaux. Car entre ces 24 produits, il est clair que les six où la lettre a est la première sont égaux entr'eux, puisque les six produits des trois grandeurs b, c, d étant égaux, il faut que les six produits suivans $a \times bcd$, $a \times bdc$, $a \times cbd$, $a \times cdb$, $a \times dbc$, $a \times dcb$ soient aussi égaux entr'eux. Par la même raison les six produits où chacune des trois autres lettres b, c, d occupe la première place sont égaux entr'eux. Il reste donc à démontrer qu'il y a un produit dans les six dont a occupe la première place, égal à un des six produits, où chacune des trois autres

k

lettres b, c, d occupe la premiere place : ce qui se prouve de la même maniere que dans la premiere partie; il suffit d'exposer les égalitez suivantes $axbcd = bcdxa$; $abdxc = cxabd$; $acbxd = dxab$.

Il est visible qu'en se servant de la même methode, on fera voir que tous les produits qui viennent de la multiplication des cinq grandeurs a, b, c, d, e sont égaux ; ainsi de suite.

148. Quoique l'on puisse donner quel rang on veut aux dif-férentes lettres d'un produit, cependant il est bon de les écrire toujours suivant le rang qu'elles ont dans l'Alphabet: par exemple, dans un produit composé des trois lettres a, b, c; il faut toujours écrire abc, & non pas bac, ou cab, &c. la pratique de cette re-marque fait éviter des fautes de calcul.

DE LA MULTIPLICATION
des quantitez incomplexes.

Il y a trois regles à observer dans la multiplication de l'Alge-bre : la premiere regarde les signes de plus & de moins qui pré-cedent les quantitez qu'il faut multiplier l'une par l'autre : la se-conde est pour les coefficiens : & la troisiéme pour les lettres qui désignent les grandeurs.

149. I. REGLE. Lorsque le multiplicande & le multiplicateur ont le signe $+$, on doit mettre $+$ au produit. Lorsque l'un a le signe $+$, & l'autre le signe $-$, il faut mettre $-$ au produit. Enfin lorsque le multiplicande & le multiplicateur ont tous les deux le signe $+$, il faut mettre $+$ au produit. Voici des exem-ples pour ces trois cas. Premier cas. $+$ a multiplié par $+$ b don-ne $+$ ab. Second cas. $+$ a multiplié par $-$ b donne $-$ ab. & de même $-$ a multiplié par $+$ b donne $-$ ab. Troisiéme cas. Enfin $-$ a multiplié par $-$ b donne $+$ ab. Nous nous servirons dans la suite du signe de la multiplication, afin d'abréger l'ex-pression ; ainsi au lieu d'écrire $-$ a multiplié par $-b$ donne $+ab$, nous mettrons $-a \times -b$, donne $+$ ab ou bien $- a \times -b = +ab$. Pareillement, au lieu d'écrire $+a$ multiplié par $-b$ donne $-ab$, nous mettrons $+a \times -b$ donne $-ab$, ou bien $+ a \times -b = -ab$.

On peut réduire les trois cas de cette regle à deux seulement, en disant que quand le multiplicande & le multiplicateur ont des signes semblables, soit qu'ils ayent tous les deux $+$ ou tous les deux $-$, on doit mettre $+$ au produit : mais au contraire, lorsque ces signes sont differens, c'est-à-dire, que l'un est $+$ & l'autre est $-$, il faut mettre $-$ au produit.

150. II REGLE. On multiplie les coefficiens comme tous les autres nombres : mais il faut se souvenir que quand une quantité littérale n'a pas de coefficient marqué, on suppose que l'unité est le coefficient de cette quantité. Voici des exemples. $+3a \times +2b$ donne $+6ab$. $— 4ax — +b — 4ab$. $+5ax +4c = 20ac$.

151. III REGLE. Pour marquer que deux quantitez littérales ou algébriques sont multipliées l'une par l'autre, on écrit ces lettres à côté l'une de l'autre, ou bien on met le signe × entre deux, comme nous l'avons déja dit : ainsi le produit de a par b est ab, celui de ab par c est abc, celui de aa par ac est $aaac$.

152. Lorsqu'une lettre est écrite plusieurs fois dans un même terme, alors on peut ne l'écrire qu'une fois en mettant à la droite de cette lettre un chiffre qui marque combien de fois elle doit être écrite : par exemple, a^2 signifie la même chose que aa ; pareillement $a^3c = aaac$; $a^3b^2 = aaabb$. Ce chiffre que l'on met à la droite d'une lettre pour marquer combien de fois elle doit être écrite dans un terme, est appellé *exposant* : ainsi dans les termes a^2, b^5, c^4, les chiffres 2, 5 & 4 sont les exposans. Il paroît par ces exemples que les exposans doivent être un peu plus élevez que les lettres.

REMARQUES.
I.

153. Quand une lettre n'est écrite qu'une fois, & qu'elle n'a pas d'exposant marqué, pour lors il faut concevoir que l'unité est son exposant : par exemple, $a = a^1$; $ab^3 = a^1b^3$; $ac = a^1c^1$.

II.

154. Il y a une grande différence entre le coefficient & l'exposant d'une lettre : $3a$, par exemple, est fort différent de a^3. Pour s'en convaincre, il n'y a qu'à supposer que a signifie 4, alors $3a$ exprimera 3 fois 4, c'est-à-dire 12, au lieu que a^3 ou aaa sera égal à 64 : car aa ou 4×4 est égal à 16 ; par conséquent si on multiplie encore aa ou 16 par $a = 4$, le produit aaa sera 64.

III.

155. Lorsque dans le multiplicande & le multiplicateur, il y a une même lettre avec des exposans égaux ou inégaux, pour orson écrit une seule fois cette lettre au produit avec la som-

k ij

me des expofans. Exemples. $a^2 \times a^3 = a^5$; $a \times a^3 = a^4$;
$a^2 b^4 \times a^3 b^2 = a^5 b^6$; $4a^2 \times 5ab^3 = 20a^3 b^3$. Voici la raifon
de cette remarque : $a^2 = aa$ & $a^3 = aaa$. Or $aa \times aaa = aaaaa$
ou a^5 ; donc $a^2 \times a^3 = a^5$. Cette raifon peut s'appliquer à
tous les autres exemples. On voit encore par-là, qu'il faut mettre de la différence entre les coefficiens & les expofans, puifque
l'on multiplie toujours les coefficiens ; au lieu que l'on ne fait
que d'ajouter les expofans de la même lettre qui fe trouve au
multiplicande & au multiplicateur.

La troifiéme regle qui eft celle des lettres ne doit pas être
démontrée ; dautant que l'une & l'autre maniere marquée dans
cette troifiéme regle pour défigner un produit eft entierement
arbitraire.

La feconde regle n'a pas non plus befoin de démonftration :
car les coefficiens étant des nombres, il eft évident qu'il faut
les multiplier comme on fait les nombres : par exemple, fi on
veut multiplier $3a$ par $2b$, il eft clair que l'on doit prendre
deux fois 3, & qu'ainfi il faut mettre 6 au produit. Il n'y a
donc que la premiere regle qui eft celle des fignes qui demande
une démonftration particuliere. Lorfqu'on veut énoncer cette
regle, on s'exprime en cette maniere : plus par plus donne plus,
plus par moins ou moins par plus donne moins : enfin moins par
moins donne plus : mais pour marquer ces trois cas par écrit, il
fuffit de mettre, pour le premier cas $+ \times +$ donne $+$; pour le
fecond $+ \times -$ ou $- \times +$ donne $-$; enfin pour le troifiéme
$- \times -$ donne $+$.

156. Afin d'entendre la démonftration que nous allons donner pour la troifiéme regle, il faut fçavoir que quand le multiplicateur a le figne $+$ la multiplication fe fait toujours par addition, c'eft-à-dire, que l'on ajoûte ou que l'on prend le multiplicande autant de fois qu'il eft marqué par le multiplicateur :
par exemple, fi le multiplicande eft a & le multiplicateur $+b$,
en multipliant a par $+b$, on prend a autant de fois qu'il eft
marqué par b. D'où il fuit au contraire que quand le multiplicateur a le figne $-$, la multiplication fe fait par voye de fouftraction, c'eft-à-dire, qu'on ôte le multiplicande autant de fois
qu'il eft marqué par le multiplicateur, ainfi pour multiplier a
par $-b$, il faut ôter a autant de fois qu'il eft marqué par b.
Cela pofé, la démonftration fuivante s'entendra facilement.

DEMONSTRATION.

257. I. CAS. $+ \times +$ donne $+$: car pour lors le multiplicateur a le signe $+$; & par conséquent la multiplication se fait par
addition. Mais d'ailleurs le multiplicande ayant aussi le signe $+$,
c'est une quantité positive ; ainsi en multipliant plus par plus,
on ajoûte ou l'on prend plusieurs fois une quantité positive,
sçavoir le multiplicande ; donc le produit est une somme de
grandeurs positives ; par conséquent elle doit être précédée du
signe $+$; donc $+ \times +$ donne $+$.

II. CAS. $+ \times -$ ou $- \times +$ donne $-$. En premier lieu $+ \times -$
donne $-$: car puisque le multiplicateur a le signe $-$, la multipli-
tion se fait par voye de soustraction, c'est-à-dire, qu'on ôte le
multiplicande autant de fois qu'il est marqué par le multiplicateur ; par conséquent on doit changer le signe du multiplicande *. Or le multiplicande a le signe $+$; donc le produit doit
avoir le signe $-$. En second lieu $- \times +$ donne $-$. Car pour
lors le multiplicateur ayant le signe $+$, & le multiplicande le
signe $-$; on ajoûte, c'est-à-dire, qu'on prend plusieurs fois une
quantité négative, sçavoir, le multiplicande ; donc le produit
est une somme de quantitez négatives ; & par conséquent il doit
avoir le signe $-$.

* 137.

III. CAS. Enfin $- \times -$ donne $+$: car dans ce cas, le
multiplicateur ayant le signe $-$, le multiplicande est soustrait
autant de fois qu'il est marqué par le multiplicateur ; par conséquent il faut changer le signe du multiplicande *. Or le multiplicande a le signe $-$; donc le produit doit avoir le
signe $+$.

* 137.

Le premier cas de cette démonstration ne souffre aucune
difficulté : car si on a, par exemple, 5 grandeurs positives, &
qu'on les multiplie par $+ 3$, c'est-à-dire, qu'on les prenne autant de fois qu'il est marqué par le multiplicateur 3, il est évident que le produit sera une somme de grandeurs positives ;
& par conséquent ce produit doit être précédé du signe $+$. Il ne
peut donc y avoir de difficulté que dans les deux derniers cas,
& sur-tout dans le troisiéme. Or il est facile de faire voir que
ces deux derniers cas suivent du premier. Je dis d'abord que si
$+ a \times + b$ donne $+ ab$, il faut que $+ a \times - b$ donne $- ab$. Car
le produit de $+ a$ par $- b$, doit avoir un signe différent de celui de $+ a$ par $+ b$; & par conséquent le second produit ayant

le figne ⨁ , le premier doit avoir le figne ⊖. La même raifon fait auffi voir que le produit de —a par + b doit avoir le figne ——.

Ce fecond cas étant prouvé, on démontre ainfi le troifiéme, en fe fervant du même raifonnement. Le produit de—a par—b, doit avoir un figne différent de celui de —a par + b. Or on vient de faire voir que ce dernier produit doit avoir le figne — ; donc le premier doit être précedé du figne +.

On peut donner plufieurs autres démonftrations de la troifiéme regle : mais celles que l'on vient de voir fuffifent pour être pleinement convaincu de la vérité de cette regle. Il nous refte à parler en peu de mots de la multiplication des quantitez complexes, qui ne fouffre aucune difficulté après ce que nous avons dit fur la multiplication des quantitez incomplexes.

DE LA MULTIPLICATION
des quantitez complexes.

158. Lorfque l'on veut multiplier deux quantitez complexes l'une par l'autre ; il faut multiplier le multiplicande entier par chacun des termes du multiplicateur, en obfervant les trois regles prefcrites pour la multiplication des quantitez incomplexes; & après qu'on a achevé ces multiplications, il faut ajoûter tous les produits particuliers ; la fomme fera le produit total des deux quantitez complexes.

EXEMPLE I.

Si on veut multiplier $a - 3b$ par $2c - d$, il faut écrire ces deux quantitez, enforte que le multiplicateur foit fous le multiplicande, & tirer une ligne au deffous du multiplicateur. Après cela il faut multiplier le multiplicande $a - 3b$, 1°. par $2c$; le produit fera $2ac - 6bc$. 2°. par $- d$; le produit fera $- ad + 3bd$:

$$a - 3b$$
$$2c - d$$
$$\overline{2ac \quad\quad - 6bc}$$
$$\quad -ad+ 3bd)$$
$$\overline{2ac - 6bc -ad+3bd}$$

enfin il faut ajoûter ces deux produits particuliers ; la fomme $2ac - 6bc - ad + 3bd$ fera le produit total.

EXEMPLE II.

$a + b$ multiplicande
$a — b$ multiplicateur

$a^2 + ab$ premier produit particulier
$— ab — bb$ second produit particulier

$a^2 — bb$ produit total.

Dans cet exemple les deux termes $+ ab$ & $— ab$ ont disparu en faisant la réduction.

DE LA DIVISION.

159. Diviser une grandeur par une autre, c'est chercher combien de fois la seconde est contenuë dans la premiere : par exemple, diviser ab par a, c'est chercher combien de fois a est contenu dans ab. Il y a trois choses à distinguer dans la division, le *dividende*, le *diviseur* & le *quotient*. Le dividende est la grandeur à diviser. Le diviseur est la grandeur par laquelle on divise, & le quotient est celle qui marque combien de fois le diviseur est contenu dans le dividende : dans l'exemple proposé, ab est le dividende, a est le diviseur, & on verra dans la suite, que b est le quotient.

160. On peut donc définir la division une opération par laquelle on cherche une grandeur qu'on appelle quotient, qui marque combien de fois le dividende contient le diviseur. Si on divise 18 par 6, on trouvera pour quotient 3 qui marque combien de fois le dividende 18 contient le diviseur 6.

161. Il suit de cette définition que le dividende contient autant de fois le diviseur, que le quotient contient l'unité. Dans l'exemple qu'on vient de proposer, le dividende 18 contient le diviseur 6 autant de fois que le quotient 3 contient l'unité. Pareillement ab contient autant de fois a, que le quotient b contient l'unité.

162. Pour marquer que l'on veut diviser une grandeur par une autre, on écrit le diviseur au-dessous du dividende, & on tire une petite ligne entre deux : par exemple. si on veut indiquer la division de ab par a, on écrit $\frac{ab}{a}$. Que si la division peut se faire ; on met le signe d'égalité à la suite de la petite ligne qui sépare le dividende du diviseur, & on écrit le quotient

après ce figne d'égalité. Ainfi *b* étant le quotient de *ab* divifé par *a*, on écrit $\frac{ab}{a}=b$. Pareillement on écrit $\frac{18}{6}=3$ pour marquer que 3 eft le quotient de 18 divifé par 6.

163. Remarquez que la multiplication & la divifion font des opérations oppofées, enforte que l'une remet les chofes au même état où elles étoient avant l'autre : par exemple, fi on divife 18 par 6, on trouvera 3 au quotient : & fi après cela on vient à multiplier 6 par 3, le produit fera 18 qui eft le nombre qu'on a divifé par 6. En général on peut dire, que fi on multiplie le quotient par le divifeur, ou le divifeur par le quotient, le produit eft égal au dividende ; car felon la notion de la divifion, le quotient marque combien de fois le divifeur eft contenu dans le dividende; par conféquent en prenant le divifeur autant de fois qu'il eft marqué par le quotient, l'on doit avoir une grandeur égale au dividende, ou plutôt on doit avoir le dividende même. Or prendre le divifeur autant de fois qu'il eft marqué par le quotient, c'eft multiplier le divifeur par le quotient; donc fi on multiplie le divifeur par le quotient, le produit eft le dividende même. Cette remarque fervira à entendre ce que nous dirons dans la fuite.

Il y a deux fortes de divifions algébriques, fçavoir, celle des quantitez incomplexes, & celle des quantitez complexes.

DE LA DIVISION
des quantitez incomplexes.

Nous avons dit, qu'il y a trois regles à obferver dans la multiplication des quantitez incomplexes ; il y en a de même trois dans la divifion qui répondent à celles de la multiplication. La premiere regarde les fignes de plus & de moins du dividende & du divifeur. La feconde eft pour les coefficiens; & la troifiéme pour les lettres.

164. I. REGLE. Lorfque le dividende & le divifeur ont tous les deux le figne +, on doit mettre plus au quotient. Si un des deux a le figne — & l'autre +, on mettra — au quotient. Enfin lorfque le dividende & le divifeur ont tous les deux le figne —, on doit mettre + au quotient. On peut réduire les trois cas de cette regle à deux feulement, en difant que quand les fignes du divifeur & du dividende font femblables, il faut mettre + au quotient, & quand ils font différens, il faut mettre —.

165. II. REGLE. On divife les coefficiens comme tous les
autres

autres nombres : mais il faut se souvenir que quand une grandeur n'a pas de coefficient marqué, on suppose toujours qu'elle a l'unité pour coefficient. Voici des exemples de cette seconde regle : si on veut diviser $12\,ab$ par $3a$, il faudra écrire 4 pour coefficient du quotient ; parce 3 est contenu quatre fois dans 12. Pareillement $5ab$ divisé par a donne 5 pour coefficient du quotient, parce que 1 qui est le coefficient du diviseur est contenu 5 fois dans 5.

166. III. REGLE. Cette troisiéme regle qui est celle des lettres, consiste à effacer les lettres communes au dividende & au diviseur, après quoi ce qui reste au dividende est le quotient de la division, pourvu que le diviseur soit entierement effacé : par exemple, le quotient de ab divisé par a est b, parce qu'après avoir effacé a qui est une lettre commune au dividende & au diviseur, il reste b dans le dividende. Pareillement a^5b^2, ou $aaaaa\,bb$ divisé par a^2b ou $aaab$ donne au quotient aab, parce qu'après avoir effacé a^2b dans le dividende, il reste aab. Voici differens exemples où les trois regles sont appliquées.

$$\text{I.} \quad \frac{+12a^2x}{+12a} = ax \qquad \text{II.} \quad \frac{+20ab^3}{-4ab} = -5b^2$$

$$\text{III.} \quad \frac{-30adx}{+6ax} = -5d \qquad \text{IV.} \quad \frac{-28a4b^5}{-7a^2b^3} = 4b^2$$

$$\text{V.} \quad \frac{+14ab}{-3b} = -4a - \tfrac{2}{3}a$$

REMARQUES.

I.

167. Si le dividende & le diviseur étoient une même quantité, le quotient seroit l'unité. Exemples. $\frac{a}{a} = 1$. $\frac{a^2b}{a^2b} = 1$

$\frac{-5a^2b^4}{+5a^2b^4} = -1$. La raison de cette remarque est que le quotient exprime combien de fois le diviseur est contenu dans le dividende. Or toute grandeur est contenuë une fois dans elle-même ; & par conséquent l'unité est le quotient d'une quantité divisée par elle-même.

I I.

168. S'il reste encore quelque chose au diviseur après avoir effacé les lettres communes au diviseur & au dividende, alors la division ne peut se faire exactement : par exemple, on ne peut faire la division de a^2b par ac, ni celle de a^3b^2 par a^2b; parce qu'après avoir effacé les lettres communes au diviseur & au dividende, il reste c au diviseur du premier exemple, & a au diviseur du second. Dans ces cas on se contente d'indiquer la division en cette maniere ; $\frac{a^2b}{ac}$ & $\frac{a^3b^2}{a^2b}$. Pareillement si le dividende & le diviseur n'avoient aucune lettre commune, on indiqueroit la division de la même maniere : ainsi pour marquer la division de a par b, on écrit $\frac{a}{b}$.

I I I.

169. Quand il se trouve une même lettre dans le dividende & dans le diviseur, alors pour faire la division on ôte l'exposant du diviseur de l'exposant du dividende. Exemples.

$$\frac{a^3}{a^2} = a^{3-2} = a^1. \quad \frac{a^3}{a} = a^{3-1} = a^2.$$ Cette remarque qui suit évidemment de la troisiéme regle, répond à une autre remarque que nous avons faite sur la multiplication en pareil cas *, & dans laquelle nous avons dit qu'il falloit ajouter les exposans de la lettre commune au multiplicande & au multiplicateur.

* 155.

* 164.

170. La premiere regle * qui est celle des signes est fondée sur ce que le produit du diviseur par le quotient doit être le même que le dividende. Or afin que ce produit ne differe pas du dividende, il est necessaire d'observer la regle que nous avons proposée : car, par exemple, si le dividende ayant le signe +, & le diviseur le signe —, on mettoit + au quotient, il est évident qu'en multipliant le diviseur qu'on suppose avoir le signe — par le quotient qui auroit le signe +, le produit devroit avoir —, parce que — × + donne — ; par conséquent le signe du produit seroit different de celui du dividende : ce qui est impossible.

171. La seconde regle qui est celle des coefficiens ne renferme aucune difficulté particuliere : car les coefficiens étant

des nombres, il est clair qu'on doit operer sur eux comme on fait dans la division des autres nombres.

172. La troisiéme regle est encore une suite de la remarque que nous avons faite en disant que le produit du diviseur par le quotient, ou du quotient par le diviseur est la même grandeur que le dividende : car la multiplication du quotient par le diviseur se fait en écrivant le diviseur à côté du quotient, & par consequent, afin que le produit de cette multiplication ne differe pas du dividende, il faut qu'en faisant la division on ait effacé dans le dividende les lettres qui sont aussi dans le diviseur. En un mot, dans la division on efface du dividende les lettres qui se trouvent dans le diviseur ; & le reste est le quotient : au contraire dans la multiplication du quotient par le diviseur, on remet dans le quotient les lettres qui avoient été effacées du diviseur ; ainsi le produit de cette multiplication est la même grandeur que le dividende : par exemple, si on divise *abc* par *bc*, on efface *bc* du dividende *abc*, & il reste *a* pour quotient : & dans la multiplication du quotient *a* par le diviseur *bc*, on remet *bc* avec *a* ; & par consequent le produit est la même grandeur que le dividende.

DE LA DIVISION
des quantitez complexes.

173. Si le dividende est complexe & le diviseur incomplexe, voici les operations qu'il faut faire afin de pratiquer la division.

1°. Diviser le premier terme du dividende par le diviseur, en observant les trois regles prescrites pour la division des quantitez incomplexes : & ensuite écrire le quotient à part.

2°. Multiplier le diviseur par le terme qu'on vient d'écrire au quotient.

3°. Soustraire le produit qui est venu de la multiplication, le soustraire, dis-je, du dividende : ce qui se fait en changeant le signe du produit.

4°. Enfin faire la réduction des termes semblables qui se presentent après la soustraction.

Ces quatre operations doivent être appliquées sur les autres termes du dividende successivement. De ces quatre operations les trois premieres ont lieu dans la division des nombres, il n'y a que la quatriéme qui soit particuliere à la division algebrique.

E X E M P L E.

Soit la quantité $4a^2b^4 - 6a^3b^2 + 2a^2b^3$ à divifer par $2a^2b$.

Ayant écrit le diviſeur à la droite du dividende & tiré une ligne au deſſous de l'un & de l'autre, ayant auſſi tiré une ſeconde ligne qui ſepare le dividende du diviſeur comme on le voit :

$$
\begin{array}{l|l}
4a^2b^4 - 6a^3b^2 + 2a^2b^3 & 2a^2b \\
\quad\; 0 \qquad\quad 0 \qquad\quad 0 & \\
\hline
-4a^2b^4 + 6a^3b^2 - 2a^2b^3 & 2a^3b^3 - 3ab + b^2. \\
\quad\; 0 \qquad\quad 0 \qquad\quad 0 &
\end{array}
$$

1°. Je divife le premier terme $4a^2b^4$ du dividende par le diviſeur $2a^2b$, le quotient eſt $2a^2b^3$; j'écris donc le quotient $2a^2b^3$ ſous le diviſeur, comme il paroît dans cet exemple. 2°. Je multiplie le diviſeur $2a^2b$ par le quotient $2a^2b^3$, le produit eſt $+4a^2b^4$. 3°. Je ſouſtrais ce produit du dividende en écrivant $-4a^2b^4$ ſous le terme ſemblable $4a^2b^4$. 4°. Enfin je fais la réduction, en effaçant les deux termes $4a^2b^4 - 4a^2b^4$ qui ſe détruiſent. (Au lieu d'effacer les termes, on mettra au deſſous un zero pour la commodité de l'impreſſion.)

Je fais enſuite les quatre mêmes operations ſur le ſecond terme $-6a^3b^2$ du dividende, & après ſur le troiſiéme $+2a^2b^3$. La diviſion étant achevée, on trouvera que le quotient entier ſera $2a^2b^3 - 3ab + b^2$.

174. Lorſque le diviſeur eſt une quantité complexe auſſi-bien que le dividende, on fait les quatre mêmes operations ſur le premier membre du dividende, & ſi après la réduction il y a encore des termes qui ne ſoient pas effacez dans le dividende, on fait auſſi les quatre operations ſur les termes du dividende qui n'ont pas été effacez dans la réduction, & on continuë de même juſqu'à ce qu'il ne reſte plus rien dans le dividende, ſi cela eſt poſſible.

175. Il faut remarquer qu'en faiſant la premiere des quatre operations qui eſt la diviſion, on ne ſe ſert que du premier terme du diviſeur: mais dans la ſeconde operation, on multiplie tous les termes du diviſeur par celui qu'on a écrit au quotient en faiſant la premiere operation; & tous les termes du produit doivent être ſouſtraits du dividende. On entendra cela par un exemple.

EXEMPLE I.

Soit la quantité $a^3 - 3a^2b + 3ab^2 - b^3$ à diviser par
$a^2 - 2ab + b^2$. Après avoir disposé ces deux quantitez comme dans l'exemple précédent.

$$
\begin{array}{l|l}
a^3 - 3a^2b + 3ab^2 - b^3 & a^2 - 2ab + b^2 \\
\;\;\; 0 \quad\;\; 0 \quad\;\; 0 \quad\;\; 0 & \\
\hline
- a^3 + 2a^2b - ab^2 & a - b \\
\;\;\;\;\; 0 \quad\;\; 0 & \\
\quad - a^2b + 2ab^2 & \\
\;\;\;\;\;\;\; 0 \quad\; 0 & \\
\quad + a^2b - 2ab^2 + b^3 & \\
\;\;\;\;\;\;\; 0 \quad\; 0 & \\
\end{array}
$$

Je divise d'abord le premier terme a^3 du dividende par le
premier terme a^2 du diviseur, & j'écris a au quotient. 2°.
Je multiplie le diviseur entier par le quotient a. 3°. Je souf-
trais du dividende le produit $a^3 - 2a^2b + ab^2$: ce qui se fait
en changeant les signes & en écrivant $- a^3 + 2a^2b - ab^2$
sous les termes semblables du dividende. 4°. Je fais la réduction après laquelle je trouve que le reste du dividende est
$- a^2b + 2ab^2 - b^3$.

Il faut faire sur ce reste les quatre mêmes opérations. Je
divise donc 1°. le premier terme $- a^2b$ par le premier terme
a^2 du diviseur, & j'écris le quotient $- b$ à la suite du terme
a que j'ai déja trouvé. 2°. Je multiplie le diviseur entier par
$- b$. 3°. je soustrais le produit en changeant les signes, & en
écrivant $+ a^2b - 2ab^2 + b^3$ sous les termes semblables. 4°. Je
fais la réduction, après laquelle il ne reste plus rien ; & par
conséquent la division est achevée, & le quotient est $a - b$.

EXEMPLE II.

$$
\begin{array}{l|l}
12a^2 - 8ab - 15ac + 10bc & 3a - 2b \text{ diviseur.} \\
\;\;\; 0 \quad\;\; 0 \quad\;\; 0 \quad\;\; 0 & \\
\hline
- 12a^2 + 8ab + 15ac - 10bc & 4a - 5c \text{ quotient.} \\
\;\;\;\;\; 0 \quad\;\; 0 \quad\;\; 0 \quad\;\; 0 & \\
\end{array}
$$

En pratiquant la methode dont on s'est servi dans l'exemple
précédent, on trouvera que le quotient est $4a - 5c$.

176. Lorsque l'on veut voir si on ne s'est pas trompé en

faifant la divifion, on multiplie le divifeur entier par le quotient entier, & fi le produit de cette multiplication eft égal
au dividende, c'eft une marque qu'on a trouvé le veritable
quotient : mais fi le produit eft different du dividende, la divifion n'a pas été bien faite. Cela a été prouvé dans une remarque *.

* 83.

177. Nous ne nous arrèterons pas davantage à expliquer la
divifion des quantitez complexes, dautant que cela n'eft pas
neceffaire pour entendre les Elemens de Geometrie. Nous re-
marquerons cependant qu'il arrive fouvent qu'on ne peut faire
une divifion fans refte : par exemple, fi on vouloit divifer
$ab + ac - b' - bc + bd$ par $a - b$, la divifion ne pourroit fe
faire exactement, c'eft-à-dire, fans refte. Dans ce cas on fe
contente d'écrire le divifeur au deffous du dividende en cette
maniere $\frac{ab + ac - b' - bc + bd}{a - b}$; ou bien on fait la divifion en
partie, & on écrit enfuite le divifeur au deffous du refte du
dividende : ainfi dans l'exemple propofé, on trouve d'abord
pour quotient $b + c$, & il refte $+ bd$, au deffous duquel il
faut écrire le divifeur. Le quotient entier de cette divifion eft
donc $b + c + \frac{bd}{a-b}$.

DES PUISSANCES ET DES RACINES
des Quantitez.

178. La *puiffance* d'une grandeur eft le produit de cette
grandeur multipliée par l'unité ou par elle-même une fois,
deux fois, trois fois, &c. Delà viennent la premiere, la feconde, la troifiéme, la quatriéme puiffance, &c.

179. La *premiere puiffance* d'une grandeur eft le produit de
cette grandeur multipliée par l'unité ; d'où il fuit que la premiere puiffance d'une quantité eft la quantité elle-même ;
parce que le produit d'une grandeur par l'unité n'eft pas different de la grandeur même ; ainfi la premiere puiffance de
3 eft 3 ; celle de a eft a ; celle de ab eft ab.

180. La *feconde puiffance* qu'on appelle plus ordinairement
quarré, eft le produit d'une grandeur par elle - même : par
exemple, 9 eft le quarré de 3, parce que 9 eft le produit
de 3 par 3. 16 eft le quarré de 4, parce que 16 eft le produit de 4 par 4. aa ou a' eft le quarré de a, parce que a' eft
le produit de a par a.

181. La *troisiéme puissance* qu'on appelle plus ordinairement *cube*, est le produit de la seconde puissance multipliée par la premiere. La quatriéme puissance est le produit de la troisiéme multipliée par la premiere. La cinquiéme puissance est le produit de la quatriéme multiplié par la premiere. La sixiéme est le produit de la cinquiéme multipliée par la premiere. La septiéme est le produit de la sixiéme multipliée par la premiere; ainsi de suite. Voici des exemples. La troisiéme puissance ou le cube de 3 est 27, produit de la seconde puissance 9 par la premiere 3. La quatriéme puissance de 3 est 81, produit de 27 par 3. La cinquiéme puissance de 3 est 243, produit de 81 par 3. De même la troisiéme puissance ou le cube de 4 est 64, produit de la seconde puissance 16 par la premiere 4. La quatriéme puissance de 4 est 256, produit de 64 par 4. La cinquiéme puissance de 4 est 1024, produit de 256 par 4. Pareillement la troisiéme puissance de a est a^3, produit de la seconde puissance par la premiere a. La quatriéme puissance de a est a^4, produit de a^3 par a. La cinquiéme puissance de a est a^5, produit de a^4 par a, &c.

182. Remarquez qu'aucune des puissances de 1 ne differe de la premiere. Ainsi le quarré de 1 est 1; le cube de 1 est 1; la quatriéme puissance est 1, ainsi de suite. Cela vient de ce qu'en multipliant 1 par 1 le produit est toujours 1.

183. La grandeur qu'il faut multiplier par l'unité ou par elle-même, afin d'avoir ses differentes puissances est appellée *racine* de ces puissances : par exemple, 3 est la racine de 9, de 27 & de 81. 4 est la racine de 16 & de 64. a est celle de a^2, de a^3, de a^4, de a^5, &c.

184. Une racine prend differens noms selon les puissances dont elle est la racine. La racine de la premiere puissance est appellée racine premiere. Celle de la seconde est appellée racine seconde, & plus souvent racine quarrée. Celle de la troisiéme puissance, racine troisiéme, & plus souvent racine cubique. Celle de la quatriéme puissance est appellée racine quatriéme; ainsi de suite. Exemples. 3 est la racine premiere de 3, la racine seconde ou quarrée de 9, la racine troisiéme ou cubique de 27, la racine quatriéme de 81. Pareillement a est la racine premiere de a, la racine quarrée de a^2, la racine cubique de a^3, la racine quatriéme de a^4, la cinquiéme de a^5, &c.

185. Remarquez que la premiere puissance & la racine premiere d'une grandeur sont la même chose ; parce que l'une & l'autre sont la grandeur elle-même : par exemple, la premiere puissance de a est a, & la racine premiere de a est aussi a. La premiere puissance de 4 est 4, & la racine premiere de 4 est aussi 4.

186. Remarquez encore que lorsqu'il s'agit d'un quarré & qu'on parle de la racine, il faut toujours entendre la racine quarrée. De même quand il s'agit d'un cube, si on parle de la racine, on doit entendre la racine cubique. Il en est de même des autres puissances.

187. Pour marquer la racine d'une grandeur, on met le signe $\sqrt{}$ avant cette grandeur, & on écrit au dessus du signe le chiffre qui marque la racine que l'on veut désigner : par exemple, $\sqrt[3]{a}$ marque la racine troisiéme de a. $\sqrt[2]{ab}$ marque la racine seconde ou quarrée de ab. Il faut prendre garde que quand le signe radical se trouve sans chiffre écrit au dessus, il exprime toujours la racine quarrée ; ainsi $\sqrt[2]{ab}$ marque la racine quarrée de ab aussi-bien que $\sqrt{ab}$.

On se sert aussi du même signe pour désigner la racine des quantitez complexes : par exemple, $\sqrt{a^2 + 2ab + b^2}$ exprime la racine seconde de la quantité $a^2 + 2ab + b^2$. La ligne tirée au dessus de la quantité, marque que l'on veut désigner la racine de la quantité entiere qui se trouve sous cette ligne.

188. Quand on parle de la racine quelconque troisiéme, quatriéme, cinquiéme d'une grandeur, il faut toujours concevoir que cette grandeur est une puissance semblable : par exemple, si on parle de la racine troisiéme de a, il faut concevoir que a est la troisiéme puissance de la racine dont on parle. S'il s'agit de la racine quarrée de ab, il faut regarder ab comme un quarré.

189. Pour élever une grandeur à une puissance, il faut multiplier cette grandeur par elle-même autant de fois moins une qu'il y a d'unitez dans l'exposant de la puissance. Ainsi afin d'élever une grandeur à la quatriéme puissance, il faut multiplier la grandeur par elle-même quatre fois moins une, c'est-à-dire, trois fois ; parce que 4 est l'exposant de la quatriéme puissance. Pareillement si on veut élever une grandeur à la sixiéme puissance, il faut la multiplier par elle-même six

fois

fois moins une, c'est-à-dire, 5 fois. Exemples. Pour élever 5 à la quatriéme puissance, je multiplie d'abord 5 par lui-même, c'est-à-dire, par 5 ; cette premiere multiplication donne 25 qui est la seconde puissance de 5 ; je multiplie ensuite 25 par 5 ; cette seconde multiplication donne 125 qui est la troisiéme puissance de 5 ; enfin je multiplie 125 par 5 ; cette troisiéme multiplication donne 625 qui est la quatriéme puissance de 5. Pour élever ab à la troisiéme puissance, je multiplie d'abord ab par ab; cette premiere multiplication donne a^2b^2 qui est la seconde puissance de ab; après quoi je multiplie a^2b^2 par ab : cette seconde multiplication donne a^3b^3 ; ce dernier produit est la troisiéme puissance de ab.

Cette regle pour élever une grandeur à une puissance quelconque, est fondée sur les définitions qu'on a données des différentes puissances ; car suivant ces définitions, il paroît d'abord que pour avoir la seconde puissance, il ne faut faire qu'une multiplication, puisque la seconde puissance est le produit d'une grandeur multipliée par elle-même. 2°. Quand on a la seconde puissance, il ne faut plus faire qu'une multiplication, afin d'avoir la troisiéme ; parce que la troisiéme puissance est le produit de la seconde par la premiere ; par conséquent il ne faut faire en tout que deux multiplications pour avoir la troisiéme puissance. On prouvera de même, que pour la quatriéme puissance, il ne faut que trois multiplications; parce que la troisiéme puissance étant une fois trouvée, il ne faut plus qu'une multiplication, afin d'avoir la quatriéme, & ainsi de suite.

La regle qu'on vient de donner est commune aux quantitez incomplexes & complexes ; ainsi si on cherche les différentes puissances de $a + b$, on trouvera après les réductions faites que la seconde puissance est $a^2 + 2ab + b^2$; que la troisiéme puissance est $a^3 + 3a^2b + 3ab^2 + b^3$; que la quatriéme est $a^4 + 4a^3b + 6a^2b^2 + 4ab^3 + b^4$.

190. Il faut bien prendre garde quels sont les produits qui entrent dans la composition du quarré d'une quantité complexe : nous allons en faire l'énumération : 1°. le quarré des deux premiers termes d'une quantité complexe contient le quarré du premier terme, plus le double du premier terme multiplié par le second avec le quarré du second. 2°. Le quarré des trois premiers termes contient de plus les produits suivans : sçavoir, le double des deux premiers termes multiplié par le troi-

m

fiéme avec le quarré du troifiéme. 3°. Le quarré des quatre premiers termes contient encore de plus le double des trois premiers termes multiplié par le quatriéme, avec le quarré du quatriéme. 4° Le quarré des cinq premiers termes contient encore
de plus le double des quatre premiers termes multiplié par le
cinquiéme avec le quarré du cinquiéme, ainfi de fuite : foit,
par exemple, la quantité complexe $c + d + f + g + h$; on
trouvera que le quarré de cette quantité eft $c' + 2cd + d'$;
$+ 2cf + 2df + ff$; $+ 2cg + 2dg + 2fg + g'$; $+ 2ch + 2dh + fh$
$+ 2gh + h'$. Or ce quarré renferme tous les produits que nous
venons de marquer : car $c' + 2cd + dd$ font les produits marquez dans le premier article ; $2cf + 2df + f'$ font ceux qui
font énoncez dans le fecond article ; $2cg + 2dg + 2fg + g'$
font marquez dans le troifiéme : enfin les autres produits qui
reftent, font énoncez dans le quatriéme article.

191. L'operation par laquelle on éleve une quantité à quelque puiffance, eft appellée *formation des puiffances* : après en
avoir donné la regle générale, nous allons parler d'une autre
operation oppofée, qu'on appelle *refolution des puiffances*, &
plus fouvent *extraction des racines* : elle confifte à chercher la
racine d'une quantité propofée : par exemple, fi ayant le nombre 100, j'en tire la racine quarrée qui eft 10, cela s'appelle
extraire la racine de 100. On peut faire l'extraction de la racine feconde, troifiéme, quatriéme, cinquiéme, &c. tant fur
les nombres que fur les quantitez litterales. Nous ne parlerons
ici que de l'extraction de la racine quarrée, parce qu'elle eft
la feule dont nous aurons befoin dans la fuite.

DE L'EXTRACTION DE LA RACINE QUARRE'E.

192. Afin de tirer la racine quarrée d'un nombre, il faut
d'abord partager ce nombre en tranches, en commençant vers
la droite; enforte que chaque tranche contienne deux chiffres,
excepté la premiere à gauche qui peut n'en contenir qu'un feul:
ce partage en tranches fe fait, en écrivant une virgule entre-
deux : par exemple, fi on vouloit extraire la racine quarrée de
ce nombre 5412378 6, il faudroit tirer une virgule entre
8 & 7, une autre entre 3 & 2, & une troifiéme entre 1 & 4
en cette maniere 54, 12, 37, 86. Il paroît affez que fi le nombre des chiffres eft impair, la premiere tranche à la gauche ne

contiendra qu'un seul caractère : ainsi si le nombre proposé
étoit 4123786, la premiere tranche à la gauche ne contien-
droit que 4, la seconde 12, la troisiéme 37, la quatriéme 86.

Avant d'expliquer la methode de l'extraction de la racine
quarrée, nous allons faire quelques remarques qui serviront
beaucoup pour entendre les regles de cette opération.

REMARQUES.

I.

193. Le quarré d'une quantité complexe contient le
quarré du premier terme ; plus le double du premier terme
multiplié par le second avec le quarré du second;plus le double
des deux premiers termes multiplié par le troisiéme avec le
quarré du troisiéme ; plus le double des trois premiers termes
multiplié par le quatriéme, avec le quarré du quatriéme; ainsi
de suite si la quantité complexe a plus de quatre termes *.

* 190

II.

294. Tout nombre au-dessus de dix, peut être consideré
comme une quantité complexe composée d'autant de termes,
qu'il y a de caracteres dans le nombre: par exemple, 7356 est une
quantité complexe de quatre termes, puisque ce nombre est
égal à 7000 + 300 + 50 + 6. Par conséquent le quarré d'un
nombre plus grand que 10, contient les produits énoncez dans
la remarque précedente.

III.

195. Si on fait attention aux deux corollaires que nous avons
déduits*, après avoir avoir parlé de la multiplication des nombres qui contiennent des zeros à la fin, on verra que si on multiplie un nombre, par exemple, 7356, par lui-même, il y
aura six rangs dans le quarré total après le quarré de 7, cinq
rangs après le double de 7 multiplié par 3, quatre rangs après
le quarré de 3, trois rangs après le double de 73 multiplié par
5, deux rangs après le quarré de 5, un rang après le double de
735 multiplié par 6 : enfin le quarré de 6 finira au dernier
rang.

* 58
59.

Voici tous ces produits pla- 49 . . . . . .
cez dans les rangs qui leur con- 4: . . . . .
viennent. 9 . : . . .
730 . . .
2 5 . .
8 8:0 .
36
——————————————
5 4 1 1 0 7 3 6 quarré de 7 3 5 6.

196. Il est encore clair par les deux mêmes corollaires *que le quarré d'un nombre doit avoir autant de tranches, que ce nombre contient de caractères, ni plus ni moins : par exemple, le quarré de 7 3 5 6 contient quatre tranches ; car le quarré de 7 doit avoir après lui le double des rangs qui se trouvent après ce chiffre dans le nombre 7 3 5 6, & par conséquent le quarré de 7 doit avoir trois tranches de deux rangs après lui : mais d'ailleurs le quarré de 7 fait encore une tranche ; ainsi le quarré de 7 3 5 6 doit avoir quatre tranches. Cela peut encore se prouver de la maniere suivante : 1°. Un nombre de quatre caractères ne peut avoir moins de quatre tranches à son quarré : car le plus petit nombre de quatre caractères est 1000. Or le quarré de 1000 est composé de quatre tranches, puisque pour multiplier 1000 par 1000, il faut ajoûter les trois zeros du multiplicateur au multiplié. 2°. Un nombre de quatre caractères ne peut avoir plus de quatre tranches à son quarré : car 100000000 est le *lus petit de tous les nombres de cinq tranches. Or ce nombre est cependant le quarré de 10000 qui a cinq caractères ; par conséquent un nombre de quatre caractères ne peut avoir plus de quatre tranches à son quarré ; d'ailleurs on vient de faire voir qu'il n'en peut avoir moins de quatre ; ainsi un nombre de quatre chiffres doit avoir précisément quatre tranches à son quarré. On prouvera de la même maniere que le quarré de tout autre nombre a autant de tranches que le nombre a de chiffres.

En parlant de la racine quarrée nous supposons toujours que chaque tranche contient deux chiffres, excepté la premiere à gauche qui peut n'en contenir qu'un seul.

187. Il suit de la troisiéme remarque, que dans le quarré total de 7 3 5 6, les différens produits doivent se trouver dans les rangs que nous allons marquer, 1°. le quarré de 7, dans le dernier rang de la premiere tranche, 2°. le double de 7 mul-

* 58 &
55.

tiplié par 3 , au premier rang de la seconde tranche , 3°. le quarré de 3, au second rang de la même tranche, 4°. le double de 73 multiplié par 5 , au premier rang de la même tranche, 5°. le quarré de 5 au second rang de la même tranche, 6°. le double de 735 multiplié par 6 , au premier rang de la quatriéme tranche, 7°. Enfin le quarré de 6 au second rang de la même tranche.

198. Lorsqu'on dit que chacun de ces produits se trouve au premier ou au second rang de quelqu'une des tranches, cela doit toujours s'entendre du dernier chiffre de ces produits, comme il paroît par la maniere dont les produits du quarré de 7356 ont été placez après la troisiéme remarque : par exemple, le premier produit 49 n'est pas tout entier au second rang de la premiere tranche , il n'y a que le dernier chiffre 9. Pareillement il n'y a que le dernier chiffre 2 du second produit 42 qui reponde au premier rang de la seconde tranche.

199. Il suit encore de la troisiéme remarque , que dans le nombre 54110736 qui est le quarré de 7356 , il y a un rang de moins après le quarré de 3 , qu'après le double de 7 multiplié par 3 ; qu'il y a aussi un rang de moins après le quarré de 5 qu'après le double de 73 multiplié par 5 , & qu'enfin il n'y a plus de rang après le quarré de 6 ; au lieu qu'il y a encore un rang après le double de 735 multiplié par 6 : ensorte qu'il y a toujours un rang de moins après le quarré d'un chiffre, qu'après le double des caracteres précedens multiplié par ce chiffre. Tout ce qu'on vient de dire convient généralement aux nombres qui surpassent dix.

La methode de l'extraction de la racine quarrée s'entendra facilement après tout ce que nous venons de dire, il faut commencer à partager le nombre en tranches de deux rangs comme nous l'avons dit *, ensuite on peut tirer une ligne , & la couper par un crochet, comme dans la division. Après ces préparations, voici comment on doit opérer sur la premiere tranche.

* 192.

200. Il faut 1 o. chercher le plus grand quarré contenu dans la premiere tranche à gauche : il ne peut être plus grand que celui de 9, parce que le quarré de 10 contient trois chiffres. 2°. prendre la racine de ce quarré , & l'écrire à la droite du nombre proposé. 3°. Soustraire de la premiere tranche le plus grand quarré qui y est contenu , & écrire le reste au-dessous

EXEMPLE I.

Soit, par exemple, le nombre 209254 dont on cherche la racine
quarrée. Après l'avoir partagé en tran-
ches, 1°. je cherche quel est le plus
grand quarré contenu dans 20, qui est
la premiere tranche à gauche : c'est 16.
2°. J'en prends la racine 4, & je l'écris à
la droite du nombre proposé. 3°. Je souf-

$$
\begin{array}{l}
20,92,54(45 \\
\hline
492 \quad\ \ (8 \\
425 \\
\hline
67
\end{array}
$$

trais le quarré 16 de la premiere tranche, & j'écris le reste 4
au-dessous. Ces trois opérations étant faites, il faut appliquer
les regles suivantes sur la seconde tranche.

201. 1°. Abbaisser cette seconde tranche à côté du reste de
la premiere, & mettre un point sous le premier chiffre de la
tranche abbaissée, pour marquer que ce chiffre, joint avec le
reste de la premiere tranche, est le dividende : dans l'exemple
proposé, j'abbaisse la seconde tranche 92 à côté du 4 qui est le
reste de la premiere, & je mets un point sous le premier chiffre
9, pour marquer que 49 est le dividende.

202. 2°. Prendre pour diviseur le double de ce qui a déja
été trouvé à la racine, & l'écrire sous cette racine. Dans notre
exemple, ayant déja trouvé 4 à la racine, 8 sera le diviseur; je
l'écris donc sous 4.

203. 3°. Diviser le dividende par le diviseur, en observant
que quoique le chiffre éprouvé soit bon selon la division, il ne
doit pas être mis pour cela à la racine, à moins qu'il ne soit
bon aussi selon l'épreuve propre à l'extraction de la racine quarrée. Or cette épreuve consiste à ajoûter le quarré du chiffre
éprouvé avec le produit du diviseur par le chiffre éprouvé : & si
la somme qui vient de cette addition peut être ôtée de la seconde tranche jointe au reste de la premiere, c'est une marque
que le chiffre éprouvé est bon ; auquel cas il faudra l'écrire à
côté de celui qu'on a déja trouvé à la racine : mais si la somme
qui est venuë de l'addition ne peut être soustraite de la seconde
tranche jointe au reste de la premiere; alors il faudra diminuer le
chiffre éprouvé d'une unité, & recommencer l'épreuve avec le
nouveau chiffre; & si la somme est encore trop grande, on di-
minuera encore le chiffre éprouvé d'une unité, jusqu'à ce qu'on
puisse faire la soustraction.

204. Il faut remarquer que quand on veut ajoûter le quarré

du chiffre éprouve avec le produit du diviseur par le chiffre
éprouvé, le quarré doit être plus avancé d'un rang vers la droite
que le produit du diviseur. Cela vient de ce que dans le quarré
total d'un nombre, le quarré de chaque chiffre a un rang de
moins après lui *, que le double des caracteres précedens multiplié par ce chiffre.

*199.

Dans notre exemple, je divise 49 par 8, & je trouve que 6
est bon selon la division, parce qu'en multipliant 8 par 6, le produit 48 peut être ôté du dividende 49 : je fais ensuite l'épreuve
pour la racine quarrée, c'est-à-dire, que j'ajoute 36 quarré
du chiffre éprouvé avec 48, en observant ce qui est dit dans la
remarque, & je trouve la somme 516, laquelle ne peut être
ôtée de 492 ; & par conséquent le 6 n'est pas bon. Ainsi j'éprouve
le 5 en multipliant le diviseur 8 par 5, & ajoutant le quarré
de 5 au produit ; la somme est 425, laquelle peut être ôtée de
492 ; ainsi le 5 est bon ; c'est pourquoi je l'écris à la racine à
côté du 4.

205. 4°. Après avoir écrit à la racine le chiffre éprouvé qui
a été trouvé bon, il faut faire la soustraction dont on a parlé
dans la troisieme regle, c'est-à-dire, que la somme du produit
du diviseur par le chiffre éprouve & du quarré du chiffre éprouvé doit être ôtée de la seconde tranche jointe au reste de la premiere. Dans notre exemple, je soustrais 425 de 492, & j'écris
le reste 67 au-dessous.

206. On opere de la même maniere sur la troisieme tranche
que sur la seconde. Ainsi ayant abbaissé la troisieme tranche à
côté du reste de la derniere soustraction, 1°. on met un point
sous le premier chiffre de la troisieme tranche pour marquer
que ce premier chiffre, joint avec le reste de la soustraction, est
le dividende. 2°. On prend pour diviseur le double des deux
chiffres qui sont déjà à la racine, & on l'écrit au-dessous du premier diviseur. 3°. On fait la division en employant d'abord l'é-
preuve de la division, & ensuite celle de l'extraction de la racine
quarrée. 4°. Après avoir trouvé le chiffre qu'on doit mettre à
la racine, il faut faire la soustraction. On opere encore de la même maniere sur chacune des tranches suivantes.

Dans l'exemple proposé, j'abbaisse la troisieme tranche à côté
de 67 reste de la soustraction précédente, il vient 6754 : après
cela, 1°. je mets un point sous 5, pour marquer que 675 est le
dividende. 2°. je prends pour diviseur le double de ce qui est

déja à la racine, c'est-à-dire, le double de 45, & j'écris le second diviseur 90 sous le premier. 3°. Je divise le dividende 6 7 5 par 90, & je trouve que le 7 est bon selon la division, parce que 630 produit du diviseur 90 par 7 est moindre que 675 : ensuite pour voir s'il est bon selon l'épreuve de l'extraction de la racine, j'ajoûte le quarré de 7 au produit 630 de la maniere qui a été expliquée,* & je trouve la somme 6349 qui est moindre que 6754;

$$
\begin{array}{c}
20,92,54 \left\{
\begin{array}{l}
457 \\
8 \\
90
\end{array}
\right. \\[2pt]
\underline{492} \\
4\overset{2}{5} \\
\hline
6754 \\
6349 \\
\hline
405
\end{array}
$$

ainsi le 7 est bon, je le mets donc à la racine. 4°. Enfin je retranche 6349 de 6754, il reste 405. Comme il n'y a plus de tranches à abbaisser, l'opération est finie.

207. On distingue différens membres dans l'extraction de la racine comme dans la division; le premier membre est la premiere tranche; le second membre est la seconde tranche jointe au reste de la premiere soustraction; le troisiéme membre est la troisiéme tranche jointe au reste de la seconde soustraction, ainsi de suite. Dans notre exemple, 20 est le premier membre, 492 est le second, 6754 est le troisiéme.

S'il n'y avoit point de reste après une soustraction, alors la tranche suivante seroit seule le membre sur lequel il faudroit opérer : cela paroîtra dans le troisiéme exemple, où la seconde tranche seule est le second membre.

208. Remarquez qu'en cherchant les chiffres de la racine, on peut également se tromper, ou en prenant un chiffre trop grand, ou en prenant un chiffre trop petit. On évite la premiere erreur, en s'assûrant que la somme du produit du diviseur par le chiffre éprouvé & du quarré de ce chiffre, peut être retranchée du membre sur lequel on opere : mais pour éviter la seconde erreur, il ne suffit pas que la soustraction, dont on vient de parler se puisse faire : ainsi, si on avoit mis 4 ou 3 à la racine à la place du 5, pour le second membre de l'exemple précedent, on auroit fait une faute, quoiqu'on ait pû faire alors la soustraction marquée dans l'article 205.

Afin donc que l'on soit assûré que le chiffre éprouvé n'est pas trop petit, il faut éprouver d'abord le chiffre que l'on a trouvé bon par l'épreuve de la division; & si ce chiffre est trop grand, il faut le diminuer d'une unité, & recommencer l'épreuve propre à l'extraction de la racine; que si ce dernier chiffre n'est

point

point encore bon, il faut le diminuer d'une unité, & poursuivre
la même pratique, jusqu'à ce que la souftraction marquée par
l'article 205 puiffe fe faire, en obfervant de ne diminuer à chaque fois le chiffre éprouvé, que d'une unité feulement, lorfqu'on veut faire une nouvelle épreuve.

209. Remarquez encore que fi le divifeur étoit plus grand que
le dividende, ou bien fi aucun chiffre pofitif ne fe trouvoit bon
en faifant l'épreuve de l'extraction de la racine; pour lors il
faudroit mettre zero à la racine; auquel cas il n'y auroit plus
rien à faire fur le membre fur lequel on opere; c'eft pourquoi
il faudroit abbaiffer la tranche fuivante, pour avoir un nouveau
membre fur lequel on opéreroit à l'ordinaire.

EXEMPLE II.

Soit le nombre 3140 68 57, dont il faut extraire la racine
quarrée.

Je le partage d'abord en tranches, en commençant vers la
droite, enfuite après avoir tiré une ligne au-deffous, & une à
la droite, j'opere fur la premiere tranche de la maniere fuivante.

PREMIER MEMBRE.

1°. Je cherche le plus grand
quarré contenu dans 31 qui
eft la premiere tranche: c'eft
25. 2°. Je prends la racine de

$$31,40,68,57 \quad \begin{cases} 5 \\ \overline{} \\ 10 \end{cases}$$
$$640$$

ce quarré, & je l'écris à la droite du nombre propofé. 3°.
Je fouftrais le quarré 25 de la premiere tranche, & il refte 6;
enfuite je paffe au fecond membre.

SECOND MEMBRE.

Ayant abbaiffé la feconde tranche à côté du refte 6, je trouve
640 pour fecond membre, fur lequel j'applique les 4 regles
prefcrites. 1°. Je mets un point fous le 4, pour marquer que
le dividende eft 64. 2°. Je prends pour divifeur le double du
chiffre 5 qui eft à la racine. 3°. Je divife 64 par le divifeur 10;
& je trouve que le 6 eft bon felon l'épreuve de la divifion & celle
de l'extraction de la racine quarrée. Je fais cette derniere épreuve en multipliant le divifeur 10 par 6, & en ajoûtant au produit 60 le quarré de 6; comme il eft marqué dans l'arti-

n

cle 204 : je trouve que la
fomme eft 636, laquelle peut
être ôtée du membre 640 ; je
mets donc 6 à la racine. 4º.
Enfin je retranche 636 de 640,
& le refte eft 4. Après cela
je paffe au troifiéme membre.

$$
\begin{array}{l|l}
31,40,68,57 & 5604 \\
\hline
640 & 10 \\
636 & 112 \\
\hline
 & 1120 \\
46857 & \\
44816 & \\
\hline
2041 &
\end{array}
$$

TROISIE'ME MEMBRE.

Ayant abbaiffé la troifiéme tranche 68 à côté du refte 4, je
trouve 468 pour le troifiéme membre fur lequel j'opere ainfi :
1º. Je mets un point fous le premier chiffre 6 de la troifiéme
tranche, pour marquer que 46 eft le dividende. 2º. Je prends
112 pour divifeur, c'eft le double du nombre 56 que l'on a
déja trouvé à la racine, & j'écris ce fecond divifeur au-deffous
du premier. 3º. Je divife 46 par 112 ; mais comme le divifeur
eft plus grand que le dividende, je mets o à la racine *; ainfi il n'y
a plus rien à faire fur ce membre ; c'eft pourquoi je paffe au fuivant.

* 209.

QUATRIE'ME MEMBRE.

Ayant abbaiffé la quatriéme tranche 57 à côté du refte 468 ,
je trouve 46857 pour quatriéme membre, fur lequel j'applique
les quatre régles. 1º. Je mets un point fous le premier chiffre 5
de la tranche abaiffée, pour marquer que le dividende eft 4685.
2º. Je prens pour divifeur 1120, c'eft le double du nombre 560
qui eft déja à la racine, & j'écris ce troifiéme divifeur fous le fecond. 3º. Je divife 4685 par 1120, le quotient eft 4 ; & ayant
multiplié le divifeur 1120 par 4, je trouve le produit 4480
moindre que le dividende ; ainfi le 4 eft bon felon la divifion : je
fais enfuite l'épreuve de l'extraction, en ajoûtant le quarré de 4
au produit 4480, & je trouve que la fomme 44816 eft moindre
que le quatriéme membre ; c'eft pourquoi j'écris le 4 à la racine. 4º. Je fouftrais la fomme 44816 de 46857, le refte eft
2041, & l'opération eft achevée.

EXEMPLE III.

Soit encore le nombre 9048576 dont on veut tirer la racine quarrée. Il faut d'abord le partager en 4 tranches, en commençant vers la droite : la première ne con-

```
9,04,85,76 ⌐3008
          ├─────
   04 85 76⌐  6
    4 80 64│ 60
          ├─────
            600
        512
```

tiendra qu'un seul caractere, sçavoir 9. On operera ensuite sur ce nombre, comme on a fait sur les autres, & on trouvera 1°. que le premier chiffre de la racine est 3, 2°. que le second chiffre de la racine est 0, parce que le diviseur 6 est plus grand que le dividende du second membre : ce second membre est la seconde tranche 04, & le dividende est 0. 3°. Que le troisiéme chiffre de la racine est encore zero, parce que le diviseur 60 est plus grand que le dividende du troisiéme membre : ce troisiéme membre est 485, & le dividende est 48. 4°. que le quatriéme chiffre de la racine est 8, à cause qu'en opérant à l'ordinaire sur le dernier membre 48576 & sur le dividende 4857, on trouve que le 8 est bon.

210. Pour faire la preuve de l'extraction de la racine quarrée, il faut chercher le quarré du nombre qu'on a trouvé à la racine, & y ajoûter le reste de la derniere soustraction. Ainsi dans le premier exemple, il faut élever 457 au quarré, c'est-à-dire, qu'il faut multiplier 457 par lui-même, & ensuite ajoûter le reste 405 au quarré 208849 : & comme la somme est égale au nombre proposé 209254, c'est une marque que l'opération a été bien faite : mais si la somme n'avoit point été égale au nombre proposé, ç'auroit été une marque qu'on auroit fait quelque faute de calcul dans l'extraction de la racine. Lorsqu'il n'y a point de reste après la derniere soustraction, il faut, afin que l'opération soit bonne, que le quarré du nombre qu'on a trouvé à la racine soit égal au nombre proposé.

La raison de cette pratique est évidente : car puisqu'on cherche la racine, il faut, si l'on a bien opéré, que le quarré du nombre qu'on a trouvé à la racine soit égal au nombre proposé, lorsqu'il n'y a point de reste après l'opération : mais s'il y a un reste, il est clair que ce reste ajoûté au quarré de la racine, doit faire une somme égale au nombre proposé.

Dans la démonstration suivante, nous supposerons qu'il n'y a

n ij

plus de reſte après la derniere ſouſtraction, & nous appellerons le nombre dont on tire la racine, le *nombre propoſé*, & celui qu'on trouve à la racine ſera nommé, le *nombre trouvé*. Il s'agit donc de prouver, que le nombre trouvé en ſuivant les regles preſcrites, eſt la racine du nombre propoſé, ou, ce qui eſt la même choſe, que ce nombre propoſé eſt le quarré de celui qu'on a trouvé.

D'EMONSTRATION DE L'EXTRACTION
des Racines quarrées.

211. Afin que le nombre propoſé ſoit le quarré de celui qu'on a trouvé, il ſuffit que le premier contienne tous les produits qui compoſent le quarré du ſecond. Or le nombre propo-ſé contient tous les produits qui forment le quarré du nombre

X 193. trouvé : car ces produits ſont * le quarré du premier chiffre, plus le double du premier chiffre multiplié par le ſecond avec le quarré du ſecond, &c. Or en ſuivant les regles de la me-thode, on eſt aſſuré que le nombre propoſé contient tous ces produits; puiſque ſelon cette methode, on retranche d'abord du premier membre le quarré du premier chiffre du nombre trouvé; 2°. on retranche du ſecond membre le diviſeur, c'eſt-à-dire, le double du premier chiffre multiplié par le ſecond avec le quarré du ſecond. 3°. on retranche du troiſiéme membre le divi-ſeur, c'eſt-à dire, le double des deux premiers chiffres multiplié par le troiſiéme avec le quarré du troiſiéme, &c. donc le nombre propoſé contient tous les produits qui compoſent le nombre trouvé ; ainſi le premier eſt le quarré du ſecond.

212. S'il y avoit un reſte après la derniere ſouſtraction, ce ſeroit une marque que le nombre propoſé ne ſeroit pas un quar-ré parfait ; ainſi le nombre trouvé ne ſeroit pas la racine exacte du nombre propoſé : mais ce ſeroit la racine du plus grand quarré contenu dans ce nombre ; ainſi dans le premier exem-ple le nombre trouvé, ſçavoir 457, n'eſt pas la racine exacte du nombre propoſé 209254:mais 457 eſt la racine de 208849, qui eſt le pus grand quarré contenu dans 209254;car ſi on prend 458 plus grand ſeulement d'une unité que 457, on trouvera que le quarré de la racine 458 eſt plus grand que le nombre 209254. C'eſt une ſuite de la méthode de l'extraction, puiſque ſi le quarré de 458 étoit contenu dans 209254, on auroit pù mettre 8 à la place de 7, quand on a opéré ſur le dernier membre.

213. Il reſte encore à faire voir pourquoi à chaque membre

on prend pour dividende le premier chiffre de la tranche ab-
baiffée avec le refte de la fouftraction, & pour divifeur, le
double de ce qu'on a déja trouvé à la racine : ainfi au troifiéme
membre du premier exemple, on a pris 675 pour dividende, & pour divifeur le double de 45. La raifon de ces deux régles paroît affez par ce qui a été dit avant de propofer la methode de l'extraction. Car, puifque le double de 45 multiplié par
7, fe trouve au premier rang de la troifiéme tranche abbaif-
fée *, il s'enfuit, que pour trouver 7, il faut divifer ce produit par le double de 45.

    214. Lorfqu'un nombre n'eft pas un quarré parfait, on peut
bien approcher de plus en plus de la racine exacte de ce nombre;
mais on démontre qu'il n'eft pas poffible d'y arriver ; dans ce
cas, on indique la racine du nombre propofé, en fe fervant du
figne radical : par exemple, fi on a befoin de la racine quarrée de
50, lequel nombre eft un quarré imparfait, on la marque en
cette maniere, √50, ou fimplement √50. Pareillement les racines quarrées de 18 & de 15 fe marquent ainfi, √18 & √15.
Ces racines font appellées *incommenfurables*.

    215. Si un quarré imparfait eft le produit d'un quarré parfait, par
un autre nombre, pour lors on exprime quelquefois la racine
du quarré imparfait d'une autre maniere : par exemple, 50 eft
un quarré imparfait ; mais c'eft le produit de 25 par 2. Or 25
eft un quarré parfait. Cela pofé, puifque 50 eft égal à 25 multiplié par 2, il faut que la racine de 50 foit égale à la racine de
25 multipliée par la racine de 2. Or la racine de 25 eft 5, &
la racine de 2 eft √2 ; par conféquent la racine de 50 eft égale
à 5 multiplié par √2 ; ce qui fe marque en cette maniere,
√50 = 5×√2, ou plutôt √50 = 5√2. Pareillement 18 étant égal
au produit de 9 par 2, il s'enfuit que la racine de 18 eft
eft égale à la racine de 9 multipliée par la racine de 2 : mais 9
eft un quarré parfait, dont 3 eft la racine ; par conféquent la
racine de 18 peut être marquée en cette maniere 3√2. Il n'en
eft pas de même de la racine de 15, parce que 15 n'eft pas le produit d'un quarré parfait multiplié par un autre nombre : fi on
veut donc fe fervir du figne radical, pour exprimer la racine
de 15, on ne peut la marquer qu'en cette maniere, √15 ou
√15.

    216. La methode pour extraire la racine quarrée des quan-

titez littérales eſt la même que celle qu'on a employée pour les
nombres ; excepté premierement , qu'il n'y a point de rang à
garder dans les différens produits qu'on peut ſouſtraire, & qu'il
ne faut pas diviſer la quantité littérale en tranches comme on
fait les nombres : & en ſecond lieu, qu'après chaque ſouſtraction
il faut faire la réduction des quantitez ſemblables. Il ſuffira de
donner un exemple pour faire entendre l'application de la methode ſur les quantitez algébriques.

Soit la quantité $9c^2 - 12cdx + 4d^2x^2 + 24cfy - 16dfxy$
$+ 16f^2y^2$ dont il faut extraire la racine quarrée.

$$9c^2 - 12cdx + 4d^2x^2 + 24cfy - 16dfxy + 16f^2y^2 \Big\} \quad \dfrac{3c - 2dx + 4fy}{6c}$$

$$- 9c^2 + 12cdx - 4d^2x^2 - 24cfy + 16dfxy - 16f^2y^2 \Big\} \quad 6c - 4dx$$

Après avoir tiré une ligne au-deſſous & une autre à droite
de la quantité propoſée, j'opére ſur le premier terme $9c^2$
qui eſt le premier membre : ainſi je prends la racine quarrée
de $9c^2$, c'eſt $3c$, & j'écris cette racine à droite de la quantité
propoſée : enſuite j'éleve $3c$ au quarré, il vient $+ 9c^2$ qu'il faut
ſouſtraire en l'écrivant au deſſous du premier terme avec le ſigne oppoſé : enfin je fais la réduction, & j'écris un zero ſous
les quantitez qui ſe détruiſent.

J'opere enſuite comme ſur le ſecond membre d'un nombre
dont on tire la racine : ainſi je prends pour dividende le ſecond
terme $- 12cdx$, & pour diviſeur le double de ce que j'ai trouvé à la racine ; ce diviſeur eſt donc $6c$; c'eſt pourquoi je diviſe
$12cdx$ par $6c$, le quotient eſt $- 2dx$ que je poſe à la ſuite de $3c$.
Après cela je multiplie le diviſeur $6c$ par $- 2dx$, & j'ajoûte le
quarré de $- 2dx$, la ſomme ſera $- 12cdx + 4d^2x^2$, laquelle doit
être ôtée de la quantité propoſée ; je fais donc la ſouſtraction en
écrivant la ſomme avec des ſignes contraires : enſuite je fais la
réduction, & il ne reſte plus dans la quantité propoſée, que les
trois termes $+ 24cfy - 16dfxy + 16f^2y^2$, ſur leſquels j'opere de
la même maniere que ſur les deux termes précedens ; je prends
donc $24cfy$ pour dividende, & pour diviſeur $6c - 4dx$, c'eſt le
double de ce qui eſt à la racine : je diviſe enſuite $24cfy$ par $6c$
premier terme du diviſeur, & j'écris le quotient $4fy$ à la racine :
après cela je multiplie le diviſeur entier par $4fy$, le produit eſt
$24cfy - 16dfxy$ auquel j'ajoûte $16f^2y^2$ quarré du terme que je

viens de mettre à la racine, la somme est $24cff - 16dfxy + 16f'y^2$
que j'écris sous les trois derniers termes de la quantité proposée,
avec des signes contraires à ceux de cette somme : enfin je fais
la réduction , & il ne reste rien ; c'est pourquoi l'opération
est achevée. La racine de la quantité proposée est donc
$3c - 2dx + 4ff$.

Pour s'assûrer si on a bien opéré , on fait la preuve de la
même maniere que pour les nombres.

217. Remarquez qu'il n'y a point d'épreuve à faire dans
l'extraction de la racine des quantitez littérales, non plus que
dans la division de ces quantitez.

218. Remarquez encore que le terme qui sert de premier
membre doit être un quarré parfait, de sorte que si le premier
terme de la quantité n'est pas un quarré, il en faut choisir un
autre qui soit quarré , sur lequel on commencera l'operation:
par exemple, si le premier terme de la quantité proposée avoit
été $-12cdx$, il auroit fallu prendre un autre terme pour commencer l'opération.

LIVRE SECOND.

CONTENANT

UN TRAITE' DES RAISONS,
des Proportions & des Fractions.

IL n'y apoint de partie dans les Mathématiques qui soit si utile & si necessaire, que celle qui traite des proportions : on les employe souvent dans les démonstrations, & elles sont le fondement de la plûpart des operations que l'on fait, telles que sont les regles de trois, de compagnie, d'alliage, de fausses positions, &c. C'est par le moyen des proportions, que l'on découvre la solution d'une infinité de questions & de problêmes que l'on ne pourroit resoudre sans leur secours : c'est pourquoi ceux qui ont dessein de faire quelques progrès dans la Science des Mathématiques, doivent s'appliquer d'une maniere particuliere à cette partie qui est la clef des autres.

ART. I. Une *raison*, comme on prend ici ce terme, est le rapport ou la comparaison de deux grandeurs, soit nombres, étenduës vîtesses, temps, &c. Or on peut comparer deux grandeurs en deux manieres differentes, ou en considérant de combien l'un surpasse l'autre, ou en examinant comment l'une contient l'autre. La premiere maniere de considerer deux grandeurs, est appellée *Raison arithmétique*, & la seconde *Raison géométrique*.

2. La raison arithmétique est donc une comparaison de deux grandeurs, dans laquelle on considere de combien l'une surpasse, ou est surpassée par l'autre : par exemple, si je considere que 6 surpasse 2 de 4 ; cette comparaison des nombres 6 & 2 est une raison arithmétique.

3. La raison geométrique est une comparaison de deux grandeurs, dans laquelle on considere la maniere dont l'une contient l'autre, ou ce qui revient au même, la raison geométrique

trique eſt la maniere dont une grandeur en contient une autre : par exemple, ſi je conſidere que 6 contient 2 trois fois,
cette comparaiſon eſt une raiſon ou rapport geometrique.

4. Remarquez qu'une grandeur en peut contenir une autre
ou en entier ou en partie : par exemple, 6 contient 2 entierement trois fois : mais 5 ne contient 20 qu'en partie ; c'eſt-à-
dire, que 5 contient ſeulement une partie de 20, ſçavoir le
quart : de même 12 contient en partie 18, parce qu'il en renferme les deux tiers.

5. Il y a deux termes dans toute raiſon, ſoit arithmetique,
ſoit geometrique, *l'antécedent* & le *conſequent* ; l'antécedent eſt
celui qui eſt comparé à l'autre ; le conſequent eſt celui auquel
l'antécedent eſt comparé. L'antécedent eſt toujours le premier terme de la raiſon, & le conſequent eſt le ſecond : dans
l'exemple propoſé 6 eſt l'antécedent, & 2 eſt le conſequent.

6. C'eſt par la ſouſtraction que l'on découvre de combien
une grandeur ſurpaſſe l'autre ; c'eſt pourquoi on connoît la
valeur d'une raiſon arithmetique en ôtant le conſequent de
l'antécedent, ou l'antécedent du conſequent : par exemple,
on connoît la valeur de la raiſon arithmetique de 6 à 2 en
ôtant 2 de 6 : mais on verra dans la ſuite que la valeur de la
raiſon geometrique ſe connoît en diviſant toujours l'antécedent par le conſequent.

Quand on parle de raiſon ſans déterminer l'arithmetique ou
la geometrique, il faut toujours entendre la geometrique ; c'eſt
la même choſe quand on ſe ſert du terme de rapport.

7. On diſtingue deux ſortes de rapports geometriques, l'un
d'égalité & l'autre *d'inegalité*. Le rapport d'égalité eſt celui
dont l'antécedent & le conſequent ſont égaux ; tel eſt le rapport d'une ligne de trois pieds à une autre ligne de trois pieds ;
& en general la raiſon de *b* à *b*. Le rapport d'inegalité eſt celui dont l'antécedent eſt plus grand ou plus petit que le conſequent : telle eſt la raiſon de 8 à 6. Le rapport eſt nommé
de *plus grande inegalité*, lorſque l'antécedent eſt plus grand
que ſon conſequent ; & de *moindre inegalité* quand l'antécedent eſt plus petit que le conſequent.

On peut comparer une raiſon avec une autre, pour voir ſi
elle eſt égale, ou plus grande ou plus petite. Nous allons donner quelques définitions, & enſuite nous expoſerons pluſieurs
principes qui ſerviront beaucoup pour cette comparaiſon &

o

pour l'intelligence de ce que nous dirons dans la fuite.

Il faut diftinguer deux fortes de parties d'un tout ; fçavoir, les parties *aliquotes* & les parties *aliquantes*.

8. Les parties aliquotes font celles qui répetées un certain nombre de fois, mefurent leur tout exactement, c'eft-à-dire, fans refte : par exemple, 3 eft partie aliquote de 12, parce qu'étant répeté quatre fois, il mefure exactement 12, ou, ce qui eft la même chofe, il eft contenu quatre fois exactement dans 12 : de même 6 eft partie aliquote de 30, parce qu'il eft contenu cinq fois fans refte dans 30.

9. Les parties aliquotes font appellées *fou-multiples*, & le tout eft appellé *multiple* par rapport aux parties aliquotes : ainfi 6 eft fou-multiple de 30, & 30 eft multiple de 6. Pareillement 3 eft fou-multiple de 12, & 12 eft multiple de 3. En general quand une grandeur en contient exactement une autre, la premiere eft multiple, & la feconde fou-multiple.

10. Les parties aliquantes font celles qui ne font pas contenuës exactement dans leur tout ; par exemple, 5 eft partie aliquante de 12, parce qu'il y eft contenu deux fois avec un refte qui eft 2. 8 eft auffi partie aliquante de 30, parce qu'il y eft contenu trois fois avec un refte qui eft 6.

11. Lorfque l'on compare les parties foit aliquotes foit aliquantes d'un tout avec celles d'un autre tout, il y en a que l'on appelle *femblables* ou *pareilles*. Les parties femblables ou pareilles, font celles qui font contenuës chacune de la même maniere dans leur tout : ainfi 5 & 7 font des parties femblables de 15 & de 21, parce que 5 eft contenu trois fois dans 15, comme 7 eft contenu trois fois dans 21. De même 4 & 6 font des parties femblables de 10 & de 15, parce que 4 eft autant contenu dans 10 que 6 dans 15 ; fçavoir, deux fois & demi. 3 & 6 font auffi des parties femblables de 14 & de 28, parce 3 eft autant contenu dans 14 que 6 dans 28, fçavoir, quatre fois & deux tiers.

PRINCIPE I.

12. Si deux raifons font égales chacune à une troifiéme, elles font égales entr'elles. De même fi de plufieurs raifons, la premiere eft égale à la feconde, la feconde à la troifiéme, la troifiéme à la quatriéme ; & ainfi de fuite, il eft évident que la premiere eft égale à la derniere.

PRINCIPE II.

13. Deux grandeurs égales ont un même rapport ou une même raison à une troisième grandeur. Si *a* & *b* sont égaux, ils ont même rapport à *c* ; ensorte que si *a* contient deux fois *c*, *b* le contiendra aussi deux fois, ou sera le double de *c* ; si *a* est la moitié de *c*, *b* en sera aussi la moitié.

PRINCIPE III.

14. Lorsque deux grandeurs ont un même rapport à une troisième, les deux premieres sont égales entr'elles : si *a* & *b* ont un même rapport avec *c* ; par exemple, si *a* & *b* contiennent chacun *c* deux fois, trois fois, quatre fois, &c. ou, ce qui est la même chose, si *a* & *b* sont chacun le double, le triple, le quadruple de *c*, ces deux grandeurs sont égales. De même si *a* & *b* sont chacun la moitié, le tiers, le quart de *c*, *a* & *b* sont des grandeurs égales. Ce troisiéme principe est la proposition inverse ou réciproque du second.

PRINCIPE IV.

15. Une raison devient d'autant plus grande que son anté-cedent augmente, le consequent demeurant le même : ainsi la raison de 8 à 2 est plus grande que celle de 6 à 2. De mê-me la raison de 12 à 15 est plus grande que celle de 9 à 15. C'est la même chose si les quantitez sont exprimées en lettres: par exemple, en supposant *a* plus grand que *b*, la raison de *a* à *c* est plus grande que celle de *b* à *c*. Cela suit évidem-ment de la notion de la raison qui n'est autre chose que la maniere dont l'antécedent contient le consequent. Or il est clair que plus l'antécedent sera grand, le consequent restant le même, plus il contiendra le consequent ; soit qu'il le con-tienne entierement, comme dans le rapport de 8 à 2 com-paré à celui de 6 à 2 ; soit qu'il le contienne seulement en partie, comme dans le rapport de 12 à 15 comparé à celui de 9 à 15, auquel cas l'antécedent contient une plus grande partie du consequent, quoiqu'il ne le contienne pas entiere-ment.

PRINCIPE V.

16. Plus le consequent d'une raison est grand, l'antécé-dent demeurant le même, plus la raison est petite: par exem-ple, la raison de 3 à 9 est plus petite que celle de 3 à 6 ; & de même la raison de 16 à 8 est plus petite que celle de 16 à 4. Pour donner un exemple en lettres, supposons que *b* est

o ij

plus grand que *c*; pour lors la raison de *a* à *b* est moindre
que celle de *a* à *c*. C'est encore une suite de la notion de raison : car l'antécedent étant toujours de même, il contiendra
moins un conséquent plus grand qu'un plus petit.

PRINCIPE VI.

17. Le rapport de deux grandeurs est égal au rapport qui
est entre leurs moitiez, ou leurs tiers, ou leurs quarts, ou
leurs cinquiémes, &c. par exemple, le rapport qui est entre
60 & 20, est égal à celui de leurs moitiez 30 & 10, à celui
de leurs quarts 15 & 5, à celui de leurs cinquiémes 12 & 4,
&c. Ce principe est évident, puisque si une des grandeurs
contient trois fois l'autre, comme dans l'exemple proposé, on
conçoit que la moitié de la premiere contiendra trois fois la
moitié de la seconde, que le quart de la premiere contiendra
trois fois le quart de la seconde, & le cinquiéme de la premiere, trois fois le cinquiéme de la seconde : en general le
rapport qui est entre les tous, est égal à celui qui est entre les
parties semblables; par exemple, deux tiers, deux quarts,
deux huitiémes, deux quinziémes, &c.

PRINCIPE VII.

18. Quand on multiplie deux grandeurs, comme 4 & 8,
par une troisiéme telle que 5, les produits 20 & 40 ont entr'eux une raison égale à celle des deux premieres grandeurs
avant la multiplication. C'est une suite évidente du sixiéme
principe : car il est clair que les grandeurs 4 & 8 sont chacunes de parties semblables, sçavoir, les cinquiémes des produits, puisqu'elles ont été multipliées par 5 ; & par conséquent la raison qui est entre les produits est égale à celle qui
est entre leurs parties semblables. Pour énoncer ce principe
on dit ordinairement, les produits sont entr'eux comme les
racines lorsqu'elles ont été multipliées par la même quantité:
dans l'exemple proposé, 4 & 8 sont les racines. En general,
si on multiplie *a* & *b* par *d*, les produits *ad* & *bd* sont entr'eux
comme les racines *a* & *b*.

PRINCIPE VIII.

19. Lorsqu'on divise deux grandeurs par une troisiéme, les
quotiens ont entr'eux une raison égale à celle des grandeurs
avant la division: par exemple, si on divise 20 & 40 par 5,
les quotiens 4 & 8 ont un même rapport que 20 & 40. En
general *ad* & *bd* étant divisez l'un & l'autre par *d*, les quo-

tiens *a* & *b* ont un rapport égal à celui de *ad* à *bd*. C'est aussi
une suite du sixiéme principe, puisque les quotiens de deux
grandeurs divisées par une troisiéme, sont des parties semblables de ces grandeurs : si, par exemple, le diviseur est 3, les
quotiens sont des tiers; si le diviseur est 4, les quotiens sont
des quarts; si le diviseur est 5, les quotiens sont des cinquiémes, &c.

20. Une raison comme celle de 60 à 20 peut être marquée en cette maniere, $\frac{60}{20}$ en mettant le conséquent sous l'antécedent, & séparant l'un de l'autre par une petite ligne. Quand
deux raisons sont égales, on les marque souvent l'une & l'autre comme nous venons de dire, & on met le signe d'égalité
entre deux : par exemple, on exprime l'égalité des raisons de
60 à 20 & de 30 à 10 en cette maniere, $\frac{60}{20} = \frac{30}{10}$. De même
$\frac{a}{b} = \frac{c}{d}$ signifie que la raison de *a* à *b* est égale à celle de *c* à *d*.

Tout cela posé, je dis que deux raisons sont égales;

21. 1°. Lorsque chacun des antécedens contient son conséquent exactement ou sans reste & le même nombre de fois:
par exemple, la raison de 12 à 4 est égale à celle de 15 à 5,
parce que l'antécedent 12 de la premiere raison contient son
conséquent 4 trois fois, comme l'antécedent 15 contient son
conséquent 5 aussi trois fois sans reste. De même $\frac{30}{6} = \frac{50}{10}$, parce que les deux antécedens 30 & 10 contiennent chacun cinq
fois leur conséquent.

22. 2°. Quand les antécedens contiennent également &
sans reste les parties aliquotes pareilles des conséquens : par
exemple, la raison de 12 à 21 est égale à celle de 8 à 14,
parce que les deux antécedens 12 & 8 contiennent autant de
fois chacun les aliquotes pareilles de leur conséquent : car ces
aliquotes pareilles sont 3 & 2. Or 3 est contenu quatre fois
dans 12, & 2 est aussi contenu quatre fois dans l'autre antécedent 8. De même $\frac{15}{9} = \frac{40}{24}$, parce que les aliquotes pareilles des conséquens; sçavoir, 3 & 8 sont contenuës chacune
cinq fois dans leur antécedent; sçavoir, 3 dans 15, & 8 dans
40. Enfin $\frac{5}{15} = \frac{7}{21}$, parce que les aliquotes pareilles des conséquens, sçavoir 5 & 7, sont contenuës chacune une fois
exactement dans leur antécedent.

Il est évident qu'il y a égalité de raisons dans l'un & l'autre
cas : car une raison est la maniere dont l'antécedent contient
son conséquent; donc deux raisons sont égales lorsque cha-

que antécedent contient son conséquent de la même maniere. Or dans le premier cas les antécedens contiennent
leur conséquent de la même maniere, puisqu'ils le contiennent le même nombre de fois. De même dans le second cas
les deux antécedens contiennent chacun leur conséquent de
la même maniere, puisqu'ils renferment autant de fois & sans
reste les aliquotes pareilles des conséquens ; ainsi dans le second cas les raisons sont égales comme dans le premier.

Nous avons dit dans le premier cas que deux raisons sont
égales, lorsque les antécedens contiennent chacun leur conséquent exactement & le même nombre de fois : nous venons
de dire dans le second que deux raisons sont aussi égales, quoique les antécedens ne contiennent pas exactement leur conséquent, pourvû que ces antécedens contiennent exactement
& le même nombre de fois les aliquotes pareilles de leur conséquent. Il peut arriver que deux raisons soient égales, quoique ni les conséquens entiers, ni les aliquotes pareilles de ces
conséquens ne soient pas contenus exactement ou sans reste
dans les antécedens : c'est ce que nous allons voir dans le
troisiéme cas.

23. 3°. Enfin deux raisons sont égales, lorsque les antécedens ne contenant pas exactement les conséquens ni leurs aliquotes pareilles, ils contiennent cependant ces aliquotes le
même nombre de fois avec des restes qui ont entr'eux une rai-
son égale à celle des aliquotes pareilles : par exemple, $\frac{81}{140} = \frac{27}{40}$,
parce que les antécedens 8 1 & 2 7 contiennent chacun deux
fois 30 & 10 qui sont les aliquotes pareilles des conséquens,
& d'ailleurs les restes des antécedens, sçavoir 2 1 & 7 ont
entr'eux une raison égale à celle des aliquotes pareilles 30
& 1 0.

A la place de 30 & de 1 0, on pourroit prendre d'autres
aliquotes pareilles plus petites, comme 1 5 & 5 qui sont contenuës cinq fois chacune dans leur antécedent avec les restes
6 & 2 dont la raison est égale à celle des aliquotes pareilles
1 5 & 5.

Si au lieu de prendre les aliquotes pareilles 30 & 1 0 , ou
1 5 & 5 , comme nous avons fait, on choisissoit 3 pour aliquote du premier conséquent 1 2 0 , & 1 pour aliquote pareille de l'autre conséquent 4 0 , ces deux aliquotes 3 & 1 seroient contenuës chacune vingt-sept fois sans reste dans leur

antécedent: ce qui reviendroit au second cas.

24. Mais on démontre en Geometrie qu'il y a des grandeurs; sçavoir, des lignes, des surfaces, &c. qui sont telles qu'aucune aliquote de l'une ne peut être aliquote de l'autre; ensorte que si l'une est antécedent & l'autre conséquent d'une raison, il sera impossible de trouver une aliquote du conséquent, si petite qu'elle soit, qui puisse être contenuë sans reste dans l'antécedent: ces sortes de grandeurs s'appellent *incommensurables*; c'est-à-dire, qu'elles n'ont point de mesure commune, & la raison qui se trouve entr'elles est nommée *sourde*, ou *rapport incommensurable*: on dit aussi que ces grandeurs ne sont pas entr'elles comme nombre à nombre, parce qu'il n'y a point de nombres qui n'ayent au moins l'unité pour mesure commune, si ce sont des nombres entiers; & si ces nombres sont des fractions, ils auront toujours une mesure commune; sçavoir, quelque partie de l'unité.

Nous ne nous arrêterons pas à démontrer l'égalité des raisons dans ce troisième cas, parce que cela n'est pas nécessaire pour la suite.

25. Une raison geometrique n'étant que la maniere dont l'antécedent contient son conséquent, il est clair qu'on peut connoître la valeur d'une raison en divisant l'antécedent par le conséquent, puisque c'est en divisant une grandeur par une autre que l'on connoît combien la premiere contient la seconde, ou, ce qui est la même chose, combien la seconde est contenuë dans la premiere: par exemple, pour sçavoir combien 30 contient 5, il faut diviser 30 par 5, & le quotient 6 marque que 30 contient 5 six fois; ainsi la valeur de la raison $\frac{30}{5}$ est le quotient 6: ce que l'on marque en cette maniere, $\frac{30}{5} = 6$. On peut donc dire en general que la valeur d'une raison est le quotient de l'antécedent divisé par le conséquent.

26. Il arrive fort souvent qu'on ne peut faire exactement la division de l'antécedent par le conséquent, soit parce que ce conséquent est plus grand que l'antécedent, soit parce qu'il n'y est pas contenu sans reste: pour lors le quotient peut être marqué par quelque lettre que l'on suppose représenter la valeur de la raison: par exemple, la valeur de la raison $\frac{4}{5}$ ne peut être exprimée par un nombre entier qui soit le quotient de l'antécedent divisé par le conséquent. De même la rai-

son $\frac{20}{9}$ ne peut être exprimée par un nombre entier ; parce que 9 n'eſt pas contenu ſans reſte dans 20 : cependant on peut ſuppoſer dans l'un & l'autre exemple que la raiſon eſt expri-mée par une lettre qui déſigne le quotient ; ainſi on peut ſup-poſer que $\frac{4}{7} = m$, & que $\frac{20}{9} = n$. En general la raiſon $\frac{a}{b} = m$, en ſuppoſant que la lettre m repreſente le quotient de a di-viſé par b.

Il ſuit delà que deux raiſons ſont égales, lorſque les quo-tiens des antécedens diviſez par les conſequens ſont égaux : & réciproquement, lorſque les quotiens ſont égaux, les rai-ſons ſont égales.

28. Deux raiſons égales forment une *proportion* qui n'eſt autre choſe que l'égalité de deux raiſons, ou la comparaiſon de deux raiſons égales : & comme il y a deux ſortes de raiſons, il y a auſſi deux ſortes de proportions, la *geometrique* & l'*a-rithmetique.*

29. La proportion geometrique eſt une comparaiſon de deux raiſons geometriques égales : par exemple, la raiſon geometrique de 15 à 5 étant égale à celle de 21 à 7, ces deux raiſons forment une proportion geometrique que l'on marque ſouvent comme nous avons dit, $\frac{15}{5} = \frac{21}{7}$, & plus or-ordinairement en mettant quatre points entre les deux raiſons, & un point entre l'antécedent & le conſequent de chacune en cette maniere, 15 . 5 :: 21 . 7. En general s'il y a proportion entre les quatre grandeurs a, b, c, & d, on la marque ainſi, $a . b :: c . d$, ou bien, $\frac{a}{b} = \frac{c}{d}$. Lorſqu'il s'agit d'énoncer une proportion comme la premiere qu'on a apportée pour exem-ple, on dit : la raiſon de 15 à 5 eſt égale à celle de 21 à 7, ou bien, 15 eſt à 5 comme 21 à 7. On dit encore : 15 & 5 ſont entr'eux comme 21 & 7, & quelquefois, 15, 5, 21 & 7 ſont proportionnels.

30. La proportion arithmetique eſt une comparaiſon de deux raiſons arithmetiques égales : par exemple, les raiſons arithmetiques de 5 à 3 & de 8 à 6 étant égales, elles for-ment une proportion arithmetique qui ſe marque en cette maniere, 5 . 3 : 8 . 6, en mettant ſeulement deux points au lieu de quatre entre les raiſons.

31. Pour connoître ſi deux raiſons arithmetiques, telles que celles de 5 à 3, & de 8 à 6 ſont égales, il faut ſe ſouve-nir que la raiſon arithmetique n'eſt que la maniere dont une
grandeur

grandeur surpasse l'autre, ou autrement l'excès de l'une sur
l'autre ; d'où il suit, que les raisons arithmetiques sont égales, quand les antécedens surpassent également les conséquens,
ou lorsque les conséquens surpassent également les antécédens : dans l'exemple proposé, les deux antécedens 5 & 8
surpassant également leurs conséquens 3 & 6, sçavoir de 2,
les deux raisons arithmetiques de 5 à 3, & de 8 à 6 sont
égales.

Voici un exemple de la proportion arithmétique en lettres :
si *a* surpasse autant *b* que *c* surpasse *d*, on aura la proportion
arithmétique *a . b : c . d*. On énonce la proportion arithmétique comme la geometrique.

32. Il n'y a point de grandeurs, soit nombres, étenduës,
mouvemens, vîtesses, &c. entre lesquelles il n'y ait une raison
geometrique & une raison arithmetique : par exemple, entre
12 & 3 il y a une raison geométrique que l'on exprimeroit par
4, parce que l'antecédent 12 contient 4 fois le conséquent 3 ;
il y a aussi entre les mêmes nombres 12 & 3 une raison arithmétique que l'on marqueroit par 9, parce que l'antecédent surpasse le conséquent de 9 : ce qui fait voir qu'il y a
bien de la différence entre la raison geometrique & l'arithmétique ; c'est pourquoi quatre grandeurs peuvent être en proportion geometrique, quoiqu'elles ne soient pas en proportion
arithmétique : par exemple, il y a une proportion geometrique
entre ces quatre nombres, 12 . 3 :: 20 . 5 : mais il n'y a point
de proportion arithmétique, parce que 12 ne surpasse pas
autant 3, que 20 surpasse 5 ; il faudroit mettre 11 à la place de 5, & on auroit 12 . 3 : 20 . 11 : c'est une proportion
arithmétique, parce que 12 surpasse autant 3, que 20 surpasse 11.

33. Dans une proportion, soit geométrique, soit arithmétique, il y a quatre termes ; sçavoir, l'antecédent & le conséquent de la premiere & de la seconde raison : par exemple, dans
la proportion *a . b :: c . d*, *a* & *b* sont l'antecédent & le conséquent de la premiere raison ; *c* & *d* sont l'antecédent & le conséquent de la seconde raison.

34. Le premier & le dernier terme s'apellent les *extrêmes*, le
second & le troisiéme les *moyens* : dans notre exemple, *a* & *d*
sont les extrêmes, *b* & *c* sont les moyens.

35. Quelquefois le même terme est conséquent de la pre-

P

miere raison, & antecédent de la seconde ; on l'appelle *moyen proportionnel* : comme dans cette proportion geométrique, 5 . 10 :: 10 . 20, ou bien dans cette proportion arithmétique 5 . 10 : 10 . 15 ; dans l'une & l'autre 10 est moyen proportionnel & la proportion est appellée *continuë* : on la marque souvent en cette sorte, $\div$ 5 . 10 . 20 , pour la proportion geométrique, & de cette maniere, $\div$ 5 . 10 . 15 , pour la proportion arithmétique.

36. Lorsqu'il y a plus de trois termes dans l'une ou l'autre proportion continuë , on la nomme *progression* : voici une progression geometrique, $\div$ 5.10.20.40.80.160, &c. & voici une progression arithmétique , $\div$ 5.10.15.20.25.30, &c. Une progression est donc une suite de raisons égales, dont chacun des termes , excepté le premier & le dernier , est conséquent d'une raison & antecédent de la suivante ; nous disons excepté le premier & le dernier terme : car il est clair que le premier n'est qu'antecédent de la premiere raison , & que le dernier n'est que conséquent de la derniere. Pour énoncer la premiere progression , on dit : 5 est à 10 comme 10 est à 20 , comme 20 est à 40, comme 40 est à 80, comme 80 est à 160, &c. La 2e progression, qui est l'Arithmétique, s'énonce de la même maniere , en exprimant les termes 5 , 10 , 15 , 20 , 25 , 30 , &c. à la place de ceux de la progression geometrique.

Nous avons averti que quand on parloit de raison sans spécifier la geometrique ou l'arithmétique, il falloit entendre la geometrique : on doit de même entendre la proportion géométrique quand on parle de proportion , à moins qu'on ne spécifie l'arithmétique. Nous allons traiter des propriétez de la proportion geometrique, & ensuite nous dirons quelque chose de la proportion arithmétique.

La propriété fondamentale de la proportion geométrique est l'égalité du produit des extrêmes à celui des moyens. Il n'y a point de proposition dans toutes les Mathématiques d'un usage aussi étendu ; nous allons en faire le Theoreme suivant.

THEOREME I. ET FONDAMENTAL.

37 *Dans toute proportion geométrique , le produit des extrémes est égal au produit des moyens.*

Soit la proportion 8 . 4 :: 6 . 3 , dont les deux extrêmes sont 8 & 3 , & les deux moyens 4 & 6 : il faut prouver que le produit de 8 par 3 est égal au produit de 4 par 6.

DEMONSTRATION.

Si on multiplie 8 & 4 par 3, le produit de 4 par 3 sera la moitié du produit de 8 par 3, puisque 4 est la moitié de 8 : mais si au lieu de multiplier 4 par 3, on le multiplioit par un nombre double de 3, le produit qui en viendroit, seroit double du produit de 4 par 3, & par conséquent égal au produit de 8 par 3 : or le second moyen 6 est nécessairement le double de 3, parce que le premier antécédent 8 étant le double de son conséquent 4, il faut aussi que le second antécédent 6 soit le double de son conséquent 3 ; autrement il n'y auroit pas de proportion : donc le produit de 4 par 6 est égal au produit de 8 par 3, c'est-à-dire, que le produit des moyens est égal au produit des extrêmes. Ce qu'il falloit démontrer.

Il est évident que la même démonstration peut s'appliquer à toute autre proportion, en changeant seulement les termes de *moitié* & de *double*, lorsque cela est nécessaire ; si, par exemple, il s'agissoit d'une proportion, dont les antécédens fussent trois fois plus grands que leurs conséquens, comme dans celle-ci : 15 :: 5 :: 12 .. 4, il faudroit mettre dans la démonstration *tiers* à la place de *moitié*, & *triple* à la place de *double* : ainsi des autres proportions.

Ce raisonnement fait entendre la raison pourquoi le produit des extrêmes est égal au produit des moyens : on appelle ces sortes de démonstrations *métaphysiques* : nous allons donner une autre démonstration par lettres.

AUTRE DEMONSTRATION.

Soit la proportion $a, b :: c . d$, ou bien $\frac{a}{b} = \frac{c}{d}$, laquelle peut représenter toutes les autres, à cause des lettres qui peuvent désigner toutes les grandeurs possibles. Il faut démontrer que ad produit des extrêmes est égal à bc produit des moyens.

Si on multiplie les deux termes de la premiere raison qui sont a & b par d conséquent de la seconde, les produits ad & bd qui viendront de cette multiplication, auront entr'eux une raison égale à celle des racines a & b *;ainsi on aura la proportion $\frac{ad}{bd} = \frac{a}{b}$: de mème si on multiplie les deux termes c & d de la seconde raison par b conséquent de la premiere, les produits bc & bd seront encore entr'eux comme les racines c & d, ou, ce qui est la même chose, les racines c & d auront entr'elles une raison

* 18.

égale à celle des produits bc & bd; on aura donc cette seconde proportion $\frac{c}{d} = \frac{bc}{bd}$.

Voici donc les deux proportions que donnent les deux multiplications précedentes.	$\frac{ad}{bd} = \frac{a}{b}$ premiere proportion, $\frac{a}{b} = \frac{bc}{bd}$ seconde proportion.

Ces deux proportions contiennent quatre raisons, qui sont $\frac{ad}{bd}$, $\frac{a}{b}$, $\frac{a}{b}$, $\frac{bc}{bd}$. La premiere de ces raisons est égale à la seconde par la premiere proportion; la seconde est égale à la troisiéme par l'hypothese; & la troisiéme est égale à la 4ᵉ par la seconde proportion; d'où il suit que la premiere $\frac{ad}{bd}$ & la quatriéme $\frac{bc}{bd}$ sont égales *. Or ces deux raisons égales ont le même consé-quent; ainsi les deux antecédens ad & bc sont égaux *, puisqu'ils ont un même rapport à une troisiéme grandeur, sçavoir, au conséquent bd; donc $ad = bc$, c'est-à-dire, que le produit des extrêmes est égal à celui des moyens. Ce qu'il falloit dé-montrer.

*12.

*14.

COROLLAIRE.

38. Dans une proportion continuë, le produit des extrêmes est égal au quarre de la moyenne proportionnelle. Soit la pro-portion continuë $a \cdot b :: b \cdot c$: je dis que $ac = bb$ ou $bb = ac$. C'est une suite évidente du precédent Theoreme; car, puisque le quarré de la moyenne proportionnelle est le produit des moyens, il doit par conséquent être égal au produit des extrêmes.

Nous venons de faire voir que quand quatre grandeurs sont proportionnelles, le produit des extrêmes est égal au produit des moyens; on peut aussi démontrer la proposition inverse ou réciproque, c'est ce que nous allons faire dans le theoreme suivant.

THEOREME II.

39. *Lorsque le produit des extrêmes est égal au produit des moyens, les quatre grandeurs sont proportionnelles.*

DEMONSTRATION.

Afin que deux produits soient égaux, il faut que le pre-mier multiplicande soit au second, comme le multiplicateur du second multiplicande est au multiplicateur du premier; ensorte que si le premier multiplicande est double du second, il est évident que le multiplicateur du second doit être double du multiplicateur du premier : autrement les deux produits ne pourroient être égaux : par exemple , si les deux multiplicandes sont 8 & 4 , il est clair que le multiplicateur de 4 doit être double du multiplicateur de 8 , afin que les produits soient égaux ; par conséquent deux produits étant égaux , le multiplicande & le multiplicateur qui ont formé le premier produit sont les extrêmes d'une proportion , & le multiplicande & le multiplicateur qui ont formé le second produit sont les moyens de la même proportion. Il paroît donc que si on a quatre grandeurs dont le produit des extrêmes soit égal au produit des moyens , les quatre grandeurs sont proportionnelles.

AUTRE DEMONSTRATION.

Soient les quatre grandeurs $a.b.c.d.$ dont le produit des extrêmes qui est ad soit égal à bc produit des moyens; il faut prouver qu'il s'ensuit que $\frac{a}{b}=\frac{c}{d}$.

En multipliant les deux premieres grandeurs a & b par la quatriéme d, les produits ad & bd qui viennent de la multiplication sont en même raison que les racines a & b*, ou, ce qui est la même chose, les racines a & b ont entr'elles une raison égale à celle des produits ad & bd : ce qui donne la proportion $\frac{a}{b}=\frac{ad}{bd}$. De même en multipliant les deux grandeurs c & d par b, les produits bc & bd sont encore en même raison que les racines c & d. On a donc cette seconde proportion $\frac{bc}{bd}=\frac{c}{d}$.

* 18.

Voici donc les deux proportions que donnent les multiplications précedentes.

$\frac{a}{b}=\frac{ad}{bd}$ premiere proportion.

$\frac{bc}{bd}=\frac{c}{d}$ seconde proportion.

Ces deux proportions contiennent quatre raisons qui sont $\frac{a}{b}, \frac{ad}{bd}, \frac{bc}{bd}, \frac{c}{d}$. La premiere de ces raisons est égale à la seconde par la premiere proportion; la seconde est égale à la troisiéme, parce que les deux antécedens ad & bc étant égaux par l'hypothese, ils ont même rapport à une troisiéme grandeur telle que bd *: enfin la troisiéme raison $\frac{bc}{bd}$ est égale à la quatriéme $\frac{c}{d}$ par la seconde proportion; d'où il suit que la premiere raison $\frac{a}{b}$ est égale à la quatriéme $\frac{c}{d}$*, c'est-à-dire, que $a.b::c.d.$ Ce qu'il fal. dem.

* 13.

* 12.

40. Toutes les fois que le produit de deux grandeurs eſt égal au produit de deux autres, on peut toujours faire une proportion des quatre grandeurs qui compoſent ces deux pro- duits, en prenant pour extrêmes les deux racines d'un pro- duit, & pour moyens les deux racines de l'autre produit: par exemple, ſi de $ad = bc$ on en peut faire la proportion $a.b::c.d$, en prenant pour extrêmes les racines a & d du premier pro- duit, & pour moyens les racines b & c du ſecond. Il eſt clair par le ſecond theoreme que cette proportion $a.b::c.d$ eſt vraye, puiſque l'on ſuppoſe que le produit des extrêmes eſt égal au produit des moyens. De même ſi $abc = dfg$, on en peut tirer la proportion $a.d::fg.bc$. Dans ce dernier exemple, quoique chacun des produits égaux abc & dfg ſoit compoſé de trois racines, on le regarde comme n'en ayant que deux; ſçavoir, a & bc pour le premier produit, & d & fg pour le ſecond, conſiderant bc comme une ſeule racine dans abc, & fg comme une ſeule racine dans dfg. De cette même égalité $abc = dfg$ on auroit pû tirer cette autre proportion $ab.df::g.c$. En un mot deux produits étant égaux, on peut toujours con- clure que les deux racines qui compoſent le premier, peuvent être les extrêmes d'une proportion dont les deux racines qui compoſent l'autre produit ſoient les moyens, telles que ſoient les deu · racines qui compoſent l'un & l'autre produit.

41. Les deux racines d'un produit ſont dites *réciproques* aux deux racines d'un autre produit égal. En general deux gran- deurs ſont dites réciproques à deux autres, lorſque les deux premieres ſont les extrêmes d'une proportion dont les deux autres ſont les moyens: par exemple, a & d ſont récipro- ques à b & à c, ſi $a.b::c.d$.

42. On ſe ſert du terme *réciproquement* dans une ſignification un peu differente que nous allons expliquer par un exemple. Si on diviſe une grandeur par deux diviſeurs tels qu'on voudra, les quotiens ſont entr'eux non pas comme les diviſeurs; ce qui voudroit dire que le premier diviſeur eſt au ſecond, com- me le premier quotient eſt au ſecond: mais ces quotiens ſont entr'eux réciproquement comme les diviſeurs, c'eſt-à-dire, que le diviſeur de la premiere diviſion eſt au diviſeur de la ſecon- de, comme le quotient de la ſeconde diviſion eſt au quotient

de la premiere : par exemple, si on divise 40 par 10, & ensuite par 5, le premier quotient sera 4, & le second 8. Or 10.5 :: 8.4. La raison qui est entre les diviseurs est donc égale à celle qui est entre les quotiens pris dans un ordre renversé ; c'est-à-dire, que si le diviseur de la premiere division est l'antécedent d'une raison, il faut que le quotient de la seconde division soit l'antécedent de l'autre raison ; c'est ce que l'on veut exprimer quand on dit que les quotiens sont entr'eux réciproquement comme les diviseurs.

43. Remarquez donc que cette expression *réciproquement* a lieu, lorsque deux grandeurs homogenes, c'est-à-dire, de même espece sont proportionnelles à deux grandeurs d'une autre espece prises dans un ordre renversé. Dans notre exemple les deux grandeurs de même espece sont les diviseurs, & les deux grandeurs de l'autre espece sont les quotiens.

A la place du terme *réciproquement*, on se sert quelquefois de ceux-ci, *en raison réciproque*, qui ont le même sens ; ainsi dans notre exemple on peut dire que les quotiens sont en raison réciproque des diviseurs. On dit aussi quelquefois *en raison renversée*, & encore *en raison indirecte*, ce qui signifie précisément la même chose qu'*en raison réciproque*.

44. Remarquez encore que dans l'exemple proposé les deux termes qui viennent de la premiere division, c'est-à-dire, le diviseur & le quotient sont les extrêmes de la proportion, & les deux termes de la seconde sont les moyens ; c'est pourquoi on peut dire que le diviseur & le quotient de la premiere division sont réciproques au diviseur & au quotient de la seconde ; mais on ne doit pas dire que le diviseur & le quotient d'une division sont entr'eux réciproquement comme le diviseur & le quotient de l'autre division : ce qui signifieroit que le premier diviseur est au premier quotient, comme le second quotient est au second diviseur.

On peut appliquer ces notions & ces remarques aux masses & aux vitesses de deux corps qui ont des mouvemens égaux : car dans ce cas d'égalité de mouvemens, les masses sont entr'elles réciproquement comme les vitesses, & la masse & la vitesse d'un corps sont réciproques à la masse & à la vitesse d'un autre corps.

45. Afin de faire voir l'utilité des deux theoremes précedens, nous nous en servirons pour démontrer les propositions

fuivantes : nous allons commencer à les employer pour prouver que l'on peut faire plusieurs changemens dans l'ordre des
termes d'une proportion sans la détruire.

46. 1°. En mettant le premier conféquent à la place du fecond antécédent , & le fecond antécédent à la place du premier conféquent ; ou, ce qui eſt la même choſe, en faiſant
changer de place aux deux moyens : ce changement s'appelle
alternando, ou bien *permutando* : par exemple, dans la proportion 8 . 4 :: 6 . 3 on peut mettre 4 & 6 à la place l'un de l'autre en cette maniere, 8 . 6 :: 4 . 3. De même en lettres, ſi
$a.b::c.d$, on pourra conclure *alternando*, $a.c::b.d$; car afin
que cette derniere proportion ſoit vraye, il ſuffit que ad produit des extrèmes ſoit égal à bc produit des moyens. Or il
eſt évident que $ad = bc$; car on ſuppoſe que $a.b::c.d$; donc
par le premier theoreme $ad = bc$.

47. 2°. En mettant les deux extrèmes à la place l'un de l'autre : par exemple, ſi 8 . 4 :: 6 . 3, on pourra en conclure que
3 . 4 :: 6 . 8. En general ſi $a.b::c.d$, je dis que $d.b::c.a$:
car afin que $d.b::c.a$, il ſuffit que ad produit des extrèmes
ſoit égal à bc produit des moyens. Or, puiſque l'on ſuppoſe
$a.b::c.d$, il faut neceſſairement que $ad = bc$*. Cette démonſtration eſt la même que celle du premier cas.

*37.

48. 3°. En mettant dans l'une & l'autre raiſon l'antécédent à la place du conféquent, & le conféquent à la place de
l'antécédent : ce changement eſt appellé *invertendo* : par exemple, ſi 8 . 4 :: 6 . 3 , on pourra conclure que 4 . 8 :: 3 . 6. En
general ſi $a.b::c.d$, je dis que $b.a::d.c$: car afin que $b.a::d.c$,
il ſuffit que bc produit des extrèmes ſoit égal à ad produit des
moyens. Or puiſque l'on ſuppoſe que $a.b::c.d$, il eſt neceſſaire* que $ad = bc$ ou que $bc = ad$.

*37.

49. Il eſt viſible que ſi $a.b::c.d$, on peut, ſans détruire la
proportion , mettre la raiſon de c à d la premiere ; & on aura
$c.d::a.b$, & *invertendo*, $d.c::b.a$. Or les termes de cette derniere proportion ſont dans un ordre renverſé par rapport à
la premiere $a.b::c.d$. On peut donc toujours prendre les termes d'une proportion dans un ordre renverſé ſans la détruire,
c'eſt-à-dire que ſi $a.b::c.d$. On pourra en conclure que
$d.c::b.a$. Ce changement peut être auſſi appellé *invertendo*.

50. Il paroît par ces trois cas que l'on ne détruit pas une
proportion, pourvû que les extrêmes demeurent toujours les
                                                    mêmes

mêmes aussi-bien que les moyens, ou pourvû que les deux termes qui étoient les extrêmes deviennent moyens, & les deux moyens deviennent extrêmes: mais on détruiroit la proportion si un des extrêmes seulement devenoit moyen: par exemple, ayant la proportion *a.b::c.d*, on ne peut pas conclure que *a.b::d.c*, ou que *b.a::c.d*.

Nous allons aussi exposer deux cas dans lesquels on ne détruit pas la proportion, quoique l'on augmente ou que l'on diminuë d'une certaine maniere les deux antécedens de la proportion.

51. 1°. Lorsque l'on ajoute les consequens aux antécedens, en gardant toujours les mêmes consequens: on appelle ce changement *componendo* ou *addendo*: par exemple, si 8.4::6.3, on pourra conclure que 8+4.4::6+3.3, ou bien 12.4::9.3. En general si *a.b::c.d*, je dis que *a+b.b::c+d.d*: car afin que *a+b.b::c+d.d*, il suffit que *ad+bd* produit des extrêmes soit égal à *bc+bd* produit des moyens. Or *ab+bd* est égal à *bc+bd*: car puisque l'on suppose que *a.b::c.d*, il faut que *ad* soit égal à *bc* *, & par consequent *ad+bd=bc+bd*. * 37.

52. 2°. Quand on ôte les consequens des antécedens, en laissant toujours les mêmes consequens: on appelle ce changement *dividendo* ou *substrahendo*: par exemple, si 12.4::6.3, on pourra conclure, que 12—4.4::9—3.3, ou bien 8.4:: 6.3. En general si *a.b::c.d*, je dis que *a—b.b::c—d.d*: car afin que cette derniere proportion soit vraye, il suffit que *ad—bd* produit des extrêmes soit égal à *bc—bd* qui est le produit des moyens. Or *ad—bd=bc—bd*; car puisque l'on suppose que *a.b::c.d*, il faut que *ad=bc*, & par consequent *ad—bd=bc—bd*.

53. Nous avons dit* que dans toute multiplication, le produit contient autant de fois le multiplicande que le multiplicateur contient l'unité; on a donc la proportion, le produit est au multiplicande, comme le multiplicateur est à l'unité: si, par exemple, on multiplie 5 par 3, le produit est 15: ce qui fait la proportion, 15.5::3.1, ou bien *invertendo*, 1.3::5.15. De même en lettres, multipliant *a* par *b*, le produit est *ab*: ce qui donne la proportion *ab.a::b.1*, ou bien 1.*b::a.ab*. * Liv. 1. Art. 141.

54. Nous avons aussi fait voir* que dans toute division, le dividende contient autant de fois le diviseur que le quotient contient l'unité; d'où suit la proportion, le dividende est au diviseur, * Liv. 1. Art. 161.

q

comme le quotient est à l'unité : par exemple , si on divise 24 par 6, le quotient sera 4; on aura donc la proportion 24.6:: 4.1 , ou bien *invertendo*, 1.4::6.24: c'est la même chose en lettres.

La *regle de trois* , qu'on appelle aussi *regle d'or* , dépend du premier theoreme ; elle est d'une si grande utilité dans les Sciences & dans l'usage de la vie civile , que nous ne pouvons pas nous dispenser de l'expliquer ici en peu de mots.

55. Cette regle consiste à trouver un quatriéme terme qui soit proportionnel à trois autres qui sont connus : par exemple , supposé qu'on propose cette question : si quinze ouvriers ont fait vingt toises d'ouvrages, combien quarante-cinq ouvriers en feront-ils dans le même temps ? elle se résout par la regle de trois , parce qu'il s'agit de trouver un quatriéme terme proportionnel à trois autres connus qui sont les quinze ouvriers, vingt toises & quarante-cinq ouvriers. Le quatriéme terme que l'on cherche est le nombre de toises que les qua-rante-cinq ouvriers feront.

56. Afin de trouver ce quatriéme terme , on doit d'a-bord arranger ces quatre termes en proportion, en mettant x à la place du quatriéme terme cherché, en cette maniere , $15^{oo}.20^t:45^{oo}.x$, ou *alternando*, $15^{oo}.45^{oo}::20^t.x^t$: cette derniere disposition est plus naturelle, parce que l'on y com-pare les termes homogenes l'un avec l'autre ; c'est-à-dire dans cet exemple , les ouvriers avec les ouvriers , & les toises avec les toises ; il est donc à propos de garder cette disposition. Après avoir arrangé les termes , il faut observer les deux re-gles suivantes.

1°. Multiplier les deux moyens de cette proportion l'un par l'autre : le produit sera 900.

2°. Diviser ce produit par le premier terme 15 ; & le quo-tient 60 sera le quatriéme terme cherché.

Voici encore un autre exemple, 300 personnes ont dé-pensé 1043 livres ; on demande , combien 60 personnes dépenseront à proportion dans le même temps ? Ayant ar-rangé les quatre termes en proportion de la maniere suivante, $300^p.60^p::1043^l.x^l$; je multiplie les deux moyens 60 & 1043 l'un par l'autre ; le produit est 62580 : je divise en-suite ce produit par le premier terme 300 , & je trouve au quotient 208 , & le reste 180 que je mets en fraction ; ainsi le quatriéme terme cherché est $208 + \frac{180}{300}$.

57. Dans ces deux exemples les deux derniers termes homogenes sont entr'eux comme les deux premiers; c'est-à-dire, que dans le premier exemple, les 15 ouvriers sont à 45 ouvriers, comme le nombre de toises faites par les 15 ouvriers est au nombre des toises faites par les 45 ouvriers : & de même dans le second exemple, 300 personnes sont à 60, comme le nombre de livres dépensées par 300 personnes est au nombre de livres dépensées par 60.

58. Mais il y a des questions où les deux derniers termes homogenes sont entr'eux réciproquement comme les deux premiers : soit, par exemple, la question suivante : 40 hommes ont fait un ouvrage en 25 jours : on demande en combien de temps 50 hommes feront le même ouvrage. Il est facile de voir que les 50 hommes feront l'ouvrage en moins de temps que les 40 ; c'est-à-dire, en moins de 25 jours ; c'est pourquoi les deux nombres de jours 25 & x ne sont pas entr'eux directement comme 40 & 50, puisque 25 est plus grand que x, au lieu que 40 est moindre que 50 ; mais ces deux nombres de jours 25 & x sont entr'eux réciproquement comme 40 & 50, c'est-à-dire*, que 40 hommes sont à 50, comme le nombre x de jours employez par les 50 hommes est au nombre de jours employez par les 40. Il faut donc arranger les termes de cette proportion de la maniere suivante: $40^h . 50^h :: x^j . 25^j$.

* 42.

59. Les regles de trois dans lesquelles les deux derniers termes homogenes sont entr'eux comme les deux premiers, sont appellées *directes*, & celles où les deux derniers termes homogenes sont entr'eux réciproquement comme les deux premiers sont appellées *indirectes*.

60. Afin de résoudre les regles indirectes, il faut, après avoir disposé les termes en proportion, comme on vient de le faire dans le dernier exemple, multiplier les deux derniers extrêmes l'un par l'autre ; & diviser ensuite le produit par le moyen connu : dans l'exemple proposé, il faut multiplier 40 par 25 & diviser le produit 1000 par 50, le quotient 20 est le terme cherché.

Voici encore un autre exemple de la regle de trois indirecte : 150 personnes ont dépensé une somme d'argent en 60 jours : on demande en combien de temps 100 personnes dépenseront la même somme. Il est clair que 100 personnes met-

tront plus de temps que 150 à dépenſer la ſomme ; c'eſt pourquoi le nombre x de jours que l'on cherche eſt plus grand
que 60 ; ainſi les deux nombres de jours 60 & x, ne ſont pas
entr'eux comme 150 & 100, puiſque 60 eſt moindre que x,
au lieu que 150 eſt plus grand que 100 : mais les deux nombres de jours 60 & x ſont entr'eux réciproquement comme
150 & 100; enſorte que 150 perſonnes ſont à 100, comme le nombre x de jours eſt à 60; par conſéquent il faut arranger les termes en cette maniere : $150'.100''::x.60'$. On
trouvera la ſolution de cette regle, en multipliant les deux
extrèmes 150 & 60 l'un par l'autre, & diviſant le produit
9000 par 100 qui eſt le moyen connu.

61. Il ſuit de ce que l'on a dit ſur les regles de trois directes & indirèctes, qu'après avoir arrangé les termes en proportion, il faut multiplier les deux moyens l'un par l'autre, quand
les deux moyens ſont connus, & diviſer le produit par l'extrême connu. Au contraire lorſque les deux extrèmes ſont
connus, il faut les multiplier l'un par l'autre, & diviſer le produit par le moyen connu ; & le quotient dans l'un & l'autre
cas ſera le terme cherché proportionnel aux trois autres : c'eſt
ce que l'on va prouver dans la démonſtration ſuivante, dans
laquelle on ſuppoſera d'abord que les deux moyens & le premier extrême ſont connus.

DEMONSTRATION DE LA REGLE DE TROIS.

Soient les trois premiers termes a, b, c; enſorte que l'on ait
la proportion $a.b::c.x$. Il s'agit de démontrer que la grandeur x eſt égale au produit des moyens b & c, diviſé par le
premier terme a; c'eſt-à-dire, que $x = \frac{bc}{a}$. Je le démontre ainſi : puiſque $a.b::c.x$; donc par le premier theoreme $ax = bc$;
par conſéquent ſi on diviſe chacun de ces produits égaux ax
& bc par la mème grandeur, les quotiens ſeront encore egaux;
je diviſe donc ces deux produits par a; on aura $\frac{ax}{a} = \frac{bc}{a}$: or
$\frac{ax}{a} = x$ * ; donc $x = \frac{bc}{a}$.

* Liv. 1.
Art. 166.

Si les deux extrèmes & un moyen étoient connus, comme
dans la regle de trois indirècte, on auroit la proportion $a.b::$
$x.c$, d'où l'on concluroit que $ac = bx$; & que par conſéquent
$\frac{ac}{b} = \frac{bx}{b}$. Or $\frac{bx}{b} = x$. Donc $\frac{ac}{b} = x$ ou $x = \frac{ac}{b}$: c'eſt-à-dire, que dans
ce cas le terme cherché eſt égal au produit des extrèmes di-
viſé par le moyen connu.

COROLLAIRE.

62. Il fuit delà que toutes les fois que l'on a une fraction, dont le numérateur eft le produit de deux grandeurs, on peut toujours faire une proportion dont le premier terme foit le dénominateur de la fraction, les deux moyens foient les grandeurs qui font les deux racines du produit qui fert de numérateur à la fraction ; enfin le quatriéme terme foit la fraction même : par exemple, on peut faire de la fraction $\frac{bc}{a}$ la proportion fuivante, $a . b :: c . \frac{bc}{a}$.

Cette proportion eft vraye, puifque nous venons de démontrer que le quatriéme terme proportionnel aux trois autres a, b, c, eft égal au produit des moyens b & c, divifé par le premier terme a : ce corollaire eft d'ufage dans plufieurs occafions.

Les regles de trois dont nous avons parlé jufqu'à préfent font appellées *fimples*, parce qu'elles ne renferment que quatre termes : il y en a qu'on appelle *compofées* ; ce font celles dans lefquelles il y a plus de quatre termes, comme dans la queftion fuivante : 20 hommes ont fait 12 toifes en 8 jours : on demande combien 40 hommes feront de toifes en 24 jours. Nous ne nous arrêterons pas à expliquer ces regles, parce qu'on n'en aura pas befoin dans la Geometrie, & que d'ailleurs on ne les employe pas fouvent dans l'ufage ordinaire de la vie civile.

THEOREME III.

63. *Dans une fuite de raifons égales la fomme des antécédens eft à la fomme des conféquens, comme un feul antécédent eft à fon conféquent.*

Soient les raifons égales $\frac{6}{3} = \frac{8}{4} = \frac{10}{5} = \frac{14}{7} = \frac{16}{8}$, &c. la fomme des antécédens $6 + 8 + 10 + 14 + 16 = 54$ eft à la fomme des conféquens $3 + 4 + 5 + 7 + 8 = 27$, comme l'antécédent 6 eft à fon conféquent 3, ou comme 8 eft à 4, &c.

DEMONSTRATION.

On peut concevoir l'antécédent total 54 partagé dans les mêmes parties qui étoient feparées avant l'addition ; fçavoir, 6, 8, 10, 14, 16 ; de même on peut concevoir le conféquent

total 27 partagé dans les mêmes parties qui étoient auſſi ſe-
parées avant l'addition ; ſçavoir, 3, 4, 5, 7, 8. Or par l'hy-
pothèſe les antécedens particuliers qui ſont les parties de l'antécedent total, contiennent chacun autant de fois, c'eſt-à-
dire deux fois, leurs conſequens qui ſont les parties du conſequent total ; ainſi l'antécedent total ou la ſomme des antécedens contient deux fois la ſomme des conſequens, comme un
des antécedens contient deux fois ſon conſequent ; donc la
ſomme des antécedens eſt à la ſomme des conſequens, comme un antécedent eſt à ſon conſequent.

On peut démontrer par le même raiſonnement que ſi chacun des antécedens particuliers contient trois fois ſon conſequent, la ſomme des antécedens contiendra trois fois la
ſomme des conſequens. Ainſi des autres cas.

AUTRE DEMONSTRATION.

Suppoſons que les raiſons égales ſoient $\frac{a}{b} = \frac{c}{d} = \frac{f}{g} = \frac{m}{n}$, il
faut prouver que $a+c+f+m . b+d+g+n :: a . b$. Cette propor-
tion eſt vraye ſi le produit des extrêmes eſt égal au produit
des moyens. Or $ab+bc+bf+bm$ produit des extrêmes eſt égal
à $ab+ad+ag+an$ produit des moyens : ce que je prouve en
faiſant voir que chacune des parties du premier produit eſt
égale à chaque partie du ſecond. 1°. La partie ab du premier
produit eſt la même que la partie ab du ſecond ; & par conſequent ces deux parties ſont égales. 2°. Les deux raiſons $\frac{a}{b}$ &
$\frac{c}{d}$ ſont ſuppoſées égales ; donc elles forment une proportion ;
ainſi ad produit des extrêmes eſt égal à bc produit des moyens ;
donc les deux parties bc & ad ſont encore égales. 3°. Les deux
raiſons $\frac{a}{b}$ & $\frac{f}{g}$ ſont ſuppoſées égales, donc elles forment une
proportion ; ainſi ag produit des extrêmes eſt égal à bf produit des moyens : par conſequent les deux parties bf & ag
ſont encore égales. Enfin les deux raiſons $\frac{a}{b}$ & $\frac{m}{n}$ ſont auſſi
ſuppoſées égales ; donc elles forment une proportion ; ainſi
les deux parties bm & an ſont égales ; par conſequent le produit total $ab+bc+bf+bm$ eſt égal au produit total $ab+ad+
ag+an$; d'où ſuit la proportion $a+c+f+m . b+d+g+n :: a . b$.
Ce qu'il fal. dem.

COROLLAIRE.

64. Dans toutes les progreſſions geometriques la ſomme des

antécedens est à la somme des conséquens, comme un seul antécedent est à son conséquent.

C'est une conséquence évidente du précedent theoreme, puisqu'une progression geometrique, n'est qu'une suite de raisons égales dont chaque terme est consequent d'une raison & antécedent de la suivante, excepté le premier & le dernier, comme on l'a dit : par exemple , dans cette progression $\cdot\cdot$ 3 . 6 . 12 . 24 . 48 . &c. la somme des antécedens 3 + 6 + 12 + 24 = 45 , est à la somme des conséquens 6 + 12 + 24 + 48 = 90, comme 3 est à 6. De même en lettres la progression $\cdot\cdot$ a . b . c . d . e . f , &c. donne la proportion suivante :

$$\frac{a+b+c+d+e}{b+c+d+e+f} = \frac{a}{b}$$

THEOREME IV.

65. Si on multiplie les termes d'une proportion par ceux d'une autre proportion pris dans le même ordre; c'est-à-dire, le premier de l'une par le premier de l'autre, le second par le second, le troisiéme par le troisiéme, le quatriéme par le quatriéme; les produits seront encore en proportion.

Soient les deux proportions a . b :: c . d & e . f :: g . h : si on multiplie les termes de la premiere par ceux de la seconde, les produits ae, bf, cg, dh sont encore en proportion; ensorte que ae . bf :: cg . dh. Pour le faire voir, il n'y a qu'à démontrer * que le produit des extrêmes $aedh$ ou $adeh$ est égal au produit des moyens $bfcg$ ou $befg$; il s'agit donc de prouver que $adeh$ = $befg$.

* 39.

DEMONSTRATION.

Par l'hypothese a . b :: c . d; donc ad = bc : de même à cause de l'autre proportion , e . f :: g . h, on a encore l'égalité eh = fg; par consequent les deux grandeurs égales ad & bc étant multipliées l'une par eh & l'autre par fg, les deux produits $adeh$ & $befg$ seront encore égaux. Ce qu'il fal. dem.

COROLLAIRE.

66. Si on a la proportion a . b :: c . d, les quarrez de ces grandeurs sont encore en proportion : c'est-à-dire, que a^2 . b^2 :: c^2 . d^2. C'est une suite évidente de ce theoreme ; puisque les termes de cette seconde proportion sont les produits des termes de la

premiere, multipliez par ceux de la même proportion. De même si on multiplie les termes de la proportion $a^1.b^1::c^1.d^1$ par ceux de la premiere $a.b::c.d$, on aura cette autre proportion $a^1.b^1::c^1.d^1$: & si on multiplioit encore les termes de cette derniere par ceux de la premiere, on auroit $a^1.b^1::c^1.d^1$, & ainsi de suite ; ensorte que l'on peut dire en general que si quatre grandeurs sont proportionnelles, les puissances semblables de ces grandeurs sont aussi proportionnelles : c'est-à-dire, que si $a.b::c.d$, on aura aussi la proportion $a^m.b^m::c^m.d^m$. a^m signifie que a est élevé à une puissance marquée par la lettre m qui peut representer 2, 3, 4, 5, & tous les nombres possibles : il en est de même de b^m, c^m, & d^m.

67. La proposition réciproque de ce corollaire est encore vraye ; c'est-à-dire, que si les puissances semblables de quatre grandeurs sont proportionnelles, les grandeurs elles-mêmes qui sont les racines semblables de ces puissances, sont aussi proportionnelles : par exemple, si $a^1.b^1::c^1.d^1$, on aura aussi la proportion $a.b::c.d$: car ayant la proportion $a^1.b^1::c^1.d^1$, on en conclut l'égalité $a^1d^1 = b^1c^1$. Or ces deux produits a^1d^1 & b^1c^1 étant égaux, leurs racines semblables ad & bc sont égales ; par consequent $a.b::c.d$ *.

68. Remarquez que dans le corollaire précedent nous n'avons pas dit que deux puissances semblables sont proportionnelles à leurs racines : ce qui seroit faux : par exemple, il n'est pas vrai que $a^1.b::a.b$: cela paroît évidemment dans les nombres : car si on prend 36 & 4, qui sont les quarrez de 6 & de 2, il est clair que 36 n'est pas à 4 comme 6 est à 2.

Nous avons prouvé que le produit du quotient multiplié par le diviseur est égal au dividende ; ainsi m étant supposé le quotient de a divisé par b, le produit bm est égal à l'antécedent a qui est le dividende ; par consequent si $\frac{a}{b} = m$, on peut en conclure que $a = bm$. De même si $\frac{c}{d} = n$, il s'ensuit que $c = dn$.

THEOREME V.

69. Si on multiplie les termes de deux raisons l'un par l'autre, l'antécedent par l'antécedent, & le conséquent par le conséquent, la raison qui se trouvera entre le produit des antécedens & celui des conséquens, sera le produit des deux raisons.

Soient

Soient les deux raisons $\frac{12}{1}$ & $\frac{8}{4}$ dont on multiplie les antécédens l'un par l'autre, de même que les conséquens; le produit
des antécédens est 120, celui des conséquens est 12 : la raison
de ces deux produits est $\frac{120}{12}$, dont la valeur est 10 * : je dis que
10 est le produit des valeurs des deux premieres raisons : car
$\frac{12}{1} = 5$ & $\frac{8}{4} = 2$: or 10 est le produit de 5 par 2 ; cette raison $\frac{120}{12}$ est donc le produit des deux premieres $\frac{12}{1}$ & $\frac{8}{4}$. En general le produit des deux raisons $\frac{a}{b}$ & $\frac{c}{d}$ est $\frac{ac}{bd}$.

* 151

DEMONSTRATION.

Soit $\frac{a}{b} = m$ & $\frac{c}{d} = n$; donc $a = bm$ & $c = dn$; par conséquent en multipliant les deux grandeurs égales a & bm l'une par
c & l'autre par dn qui sont deux autres quantitez égales, les
produits ac & $bmdn$ ou $bdmn$ seront encore égaux ; on aura
donc $ac = bdmn$, & en divisant l'un & l'autre produit par bd,
on aura $\frac{ac}{bd} = \frac{bdmn}{bd}$: mais $\frac{bdmn}{bd} = mn$ * ; donc $\frac{ac}{bd} = mn$. Or mn
est le produit des valeurs des raisons $\frac{a}{b}$ & $\frac{c}{d}$; par conséquent $\frac{ac}{bd}$
est le produit des raisons $\frac{a}{b}$ & $\frac{c}{d}$. Ce qu'il fal. dem.

* Liv. 1.
Art. 165.

COROLLAIRE.

70. S'il y avoit plus de deux raisons, on prouveroit de la
même maniere qu'en multipliant tous les antécédens les uns
par les autres & les conséquens aussi , la raison qu'il y auroit
entre le produit des antécédens & celui des conséquens seroit
le produit des raisons : par exemple , soient les trois raisons
$\frac{a}{b}$, $\frac{c}{d}$, $\frac{e}{f}$: je dis que la raison $\frac{ace}{bdf}$ est le produit des trois premieres : car on vient de faire voir que la raison $\frac{ac}{bd}$ est le produit
des deux $\frac{a}{b}$ & $\frac{c}{d}$. Donc pareillement $\frac{ace}{bdf}$ est aussi le produit des
deux raisons $\frac{ac}{bd}$ & $\frac{e}{f}$.

71. On peut remarquer que quand les antécédens des raisons qu'on multiplie sont plus petits que les conséquens , le
produit qui vient de la multiplication est plus petit que les raisons qu'on a multipliées : par exemple , si on multiplie les rai-
sons $\frac{2}{6}$ & $\frac{5}{10}$, le produit $\frac{10}{60}$ est une raison plus petite que $\frac{2}{6}$,
puisque l'antécédent 10 du produit n'est que la sixiéme partie
de son conséquent 60, au lieu que l'antécédent 2 est le tiers
de son conséquent 6. On pourra voir la raison de cette remarque dans le Traité des Fractions.

DES RAISONS COMPOSE'ES.

72. Une *raison composée* est le produit de deux ou de plusieurs
raisons: par exemple , $\frac{ac}{bd}$ est la raison composée des raisons $\frac{a}{b}$ &

$\frac{1}{4}$: de même $\frac{aef}{bdi}$ eſt un rapport compoſé des trois raiſons $\frac{a}{b}$, $\frac{e}{d}$, $\frac{f}{i}$.

73. Les rapports de la multiplication deſquels réſulte la raiſon compoſée, s'appellent *raiſons compoſantes* ou *ſimples* : ainſi dans le premier exemple qu'on vient d'apporter , $\frac{a}{b}$ & $\frac{e}{d}$ ſont les raiſons compoſantes de $\frac{ae}{bd}$: & de même dans le ſecond exemple, $\frac{a}{b}$, $\frac{e}{d}$, $\frac{f}{i}$ ſont les raiſons compoſantes de $\frac{aef}{bdi}$.

74. Lorſqu'il n'y a que deux raiſons compoſantes & qu'elles ſont égales , la raiſon compoſée eſt appellée *doublée* : par exemple , ſi $\frac{a}{b} = \frac{e}{d}$, la raiſon compoſée $\frac{ae}{bd}$ eſt doublée. En nombres, les raiſons $\frac{11}{3}$ & $\frac{2}{1}$ étant égales , la raiſon compoſée $\frac{24}{9}$ eſt doublée.

75. Lorſqu'il y a trois raiſons compoſantes, & qu'elles ſont égales, la raiſon compoſée eſt appellée *triplée* : par exemple , ſi $\frac{a}{b} = \frac{e}{d} = \frac{f}{i}$, la raiſon compoſée $\frac{aef}{bdi}$ eſt triplée : de même la raiſon $\frac{10}{140}$ eſt triplée des trois raiſons égales $\frac{2}{4}$, $\frac{2}{4}$, $\frac{5}{10}$.

76. Afin qu'une raiſon ſoit doublée , il n'eſt pas neceſſaire que les raiſons compoſantes ſoient exprimées par des termes différens, comme dans les deux exemples précedens, elles peuvent être la même raiſon exprimée par les mêmes termes: par exemple, la raiſon $\frac{16}{4}$ eſt doublée des raiſons $\frac{4}{2}$ & $\frac{4}{2}$: la raiſon $\frac{9}{25}$ eſt doublée des rapports $\frac{3}{5}$ & $\frac{3}{5}$. En lettres, la raiſon $\frac{aa}{bb}$ eſt doublée des rapports $\frac{a}{b}$ & $\frac{a}{b}$.

77. De même une raiſon triplée peut être compoſée de trois raiſons égales qui ne ſoient que la même raiſon exprimée par les mêmes termes : par exemple , la raiſon $\frac{8}{64}$ eſt triplée des rapports $\frac{2}{4}$, $\frac{2}{4}$ & $\frac{2}{4}$. La raiſon $\frac{1}{27}$ eſt triplée des trois raiſons $\frac{1}{3}$, $\frac{1}{3}$ & $\frac{1}{3}$. En lettres, $\frac{aaa}{bbb}$ eſt un rapport triplé de ces trois $\frac{a}{b}$, $\frac{a}{b}$ & $\frac{a}{b}$.

78. Au lieu de dire que la raiſon $\frac{16}{4}$ eſt doublée des raiſons $\frac{4}{2}$ & $\frac{4}{2}$, on dit le plus ſouvent que cette raiſon $\frac{16}{4}$ eſt doublée de la raiſon $\frac{4}{2}$: ce qui doit s'entendre en multipliant l'antécedent 6 par lui-même, & le conſéquent 2 auſſi par lui-même, ou, ce qui revient au même , en prenant le quarré de 6. & celui de 2 ; ce qui fait la raiſon doublée $\frac{16}{4}$. C'eſt la même choſe pour les autres exemples: la raiſon $\frac{9}{25}$ eſt dite doublée de celle de $\frac{3}{5}$, & enfin $\frac{aa}{bb}$ eſt un rapport doublé de $\frac{a}{b}$.

79. On s'explique de la même maniere, quand il s'agit de la raiſon triplée : par exemple, on dit que la raiſon $\frac{8}{64}$ eſt triplée de la raiſon $\frac{2}{4}$: celle de $\frac{1}{27}$ eſt triplée de $\frac{1}{3}$, & celle de $\frac{aaa}{bbb}$ eſt triplée de $\frac{a}{b}$. On voit bien que ces raiſons triplées ſe trouvent

en prenant le cube de l'antécedent & le cube du conséquent de
la raison dont elles sont triplées : telle est la raison $\frac{1}{8}$ que l'on
trouve en prenant les cubes de l'antécedent & du conséquent
de la raison $\frac{1}{2}$.

80. On peut voir après ce que nous venons de dire, que la
raison doublée d'une raison est le quarré de la raison dont elle
est doublée : par exemple, la raison doublée de $\frac{6}{5}$ est $\frac{36}{25}$ qui est
le quarré de $\frac{6}{5}$, puisque pour avoir cette raison doublée $\frac{36}{25}$, il
faut multiplier le rapport $\frac{6}{5}$ par lui-même ; d'où il suit que si
le rapport $\frac{6}{5}$ est égal à p, la raison doublée $\frac{36}{25} = pp$, parce que
les grandeurs $\frac{6}{5}$ & p étant égales, leurs quarrez $\frac{36}{25}$ & pp doivent
être égaux.

81. Par la même raison le rapport triplé est le cube de ce-
lui dont il est triplé : par exemple, $\frac{8}{27}$ est le cube de $\frac{2}{3}$, puisque pour avoir $\frac{8}{27}$, il faut multiplier d'abord $\frac{2}{3}$ par $\frac{2}{3}$; ce qui
donne le quarré $\frac{4}{9}$ qu'il faut encore multiplier par $\frac{2}{3}$; & on
aura enfin $\frac{8}{27}$ cube de $\frac{2}{3}$. Il suit aussi delà que si $\frac{2}{3} = p$, on aura
$\frac{8}{27} = ppp$, parce que les deux grandeurs $\frac{2}{3}$ & p étant égales,
leurs cubes doivent être égaux.

82. Il y a beaucoup de différence entre une raison double
& une raison doublée, & entre une raison triple & une raison triplée : une raison est appellée *double*, lorsque l'antécedent est double du conséquent : ainsi le rapport de 10 à 5 est une raison
double. La raison est appellée *triple*, lorsque l'antécedent est
triple du conséquent : ainsi le rapport de 15 à 5 est une raison
triple ; au contraire la raison est appellée *sou-double*, quand
l'antécedent est la moitié du conséquent ; & *sou-triple*, quand
l'antécedent est le tiers du conséquent.

On tire de ces notions de la raison doublée & triplée une
proposition de grand usage dans les Mathématiques ; nous allons en faire le theoreme suivant.

THEOREME VI.

83. *La raison qui est entre deux quarrez est doublée de celle qui
est entre les racines : la raison qui est entre les cubes est triplée de celle
des racines.*

Souvent on énonce ce theoreme autrement, en disant que
les quarrez sont en raison doublée des racines, & que les cubes sont en raison triplée des racines. Les deux parties de ce

theoreme font des fuites fi évidentes des notions qu'on vient de
donner des raifons doublées & triplées, qu'il fuffira de les expliquer en peu de mots, en apportant des exemples de l'une
& de l'autre partie.

DEMONSTRATION.

I. PARTIE. 64 eſt quarré de 8, & 9 eſt quarré de 3. Or
la raiſon de ces deux quarrez qui eſt $\frac{64}{9}$ eſt doublée de celle
des racines 8 & 3, puiſque pour avoir la raiſon doublée de
$\frac{8}{3}$, il fuffit de prendre le quarré de l'antécedent & celui du conféquent. Pareillement 1 eſt le quarré de 1, & 25 eſt le quarré
de 5 : or la raiſon $\frac{1}{25}$ eſt doublée de $\frac{1}{5}$ qui eſt le rapport des
racines. En lettres, la raiſon $\frac{aa}{bb}$ eſt doublée de $\frac{a}{b}$ qui eſt le rapport des racines a & b.

II. PARTIE. 8 eſt le cube de 2, & 64 eſt le cube de 4. Or
la raiſon de ces deux cubes qui eſt $\frac{8}{64}$ eſt triplée de $\frac{2}{4}$ qui eſt
le rapport des racines 2 & 4. De même la raiſon $\frac{1}{125}$ eſt triplée de $\frac{1}{5}$ qui eſt la raiſon des racines. En lettres, aaa eſt le
cube de a, & bbb eſt le cube de b : or la raiſon de ces cubes,
qui eſt $\frac{aaa}{bbb}$, eſt triplée de $\frac{a}{b}$ qui eſt celle des racines. Ce qu'il
fa loit démontrer.

Ce que nous avons dit fur les raiſons doublées & triplées étant
affez difficile, & en même temps d'une grande conféquence
fur tout pour la Geometrie, il ne fera pas inutile d'en répeter la fubſtance, ſoit pour le mieux comprendre, ſoit pour le
mieux retenir.

84. Une raiſon doublée eſt le produit de deux raiſons égales:
par exemple, fi $\frac{a}{b} = \frac{a}{b}$ leur produit $\frac{aa}{bb}$ eſt une raiſon double
de deux raiſons compoſantes égales $\frac{a}{b}$ & $\frac{a}{b}$. Mais s'il n'y a qu'une
raiſon compoſante, pour lors le rapport qui en eſt doublé eſt
le produit de cette raiſon multipliée par elle-même; ainſi le
rapport doublé de $\frac{a}{b}$ eſt $\frac{aa}{bb}$ qui n'eſt autre choſe que le produit
de la raiſon $\frac{a}{b}$ multipliée par elle-même.

85. Les deux raiſons $\frac{a}{b}$ & $\frac{c}{d}$ étant égales fi $\frac{a}{b} = p$, on aura
auffi $\frac{c}{d} = p$: par conféquent le rapport doublé $\frac{ac}{bd}$ qui eſt le produit des deux raiſons $\frac{a}{b}$ & $\frac{c}{d}$ eſt égal à pp produit des deux valeurs; ainſi fi p ſignifie 4 la valeur du rapport doublé $\frac{ac}{bd}$ fera
16; c'eſt-à-dire, que ac contiendra 16 fois, ou fera 16 fois
plus grand que bd. On voit donc que lorſqu'un nombre marque la raiſon de deux grandeurs, le quarre de ce nombre ex-

prime le rapport doublé de cette raison : c'est pourquoi 3 étant
la valeur de la raison $\frac{6}{2}$, 9 quarré de 3 exprime le rapport des
deux nombres 90 & 10 qui sont en raison doublée de 6 à
2. Je dis que la raison $\frac{22}{12}$ est doublée de $\frac{4}{7}$, parce que ce rapport $\frac{22}{12}$ est le produit des deux raisons égales $\frac{4}{7}$ & $\frac{4}{7}$.

86. Il suit delà que les quarrez étant entr'eux en raison doublée des racines, si une des racines contient 5 fois l'autre, le
quarré de la premiere contiendra 25 fois, ou sera 25 fois plus
grand que le quarré de la seconde; si une des racines étoit 8
fois plus grande que l'autre, le quarré de la premiere seroit
64 fois (64 est le quarré de 8) plus grand que le quarré de
la seconde, &c.

87. Il faut raisonner de même à proportion touchant la raison triplée qui n'est autre chose que le produit de trois raisons
égales : soient donc les trois raisons égales $\frac{6}{7}$, $\frac{4}{7}$, $\frac{4}{7}$, le rapport
triplé est $\frac{64}{27}$. S'il n'y a qu'une seule raison composante; pour
en avoir le rapport triplé, il faut d'abord prendre le rapport
doublé qui étant multiplié par la raison composante, donne
au produit le rapport triplé; ainsi pour avoir le rapport triplé
de $\frac{4}{7}$, il faut multiplier $\frac{4}{7}$ par $\frac{4}{7}$, & le produit $\frac{44}{77}$ est la raison
doublée de $\frac{4}{7}$: ce produit $\frac{44}{77}$ étant encore multiplié par $\frac{4}{7}$, on
on aura $\frac{444}{16}$ qui est la raison triplée de $\frac{4}{7}$.

88. Puisque les trois raisons $\frac{6}{7}$, $\frac{4}{7}$, $\frac{4}{7}$ sont supposées égales;
si $\frac{4}{6} = p$, on aura aussi $\frac{4}{7} = p$ & $\frac{4}{7} = p$; & par conséquent le
rapport triplé $\frac{44}{77}$ qui est le produit de ces trois raisons est égal
à ppp ou p^3 produit de leurs valeurs, c'est-à-dire, que p étant
la valeur d'une raison composante, le cube de p qui est p^3 est
la valeur de la raison triplée, si on suppose donc que $p = 4$,
la valeur de la raison triplée sera 64, ou, ce qui est la même
chose, l'antécedent de cette raison contiendra 64 fois, ou sera
64 fois plus grand que son conséquent; & en géneral si un
nombre exprime combien l'antécedent d'une raison contient
son conséquent, le cube de ce nombre marque combien l'antécedent de la raison triplée contient son conséquent; d'où il
faut conclure que les cubes étant en raison triplée de leurs racines; si une des racines est, par exemple, 5 fois plus grande
que l'autre, le cube de la premiere est 125 fois (125 est le cube
de 5) plus grand que le cube de la seconde.

89. On voit bien que si la valeur d'une raison étoit exprimée
par une fraction, le rapport doublé seroit égal au quarré de cette

fraction, & le rapport triplé seroit égal au cube de la fraction: soit, par exemple, la raison $\frac{8}{12}$ qui est égale à la fraction $\frac{2}{3}$ puisque 8 contient les deux tiers de 12, le rapport $\frac{64}{144}$ qui est doublé de la raison $\frac{8}{12}$, est égal à $\frac{4}{9}$ quarré de la fraction $\frac{2}{3}$, & le rapport $\frac{512}{1728}$ qui est triplé de $\frac{8}{12}$ est égal à $\frac{8}{27}$ cube de $\frac{2}{3}$.

90. Nous avons supposé que $\frac{4}{9}$ est le quarré de la fraction $\frac{2}{3}$, & que $\frac{8}{27}$ en est le cube, parce que pour avoir le quarré d'une fraction, il faut prendre le quarré du numerateur & celui du dénominateur ; & pour en avoir le cube, il faut élever le numerateur & le dénominateur chacun à son cube, comme nous le prouverons dans le Traité des Fractions.

91. Les raisons composantes des raisons doublées sont appellées *sou-doublées*, & celles des raisons triplées sont appellées *sou-triplées* ; ainsi si $\frac{a}{b}$ est une raison doublée, les deux raisons composantes égales $\frac{a}{b}$, $\frac{a}{b}$ sont chacunes sou-doublées de $\frac{a}{b}$: la rapport $\frac{a}{b}$ est aussi sou-doublé de $\frac{a}{b}$. De même les trois raisons égales $\frac{a}{b}$, $\frac{a}{b}$, $\frac{a}{b}$ sont chacunes sou-triplées de $\frac{a}{b}$ & la raison $\frac{a}{b}$ est aussi sou-triplée de $\frac{a}{b}$. Au lieu de s'énoncer comme on a fait en rapportant les exemples ci-dessus, on dit ordinairement que *a* & *b* sont en raison sou-doublée de *ac* à *bd*, ou de *aa* à *bb* & qu'ils sont en raison sou-triplée de *ace* à *bdf* ou de *aaa* à *bbb*.

THÉOREME VII.

92. *Dans toute progression geometrique le quarré du premier terme est au quarré du second, comme le premier est au troisiéme : & le cube du premier terme est au cube du second, comme le premier est au quatriéme.*

Soit la progression geometrique $\div 2.6.18.54$, &c. 2 est le premier terme, & son quarré est 4 ; 6 est le second terme & son quarré est 36 : je dis qu'on a la proportion 4.36::2.18: & pour les cubes, 8 étant le cube du premier terme 2, & 216 celui du second terme 6 ; on a encore la proportion 8.216:: 2.54. En general si on a la progression $\div a.b.c.d.f.g$, &c. on aura *aa.bb*::*a.c*: on aura aussi *aaa.bbb*::*a.d*.

DÉMONSTRATION.

I. PARTIE. Afin que la proportion *aa.bb*::*a.c* soit vraye, il suffit que le produit des extrêmes (*aac*) soit égal au produit des moyens (*abb*). Or je dis que *aac* égale *abb*: car à cause de la progreſſion ⁖ *a . b . c . d . f . g*, &c. il faut que *a .'b :: b . c* ; donc *ac = bb* ; par conſequent ſi on multiplie ces deux grandeurs égales *ac* & *bb* par *a*, les produits *aac* & *abb* ſeront encore égaux. Ce qu'il falloit démontrer.

II. PARTIE. Pour démontrer cette proportion $a^2 . b^2 :: a . d$, il n'y a qu'à faire voir que le produit des extrêmes (a^2d) eſt égal au produit des moyens (ab^2). Or je dis que a^2d égale ab^2 : car à cause de la progreſſion ⁖ *a . b . c . d . f . g*, il faut que *a . b :: c . d* ; donc *ad = bc*. D'ailleurs on vient de prouver dans la premiere partie que *aac = abb* ; par conſequent ſi on multiplie ces deux grandeurs égales, la premiere par *ad*, & la ſeconde par *bc*, les produits *a cd* & *ab²c* ſeront auſſi égaux : & ſi on diviſe ces deux derniers produits par *c*, les quotiens *a²d* & *ab²* ſeront encore égaux. Ce qu'il fal. demont.

COROLLAIRE.

93. Il ſuit de ce theoreme que la raiſon qui eſt entre le premier & le troiſiéme terme d'une progreſſion geometrique eſt doublée de celle qui eſt entre le premier & le ſecond : ainſi dans l'exemple propoſé du theoreme precedent, la raiſon $\frac{c}{e}$ eſt doublée de $\frac{c}{b}$; en voici la démonſtration : $\frac{c}{e} = \frac{cc}{bb}$, c'eſt-à-dire, que la raiſon du premier au troiſiéme terme eſt égale à celle du quarré du premier terme au quarré du ſecond, comme on vient de le démontrer dans la premiere partie de ce theoreme. Or la ſeconde de ces raiſons, qui eſt $\frac{cc}{bb}$, eſt doublée de $\frac{c}{b}$, parce que la raiſon qui eſt entre les quarrez eſt doublée de celle qui eſt entre les racines ; donc la raiſon $\frac{c}{e}$ égale à $\frac{cc}{bb}$ eſt auſſi doublée de $\frac{c}{b}$.

Au lieu de dire que la raiſon du premier terme au troiſiéme eſt doublée de celle du premier au ſecond, on s'exprime ſouvent autrement, en diſant que le premier & le troiſiéme terme d'une progreſſion ſont entr'eux en raiſon doublée du premier au ſecond.

94. De même la raiſon du premier au quatriéme terme eſt triplée de celle du premier au ſecond : car par la ſeconde partie du theoreme precedent, $\frac{a}{d} = \frac{a^3}{b^3}$. Or la raiſon $\frac{a^3}{b^3}$ eſt triplée de $\frac{a}{b}$, parce que les cubes ſont en raiſon triplée des racines* : donc le rapport $\frac{a}{d}$ égal à $\frac{a^3}{b^3}$ eſt auſſi triplé de $\frac{a}{b}$; c'eſt-à-dire, que la raifon du premier au quatriéme terme eft triplée de celle du premier au fecond, ou bien le premier & le quatriéme terme font entr'eux en raifon triplée du premier au fecond.

95. On démontreroit comme dans le theoreme précedent que le quarré du fecond terme eft au quarré du troifiéme, comme le fecond eft au quatriéme, & que le cube du fecond eft au cube du troifiéme, comme le fecond eft au cinquiéme; & de même du troifiéme & du quatriéme. En general dans une progreffion geometrique le quarré d'un terme quelconque que nous appellerons m, eft au quarré de celui qui le fuit immediatement, comme le terme m eft au troifiéme depuis m incluſivement : & de même le cube du terme m eft au cube du terme fuivant, comme ce terme m eft au quatriéme depuis m incluſivement.

Il nous refte à parler d'une proprieté de la raifon geometrique qui regarde les incommenfurables: pour cela nous allons donner les définitions fuivantes.

96. Les *expofans* d'une raifon font les plus petits termes qui ont entr'eux un rapport égal à la raifon dont ils font les expofans: par exemple, les expofans de la raifon de 3 à 6 font 1 & 2, parce que 1 & 2 font les plus petits nombres qui ayent entr'eux la même raifon que 3 & 6. Les expofans de la raifon $\frac{4}{10}$ font 2 & 5, parce que 2 & 5 font les plus petits nombres qui ayent entr'eux le même rapport que 4 & 10. En lettres: la raifon $\frac{a}{b}$ a pour expofans a & b, parce que le rapport $\frac{a}{b}$ eft égal à $\frac{a}{b}$ *, & d'ailleurs a & b font les plus petits termes aufquels on puiffe réduire la raifon $\frac{a}{b}$.

97. La raifon qui eft entre les expofans eft appellée *moindre rapport*; ainſi la raifon $\frac{1}{2}$ eft le moindre rapport de $\frac{3}{6}$; de même $\frac{2}{5}$ eft le moindre rapport de $\frac{4}{10}$. Enfin $\frac{a}{b}$ eft le moindre rapport de $\frac{a}{b}$. On pourroit dire auffi que $\frac{1}{2}$ eft la raifon $\frac{3}{6}$ réduite à fes plus petits termes; ainfi des autres exemples.

98. La raifon $\frac{5}{7}$ n'a point d'autres expofans que 5 & 7, puifqu'ils font les plus petits nombres qui ayent entr'eux une raifon égale à $\frac{5}{7}$; ainfi $\frac{5}{7}$ eft un moindre rapport; il y a donc des raifons qui peuvent fe réduire à de plus petits termes, telles que $\frac{3}{6}$ & $\frac{4}{10}$, & d'autres qui ne peuvent être réduites à de plus petits termes, comme $\frac{5}{7}$.

99. Il y a une regle pour diftinguer les unes des autres; la voici : lorfqu'on peut divifer l'antécedent & le confequent

* 18.

d'une raison par un diviseur commun different de l'unité, cette raison peut être réduite à de plus petits termes : par exemple, la raison $\frac{12}{8}$ peut être réduite à de plus petits termes, parce que 12 & 8 peuvent être divisez l'un & l'autre par 4 : cette division étant faite, on trouve les quotiens 3 & 2 qui sont en même raison que 12 & 8 *.

* 19.

100. Mais si les deux termes d'une raison n'ont point d'autre diviseur commun que l'unité, pour lors la raison ne peut se réduire à de plus petits termes : par exemple, la raison $\frac{8}{9}$ ne peut être réduite, parce que 8 & 9 n'ont d'autre diviseur commun que l'unité.

101. Les nombres qui n'ont point d'autre diviseur commun que l'unité, sont appellez *premiers entr'eux* : ainsi 8 & 9 sont premiers entr'eux.

102. Il suit delà que les exposans d'une raison sont premiers entr'eux ; & réciproquement, les nombres premiers entr'eux sont des exposans, puisque n'ayant point de diviseur commun autre que l'unité, la raison de ces nombres ne peut être réduite à de plus petits termes : par exemple, 8 & 9 étant premiers entr'eux sont necessairement les exposans de toute raison égale à celle de 8 à 9.

103. Nous avons dit qu'il y avoit des raisons de nombre à nombre, & des raisons qui ne sont pas de nombre à nombre qu'on appelle *sourdes* ou *rapports incommensurables*. La raison de nombre à nombre est celle qui peut s'exprimer par des nombres : telle est la raison d'une ligne d'un pied à une ligne de trois pieds, qui peut être exprimée par $\frac{1}{3}$. La raison sourde est celle qu'on ne peut exprimer par des nombres. On démontre en Geometrie que la raison qui est entre la diagonale & le côté d'un quarré est sourde ; ensorte qu'il n'y a point de nombres tels qu'ils soient, qui ayent entr'eux le même rapport que ces deux lignes. La démonstration de cette proposition touchant la diagonale & le côté du quarré suppose plusieurs autres propositions que nous allons exposer en peu de mots.

104. Deux raisons égales ont les mêmes exposans : par exemple, les deux raisons $\frac{12}{18}$ & $\frac{2}{3}$ étant égales, si 2 & 3 sont les exposans de $\frac{12}{18}$, ils le sont aussi de $\frac{2}{3}$: car si $\frac{2}{3}$ avoit pour exposans des plus petits nombres que 2 & 3, la raison de ces moindres nombres seroit égale à celle de $\frac{2}{3}$ dont ils seroient

f

les expofans ; & par confequent la raifon de ces expofans feroit auffi égale à celle de $\frac{12}{13}$; donc 2 & 3 ne feroient pas les expofans de $\frac{12}{13}$: ce qui eft contre la fuppofition.

105. Toute raifon doublée de raifons de nombre à nombre a pour expofans des nombres quarrez : foit, par exemple, la raifon $\frac{12}{13}$ qui eft doublée des raifons égales $\frac{1}{2}$ & $\frac{1}{3}$; je dis que cette raifon doublée a neceffairement pour expofans des nombres quarrez : car les deux raifons fimples $\frac{1}{2}$ & $\frac{1}{3}$ dont le rapport $\frac{12}{13}$ eft doublé, font égales par l'hypothefe ; donc elles ont les mêmes expofans ; ainfi 1 & 2 étant les expofans de $\frac{1}{2}$, ils font auffi les expofans de $\frac{1}{3}$. Cela pofé, les deux raifons $\frac{1}{2}$ & $\frac{1}{3}$ font égales à ces deux $\frac{1}{2}$ & $\frac{1}{3}$; par confequent le produit des deux premieres qui eft $\frac{12}{13}$ eft égal au produit des deux dernieres, qui eft $\frac{1}{2}$: d'ailleurs il eft clair que 1 & 4 font premiers entr'eux ; par confequent 1 & 4 font les expofans de la raifon doublée $\frac{12}{13}$. Or ces deux nombres 1 & 4 font des quarrez, puifque le premier eft le produit des deux antécedens égaux 1 & 1 . & le fecond eft le produit des deux confequens égaux 2 & 2 ; donc la raifon doublée $\frac{12}{13}$ a pour expofans des nombres quarrez.

Afin de démontrer cette propofition fur les raifons doublées d'une maniere generale, il faudroit prouver que lorfque deux nombres font premiers entr'eux, leurs quarrez font auffi premiers entr'eux ; par exemple, que 1 & 2 étant premiers entr'eux, il s'enfuit que les quarrez 1 & 4 le font auffi : mais comme cela demande une fuite de plufieurs démonftrations affez difficiles, nous ne pouvons les déduire dans cet abregé.

COROLLAIRE.

106. Il fuit delà qu'une raifon doublée qui n'a pas pour expofans des nombres quarrez, n'eft pas raifon doublée de raifons de nombre à nombre ; c'eft-à-dire, que les raifons dont elle eft doublée ne font pas de nombre à nombre : car la raifon doublée auroit pour expofans des nombres quarrez, fi les raifons dont elle eft doublée étoient de nombre à nombre, comme on vient de le faire voir.

107. Il faut donc bien prendre garde que la raifon doublée qui n'a pas pour expofans des nombres quarrez, peut être de nombre à nombre : mais celles dont elle eft doublée ne peuvent être de nombre à nombre : fuppofez que la rai-

son $\frac{8}{5}$ soit une raison doublée qui n'ait pas pour exposans des nombres quarrez, les raisons composantes $\frac{2}{7}$ & $\frac{4}{5}$ ne sont pas de nombre à nombre; mais la raison $\frac{1}{2}$ peut être de nombre à nombre: par exemple, *ac* peut être à *bd*, comme 1 est à 2: ces deux nombres 1 & 2 ne sont pas tous les deux quarrez; il n'y a que 1 qui soit quarré: mais 2 n'est pas un quarré.

Après avoir parlé assez au long des raisons & des proportions Geometriques. Il est à propos de démontrer la principale propriété de la proportion arithmetique, dont nous allons faire le theoreme suivant.

THEOREME FONDAMENTAL
de la Proportion arithmetique.

108. *Dans une proportion arithmetique la somme des extrêmes est égale à la somme des moyens.*

Soit la proportion arithmetique 5 . 8 :: 9 . 12 : je dis que la somme des extrêmes 5 + 12 est égale à la somme des moyens 8 + 9.

DEMONSTRATION.

Considerez que si le premier extrême 5 est surpassé de 3 par le premier moyen 8, aussi le second extrême 12 surpasse necessairement le second moyen 9 de la même quantité 3; autrement il n'y auroit pas de proportion arithmetique; donc le défaut du premier extrême est compensé par l'excès du second; c'est pourqoi la somme des extrêmes 5 + 12 doit être égale à la somme des moyens 8 + 9.

Il est évident que le même raisonnement peut être appliqué à tout autre exemple de proportion arithmetique dont les consequens surpasseroient également les antécedens. Ce seroit aussi la même chose si les antécedens surpassoient également les consequens; car pour lors l'excès du premier extrême compenseroit le defaut de l'autre.

AUTRE DEMONSTRATION.

Si $a . b : c . d$, je dis que $a + d = b + c$: car soit supposé b plus grand que l'antécédent a de la quantité x; il faudra que d soit aussi plus grand que son antécedent c de la quantité x;

autrement il n'y auroit pas de proportion arithmetique entre les quatre grandeurs a, b, c, d. Cela étant, b est égal à
$a + x$; puisque b contient a, & de plus x qui est l'excès de
b sur a : par la même raison $d = c + x$; ainsi dans la proportion $a . b : c . d$, on peut mettre $a + x$ à la place de b &
& $c + x$ à la place de d, ce qui donnera $a . a + x : c . c + x$. Or
il est évident que dans cette proportion la somme des extrêmes $a + c + x$, est égale à la somme des moyens $a + x + c$;
puisque ce sont les mêmes grandeurs qui composent la somme des extrêmes & celle des moyens ; donc, &c.

Si les antécédens avoient été plus grands que les consequens; ensorte que a eut été égal à $b + x$, & c égal à $d + x$,
on auroit démontré la même chose en substituant $b + x$ à la
place de a, & $d + x$ à celle de c.

COROLLAIRE.

109. Dans une proportion continuë arithmetique, la somme des extrêmes est égale au double du moyen proportionnel:
par exemple, si on a la proportion continuë arithmetique
$5 . 8 : 8 . 11$, la somme des extrêmes $5 + 11$ ou 16 égale
$8 + 8$ ou 16 double du moyen proportionnel 8. C'est une
suite manifeste du theoreme ; parce que le double du moyen
proportionnel est la somme des moyens, laquelle par consequent doit être égale à la somme des extrêmes.

DES FRACTIONS.

110. Lors qu'on connoît qu'un tout est divisé en parties
égales, & qu'on prend un certain nombre de ces
parties, cela s'appelle *fraction* : elle s'exprime par deux nombres, dont l'un marque en combien de parties égales le tout
est divisé, & on l'appelle *dénominateur*, & l'autre montre combien on prend de ces parties, & on le nomme *numérateur*; on
écrit le dénominateur au dessous du numérateur en les sepa-
rant par une petite ligne, en cette sorte, $\frac{3}{5}$: on énonce cette
fraction en disant, trois cinquièmes; 3 est le numérateur, parce
qu'il désigne combien on prend de parties, c'est-à-dire, de
cinquièmes, & 5 est le dénominateur, parce qu'il marque que
le tout est divisé en cinq parties égales.

Si la fraction est exprimée par des lettres, comme $\frac{m}{n}$, elle marque que le tout est partagé en un nombre de parties qui est indéterminé & designé par le dénominateur *n*, & qu'on prend aussi un nombre indéterminé de ces parties qui est marqué par le numerateur *m*.

111. Le numerateur d'une fraction peut être ou égal, ou plus petit, ou plus grand que son dénominateur : lorsque le numerateur est égal au dénominateur, la fraction est égale au tout que l'on regarde comme l'unité : par exemple, $\frac{4}{4} = 1$. La raison en est qu'un tout est égal à toutes ses parties prises ensemble ; ainsi quatre quatriémes marquez par la fraction $\frac{4}{4}$ valent le tout : si le numerateur est plus petit que le dénominateur, la fraction vaut moins que l'unité : telle est la fraction $\frac{3}{4}$. Enfin quand le numerateur est plus grand que le dénominateur, la fraction est plus grande que l'unité, comme $\frac{5}{4}$.

112. Puisqu'une fraction est égale à 1 quand le numerateur & le dénominateur sont égaux ; il suit qu'elle est égale à 2, si le numerateur est double du dénominateur ; qu'elle vaut 3, si le numerateur est triple du dénominateur ; qu'elle vaut 4, s'il est quadruple, &c. par exemple, la fraction $\frac{4}{4}$ étant égale à 1 ; on a aussi $\frac{8}{4} = 2$, $\frac{12}{4} = 3$, $\frac{16}{4} = 4$, $\frac{20}{4} = 5$, &c. c'est-à-dire, que si quatre quatriémes valent 1, huit quatriémes valent 2, douze quatriémes valent 3, &c. ce qui est évident, puisque huit quatriémes sont le double de quatre quatriémes, & que douze quatriémes en sont le triple, &c. En general la valeur d'une fraction dépend du nombre de fois que le numerateur contient le dénominateur ; ensorte qu'une fraction est toujours égale au quotient du numerateur divisé par le dénominateur : par exemple, la fraction $\frac{20}{4}$ est égale à 5, parce que le quotient de 20 divisé par 4 est 5. Or nous avons vû que la valeur d'une raison étoit aussi égale au quotient de l'antécédent divisé par le conséquent*, ainsi, pour me servir du même exemple, la raison de 20 à 4 est égale à 5 ; c'est pourquoi la fraction $\frac{20}{4}$ est la même chose que la raison de 20 à 4 : & en general une fraction est la même chose que le rapport ou la raison du numerateur au dénominateur : c'est une seconde notion que l'on peut donner de la fraction.

113. Lorsque le numerateur est moindre que le dénominateur, quoi que l'on ne puisse faire alors la division du premier par le second, la fraction est cependant une division in-

* 25.

diquée: ainſi la fraction $\frac{3}{5}$ marque que 3 eſt diviſé par 5, c'eſt-
à-dire, que l'on prend ſeulement la cinquiéme partie de 3 ; je
dis la cinquiéme partie, parce que le dénominateur eſt 5 ;
delà il ſuit que cette expreſſion *trois cinquiémes*, & celle-ci *la
cinquiéme partie de trois* ſignifient la même choſe, puiſque la
fraction $\frac{3}{5}$ peut être énoncée de l'une & l'autre maniere. Il
en eſt de même des autres fractions ; celle-ci, par exemple
$\frac{12}{4}$, peut être énoncée, en diſant : douze quatriémes ou la quatriéme partie de douze ; la premiere expreſſion eſt la plus ordinaire, & répond directement à la premiere notion qu'on a
donnée des fractions.

114. Il ſuit de ce qu'on a dit juſqu'ici qu'une fraction eſt d'autant plus grande que le numerateur eſt grand par rapport au
dénominateur : par exemple, la fraction $\frac{4}{5}$ eſt plus grande
que $\frac{3}{5}$: au contraire une fraction eſt d'autant plus petite que
le dénominateur eſt grand par rapport au numerateur : par
exemple, $\frac{1}{9}$ eſt moindre que $\frac{1}{7}$.

115. Il faut obſerver qu'une fraction peut changer de ter-
mes ſans changer de valeur. Exemples. $\frac{5}{10} = \frac{3}{6}$, parce qu'il
y a même raiſon de 5 à 10 que de 3 à 6. De même $\frac{2}{12} = \frac{1}{6}$.
En un mot, quand le rapport qui eſt entre les deux termes
d'une fraction eſt égal au rapport qui eſt entre les deux termes d'une autre fraction, les valeurs de ces deux fractions
ſont égales.

On fait ſur les fractions les mêmes operations que ſur les
entiers ; & on en fait auſſi de particulieres dont les principales conſiſtent à les réduire à de plus petits termes, à les réduire au même dénominateur, à réduire les entiers en fractions, & les fractions en entiers, enfin à évaluer les fractions.
Nous allons donner la methode de faire toutes ces operations
tant communes que particulieres, en commençant par celle-ci:
& quoi que les regles que nous donnerons conviennent également aux fractions numeriques, & aux fractions algebriques ;
c'eſt-à-dire, qui ſont exprimées par lettres ; cependant nous
parlerons preſque toujours des fractions en nombres que nous
nous propoſons principalement ; & nous donnerons ſeulement des exemples des fractions en lettres, pour faire voir
que la regle peut y être appliquée.

Réduire les Fractions à de moindres termes.

116. Pour réduire une fraction à de moindres termes, il faut diviser le numérateur & le dénominateur par le même diviseur, & les deux quotiens feront une fraction de même valeur que la proposée, quoi que les termes en soient plus petits. Exemple. La fraction $\frac{12}{21}$ peut se réduire à de plus petits termes, en divisant le numérateur & le dénominateur par 3, & on aura $\frac{12}{21} = \frac{4}{7}$: de même si on divise par 5 les termes de la fraction $\frac{5}{15}$, il viendra $\frac{1}{3} = \frac{5}{15}$.

Pour réduire la fraction algébrique $\frac{ad}{bd}$ à de moindres termes, il faut diviser le numérateur & le dénominateur par le diviseur commun d, & on aura $\frac{a}{b} = \frac{ad}{bd}$.

117. La manière la plus facile de réduire les fractions numériques à de plus petits termes, est de prendre la moitié du numérateur & celle du dénominateur. Exemple. $\frac{48}{56} = \frac{24}{28} = \frac{12}{14}$. Autre exemple. $\frac{64}{80} = \frac{32}{40} = \frac{16}{20} = \frac{8}{10} = \frac{4}{5}$. En prenant la moitié du numérateur & celle du dénominateur, on fait la même chose que si on divisoit l'un & l'autre par 2.

Il est clair qu'on ne peut se servir de cette methode que quand les deux termes de la fraction sont chacun des nombres pairs. C'est pour cela que dans le premier exemple on est resté à la fraction $\frac{12}{14}$; quoi qu'on puisse encore la réduire à des moindres termes, en faisant la division par 5; ce qui donnera $\frac{6}{7} = \frac{12}{14}$.

La methode de réduire une fraction à de moindres termes en divisant le numérateur & le dénominateur par un diviseur commun, est fondé sur le huitiéme Principe * touchant les raisons, dans lequel on a fait voir que si on divise deux grandeurs par une troisiéme, la raison des quotiens est égale à celle des grandeurs avant la division: ce principe doit s'appliquer aux fractions, puisque ce sont de veritables raisons.

* 19.

REMARQUES.

I.

118. Plus le diviseur est grand, plus les termes ausquels la fraction est réduite, sont petits: par exemple, si on divise les deux termes de la fraction $\frac{12}{18}$ par 6, on aura la fraction $\frac{2}{3}$ dont les termes sont plus petits, que si on avoit divisé le nu-

merateur & le dénominateur de la même fraction $\frac{24}{32}$ par 2 : ce qui auroit donné $\frac{12}{16}$. Cela vient de ce que plus le diviseur est grand, plus le quotient est petit, quand c'est le même nombre qu'on divise par un grand & un petit diviseur.

I I.

119. Quand un des termes est l'unité, il est impossible de réduire la fraction à de plus petits termes : par exemple, $\frac{1}{7}$ ne peut se réduire à de moindres termes. De même quand le numerateur n'est surpassé que d'une unité par le dénominateur, on ne peut aussi réduire la fraction à de moindres termes : par exemple, la fraction $\frac{11}{12}$ ne peut être réduite.

Réduire les Fractions au même dénominateur.

120. Pour réduire deux fractions, comme $\frac{1}{6}$ & $\frac{1}{3}$ au même dénominateur, sans en changer la valeur, il faut multiplier les deux termes de la premiere par 3 dénominateur de la seconde ; il vient $\frac{3}{18}$; & multiplier pareillement les deux termes de la seconde par 6 dénominateur de la premiere : ce qui donne aussi $\frac{6}{18}$; les deux fractions réduites sont donc $\frac{3}{18}$ & $\frac{6}{18}$ qui sont de même valeur que les deux premieres $\frac{1}{6}$ & $\frac{1}{3}$, & qui ont necessairement le même dénominateur 18.

Il y a deux choses à démontrer sur cette regle, la premiere est qu'en suivant la methode prescrite, les deux fractions réduites sont de même valeur que les proposées ; & la seconde, que les deux fractions réduites ont un même dénominateur : c'est ce que nous allons faire voir.

1°. Les deux fractions réduites sont de même valeur que les deux premieres : car si on multiplie deux grandeurs par une troisiéme, la raison des produits est égale à celle des racines*. Or en suivant la methode prescrite, les deux termes de la premiere fraction sont multipliez par un même nombre, sçavoir par le dénominateur de la seconde : & de même les deux termes de la seconde sont multipliez par le dénominateur de la premiere ; ainsi les deux nouvelles fractions sont égales aux deux premieres.

2°. Les deux fractions réduites ont le même dénominateur, puisqu'en suivant la methode, le dénominateur de la premiere fraction réduite est le produit de 6 par 3, & le dénominateur de la seconde est le produit de 3 par 6 ; lesquels produits sont necessairement égaux.

121. S'il y avoit trois fractions à réduire au même dénomi-

* 18.

nateur,

nateur, il faudroit multiplier le numerateur & le dénominateur de chacune par le produit des dénominateurs des deux autres. Soient les trois fractions $\frac{1}{3}$, $\frac{1}{5}$, $\frac{1}{7}$ à réduire au même dénominateur : on trouvera, en suivant la regle, les trois réduites $\frac{35}{105}$, $\frac{21}{105}$, $\frac{15}{105}$.

On suit la même methode pour les fractions litterales : exemple. Les fractions $\frac{a}{b}$, $\frac{c}{d}$ se réduisent à celles-ci $\frac{ad}{bd}$, $\frac{bc}{bd}$.

Réduire un nombre entier en Fraction.

121. Pour réduire un nombre entier en fraction de même valeur que l'entier, il faut écrire l'unité au dessous du nombre pour servir de dénominateur : par exemple, 5 est égal à $\frac{5}{1}$; car une fraction est égale au quotient du numerateur divisé par le dénominateur : or le quotient de 5 divisé par 1 est égal à 5, puisque 1 est contenu cinq fois dans 5.

123. Si on vouloit avoir un autre dénominateur que l'unité, il faudroit multiplier le nombre proposé par le dénominateur ; & le produit seroit le numerateur de la fraction cherchée : par exemple, pour réduire 5 en une fraction qui ait 3 pour dénominateur, je multiplie 5 par 3 ; & le produit 15 est le numerateur de la fraction $\frac{15}{3}$ qui est égal à 5, puisque le numerateur qui est le produit de 5 par 3, ou, ce qui est la même chose, de 3 par 5, contient cinq fois le dénominateur 3.

C'est la même chose pour les quantitez algebriques : par exemple, $a = \frac{a}{1}$: & si on veut avoir un autre dénominateur que l'unité, comme b, on trouvera $a = \frac{ab}{b}$.

Réduire une Fraction en entier.

124. Pour réduire une fraction en entier (ce qui ne se peut que quand le numerateur est égal ou plus grand que le dénominateur), il faut diviser le numerateur par le dénominateur ; & le quotient exprimera la valeur de la fraction : par exemple, si on veut réduire en entier la fraction $\frac{15}{3}$, on divise 15 par 3, & le quotient 5 marque la valeur de la fraction proposée.

125. Si la division ne pouvoit se faire exactement, comme dans la fraction $\frac{17}{3}$, la valeur de cette fraction seroit l'entier 5 que l'on trouveroit au quotient, plus le reste du numerateur, c'est-à-dire, 2 à qui il faudroit toujours donner

t

le même dénominateur 3 ; ainsi $\frac{17}{3} = 5 + \frac{2}{3}$. Cela s'entend
facilement après ce que nous avons dit sur tout en parlant
de la réduction des entiers en fractions.

On fait de même pour les fractions litterales : par exem-
ple, $\frac{ac}{c} = a$. De même $\frac{abc}{ac} = b$. Mais il est facile de voir
que cette réduction n'a lieu que quand les lettres du dénominateur sont toutes communes au numerateur ; ainsi la fraction $\frac{ac}{b}$ ne peut se réduire en entier.

Evaluer une Fraction.

126. Evaluer une fraction, c'est la réduire en parties connuës d'un tout : si on a, par exemple, la fraction $\frac{2}{3}$ d'un pied,
& qu'on la réduise en pouces, c'est évaluer la fraction $\frac{2}{3}$ d'un
pied.

127. Pour faire cette évaluation, il faut diviser le nombre qui marque combien le tout contient de parties, par le
dénominateur de la fraction ; & après cela multiplier le quotient par le numerateur : ainsi dans l'exemple proposé, le pied
contenant 12 pouces, je divise 12 par le dénominateur 3 ; &
je multiplie ensuite le quotient 4 par le numerateur 2 ; le produit 8 fait voir que $\frac{2}{3}$ d'un pied vaut 8 pouces.

Voici la démonstration de cette methode appliquée à notre
exemple : puisque le pied contient 12 pouces, il s'ensuit que
$\frac{2}{3}$ d'un pied vaut les deux tiers de 12 pouces ; & par conséquent pour évaluer cette fraction, il faut prendre les deux
tiers de 12 pouces. Or pour prendre les deux tiers de 12, il
n'y a qu'à en prendre d'abord le tiers, & le multiplier ensuite
par 2 ; c'est-à-dire, qu'il faut diviser 12 par 3, & multiplier
le quotient par 2.

128. Au lieu de diviser 12 par 3, & de multiplier ensuite
le quotient par 2, on pourroit commencer par la multiplication, & faire ensuite la division, en gardant toujours le
même diviseur & le même multiplicateur ; c'est-à-dire, qu'on
pourroit d'abord multiplier 12 par 2, & diviser ensuite le
produit par 3 ; & on trouveroit la même valeur de la fraction : ce que l'on peut démontrer en general par des lettres
en cette maniere : soit le nombre 12 représenté par ac, le diviseur soit a, & le multiplicateur b ; si on divise ac par a, &
qu'on multiplie le quotient c par b, le produit sera bc : pareillement si on multiplie ac par b, & qu'on divise le produit

abc par *a*, le quotient sera aussi *bc*; donc il est indifferent de commencer par la multiplication ou par la division.

129. Il suit delà que pour évaluer une fraction, on peut d'abord multiplier le nombre qui marque combien le tout contient de parties par le numerateur de la fraction, & ensuite diviser le produit par le dénominateur de la fraction : par exemple, supposé qu'un écu vaille 60 sols, & que je veüille évaluer la fraction $\frac{4}{5}$ d'un écu ; je multiplie d'abord 60 par le numerateur 4, parce que l'écu vaut 60 sols : après cela je divise le produit 240 par le dénominateur 5, & je trouve au quotient 48 : ce qui marque que la fraction $\frac{4}{5}$ d'un écu vaut 48 sols.

130. Remarquez qu'il arrive assez souvent qu'on ne peut faire la division sans reste, comme dans l'exemple suivant : soit la fraction $\frac{8}{9}$ d'une toise qu'on propose d'évaluer en pieds. Suivant la seconde methode, il faut multiplier 6 par le numerateur 8, parce que la toise contient 6 pieds, & diviser ensuite le produit 48 par le dénominateur 9 : on trouvera au quotient 5 & la fraction $\frac{3}{9}$; par consequent $\frac{8}{9}$ de toise vaut 5 pieds & $\frac{3}{9}$ d'un pied.

Cette derniere fraction $\frac{3}{9}$ de pied peut encore être évaluée en pouces par la même methode ; c'est-à-dire, qu'il faut multiplier 12 par le numerateur 3, parce que le pied contient 12 pouces, & diviser le produit 36 par 9 ; le quotient sera 4 ; ainsi la fraction $\frac{3}{9}$ de pied vaut 4 pouces ; par consequent la premiere fraction $\frac{8}{9}$ de toise vaut 5 pieds 4 pouces.

Voici encore un autre exemple : supposant l'écu de 60 sols, on demande combien vaut la fraction $\frac{4}{7}$ d'un écu. Je réduis d'abord en sols la fraction proposée, en multipliant 60 par 4 ; & divisant ensuite le produit 240 par 7 : ce qui me donne pour quotient 34 sols & $\frac{2}{7}$ d'un sol ; je réduis pareillement en deniers la fraction $\frac{2}{7}$ d'un sol, & je trouve qu'après avoir multiplié 12 par 2, & divisé le produit 24 par 7, le quotient est 3 plus $\frac{3}{7}$; ainsi la fraction $\frac{2}{7}$ d'un sol vaut 3 deniers & $\frac{3}{7}$ d'un denier ; par consequent la fraction $\frac{4}{7}$ d'un écu vaut 34 sols 3 deniers & $\frac{3}{7}$ d'un denier : on peut negliger $\frac{3}{7}$ d'un denier.

Nous allons parler presentement des operations communes aux fractions & aux entiers : ces operations sont l'addition, la soustraction, la multiplication, la division, la formation des puissances & l'extraction des racines.

DE L'ADDITION DES FRACTIONS.

131. Pour ajouter deux ou plusieurs fractions, il faut d'abord les réduire au même dénominateur, si elles en ont de differens, & ensuite ajouter ensemble les numerateurs, en laissant le dénominateur commun ; & on a la somme des fractions. Exemple. Je veux ajouter les deux fractions $\frac{2}{5}$ & $\frac{3}{4}$: pour cela je les réduis d'abord au même dénominateur ; ce qui donne $\frac{8}{20}$ & $\frac{15}{20}$; après quoi j'ajoute les numerateurs sans rien changer au dénominateur, & la somme est $\frac{23}{20}$; c'est-à-dire, vingt-trois vingtièmes.

La raison de cette pratique est évidente ; car l'on voit aisément que huit vingtièmes & quinze vingtièmes font vingt-trois vingtièmes ; il suffit donc, quand les fractions ont même dénominateur, d'ajouter les numerateurs, en laissant le dénominateur commun.

On opere de même sur les fractions algebriques : soient, par exemple, les deux fractions $\frac{a}{b}$ & $\frac{c}{d}$ qu'il faut ajouter ; je les réduis au même dénominateur : ce qui produit $\frac{ad}{bd}$ & $\frac{bc}{bd}$; après quoi j'ajoute seulement les numerateurs en laissant le dénominateur commun, la somme est $\frac{ad+bc}{bd}$.

132. Si on propose un entier & une fraction à ajouter avec un entier & une fraction, il faut ajouter l'entier avec l'entier, & la fraction avec la fraction : par exemple , pour ajouter 12 $+\frac{2}{3}$ avec 15 $+\frac{4}{5}$, je prends la somme des entiers qui est 27 ; ensuite j'ajoute les fractions, après les avoir réduites au même dénominateur ; ainsi la somme des entiers & des fractions est 27 $+\frac{11}{15}$.

DE LA SOUSTRACTION DES FRACTIONS.

133. Pour soustraire une fraction d'une autre, il faut les réduire au même dénominateur, quand elles en ont qui sont differens, & ôter ensuite le numerateur de celle qu'on veut soustraire du numerateur de l'autre, en laissant le dénominateur commun. Exemple. Pour soustraire $\frac{2}{5}$ de $\frac{3}{5}$, j'ôte le numerateur 2 de 3, & je laisse le même dénominateur 5 ; il reste $\frac{1}{5}$. Si ces fractions n'avoient pas eu le même dénominateur, il auroit fallu les y réduire avant que de faire la soustraction.

La raison de cette operation s'entend assez, étant la même que celle de l'addition.

Quand les fractions sont litterales, on opere de la même maniere. Exemple. De la fraction $\frac{3}{7}$ on veut soustraire celle-ci $\frac{4}{11}$: il faut réduire l'une & l'autre à celles-ci $\frac{33}{77}$ & $\frac{28}{77}$, qui sont égales aux premieres & qui ont même dénominateur ; ôter ensuite le numerateur de la seconde des réduites, du numerateur de la premiere, & on aura $\frac{33-28}{77}$ qui est le reste ou la difference des deux fractions.

134. Si on propose un entier & une fraction à soustraire d'un entier & d'une fraction, il faut ôter l'entier de l'entier & la fraction de la fraction : par exemple, pour soustraire $9 + \frac{3}{7}$ de $12 + \frac{1}{7}$, j'ote 9 de 12, & après avoir réduit les deux fractions $\frac{3}{7}$ & $\frac{1}{7}$ au même dénominateur, j'ôte encore la premiere de la seconde, & je trouve que le reste des entiers & des fractions est $3 + \frac{4}{77}$. Si la fraction du nombre à soustraire avoit été plus grande que celle de l'autre nombre, il auroit fallu commencer par réduire une unité de 12 en une fraction qui auroit eu le même dénominateur que $\frac{1}{7}$, & l'ajouter avec $\frac{1}{7}$; ensuite operer comme on vient de le dire.

DE LA MULTIPLICATION DES FRACTIONS.

On peut multiplier une fraction par un nombre entier ou par une autre fraction. Nous allons donner la methode pour l'un & l'autre cas.

135. 1°. Pour multiplier une fraction par un entier, il faut multiplier seulement le numerateur de la fraction par l'entier, & laisser le même dénominateur. Exemple. Je veux multiplier $\frac{3}{7}$ par 4 : pour cela je multiplie le numerateur 3 par 4 ; & gardant le même dénominateur, j'aurai la fraction $\frac{12}{7}$ qui est le produit de $\frac{3}{7}$ par 4.

La raison est que quand on veut multiplier $\frac{3}{7}$ par 4, on cherche une fraction quatre fois plus grande que $\frac{3}{7}$. Or en multipliant seulement le numerateur par 4, la fraction qui vient de cette multiplication est quatre fois plus grande que $\frac{3}{7}$: car une fraction est d'autant plus grande que son numerateur est plus grand par rapport au dénominateur*. Or en multipliant le numerateur 3 par 4, le produit 12 est quatre fois plus grand que 3 ; par conséquent la fraction $\frac{12}{7}$ est quatre fois plus grande que $\frac{3}{7}$; donc $\frac{12}{7}$ est le veritable produit $\frac{3}{7}$ par 4. Ce qu'il falloit démontrer.

* 114.

136. 2°. Pour multiplier deux fractions l'une par l'autre,

il faut non feulement multiplier les deux numerateurs, mais auffi les deux dénominateurs l'un par l'autre. Exemple. On veut multiplier les deux fractions $\frac{3}{5}$ & $\frac{4}{6}$ l'une par l'autre, il faut multiplier 3 par 4, & 5 par 6 ; & on aura $\frac{12}{30}$ produit des deux fractions propofées.

Afin de concevoir la raifon de cette regle, il faut faire attention que pour multiplier $\frac{3}{5}$ par 4, on doit multiplier feulement le numerateur 3 par 4, & on aura la fraction $\frac{12}{5}$ qui eft le veritable produit, comme nous venons de le démontrer. Or le produit de $\frac{3}{5}$ par $\frac{4}{6}$ doit être fix fois plus petit que $\frac{12}{5}$, puifque le multiplicateur $\frac{4}{6}$, c'eft-à-dire, 4 divifé par 6, eft fix fois plus petit que le multiplicateur 4 ; il faut donc rendre la fraction $\frac{12}{5}$ fix fois plus petite. Or pour rendre une fraction plus petite, il n'y a qu'à augmenter le dénominateur en laif-
* 114· fant le même numerateur * ; par conféquent pour rendre la fraction $\frac{12}{5}$ fix fois plus petite, il n'y a qu'à rendre fon dénominateur fix fois plus grand ; c'eft-à-dire, le multiplier par 6 ; donc pour multiplier une fraction par une autre, il faut non feulement multiplier le numerateur par le numerateur, mais auffi le dénominateur par le dénominateur.

On obferve la même methode pour la multiplication des fractions litterales. 1°. Le produit de $\frac{a}{b}$ par c eft $\frac{ac}{b}$ 2°. Le produit de $\frac{a}{b}$ par $\frac{c}{d}$ eft $\frac{ac}{bd}$.

137. Si on vouloit multiplier un entier & une fraction par un entier & une fraction, il faudroit réduire le multiplicande à une feule fraction, & le multiplicateur auffi à une autre fraction ; & enfuite multiplier ces deux nouvelles fractions l'une par l'autre: par exemple, pour multiplier $8 + \frac{1}{4}$ par $7 + \frac{2}{3}$, il faut réduire premierement le multiplicande $8 + \frac{1}{4}$ en une fraction: pour cela je réduis d'abord 8 à une fraction qui ait même dénominateur que $\frac{1}{4}$: & jé trouve $\frac{32}{4} = 8$: enfuite j'ajoute $\frac{1}{4}$ avec $\frac{32}{4}$, la fomme $\frac{33}{4}$ eft le multiplicande total. En fecond lieu je réduis de la même maniere le multiplicateur à la feule fraction $\frac{23}{3}$. Enfin je multiplie $\frac{33}{4}$ par $\frac{23}{3}$ le produit eft $\frac{759}{12}$ que l'on peut réduire en entier.

REMARQUES.

I.

138. Nous avons vû que pour ajouter & fouftraire les fractions, il falloit les réduire au même dénominateur: mais

cette préparation n'eſt pas neceſſaire pour la multiplication non plus que pour la diviſion des fractions.

II.

139. Quand dans la multiplication des fractions le multi-plicateur eſt plus petit que l'unité, le produit eſt auſſi moin-dre que le multiplicande : par exemple, $\frac{1}{7}$ multiplié par $\frac{1}{3}$ don-ne au produit la fraction $\frac{1}{21}$ qui eſt moindre que $\frac{1}{7}$: car la frac-tion $\frac{1}{21}$ ne vaut pas un $\frac{1}{3}$, c'eſt-à-dire, un tiers ; il faudroit qu'il y eut $\frac{7}{21}$ & non pas $\frac{1}{21}$.

La raiſon pourquoi le produit eſt alors plus petit que le multiplicande, c'eſt que plus le multiplicateur eſt petit, plus auſſi le produit eſt petit. Or ſi on multiplie par l'unité, le produit eſt égal au multiplicande ; donc ſi on multiplie par un multiplicateur plus petit que l'unité, le produit doit être moindre que le multiplicande.

Cela ſe peut auſſi prouver par la proportion qui ſe trouve dans toute multiplication : voici cette proportion ; le produit eſt au multiplicande, comme le multiplicateur eſt à l'unité *; par conſequent, ſi le multiplicateur eſt plus petit que l'unité, il faut que le produit ſoit moindre que le multiplicande.

* 53:

DE LA DIVISION DES FRACTIONS.

On peut diviſer une fraction par un entier, ou bien une fraction par une autre fraction, ou enfin un entier par une fraction. Nous allons donner la methode pour ces trois cas.

140. 1°. Pour diviſer une fraction par un nombre entier, il faut multiplier le dénominateur de la fraction par l'entier qui eſt le diviſeur, en laiſſant le même numerateur : par exem-ple, pour diviſer $\frac{1}{3}$ par 4, il faut multiplier le dénominateur 3 par 4, & le quotient ſera $\frac{1}{12}$.

Afin de concevoir la raiſon de cette pratique, il faut faire attention que quand on veut diviſer la fraction $\frac{1}{3}$ par 4, on en cherche une autre qui n'en ſoit que la quatriéme partie, ou, ce qui eſt la même choſe, qui ſoit quatre fois plus petite. Or pour rendre une fraction plus petite, il n'y a qu'à aug-menter ſon dénominateur *; ainſi pour faire la fraction $\frac{1}{3}$ qua-tre fois plus petite, il n'y a qu'à rendre ſon dénominateur quatre fois plus grand, c'eſt-à-dire, le multiplier par 4, & laiſſer le même numerateur. Ce qu'il falloit démontrer.

* 114:

141. Si on peut diviſer exactement le numerateur de la frac-

tion par l'entier, il vaut mieux faire cette division du numerateur, en laiſſant le même dénominateur: par exemple, le
quotient de la fraction $\frac{6}{7}$ diviſée par 3, eſt $\frac{2}{7}$. La raiſon
de cette pratique eſt évidente, puiſqu'en diviſant le nu-
merateur par 3, il vient une nouvelle fraction dont le numerateur n'eſt que le tiers de celui de la premiere; & par
conſéquent cette nouvelle fraction n'eſt auſſi que le tiers de la
premiere.

142. 2°. Pour diviſer une fraction par une autre, il faut
multiplier le numerateur de la fraction qui eſt le dividende
par le dénominateur de celle qui ſert de diviſeur, & le produit
ſera le numerateur du quotient; enſuite il faut multiplier le
dénominateur du dividende par le numerateur du diviſeur,
& le produit ſera le dénominateur du quotient: par exemple,
ſi on veut diviſer $\frac{2}{3}$ par $\frac{4}{5}$, il faudra multiplier 2 numerateur
du dividende par 5 dénominateur du diviſeur, & le produit
10 ſera le numerateur du quotient: après cela il faudra encore multiplier le dénominateur 3 du dividende par le numerateur 4 du diviſeur, on aura le produit 12 pour le dénominateur du quotient qui ſera $\frac{10}{12}$.

Voici la démonſtration de cette methode: ſi on diviſe une
grandeur par pluſieurs diviſeurs, un quotient eſt d'autant plus
grand que le diviſeur eſt petit. Or on a fait voir dans le
premier cas que le quotient de $\frac{2}{3}$ diviſé par 4 eſt $\frac{2}{12}$; ainſi
le quotient de $\frac{2}{3}$ diviſé par $\frac{4}{5}$ doit être cinq fois plus grand
que $\frac{2}{12}$, puiſque $\frac{4}{5}$ n'eſt que la cinquiéme partie de 4: mais
pour rendre la fraction $\frac{2}{12}$ cinq fois plus grande, il n'y a qu'à
multiplier le numerateur par 5: ce qui donnera $\frac{10}{12}$; ainſi cette
fraction eſt le quotient de $\frac{2}{3}$ diviſé par $\frac{4}{5}$; donc pour diviſer
une fraction par une autre, il faut multiplier le numerateur
du dividende par le dénominateur du diviſeur, & le dénominateur du dividende par le numerateur du diviſeur.

On peut diviſer de la même maniere deux fractions litte-
rales l'une par l'autre. Exemples. Le quotient de $\frac{a}{b}$ par $\frac{c}{d}$ eſt
$\frac{ad}{bc}$. Pareillement le quotient de $\frac{a}{b}$ par $\frac{c}{b}$ eſt $\frac{ab}{bc} = \frac{a}{c}$.

143. Il ſuit de ce ſecond exemple que quand deux fractions ont le même dénominateur, pour lors afin de diviſer
une de ces fractions par l'autre, il ſuffit de diviſer le numerateur du dividende par le numerateur du diviſeur: ainſi le
quotient de $\frac{6}{7}$ par $\frac{2}{7}$ eſt $\frac{3}{1}$.

144. On peut déduire delà une regle generale pour diviſer deux fractions l'une par l'autre. Voici cette regle : il faut réduire les deux fractions au même dénominateur, & enſuite diviser le numerateur du dividende par le numerateur du diviſeur : par exemple, pour diviſer $\frac{5}{6}$ par $\frac{2}{3}$, je réduis d'abord ces deux fractions au même dénominateur, & je trouve $\frac{10}{12}$ & $\frac{12}{12}$: enſuite je divise 10 par 12 : ce qui donne $\frac{10}{12}$; ainsi le quotient de $\frac{5}{6}$ par $\frac{2}{3}$ eſt $\frac{10}{12}$. Ce quotient eſt le même que celui qu'on a trouvé par la premiere methode de ce ſecond cas.

145. 3°. Pour diviſer un nombre entier par une fraction, il faut réduire l'entier à une fraction qui ait l'unité pour dénominateur, & après cela operer comme nous avons dit qu'on devoit faire pour diviſer une fraction par une autre. Exemple. Si on veut diviser 6 par $\frac{3}{4}$, il faut réduire 6 à la fraction $\frac{6}{1}$ qui eſt égale à 6, & enſuite diviser cette fraction $\frac{6}{1}$ par $\frac{3}{4}$; le quotient ſera $\frac{24}{3} = 8$.

Ce troiſiéme cas ſe réduiſant au ſecond, n'a pas beſoin d'autre démonſtration que celle que nous avons donnée pour le ſecond.

On a déja vû que la methode du ſecond cas peut être appliquée aux fractions litterales : il reſte à donner des exemples pour le premier & le troiſiéme cas. Le quotient de $\frac{a}{b}$ par c eſt $\frac{a}{bc}$. Le quotient de $a = \frac{a}{1}$ par $\frac{b}{c}$ eſt $\frac{ac}{b}$.

146. Si on vouloit diviſer un entier & une fraction par un entier & une fraction, il faudroit réduire le dividende à une ſeule fraction, & le diviſeur pareillement à une ſeule fraction; & enſuite diviser la premiere de ces nouvelles fractions par l'autre: ſoit, par exemple, $3 + \frac{1}{3}$ à diviser par $4 + \frac{2}{3}$: je réduis le dividende à la fraction $\frac{10}{3}$, & le diviſeur à cette autre $\frac{14}{3}$: après cela je divise $\frac{10}{3}$ par $\frac{14}{3}$, & je trouve au quotient $\frac{10}{14}$.

147. Remarquez que ſi la fraction qui ſert de diviſeur eſt plus petite que l'unité, le quotient ſera plus grand que le dividende: comme ſi on divise $\frac{2}{3}$ par $\frac{2}{3}$, le quotient $\frac{12}{12} = 1$ eſt plus grand que le dividende $\frac{2}{3}$.

La raison de cette remarque eſt que le quotient eſt d'autant plus grand que le diviſeur eſt petit. Or quand le diviſeur eſt l'unité, le quotient eſt égal au dividende; par conſequent ſi le diviſeur eſt plus petit que l'unité, le quotient doit être plus grand que le dividende.

D'ailleurs on a dit* que dans toute diviſion le dividende

u

eſt au diviſeur, comme le quotient eſt à l'unité : & *alternando*, le dividende eſt au quotient, comme le diviſeur eſt à l'unité; par conſequent ſi le diviſeur eſt plus petit que l'unité, le dividende eſt auſſi plus petit que le quotient.

De la formation des puiſſances des Fractions.

Nous ne dirons qu'un mot de cette operation non plus que de l'extraction des racines des fractions, l'une & l'autre étant très-facile à entendre, après tout ce que nous avons dit juſqu'ici.

148. Pour avoir le quarré d'une fraction, il faut elever le numerateur & le dénominateur, chacun à ſon quarré. Exemple. Le quarré de $\frac{2}{3}$ eſt $\frac{4}{9}$. De même le quarré de $\frac{1}{2}$ eſt $\frac{1}{4}$.

Pour avoir le cube d'une fraction, il faut élever le numerateur & le dénominateur, chacun à ſon cube. Exemple. Le cube de $\frac{2}{3}$ eſt $\frac{8}{27}$.

En general pour avoir une puiſſance d'une fraction, il faut élever le numerateur & le dénominateur à la même puiſſance que celle à laquelle on veut élever la fraction.

La raiſon de cette operation eſt bien claire : car pour élever la fraction $\frac{2}{3}$ à ſon quarré, il faut multiplier $\frac{2}{3}$ par $\frac{2}{3}$. Or en multipliant $\frac{2}{3}$ par $\frac{2}{3}$, on aura au produit une fraction, ſçavoir $\frac{4}{9}$ dont le numerateur eſt le quarré de 2, & le dénominateur le quarré de 3 ; par conſequent pour élever une fraction à ſon quarré, il faut prendre le quarré du numerateur & celui du dénominateur. C'eſt la même raiſon pour les autres puiſſances.

On opere de même ſur les fractions litterales. Exemples. Le quarré de $\frac{a}{b}$ eſt $\frac{aa}{bb}$. Le quarré de $\frac{a+d}{c}$ eſt $\frac{aa+2ad+dd}{cc}$. Le cube de $\frac{a}{b}$ eſt $\frac{a^3}{b^3}$.

De l'Extraction des racines des Fractions.

149. Pour extraire la racine quarrée d'une fraction, il faut tirer celle du numerateur & celle du dénominateur. Exemples. La racine quarrée de $\frac{4}{9}$ eſt $\frac{2}{3}$. La racine quarrée de $\frac{9}{16}$ eſt $\frac{3}{4}$.

En general pour extraire la racine quelconque d'une fraction, il faut tirer la racine ſemblable du numerateur & du dénominateur de la fraction. Exemple. La racine quatriéme de $\frac{16}{81}$ eſt $\frac{2}{3}$.

La raison de cette operation se déduit de la formation des
puissances des fractions : car si pour élever une fraction à son
quarré, il faut élever le numerateur & le dénominateur, chacun à son quarré, il suit que pour tirer la racine quarrée
d'une fraction, il faut tirer celle du numerateur & celle du
dénominateur, puisque la formation des puissances, & l'extraction des racines sont des operations contraires. On peut
appliquer le même raisonnement aux autres racines, troisiéme,
quatriéme, &c.

Il faut operer de la même maniere pour l'extraction des
racines des fractions litterales. Exemples. La racine quarrée
de $\frac{aa}{bb}$ est $\frac{a}{b}$. La racine cubique de $\frac{a^3}{b^3}$ est $\frac{a}{b}$.

150. Remarquez que si le numerateur & le dénominateur
n'étoient pas l'un & l'autre des puissances parfaites des racines que l'on veut avoir ; pour lors on ne pourroit trouver
exactement la racine cherchée. Exemple. $\frac{6}{9}$ est une fraction
dont on ne peut avoir exactement la racine quarrée, parce
que le numerateur 6 n'est point un quarré parfait.

LIVRE TROISIE'ME.

DES EQUATIONS.

IL y a deux methodes generales pour enseigner & pour découvrir la verité dans les Sciences; l'une est appellée *synthese*, & l'autre est nommée *analyse*. Pour bien entendre la maniere dont l'une & l'autre methode procede, il faut distinguer deux cas ou deux occasions dans lesquelles on en fait usage; l'une est lorsqu'on veut démontrer la verité d'une proposition, & l'autre quand on veut trouver la solution de quelque problême.

Dans la premiere occasion la methode de synthese consiste à exposer d'abord les principes generaux pour en déduire la proposition à démontrer : mais dans ce premier cas l'analyse suppose que la proposition dont il s'agit est vraye, & ensuite elle conduit de cette supposition jusqu'à quelque principe connu, en faisant voir que la proposition qu'elle a supposée vraye, a une liaison necessaire avec le principe. Ainsi la synthese commence par les principes generaux pour descendre à la proposition à démontrer: au contraire l'analyse commence par la proposition à démontrer pour remonter aux principes generaux.

Dans le second cas, c'est-à-dire, lorsqu'il s'agit de resoudre quelque problême, la synthese se sert aussi des principes & des propositions connuës pour parvenir à la connoissance de ce que l'on cherche. Pour ce qui est de l'analyse, elle suppose encore ce que l'on cherche comme dans le premier cas; mais alors elle ne remonte pas de cette supposition à quelque principe connu. Voici comme elle procede dans ce second cas.

Lorsque l'on veut trouver la solution de quelque problême par l'analyse, on examine la question proposée avec toute l'attention possible; on la suppose résoluë, & par le moyen des differentes operations dont nous parlerons dans la suite, on déduit successivement de cette supposition plusieurs consequences, jusqu'a ce que l'on soit arrivé à la connoissance de ce que l'on cherche. Mais si en supposant la question résoluë, cela conduit à quelque contradiction, c'est une marque que ce que l'on a supposé est impossible.

Voici un exemple qui fera concevoir comment l'analyse suppose le problême résolu. Il s'agit de trouver un nombre qui soit tel qu'étant multiplié par 7, le produit soit égal à 84. Il faut appeller x le nombre cherché, & dire ensuite : puisque ce nombre étant multiplié par 7, le produit est égal à 84 ; donc $7x = 84$. Il est clair qu'en faisant cette égalité de $7x$ avec 84, on raisonne sur le nombre cherché, comme si on le connoissoit. C'est ainsi que l'analyse suppose la question résoluë : après quoi elle déduit de cette supposition la solution du problême, comme on l'expliquera dans la suite.

On se sert ordinairement de la synthese lorsqu'on veut enseigner aux autres les veritez que l'on connoît soi-même : c'est pour cela que la synthese est appellée *methode de doctrine*. Mais lorsqu'on veut découvrir la solution d'un problême, on se sert presque toujours de l'analyse que l'on appelle à cause de cela, *methode d'invention*. On réünit aussi quelquefois ces deux methodes pour trouver plus facilement ce que l'on cherche.

La methode analytique est si utile dans les Mathématiques, que l'on découvre par son moyen avec une extrême facilité la solution de quantitez de problêmes que l'on n'auroit osé esperer de resoudre sans le secours de cet Art merveilleux. Or c'est par les équations que l'on fait l'application de l'analyse aux problêmes dont on cherche la solution.

Art. I. Lorsqu'une ou plusieurs quantitez sont égales à une ou à plusieurs autres quantitez, cela s'appelle *équation* : par exemple, $10 = 7 + 3$ est une équation, parce que 10 est une quantité égale à $7 + 3$. De même $9 + 5 = 10 - 6$ est encore une équation, parce que $9 + 5$ font 14 aussi bien que $10 - 6$. En lettres, si on suppose que $ax - 2b$ égale $4cy + d$, on aura l'équation $ax - 2b = 4cy + d$.

2. Ce qui se trouve à la gauche du signe d'égalité est nommé *premier membre* de l'équation, & ce qui est à la droite est appellé *second membre* : ainsi dans le premier exemple, 10 est le premier membre, & $7 + 3$ est le second : de même dans le second exemple, $9 + 5$ est le premier membre, & $10 - 6$ est le second.

3. Chaque quantité de l'un & de l'autre membre est appellée *terme* : ainsi dans le troisiéme exemple qui est $ax - 2b$

$= 4cy + d$, la quantité ax eſt un terme, & l'autre grandeur $— 2b$ eſt un autre terme : pareillement $4cy$ & d ſont les termes du ſecond membre de la même équation.

4. Dans tout problême il y a des grandeurs inconnuës, puiſque, ſi tout étoit connu, on ne feroit point de queſtion : mais il faut auſſi qu'il y ait des rapports connus, ſoit entre les grandeurs inconnuës comparées avec les connuës, ſoit entre les grandeurs inconnuës comparées entr'elles, pour conduire à la connoiſſance des inconnuës, à laquelle il feroit impoſſible de parvenir, s'il n'y avoit quelque choſe de connu : par exemple, ſi on demande quel eſt le nombre qui multiplié par 4 donne un produit qui ſoit égal à 60, on ne peut trouver ce nombre qu'à cauſe du rapport qu'il a avec 60 : ce rapport conſiſte en ce que le nombre étant multiplié par 4, le produit eſt égal à 60. Il eſt facile de voir que le nombre cherché eſt 15.

5. Dans les équations on ſe ſert ordinairement des premieres lettres de l'alphabet a, b, c, d, &c. pour déſigner les grandeurs connues ; & pour déſigner les inconnues, on ſe ſert des dernieres lettres r, s, t, u, x, y, z : il arrive cependant aſſez ſouvent qu'on employe les lettres initiales des noms, pour marquer les grandeurs, ſoit connues, ſoit inconnues, que ces noms ſignifient : ainſi le mouvement ſe marque par m, la viteſſe par v, le temps par t, &c.

6. Les équations ſont de differens degrez ; ſçavoir, du premier, du ſecond, du troiſiéme, du quatriéme, du cinquiéme, &c. ſelon que l'inconnue eſt élevée à la premiere puiſſance, à la ſeconde, à la troiſiéme, à la quatriéme, à la cinquiéme, &c. ainſi une équation eſt du premier degré, lorſque l'inconnue eſt élevée à la premiere puiſſance : telles ſont les équations $x + b = c$ & $ax + b = c$. Une équation eſt du ſecond degré, lorſque l'inconnue eſt élevée à la ſeconde puiſſance : telles ſont les équations $xx = c$ & $xx + ax = c$. Une équation eſt du troiſiéme degré, lorſque l'inconnue eſt élevée à la troiſiéme puiſſance : telle eſt l'équation $x^3 + ax^2 + bx = cdf$. Il en eſt de même des autres équations qui ſont d'un degré plus élevé.

7. Remarquez que le degré d'une équation ſe prend du terme où l'inconnuë eſt élevée à la plus haute puiſſance. Ainſi, quoique dans l'équation qu'on a apportée pour exem-

ple du troisiéme degré, il y ait un terme où l'inconnue ne
soit élevée qu'à la seconde puissance, & un autre où elle est
élevée à la premiere ; cela n'empêche pas que l'équation ne
soit du troisiéme degré, parce qu'il y a un terme où l'inconnue est élevée à la troisieme puissance.

8. En parlant des differens degrez des équations, nous
avons supposé qu'il n'y avoit qu'une espece d'inconnue dans
une équation ; mais s'il y a differentes inconnues, pour lors
le degré de l'équation dépend du terme qui a le plus de racines inconnues : par exemple, l'équation $x^2y^3 + ay^2 = bc$
est du cinquiéme degré, parce que le premier terme x^2y^3
contient cinq racines inconnues ; sçavoir, x ; x & y, y, y :
mais l'équation $x^3 + axy = c - d$ n'est que du troisiéme degré, parce que le terme x^3 qui contient le plus de racines inconnues, n'est que la troisiéme puissance de x.

Notre dessein dans cet Ouvrage est de donner la methode
de resoudre seulement les équations du premier degré & celles du second qui ne contiennent pas la premiere puissance de
l'inconnue. On verra dans la suite par quelques exemples,
que ces sortes d'équations du second degré qui ne contiennent
pas la premiere puissance de l'inconnue, sont presque aussi faciles à resoudre que celles du premier degré.

Pour resoudre une équation, il faut se servir de differentes
operations dont il est necessaire de parler. Or ces operations
doivent se faire de maniere que le premier membre reste toujours égal au second. Il y en a plusieurs : sçavoir, l'addition,
la soustraction, la multiplication, la division, la substitution,
l'extraction des racines, &c.

9. On se sert de l'addition lorsque l'on veut faire passer
une quantité negative d'un membre dans un autre : par
exemple, si dans l'équation $ax - 2b = 4cy + d$, on veut faire
passer $- 2b$ dans le second membre, il faut d'abord ajouter
$+ 2b$ dans chacun des membres ; ce qui donnera $ax - 2b
+ 2b = 4cy + d + 2b$. Or dans le premier membre les deux
quantitez $- 2b$ & $+ 2b$ se détruisent ; donc l'équation précedente se réduit à celle-ci $ax = 4cy + d + 2b$.

10. Delà il suit que pour faire passer une quantité negative d'un membre dans un autre, il n'y a qu'à l'effacer dans le
membre où elle est, & l'écrire dans l'autre membre avec le
signe $+$: par exemple, si on a l'équation $9 + 5 = 20 - 6$,

& qu'on veuille faire paſſer la grandeur — 6 dans le premier membre, il faut écrire $9 + 5 + 6 = 20$.

Il eſt évident que par cette operation on ne détruit pas l'égalité qui étoit entre les deux membres, puiſque l'on ajoute la même grandeur à chacun de ces membres.

11. On ſe ſert de la ſouſtraction lorſqu'on veut faire paſſer une quantité poſitive d'un membre dans un autre : par exemple, ſi on a l'équation $3y + b = d$, & qu'on veuille faire paſſer $+ b$ dans le ſecond membre, il faut ſouſtraire b de chaque membre ; on aura $3y + b - b = d - b$. Or $+ b$ & $- b$ ſe détruiſent dans le premier membre ; donc l'équation précedente ſe réduit à celle-ci $3y = d - b$.

12. On peut conclure delà que pour faire paſſer une quantité poſitive d'un membre dans l'autre, il n'y a qu'à ne la point mettre dans le membre où elle étoit, & l'écrire dans l'autre avec le ſigne — ; ce qui ne détruit point l'égalité des deux membres, puiſque l'on ne fait par-là que ſouſtraire la même grandeur de chacun des membres.

13. On voit donc que l'on peut faire paſſer toutes ſortes de quantitez d'un membre de l'équation dans l'autre, ſans détruire l'égalité des deux membres ; il ſuffit pour cela de ne point écrire cette quantité dans le membre où elle ſe trouvoit & de la mettre dans l'autre membre avec un ſigne oppoſé à celui qu'elle avoit.

14. La multiplication eſt d'uſage dans les équations, lorſqu'il y a quelque fraction que l'on veut ôter. Pour cet effet il faut multiplier tous les termes de l'équation par le dénominateur de la fraction que l'on veut ôter : ſoit l'équation $\frac{x}{a} + b = z - d$ dont on veut faire évanouir la fraction $\frac{x}{a}$: il faut multiplier tous les termes de l'équation par le dénominateur a ; & on aura l'équation ſuivante $\frac{ax}{a} + ab = az - ad$: mais $\frac{ax}{a}$ eſt égal à x* : ainſi la derniere équation ſe réduit à celle-ci $x + ab = az - ad$.

* Liv. 1.
Art. 165.

15. Il paroît par cet exemple qu'après avoir ôté la fraction de cette équation, le numerateur x eſt reſté à la place de la fraction $\frac{x}{a}$. On peut donc dire en general que pour faire évanouir une fraction, il n'y a qu'à multiplier tous les termes de l'équation par le dénominateur de cette fraction, & laiſſer le numerateur à la place de la fraction ſans le multiplier.

16. S'il y a plusieurs fractions dans l'équation, il faut d'abord faire évanouir une des fractions en multipliant tous les termes de l'équation par le dénominateur de la fraction que l'on veut faire évanouir la premiere; ensuite multiplier cette équation, dont on a ôté la premiere fraction, par le dénominateur de la fraction que l'on veut faire évanouir la seconde, & ainsi de suite. Soit l'équation $\frac{x}{a} + b = \frac{z}{c} - d$ dont il faut ôter les deux fractions : je commence par multiplier tous les termes par a : ce qui donne la nouvelle équation $x + ab = \frac{az}{c} - ad$, que je multiplie ensuite par c, & il vient cette autre équation $cx + acb = az - acd$, dans laquelle il n'y a plus de fraction.

Il est clair qu'on ne détruit point l'équation ou l'égalité par toutes ces multiplications, puisque l'on ne fait que multiplier les deux membres, qui sont des quantitez égales, par une même grandeur.

17. On se sert de la division pour dégager l'inconnue qui est multipliée par une quantité connue : cela se fait en divisant tous les termes de l'équation par la quantité connue qui multiplie l'inconnue : par exemple, soit l'équation $ax + b = cd$ dont la quantité inconnue x est multipliée par a : afin de dégager cette inconnue & de la laisser seule pour un des termes de l'équation, il faut diviser tous les termes par a : ce qui donnera $\frac{ax}{a} + \frac{b}{a} = \frac{cd}{a}$. Or $\frac{ax}{a}$ est égal à x; par conséquent l'équation précédente deviendra $x + \frac{b}{a} = \frac{cd}{a}$ où l'inconnue seule x est un des termes de l'équation.

18. Il paroît donc que pour dégager l'inconnue d'une quantité connue qui la multiplie, il n'y a qu'à laisser l'inconnue toute seule pour un des termes de l'équation, & diviser tous les autres termes par la quantité qui multiplie l'inconnue. En voici encore des exemples : soit l'équation $3x - b = c + d$: afin de dégager l'inconnue x, il faut diviser tous les termes de l'équation par le coefficient 3 qui multiplie l'inconnue, & on aura $x - \frac{b}{3} = \frac{c}{3} + \frac{d}{3}$. Le second membre de cette équation qui est $\frac{c}{3} + \frac{d}{3}$ est la même chose que $\frac{c+d}{3}$, parce que les deux fractions $\frac{c}{3}$ & $\frac{d}{3}$ ayant le même dénominateur, on peut les réduire en une seule qui ait le dénominateur commun, & dont le numérateur soit la somme des numérateurs de deux fractions : ainsi l'équation $x - \frac{b}{3} = \frac{c}{3} + \frac{d}{3}$ est la même que celle-ci, $x - \frac{b}{3} = \frac{c+d}{3}$. Enfin pour dégager l'inconnue x de

x

l'équation $ax - cx = b + d$, j'obferve que l'inconnue x eft multipliée par $a - c$ dans cette équation, puifque $ax - cx$ eft le produit de x par $a - c$ ou de $a - c$ par x ; c'eft pourquoi en divifant l'équation propofée par $a - c$, elle fe réduit à $x = \frac{b+d}{a-c}$.

Il eft aifé de voir que la divifion dont on fe fert pour dégager l'inconnue ne détruit point l'égalité, non plus que la multiplication, puifque l'on divife deux quantitez égales ; fçavoir, les deux membres de l'équation par le même divifeur.

19. On fe fert de l'extraction des racines lorfque l'inconnue eft élevée au quarré, au cube ou à quelqu'autre puiffance ; auquel cas on tire la racine qui répond à la puiffance de l'inconnue ; c'eft-à-dire, que fi l'inconnue eft élevée au quarré dans l'équation, il faut tirer la racine quarrée ; fi elle eft élevée au cube, il faut tirer la racine cubique ; fi elle eft élevée à la quatriéme puiffance, il faut extraire la racine quatriéme, &c. Par exemple, fi on a l'équation $xx = aa$ dont l'inconnue x eft élevée au quarré, il faut tirer la racine quarrée de chaque membre de l'équation, & on aura $x = a$. De même pour refoudre l'équation $x^3 = a + c$, il faut tirer la racine cubique de chaque membre ; ce qui donnera $x = \sqrt[3]{a+c}$.

Il eft évident que l'on ne détruit point l'égalité par cette operation : car l'on ne fait que tirer les racines femblables des deux membres qui font des quantitez égales. Or les racines femblables ; c'eft-à-dire, ou quarrées, ou cubiques, &c. de quantitez égales, font égales.

20. Une des principales operations neceffaires pour refoudre les équations, eft la fubftitution qui confifte à mettre la valeur d'une inconnue à la place de cette inconnue. Si on a, par exemple, les deux équations $x + y = a$ & $x - y = d$, & qu'on veuille fubftituer dans la premiere équation la valeur de x à la place de cette inconnue, il faut prendre la valeur de x dans la feconde équation ; ce qui fe fait en laiffant x feule dans le premier membre, & la feconde équation fera $x = d + y$; ainfi $d + y$ eft la valeur de x : on fubftituera enfuite $d + y$ à la place de x dans la premiere équation ; & on aura $d + y + y = a$ au lieu de $x + y = a$.

Si on avoit voulu fubftituer la valeur de y dans la feconde des deux équations proposées, il auroit fallu prendre cette valeur dans la premiere équation, en laiſſant y ſeule dans le premier membre; ce qui auroit donné $y = a - x$; après quoi on auroit mis $a - x$ à la place de y dans la ſeconde équation: mais comme y eſt par ſouſtraction dans cette ſeconde équa- tion à cauſe du ſigne $-$, il auroit été neceſſaire de ſouſtraire, $a - x$: or la ſouſtraction ſe fait en changeant les ſignes; ainſi il auroit fallu mettre $- a + x$ à la place de y: & la ſe- conde équation ſeroit devenuë $x - a + x = d$.

Soient auſſi les deux équations $x + m = y + b$ & $ax = c - d + y$: ſi l'on veut ſubſtituer dans la ſeconde équation la valeur de x à la place de cette inconnuë, il faut prendre cette valeur dans la premiere équation qui devient $x = y + b - m$, & mettre enſuite $y + b - m$ à la place de x dans la ſeconde équation: mais comme x eſt multipliée par a dans cette ſeconde équa- tion, il faut pareillement multiplier $y + b - m$ par a, & on aura le produit $ay + ab - am$ égal à ax; ainſi après la ſubſti- tution, la ſeconde équation ſera $ay + ab - am = c - d + y$.

On appliquera ces differentes operations pour pratiquer les trois regles ſuivantes, qui feront trouver la ſolution des pro- blêmes du premier degré.

21. La premiere conſiſte à réduire le problême en équa- tions. Afin de mettre cette regle en pratique, il faut faire une grande attention aux conditions du problême qui don- nent lieu de former les équations, en exprimant les rapports des grandeurs connues avec les inconnues, ou même ceux qui ſont entre les quantitez inconnues comparées enſemble. **I. Regle.**

Nous allons appliquer cette regle à un exemple, avant de propoſer les deux autres, afin de la faire mieux concevoir: nous ferons pareillement l'application de la ſeconde regle avant de propoſer la troiſiéme.

PROBLEME I.

22. *Pierre & Jean ont chacun un certain nombre d'écus qu'il s'a- git de trouver: on ſuppoſe que ſi Pierre donnoit cinq de ſes écus à Jean, ils en auroient autant l'un que l'autre: mais ſi Jean en don- noit cinq des ſiens à Pierre, pour lors Pierre en auroit le triple de ce qui en reſteroit à Jean. Combien Pierre & Jean avoient-ils d'écus chacun?*

Pour mettre ce problême en équations, j'appelle x le nombre des écus de Pierre, & y le nombre des écus de Jean : cela posé, je raisonne ainsi : le nombre des écus de Pierre étant x ; lorsqu'il en aura donné cinq à Jean, le reste des écus de Pierre sera $x - 5$, & le nombre des écus de Jean sera $y + 5$. Or par la premiere condition du problême, Pierre & Jean auront autant d'écus l'un que l'autre, après que le premier en aura donné cinq des siens au second ; par conséquent $x - 5 = y + 5$: voilà une équation qui exprime la premiere condition du problême.

Il faut faire une autre équation qui soit tirée de la seconde partie du problême. On suppose dans cette seconde partie que Jean donne cinq de ses écus à Pierre ; ainsi le nombre des écus de Jean sera $y - 5$, & celui de Pierre sera $x + 5$. Or par la seconde condition du problême, Jean ayant donné cinq écus à Pierre, pour lors Pierre en a trois fois plus que Jean ; par conséquent $x + 5$ est trois fois plus grand que $y - 5$; donc afin que $y - 5$ devienne égal à $x + 5$, il faut le multiplier par 3. Or le produit de $y - 5$ par 3 est $3y - 15$; donc $3y - 15 = x + 5$. Ainsi les deux équations qui expriment les conditions du problême sont $x - 5 = y + 5$ & $3y - 15 = x + 5$.

23. Il ne faut pas d'autres équations pour resoudre le problême proposé, parce que n'y ayant que deux choses inconnues, sçavoir, le nombre des écus de Pierre & celui des écus de Jean, on n'a besoin que de deux équations pour resoudre ce problême. En general il faut faire autant d'équations qu'il y a d'inconnues : il y a cependant des problêmes dont les conditions ne donnent pas autant d'équations qu'il y a d'inconnues ; & pour lors ces problêmes sont indéterminés ; c'est-à-dire, qu'ils ont plusieurs solutions & même une infinité : nous en donnerons un exemple dans la suite. Venons à present à la seconde regle.

On conçoit bien que tandis que les inconnues seront mêlées ensemble dans chacune des équations, on ne pourra sçavoir la valeur précise de chacune des inconnues ; c'est pourquoi il faut faire ensorte de parvenir à une équation qui ne contienne qu'une espece d'inconnue. Or c'est par la regle suivante, qui est la seconde, qu'on parviendra à cette équation.

24. Cette seconde regle consiste à substituer la valeur d'une inconnue à la place de l'inconnue même. Il faut donc prendre la valeur d'une inconnue dans une equation, comme nous l'avons dit*, & substituer cette valeur dans les autres equations de la maniere dont cette inconnue s'y trouve ; c'est-à-dire, que si l'inconnue se trouve par addition, la valeur doit y être substituée par addition, si l'inconnue est retranchée, sa valeur doit être aussi retranchée ; si l'inconnue est multipliée par quelque grandeur, sa valeur doit être multipliée par la même grandeur, &c. ainsi que l'on a vû dans l'art. 20.

* 20.

Nous allons faire l'application de cette seconde regle à l'exemple du premier problème.

Les deux equations trouvées sont $x - 5 = y + 5$ & $3y - 15 = x + 5$; pour en faire une qui ne contienne qu'une espece d'inconnue, on laisse une des inconnues, sçavoir x, toute seule dans un des membres de la premiere equation, afin d'en avoir la valeur. Or pour laisser x seule dans un membre, il faut faire passer $- 5$ dans l'autre membre ; & au lieu de l'équation $x - 5 = y + 5$, on aura $x = y + 5 + 5$, ou bien $x = y + 10$; ainsi la valeur de x est $y + 10$ qu'il faut substituer à la place de x dans la seconde equation $3y - 15 = x + 5$. En faisant cette substitution, on trouvera $3y - 15 = y + 10 + 5$, ou bien $3y - 15 = y + 15$.

Nous voilà donc parvenu à une équation qui ne contient qu'une espece d'inconnue; sçavoir, la grandeur y qui marque le nombre des écus de Jean. Il reste à present à chercher par le moyen de cette équation quelle est la valeur toute connue de cette grandeur : c'est ce que nous trouverons par la troisiéme regle.

III Regle.

25. Cette troisiéme regle consiste à laisser la quantité inconnue toute seule dans un des membres, en faisant passer toutes les grandeurs connues dans l'autre membre. Il est évident que la quantité inconnue deviendra connue par ce moyen, puisqu'elle sera égale à des quantitez connues.

Pour appliquer cette regle à notre exemple, il faut reprendre l'équation que la seconde regle a fait trouver ; la voici, $3y - 15 = y + 15$: je fais d'abord passer $- 15$ du premier membre dans le second ; & j'aurai $3y = y + 15 + 15$, ou $3y = y + 30$: & faisant aussi passer y du second membre dans le premier ; il vient $3y - y = 30$ ou $2y = 30$. Enfin y étant multipliée par 2 dans le premier membre de cette derniere équation, je divise tous les termes par 2, afin de laisser y seule dans le premier membre : cette division étant faite, la derniere équation se réduit à $y = 15$; c'est-à-dire que Jean avoit 15 écus.

Pour sçavoir combien en avoit Pierre, il faut substituer 15 à la place de y dans quelques-unes des équations où se trouvent les deux inconnues x & y. Je mets donc 15 à la place de y dans la premiere équation qui est $x - 5 = y + 5$: ce qui donne l'équation suivante, $x - 5 = 15 + 5$ ou $x - 5 = 20$: & faisant passer -5 dans le second membre, afin que x reste seule dans le premier, il vient $x = 20 + 5$ ou $x = 25$; c'est-à-dire, que Pierre avoit 25 écus.

Ces deux nombres 25 & 15 remplissent les conditions du problème proposé : car si Pierre avoit donné cinq de ses écus à Jean, ils en auroient eu autant l'un que l'autre : ainsi ces deux nombres satisfont déja à la premiere partie du problême. D'ailleurs si Jean avoit donné cinq de ses écus à Pierre qui en avoit 25, Jean n'en auroit plus eu que 10, & Pierre en auroit eu 30; & par conséquent Pierre en auroit eu le triple de ce qui en seroit resté à Jean : ce qui satisfait encore à la seconde partie du problême.

On propose communément un problême de même espece, dans lequel on suppose qu'une asnesse & une mule ont chacune un certain nombre de sacs; ensorte que si la mule en donnoit un des siens à l'asnesse, elles en auroient autant l'une que l'autre : mais au contraire, si l'asnesse en donnoit un des siens à la mule, pour lors la mule en auroit le double de ce qui en resteroit à l'asnesse.

Il s'agit de trouver le nombre des sacs de l'asnesse & celui des sacs de la mule.

Pour observer la premiere regle, on nommera a le nombre des sacs de l'asnesse, & m celui des sacs de la mule, & on trouvera que les deux équations qui expriment la nature du problême sont $m - 1 = a + 1$ & $2a - 2 = m + 1$.

Ensuite si, pour observer la seconde regle, on prend la valeur de m dans la premiere équation, & qu'on substitue cette valeur qui est $a + 2$ dans la seconde équation à la place de m, on aura $2a - 2 = a + 2 + 1$, ou $2a - 2 = a + 3$.

Enfin en appliquant la troisiéme regle sur l'équation $2a - 2 = a + 3$ qui ne contient qu'une espece d'inconnue; sçavoir a, on trouvera $a = 5$: puis en substituant cette valeur toute connue de a dans la premiere équation $m - 1 = a + 1$, on trouvera aussi $m = 7$; par conséquent l'asnesse avoir 5 sacs & la mule 7.

Nous allons donner plusieurs autres problêmes dont nous chercherons la solution en nous servant des mêmes regles qui sont, comme on l'a dit, au nombre de trois; dont la premiere consiste à mettre le problême en équations; la seconde à trouver une équation formée des premieres qui ne contienne qu'une espece d'inconnue, & la troisième enfin à laisser l'inconnue toute seule dans un des membres de l'équation que la seconde regle a fait trouver.

26. C'est la premiere de ces trois regles qui est ordinairement la plus difficile à mettre en pratique, parce qu'il n'y a point de methodes fixes que l'on puisse prescrire pour l'application de cette regle. Ce que l'on peut dire en general, c'est qu'il faut faire une grande attention à la nature & aux conditions du problême, afin d'appercevoir les differens rapports qui sont entre les quantitez, soit connues, soit inconnues, & qui peuvent donner lieu à former des équations. Il arrive souvent que la solution d'un problême dépend d'une proprieté connue par quelque partie des Mathematiques: si cette proprieté renferme une proportion, il est bien facile d'en faire une équation, puisque le produit des extrêmes est égal à celui des moyens.

27. Il faut remarquer que souvent il n'y a qu'une inconnue dans le problême, auquel cas la seconde regle n'a point de lieu; mais seulement la premiere & la troisième, comme on le verra dans plusieurs des problêmes suivans.

PROBLEME II.

28. *La somme de deux nombres étant connuë, & la differénce ou l'excès de l'un sur l'autre étant aussi connu, trouver quels sont ces deux nombres.*

Par exemple, si la somme des deux nombres est 40, & que leur difference soit 8, il s'agit de trouver quels sont les deux nombres qui pris ensemble font 40, & dont la difference est 8.

Pour resoudre ce problême d'une maniere generale, nous

suppoferons la fomme 40 defignée par *a*, & la différence 8 par *d* : nous appellerons auffi la plus grande des inconnues, *x*, & la petite, *y*. Cela pofé, je raifonne anfi : puifque les deux grandeurs inconnues prifes enfemble font la fomme connue *a*, nous aurons déja l'équation fuivante $x + y = a$.

D'ailleurs la différence des deux inconnues, c'eft-à-dire, l'excès de la plus grande fur la plus petite étant defignée par *d*, il s'enfuit qu'en ôtant la plus petite de la plus grande, le refte fera égal à *d*; nous aurons donc encore l'équation $x - y = d$: ainfi les deux équations qui renferment les conditions du problême font $x + y = a$ & $x - y = d$.

Il n'y a que ces deux équations à faire pour refoudre le problême, parce qu'il n'y a que les deux inconnues *x* & *y* : c'eft pourquoi il faut paffer à la feconde regle, c'eft-à-dire, qu'il faut, par le moyen de la fubftitution faire une nouvelle équation qui ne contienne qu'une efpece d'inconnue. Pour cela je prends la valeur de *x* dans la feconde des deux équations trouvées, qui eft $x - y = d$: il faut donc faire paffer $-y$ dans le fecond membre; & il viendra $x = d + y$; ainfi la valeur de *x* eft $d + y$: je fubftituë cette valeur à la place de *x* dans la premiere équation $x + y = a$; & je trouve la nouvelle équation $d + y + y = a$ ou $d + 2y = a$, laquelle ne contient qu'une efpece d'inconnue, fçavoir *y*, dont on trouvera la valeur par le moyen de la troifiéme regle de la maniere fuivante.

Puifque $d + 2y = a$; donc $2y = a - d$: mais comme *y* eft multipliée par 2 dans cette derniere équation, il faut divifer toute l'équation par 2, afin de dégager l'inconnue *y*; ce qui donne $y = \frac{a}{2} - \frac{d}{2}$. Mettant à prefent cette valeur toute connue de *y* dans la premiere équation $x + y = a$, il vient $x + \frac{a}{2} - \frac{d}{2} = a$; ainfi $x = a - \frac{a}{2} + \frac{d}{2}$: enfuite réduifant l'entier *a* en fraction qui ait pour dénominateur 2, il vient *Liv. 2. Art. 123. $x = \frac{2a}{2} - \frac{a}{2} + \frac{d}{2}$. Mais $\frac{2a}{2} - \frac{a}{2} = \frac{a}{2}$; donc $x = \frac{a}{2} + \frac{d}{2}$. Or $\frac{a}{2}$ exprime la fomme divifée par 2; c'eft-à-dire, la moitié de la fomme; & $\frac{d}{2}$ marque la moitié de la différence. Ainfi le plus grand des deux nombres cherchez défigné par *x*, eft égal à la moitié de la fomme plus à la moitié de la différence. Pareillement l'équation $y = \frac{a}{2} - \frac{d}{2}$ fignifie que le plus petit des deux nombres cherchez marqué par *y*, eft égal à la moitié de la fomme moins la moitié de la différence,

Dans

Dans l'exemple proposé la somme des deux nombres cherchez est 40 & la différence est 8 ; ainsi la moitié de la somme est 20, & la moitié de la différence est 4 ; par conséquent le plus grand des deux nombres est $20+4=24$; & le plus petit est $20-4=16$. Il est évident que ces deux nombres satisfont au problème, puisque la somme de 24 & de 16 est 40, & que la différence ou l'excès de 24 sur 16 est 8.

29. Il paroît par la solution generale du problème que la plus grande de deux quantitez inégales est toujours égale à la moitié de la somme de ces quantitez plus à la moitié de la différence ; & que la plus petite est égale à la moitié de la somme moins la moitié de la différence. Il faut retenir cette proposition qui est d'un grand usage dans les Mathematiques.

30. On peut resoudre le même problème plus facilement, en employant une seule équation & une seule espece d'inconnue. Pour cela, il faut faire attention qu'en ôtant du plus grand nombre la différence des deux, le reste est égal au plus petit ; par conséquent le plus grand étant marqué par x, le plus petit sera designé par $x-d$; ainsi la somme des deux nombres est $x+x-d$; donc on aura l'équation $x+x-d=a$; par conséquent $2x-d=a$; donc $2x=a+d$; donc $x=\frac{a}{2}+\frac{d}{2}$; ainsi la valeur de x est $\frac{a}{2}+\frac{d}{2}$: c'est la même que celle qu'on a trouvée par la premiere methode. Cette valeur de x étant trouvée, on en ôtera la différence, & le reste sera le plus petit des deux nombres.

PROBLÈME III.

31. *Un Berger étant interrogé combien il y avoit de moutons dans son troupeau, répondit que s'il en avoit encore le tiers & de plus le quart de ce qu'il en a, & cinq par dessus, il en auroit cent. On demande quel est le nombre des moutons.*

On voit bien qu'il n'y a qu'une inconnue dans ce problème, sçavoir le nombre de moutons, c'est pourquoi il n'y a qu'une équation à faire.

Nous nommerons x le nombre inconnu de moutons, & le nombre de cent que le Berger auroit eu, en ajoutant à x le tiers & le quart de x & cinq de plus. Voici comme je raisonne pour mettre le problème en équation: puisqu'en ajoutant au nombre de moutons que le Berger a actuellement,

y

le tiers de ce nombre, enfuite le quart & 5 de plus, la fomme feroit égale à cent, il s'enfuit que x nombre des moutons du Berger, plus le tiers de x, plus le quart de x, plus cinq égalent a, c'eft-à-dire cent. Or le tiers de x fe marque par la fraction $\frac{x}{3}$ qui fignifie x partagée ou divifée par 3 : de même le quart de x fe marque par $\frac{x}{4}$; ainfi l'équation qui exprime le problême eft $x + \frac{x}{3} + \frac{x}{4} + 5 = a$.

Voilà donc la premiere regle obfervée : mais comme il n'y a qu'une feule équation pour exprimer le problême, parce qu'il n'y a qu'une efpece d'inconnue; la feconde regle n'a point de lieu dans ce problême : c'eft pourquoi il faut préparer l'équation en faifant évanouir les fractions, & paffer enfuite à l'application de la troifiéme regle.

Je fais donc évanouir la premiere fraction en multipliant toute l'équation par le dénominateur 3 *; ce qui donne cette autre équation $3x + x + \frac{x}{4} + 15 = 3a$: je fais enfuite évanouir l'autre fraction, en multipliant de même toute l'équation par le dénominateur 4; & il vient $12x + 4x + 3x + 60 = 12a$, ou bien $19x + 60 = 12a$; donc $19x = 12a - 60$. Or $a = 100$; donc $12a = 1200$; donc $19x = 1200 - 60$, ou $19x = 1140$: mais comme x eft multipliée par 19 dans le premier membre, il faut divifer toute l'équation par 19, afin que x demeure feule dans le premier membre. Or en divifant 1140 par 19, le quotient eft 60; par conféquent on aura l'équation fuivante $x = 60$; c'eft-à-dire, que le Berger avoit 60 moutons dans fon troupeau. Ce nombre fatisfait aux conditions du problême : car fi à 60 on ajoute le tiers qui eft 20 & le quart qui eft 15 & 5 de plus, la fomme fera 100.

*14.

PROBLÊME IV.

32. *Une armée ayant été défaite, le quart eft refté fur le champ de bataille, deux cinquiémes ont été faits prifonniers, & 1400 hommes qui étoient le refte de l'armée ont pris la fuite. On demande de combien d'hommes l'armée étoit compofée avant la bataille.*

Je nomme x le nombre inconnu que je cherche, & je me fers de la lettre a pour marquer les 1400 hommes qui ont pris la fuite; puis je dis : le quart de x, plus les deux cinquiémes de x, plus 1400 font égaux à l'armée entiere; je réduis donc le problême en équation de la maniere fuivante,

$\frac{x}{4} + \frac{2x}{7} + a = x$. Comme il n'y a qu'une espece d'inconnue dans cette équation, il est clair que la seconde regle n'a point de lieu, puisqu'il n'y a point de substitution à faire. Il faut donc seulement ôter les fractions, afin d'appliquer ensuite la troisième regle.

Je fais évanouir la premiere fraction en multipliant tous les termes de l'équation par le dénominateur 4, & je trouve l'équation suivante $x + \frac{2x}{7} + 4a = 4x$, de laquelle j'ôte la fraction $\frac{2x}{7}$, en multipliant tous les termes par le dénominateur 7; il vient $5x + 8x + 20a = 20x$; donc $13x + 20a = 20x$; donc $20a = 20x - 13x$, ou $20a = 7x$. Or $a = 1400$; donc $20a = 280000$; ainsi $7x = 280000$; & par conséquent en divisant toute l'équation par 7, on aura $x = 40000$; c'est-à-dire, que l'armée étoit composée de 40000 hommes.

Pour s'assurer que ce nombre satisfait aux conditions du problème, il faut ajouter les nombres marquez dans le problème, pour voir si la somme est égale à 40000.

10000	quart de 40000.
16000	deux 5es de 40000.
14000	reste de l'armée.
40000	somme totale.

PROBLÈME V.

33. *Trois personnes ont ensemble 150 ans; le premier a le double de l'âge du second; le second a le triple de l'âge du troisième. On demande quel est l'âge de chacun en particulier.*

L'âge du troisième soit nommé x; ce lui du second sera $3x$, & celui du premier sera $6x$, puisqu'il est le double de celui du second; par conséquent on aura l'équation $x + 3x + 6x = 150$, ou bien $10x = 150$; ainsi en divisant tout par 10, il viendra $x = 15$; c'est-à-dire, que le plus jeune des trois a 15 ans; ainsi le second a 45 ans, & le troisième 90. Pour s'assurer qu'on a bien operé, il n'y a qu'à ajouter ces trois âges, & on verra que la somme est égale à 150, & par conséquent on a bien operé.

34. Si le second avoit eu trois fois l'âge du troisième & 5 ans de plus, & que le premier eut eu le double de l'âge du second & 15 années de plus, pour lors l'âge du second auroit été $3x + 5$, & l'âge du premier auroit été $6x + 10 + 15$; ainsi au lieu de l'équation $x + 3x + 6x = 150$, on auroit

eu $x + 3x + 5 + 6x + 10 + 15 = 150$; donc $10x + 30$
$= 150$; donc $10x = 150 - 30$, ou $10x = 120$; donc
$x = 12$; c'eft-à-dire, que le plus jeune auroit eu 12 ans;
ainfi le fecond en auroit 41, & le premier 97. Ces trois nombres font enfemble 150.

PROBLEME VI.

35. *Connoiffant le premier & le fecond terme d'une progreffion geometrique qui va en diminuant, & qui eft compofée d'une infinité de termes, trouver la fomme de tous les termes de la progreffion.*

Soit, par exemple, la progreffion geometrique $\div$ 8 . 4 . 2 . 1 . $\frac{1}{2}$. $\frac{1}{4}$. $\frac{1}{8}$. $\frac{1}{16}$, &c. Il s'agit de trouver quelle eft la fomme de tous les termes de cette progreffion que l'on fuppofe continuée à l'infini.

Pour refoudre ce problême d'une maniere generale, nous appellerons le premier terme a, le fecond b, & la fomme des termes s. Cela pofé, il faut fe fouvenir d'une proprieté de la progreffion geometrique qui fervira à la folution du problême. Cette proprieté eft que dans toute progreffion geo-
metrique la fomme des antécedens eft à la fomme des confequens comme un feul antécedent eft à fon confequent *.
Or dans le cas du problême la fomme des antécedens eft la même que la fomme de tous les termes, puifque tous les termes font antécedens, excepté le dernier qui eft ici zero, à caufe que la progreffion va en diminuant & qu'elle eft fuppofée avoir une infinité de termes; ainfi la fomme des antéce-
dens eft $s - 0$ ou bien s. D'ailleurs tous les termes d'une pro-
greffion étant confequens excepté le premier, la fomme des confequens fera $s - a$: la proprieté de la progreffion geome-
trique pourra donc s'exprimer ainfi, $s . s - a :: a . b$; donc $bs = as - aa$, ou $as - aa = bs$; voilà l'équation qui exprime la nature du problême: mais comme il n'y a qu'une feule inconnue, la feconde regle n'a point ici d'application; il faut donc paffer à la troifieme.

Je commence par mettre dans le premier membre tous les termes qui contiennent l'inconnue, & les autres termes dans le fecond membre; je dis donc: puifque $as - aa = bs$, il faut que $as = bs + aa$; donc $as - bs = aa$. Après cela confiderant que le premier membre n'eft que l'inconnue s multipliée

*Liv. 2. Art. 64

*Liv. 2. Art. 37.

par $a-b$ ou $a-b$ multiplié par s, je divise toute l'équation
par $a-b$, afin que s demeure seule dans le premier membre:
la division étant faite, je trouve $s=\frac{aa}{a-b}$; c'est-à-dire, que la
somme de tous les termes d'une progression geometrique qui
est composée d'une infinité de termes & qui va en diminuant,
est égale au quarré du premier terme divisé par le premier
moins le second.

Dans l'exemple proposé 8 est le premier terme, son quarré
est 64, & le premier terme moins le second est $8-4=4$;
ainsi il faut diviser 64 par 4, & le quotient 16 sera la somme de tous les termes de la progression geometrique proposée, en supposant qu'elle est continuée à l'infini.

PROBLEME VII.

36. *Connoissant le poids d'un corps composé de deux métaux, par
exemple, d'or & d'argent, trouver la quantité de l'or & celle de
l'argent qui sont mélez dans ce corps.* Pour resoudre ce problême, nous appliquerons les differens raisonnemens à un fameux exemple qui est la couronne d'Hyeron.

On dit que Hyeron, Roy de Syracuse, voulant offrir une
couronne d'or à ses dieux, donna à un ouvrier un certain
poids d'or pour faire cette couronne. L'Orfevre ayant fini
l'ouvrage le presenta au Roy, disant qu'il étoit d'or pur :
mais Hyeron voulant s'en assurer, proposa de découvrir, sans
endommager la couronne, s'il n'y avoit point d'argent mélé,
& supposé qu'il y en eut, quelle étoit la quantité de l'argent
mêlé. Archimede le découvrit, on ne sçait par quel moyen.
Voici comme il put trouver ce mêlange.

On peut supposer comme une chose connuë par experience,
& dont on rend raison en Physique, que les corps durs plon-
gez dans l'eau perdent de leur poids autant que pese un pareil volume d'eau : par exemple, si une masse de fer pese cent
livres, & que le volume d'eau égal à celui du fer pese 12 livres, le fer ne pesera plus que 88 livres dans l'eau ; ainsi il
aura perdu 12 livres de son poids. Il suit delà que si on prend
des poids égaux de differens métaux, comme d'or, d'argent
& de cuivre, & qu'on les plonge dans l'eau, les métaux les
plus pesans perdront moins de leur poids que les autres, parce
qu'ils auront un moindre volume ; ainsi l'or étant plus pesant que l'argent, le volume d'or perdra moins de son poids

que celui d'argent, & le volume d'argent en perdra moins que celui de cuivre, parce que l'argent pese plus que le cuivre.

On pouvoit voir facilement par-là si la couronne étoit d'or pur, ou s'il y avoit de l'argent mêlé; car il n'y avoit qu'à prendre un lingot d'or pur & un lingot d'argent chacun d'un poids égal à celui de la couronne; ensuite plonger la couronne & les deux lingots dans l'eau: & si cette couronne perdoit plus de son poids que le lingot d'or & moins que lingot d'argent, c'étoit une marque qu'elle n'étoit ni d'or pur, ni d'argent pur doré, mais qu'elle étoit en partie d'or & en partie d'argent.

Pour découvrir en quelle quantité l'argent y étoit mêlé, il faut donner des noms aux differentes grandeurs qui entrent dans ce problême. Soit donc p le poids du lingot d'or, celui du lingot d'argent & celui de la couronne; a la perte que fait de son poids le lingot d'argent plongé dans l'eau; b la perte que fait de son poids le lingot d'or; c celle de la couronne; x la quantité d'argent mêlé dans la couronne; & y la quantité d'or. Cela posé, il faut réduire le problême en équations: il y en aura deux, parce qu'il y a deux inconnues x & y. La premiere est facile à trouver : car n'y ayant que de l'or & de l'argent dans la couronne, comme on l'a supposé, il est clair que la quantité d'or & celle de l'argent de la couronne égalent ensemble le poids de la couronne; ainsi on aura l'équation $x + y = p$.

A present, afin d'avoir une autre équation, je raisonne ainsi: comme il n'y a que de l'or & de l'argent mêlez dans la couronne, il s'ensuit que la perte du poids que fait la couronne plongée dans l'eau est égale à celle de l'or & de plus à celle de l'argent qui sont mêlez dans la couronne; voici donc une seconde équation que l'on doit avoir dans l'esprit : la perte de poids que fait la couronne plongée dans l'eau, est égale aux pertes de poids que font l'or & l'argent de la couronne: mais la difficulté est d'exprimer ces pertes de poids que font l'or & l'argent de la couronne, sans introduire de nouvelles inconnues differentes de x & de y.

Pour cet effet il faut faire une proportion en disant: le lingot d'argent est à la quantité d'argent mêlé dans la couronne, comme la perte que fait le lingot d'argent plongé dans l'eau est à la perte que fait la quantité d'argent mêlé dans la couronne ; ensorte, par exemple, que si le lingot d'argent est double de la quantité d'argent de la couronne, la perte du poids du lingot sera double de celle du poids de l'argent de la couronne. Voici la proportion exprimée en lettres : $p . x :: a . \frac{ax}{p}$. Ce terme $\frac{ax}{p}$ marque la perte que fait la quantité d'argent de la couronne lorsqu'elle est dans l'eau : car nous venons de dire que cette perte étoit le quatriéme terme de la proportion. Or $\frac{ax}{p}$ est ce quatriéme terme, puisque pour avoir le quatriéme terme d'une proportion, il faut multiplier les deux moyens l'un par l'autre, & diviser le produit par l'extrême connu *. Ici les deux moyens sont x & a dont le produit est ax qu'il faut diviser par l'extrême connu p : ce qui donne $\frac{ax}{p}$ pour l'expression de la perte de poids que fait l'argent de la couronne, lorsqu'elle est plongée dans l'eau.

Par la même raison on aura l'expression de la perte de l'or mêlé dans la couronne, en faisant la proportion suivante $p . y :: b . \frac{by}{p}$; qui signifie que le lingot d'or marqué par p est à l'or mêlé dans la couronne, comme la perte du poids du lingot d'or est à la perte que fait l'or de la couronne ; ainsi $\frac{by}{p}$ marque la perte du poids de l'or mêlé dans la couronne : & $\frac{ax}{p}$ est la perte de poids de l'argent mêlé dans la couronne. Or ces deux pertes jointes ensemble égalent celle de la couronne, comme nous l'avons dit ; nous aurons donc encore cette équation $\frac{ax}{p} + \frac{by}{p} = c$ ou $\frac{ax+by}{p} = c$: ainsi les deux équations qui expriment les conditions du problème sont $x + y = p$ & $\frac{ax+by}{p} = c$.

On va faire l'application de la seconde & de la troisiéme regle en peu de mots. Il faut commencer par multiplier les deux membres de la seconde équation par le dénominateur p, afin de faire évanouir la fraction ; il vient $ax + by = cp$: après quoi je laisse y seule dans le premier membre de la premiere équation, & je trouve que $p - x$ est la valeur de y : je substitue cette valeur à la place de y dans l'autre équation $ax + by = cp$: mais comme y est multipliée par b dans cette équation, il faut aussi multiplier $p - x$ par b ; le produit est $bp - bx$ que je mets à la place de by, & je trouve l'équation $ax + bp - bx = cp$, dans laquelle il n'y a plus qu'une espece d'inconnue qu'il faut laisser seule dans le premier membre ; je dis donc : puisque $ax + bp - bx = cp$, il faut que $ax - bx$

* Liv. 2.
Art. 56.

$= cp - bp$. Or le premier membre de cette derniere équa:
tion est le produit de x par $a - b$; donc en divisant les deux
membres par $a - b$, il viendra $x = \frac{cp-bp}{a-b}$. On peut mettre cette
valeur toute connue de x dans la première équation, afin
de trouver la valeur de y; mais cela n'est pas nécessaire, parce
qu'en connoissant la quantité d'argent, l'on connoîtra facilement la quantité d'or.

Supposons que la couronne ne pesoit que 10 livres, & qu'elle
perdoit deux tiers d'une livre de son poids, étant plongée
dans l'eau; que le lingot d'argent pesant aussi 10 livres perdoit la dixiéme partie de son poids, c'est-à-dire une livre; &
que le lingot d'or de même poids perdoit la dix-neuviéme
partie de la pesanteur, c'est-à-dire $\frac{10}{19}$: dans ces suppositions,
on aura $p = 10$, $a = 1$, $c = \frac{2}{3}$, $b = \frac{10}{19}$: & substituant ces valeurs particulieres à la place des lettres, on trouvera $cp \quad bp =$
$\frac{20}{3} - \frac{100}{19}$, ou en réduisant ces fractions au même dénomina.
teur, $cp - bp = \frac{380}{57} - \frac{300}{57} = \frac{80}{57}$. Pareillement $a - b = 1 -$
$\frac{10}{19} = \frac{19}{19} - \frac{10}{19} = \frac{9}{19}$. Or dans l'équation $x = \frac{cp-bp}{a-b}$, le nume.
rateur $cp - bp$ est divisé par $a - b$; par conséquent il faut
diviser $\frac{80}{57}$ par $\frac{9}{19}$; & le quotient $\frac{1520}{513}$ marquera la valeur de x
qui est la quantité d'argent mêlé dans la couronne: cette
fraction $\frac{1520}{513}$ est presque égale à 3, parce que le numerateur
contient presque trois fois le dénominateur; par conséquent
selon les suppositions précedentes, il y avoit environ trois livres d'argent; ainsi puisque la couronne pesoit dix livres, il
y avoit à peu près sept livres d'or.

PROBLEME VIII.

37. *Une personne ayant rencontré des pauvres, a voulu donner à
chacun quatre sols: mais elle a trouvé, en comptant son argent,
qu'elle avoit deux sols de moins qu'il ne falloit; c'est pourquoi elle
a donné trois sols seulement à chaque pauvre, & il lui en est resté
cinq. On demande combien la personne avoit de sols, & combien il
y avoit de pauvres.*

J'appelle x le nombre des pauvres, & y celui des sols; & je
dis: puisque, si cette personne avoit eu deux sols de plus qu'elle
n'avoit, elle en auroit eu assez pour donner quatre sols à chacun des pauvres; il s'ensuit qu'en ajoutant 2 à y, la somme
$y + 2$ sera quatre fois plus grande que x qui est le nombre
des

des pauvres ; par conſequent $y + 2 = 4x$.

D'ailleurs par la ſeconde condition du problême, cette perſonne ayant donné trois ſols à chaque pauvre, il lui en eſt
reſté cinq ; par conſequent en retranchant 5 de y, le reſte
$y - 5$ ſera trois fois plus grand que x ; ainſi $y - 5 = 3x$.
Les deux équations du problême ſont donc $y + 2 = 4x$ &
$y - 5 = 3x$. Voilà l'application de la premiere regle, &
voici celle de la ſeconde.

Puiſque $y + 2 = 4x$; donc $y = 4x - 2$: je ſubſtitue dans
la ſeconde équation du problême la valeur de y, ſçavoir
$4x - 2$, & je trouve $4x - 2 - 5 = 3x$, ou $4x - 7 = 3x$.
Après cela j'applique tout de ſuite la troiſiéme regle : puiſque $4x - 7 = 3x$; donc $4x = 3x + 7$; donc $4x - 3x = 7$,
donc $x = 7$; c'eſt-à-dire, qu'il y avoit ſept pauvres.

Pour connoître le nombre des ſols, je mets 7 à la place
de x dans la premiere équation, & je trouve $y + 2 = 28$;
donc $y = 28 - 2$, ou bien $y = 26$: ainſi la perſonne avoit
26 ſols : & d'ailleurs il y avoit ſept pauvres. Il eſt aiſé de
voir que ces deux nombres ſatisfont aux deux conditions du
problême.

PROBLEME IX.

38. *Un pere partage ſon bien à ſes enfans, en donnant au pre-*
mier 1000 livres & la neuviéme partie du bien qui reſte après en
avoir ôté les 1000 livres ; il donne pareillement au ſecond 2000
livres & la neuviéme partie de ce qui reſte ; au troiſiéme 3000 li-
vres & la neuviéme partie de ce qui reſte, & ainſi de ſuite : il ſe
trouve qu'après le partage, les enfans ont des portions égales. On
demande quel eſt le bien du pere, & quel eſt le nombre des enfans.

J'appelle x le bien du pere, a les 1000 livres données au
premier enfant, $2a$ les 2000 livres données au ſecond : puis
faiſant réflexion que l'on aura la neuviéme partie des reſtes
dont il eſt parlé dans le problême, en diviſant ces reſtes par
9, j'appelle d le diviſeur 9.

Cela poſé, je conſidere que ſi l'on connoiſſoit le bien du
pere & la part d'un des enfans, il ſeroit facile de connoître
le nombre des enfans : car il n'y auroit qu'à chercher combien de fois cette part ſeroit contenue dans le bien du pere :
par exemple, ſi le bien du pere étoit 30000 livres, & que

Z

la part d'un des fils fut 5000 livres, il est facile de voir qu'il
y auroit 6 enfans, parce que 5000 est contenu 6 fois dans
30000. Il ne s'agit donc que de trouver le bien du pere &
la part d'un des fils. Mais il est encore évident que si on connoissoit le bien du pere, on pourroit trouver aisément la
part du premier fils, puisque le pere lui donne 1000 livres
& la neuviéme partie de ce qui reste : ainsi si le pere avoit
30000 livres, la part du premier fils seroit 1000 livres &
la neuviéme partie du reste 29000 livres. Toute la question
se réduit donc à trouver le bien du pere que l'on a nommé x.

Pour cela je fais attention que les enfans étant partagez
également, on peut faire une équation dont un des membres
soit la part du premier fils, & l'autre membre soit celle du
second. Or la part du premier fils est 1000 liv. $= a$ & la neuviéme partie de ce qui reste : mais ce qui reste de x après en
avoir retranché a, est $x - a$, dont la neuviéme partie est $\frac{x-a}{9}$;
par conséquent la part du premier fils est $a + \frac{x-a}{9}$.

La part du second fils est 2000 livres ou $2a$ & de plus la
neuviéme partie de ce qui reste. Or pour avoir ce reste, il
faut retrancher premierement la part du premier fils que je
nommerai m, & ensuite les $2a$ que le pere donne d'abord
au second fils ; ce reste est donc $x - m - 2a$, & la neuviéme partie est $\frac{x-m-2a}{9}$; par conséquent la part du second fils est
$2a + \frac{x-m-2a}{9}$ (j'ai mis une m pour marquer la part du premier
fils, afin d'éviter l'embarras du calcul qu'il auroit fallu faire
en mettant $a + \frac{x-a}{9}$) : ainsi l'équation de la part du premier
fils & de celle du second est $a + \frac{x-a}{9} = 2a + \frac{x-m-2a}{9}$. Voilà le
problême réduit en équation.

* 15.

Pour resoudre cette équation j'ôte les fractions en multipliant tout par le dénominateur d ; & je trouve * $ad + x - a =$
$2ad + x - m - 2a$; donc $ad = 2ad + x - x - m - 2a + a$;
donc $ad = 2ad - m - a$; donc $m = 2ad - ad - a$; donc
$m = ad - a$. Je remets à présent $a + \frac{x-a}{9}$ à la place de m qui
n'avoit été mise que pour rendre le calcul moins embarassant ;
& je trouve $a + \frac{x-a}{9} = ad - a$: & multipliant tous les termes
par le dénominateur d, afin de faire évanouir la fraction, il
vient $ad + x - a = add - ad$; donc $x = add - ad - ad + a$;
donc $x = add - 2ad + a$.

En mettant les valeurs connuës en nombres à la place des
lettres du second membre, on trouvera que $x = 81000$ liv.

— 18000 livres + 1000 livres ; donc $x = 64000$ livres.

Pour avoir la part du premier fils, il faut prendre 1000 liv. sur 64000 liv. & diviser le reste 63000 par 9 ; le quotient sera 7000 ; ainsi la part de chacun des fils sera 8000 livres ; & comme 8000 est contenu 8 fois dans 64000, ainsi qu'il paroît en divisant 64000 par 8000, il s'ensuit qu'il y a huit enfans.

39. Quoi qu'il y ait deux inconnues dans ce problême, on n'a cependant fait qu'une équation pour le resoudre, parce que cette équation ne contient qu'une espece d'inconnue, sçavoir x qui est le bien du pere, & que d'ailleurs cette inconnue étant trouvée, il est facile de découvrir le nombre des enfans qui est la seconde chose inconnue dans le problême.

40. Remarquez que le second membre de l'équation $x = add - 2ad + a$, est le produit de a par $dd - 2d + 1$. Or $dd - 2d + 1$ est le quarré de $d - 1$; c'est-à-dire, du diviseur diminué d'une unité ; donc $add - 2ad + a$ est le produit de a par le quarré du diviseur diminué d'une unité : afin donc de trouver le bien du pere, il faut diminuer le diviseur d'une unité & prendre le quarré du reste ; ensuite multiplier ce que le pere donne d'abord au premier fils par ce quarré ; & le produit sera le bien du pere. Dans notre exemple je diminue le diviseur 9 d'une unité, & je prends le quarré du reste 8 ; c'est 64 : ensuite je multiplie 1000 livres que le pere donne d'abord au premier fils par 64 ; le produit 64000 liv. est le bien du pere.

41. On peut aussi trouver tout d'un coup le nombre des enfans, parce qu'il est toujours égal à $d - 1$; c'est-à-dire, au diviseur diminué d'une unité. Dans notre exemple le diviseur 9 étant diminué d'une unité, le reste 8 marque le nombre des enfans. On peut démontrer de la maniere suivante que $d - 1$ représente toujours le nombre des enfans : nous avons observé que pour avoir ce nombre, il faut chercher combien de fois la part d'un des fils est contenue dans le bien du pere ; c'est-à-dire, que le nombre des enfans est égal au quotient que l'on trouve en divisant le bien du pere par la part d'un des fils. Or le bien du pere est $add - 2ad + a$, & la part du premier fils est $a + \frac{x}{d}$: mais au lieu de x il faut mettre sa valeur, & on aura $a \frac{add - 2ad + a}{d}$ ou $a + \frac{add - 2ad}{d}$: *Liv. 1. cette fraction $\frac{add - 2ad}{d}$ est égale à $ad - 2a$; ainsi $a + \frac{add - 2ad}{d}$ = Art. 166.

z ij

$a + ad - 2a$, ou $ad - 2a + a$, ou bien $ad - a$; donc $ad - a$
eft la part du premier fils. Or fi on divife le bien du pere qui
eft $add - 2ad + a$ par $ad - a$, le quotient fera $d - 1$; donc
$d - 1$ marque le nombre des enfans.

42. Il feroit bien facile à prefent de refoudre un problême
femblable à celui dont on vient d'expliquer la folution : en
voici un exemple. Un pere partage également fon bien entre fes fils, en donnant au premier 500 liv. & la onziéme
partie de ce qui refte; au fecond 1000 liv. & la onziéme partie de ce qui refte, au troifiéme 1500 liv. & la onziéme partie de ce qui refte, &c. Quel eft le bien du pere, & quel eft
le nombre des enfans.

Je diminue le divifeur 11 d'une unité, le refte eft 10, dont
je prends le quarré qui eft 100 : enfuite je multiplie 500 liv.
que le pere donne d'abord au premier fils par 100, le produit 50000 liv. eft le bien du pere : & le nombre des enfans eft
10, parce que 10 eft le refte du divifeur 11 diminué d'une unité.

PROBLÊME X.

43. *Trouver deux nombres dont on connoît la fomme & le produit:*
Suppofons, par exemple, que la fomme eft 34 & que le produit eft 280 : il faut trouver quel eft chacun des deux nombres.

J'appelle le premier x, & le fecond y; je nomme auffi $2a$
la fomme des deux nombres, & b le produit. Cela pofé, on
aura les deux équations $x + y = 2a$ & $xy = b$. Voilà déja le
problême mis en équations.

A prefent il faut, felon la feconde regle, réduire ces deux
équations à une troifiéme qui ne contienne qu'une efpece d'inconnue. Pour cela je prends la valeur de y dans la premiere
équation, & je trouve $y = 2a - x$; je fubftitue enfuite cette
valeur de y dans la feconde équation, en obfervant que y
étant multipliée par x, la valeur de y, fçavoir $2a - x$, doit auffi
être multipliée par x; par confequent xy eft égal à $2ax - xx$;
donc la feconde équation fe réduit à celle-ci $2ax - xx = b$.
Or cette équation eft du fecond degré, parce que l'inconnue
x eft élevée à fon quarré : & d'ailleurs elle contient differentes puiffances de l'inconnue, fçavoir xx & $2ax$; ainfi pour
pouvoir trouver la folution de ce problême par le moyen de
l'équation $2ax - xx = b$, il faut fçavoir refoudre les équations du fecond degré qui contiennent differentes puiffances
de l'inconnue.

Comme nous n'avons pas donné la methode de refoudre ces fortes d'équations du fecond degré, nous allons propofer une autre maniere de trouver la folution de ce problême: elle eft fondée fur ce que nous avons fait voir *, que quand deux quantitez font inégales, la plus grande eft égale à la moitié de la fomme plus la moitié de la différence; & la plus petite eft égale à la moitié de la fomme moins la moitié de la différence.

* 29.

Cela pofé, il eft évident qu'il ne s'agit que de connoître la moitié de la fomme & la moitié de la différence. Mais la moitié de la fomme eft connue, puifque la fomme entiere que nous avons appellée $2a$ eft connue par l'hypothefe: il n'y a donc qu'une inconnue à chercher, fçavoir la moitié de la différence; & par conféquent il ne faut faire qu'une équation pour refoudre le problême.

Je nomme z la moitié de la différence des deux nombres: d'ailleurs a eft la moitié de la fomme; par conféquent le plus grand des deux nombres eft $a + z$, & le plus petit eft $a - z$. Or le produit de $a + z$ par $a - z$ eft $a^2 - zz$; ainfi, puifque b marque le produit des nombres qu'on cherche, il s'enfuit que $aa - zz = b$; donc $aa - b = zz$, ou bien $zz = aa - b$. Mettant donc à la place de aa & de b les nombres qui font défignez par ces lettres, je trouve $zz = 289 - 280$, ou bien $zz = 9$; par conféquent en tirant la racine quarrée de chaque membre, on aura $z = 3$; c'eft-à-dire, que la moitié de la différence eft 3: mais d'ailleurs la fomme étant 34, la moitié de la fomme eft 17; donc le plus grand des deux nombres cherchez eft $17 + 3 = 20$, & le plus petit eft $17 - 3 = 14$. Il eft évident que ces deux nombres 20 & 14 font ceux que l'on cherchoit, puifque la fomme eft 34 & que le produit eft 280.

PROBLEME XI.

44. *Trouver deux nombres dont on connoît la différence & le produit de l'un par l'autre.*

Ayant nommé x le plus grand des deux nombres, & y le plus petit: ayant auffi défigné la différence connue des deux nombres par $2d$, & le produit par b, je fais les deux équations $x - y = 2d$ & $xy = b$, lefquelles renferment les con-

ditions du problême, puifque la différence des deux nombres x & y eſt égale à $2d$, & que le produit de ces deux nombres eſt auſſi ſuppoſé égal à b.

Mais ſi je prends la valeur de x dans la premiere équation,
& que je ſubſtitue cette valeur, ſçavoir $2d + y$, dans la ſeconde équation, il viendra $2dy + yy = b$, qui eſt une équation
du ſecond degré qui contient differentes puiſſances de l'inconnue; c'eſt pourquoi je me ſers de la methode qui a été
employée dans le problême précedent.

Je nomme donc s la moitié de la ſomme des nombres cherchez; & d'ailleurs d eſt la moitié de la différence; par conſequent $s + d$ eſt le plus grand nombre, & $s - d$ eſt le plus
petit*; ainſi le produit des deux nombres eſt $ss - dd$. Or ce
produit eſt connu & deſigné par b; donc $ss - dd = b$; donc
$ss = b + dd$.

Si on ſuppoſe que $2d$ différence des deux nombres eſt 6, &
que le produit b eſt 280, pour lors d ſera égal à 3 & dd égal
à 9; ainſi mettant à la place de b & de dd les nombres que
ces lettres déſignent, l'équation $ss = b + dd$ ſera réduite à
celle-ci $ss = 280 + 9$, ou $ss = 289$; & tirant la racine
quarrée de chaque membre, on aura $s = 17$; c'eſt-à-dire,
que la moitié de la ſomme eſt 17; ainſi le plus grand nombre eſt $17 + 3 = 20$, & le plus petit eſt $17 - 3 = 14$.
Ces deux nombres 20 & 14 ſatisfont aux conditions du problême, puiſque la différence eſt 6, & que le produit eſt 280.

Il y a pluſieurs problêmes que l'on peut réſoudre facilement en employant la même methode dont on s'eſt ſervi
dans les deux problêmes précedens. En voici encore un dont
nous allons chercher la ſolution par cette methode.

PROBLÊME XII.

45. *La ſomme de deux nombres étant connue, la ſomme des*
quarrez étant auſſi connue, trouver les deux nombres.

Puiſque la ſomme des deux nombres eſt connue, il ne s'agit
que de trouver la différence.

J'appelle $2a$ la ſomme, & $2z$ la différence; ainſi le plus
grand des deux nombres cherchez eſt $a + z$ & le plus petit
eſt $a - z$*; par conſequent le quarré du plus grand eſt aa
$+ 2az + zz$, & le quarré du plus petit eſt $aa - 2az + zz$;

ainfi la fomme des quarrez eft $aa + 2az + zz + aa - 2az + zz$, qui fe réduit à $2aa + 2zz$. Or cette fomme eft fuppofée connue & defignée par b; ainfi $2aa + 2zz = b$; donc $2zz$, $= b - 2aa$; puis divifant chaque membre par 2, je trouve $zz = \frac{b - 2aa}{2}$.

Si on fuppofe que la fomme des nombres eft 34 & que la fomme de leurs quarrez eft 596, l'équation $zz = \frac{b - 2aa}{2}$ fe réduira à celle-ci $zz = \frac{596 - 578}{2}$, en mettant 596 & 578 à la place de b & de $2aa$. Or $\frac{596 - 578}{2} = \frac{18}{2}$; & $\frac{18}{2} = 9$; donc $zz = 9$; ainfi $z = 3$: d'ailleurs $2a = 34$; donc $a = 17$; donc $a + z = 17 + 3 = 20$, & $a - z = 17 - 3 = 14$; c'eft-à-dire, que les deux nombres cherchez font 20 & 14.

46. Remarquez que pour la folution des trois problêmes précedens, on a fait ufage de la methode fynthetique, auffi-bien que de l'analyfe; parce que pour réduire ces problêmes en équations, on s'eft fervi d'un principe qui a été prouvé ailleurs *, & qui eft indépendant des queftions propofées dans ces problêmes. On peut remarquer la même chofe par rapport au fixième & au feptiéme problême.

Jufqu'ici on n'a apporté pour exemples que des problêmes dans lefquels il n'y a que deux ou une feule efpece d'inconnue: mais lorfqu'il y a plus de deux efpeces d'inconnues, & qu'il y a auffi plus de deux équations pour exprimer toutes les conditions du problême; pour lors l'application de la feconde regle eft un peu plus difficile. Voici la methode.

47. On choifit une des équations (c'eft ordinairement la plus fimple) & on la met à part en laiffant l'inconnue, que l'on veut faire évanouir, toute feule dans le premier membre: on fubftitue enfuite la valeur de cette inconnue dans toutes les autres équations où eft l'inconnue; & pour lors on a de nouvelles équations que l'on peut appeller les *fecondes*, dans lefquelles l'inconnue ne fe trouve plus. On opere fur les fecondes équations comme fur les premieres. On choifit donc auffi une de ces fecondes équations, & on la met à part, en laiffant la feconde inconnue, que l'on veut faire évanouir, toute feule dans le premier membre: après cela on fubftitue la valeur de cette feconde inconnue dans les fecondes équations où eft la feconde inconnue; & il vient d'autres équations que l'on peut appeller les *troifiémes*, dans lefquelles la premiere ni la feconde inconnue ne fe trouvent plus. On con-

* 29:

tinue de même jufqu'à ce que l'on foit parvenu à une équation qui ne contienne plus qu'une efpece d'inconnue.

48. Remarquez que fi entre les premieres équations , il
s'en trouve quelqu'une qui ne contienne pas la premiere inconnue ; c'eſt-à-dire , celle dont on a d'abord fubſtitué la valeur, on doit mettre cette équation au nombre des fecondes.
Pareillement fi entre les fecondes équations, il s'en trouve
quelqu'une qui ne contienne pas la feconde inconnue, on doit
la mettre au nombre des troiſiémes équations. Il faut entendre la même chofe des équations fuivantes.

49. Lorſqu'on eſt arrivé à une équation qui ne contient
qu'une efpece d'inconnue, on fubſtitue la valeur de cette inconnue dans une des équations mifes à part qui ne contient
que cette inconnue avec une autre ; & après la fubſtitution ,
l'équation mife à part ne contient plus qu'une efpece d'inconnue, dont on peut avoir la valeur entierement connue, en
la laiffant toute feule dans le premier membre ; & pour lors
on fçait les valeurs de deux inconnues : on fubſtitue ces
valeurs dans celle des équations mifes à part qui contient ces deux inconnues avec une troiſiéme qui par ce moyen
devient connue. On fait de même à l'égard des autres équations mifes à part , s'il y en a encore ; & on trouve de cette
maniere la valeur de chacune des inconnues. L'exemple du
problême fuivant fera concevoir ce que l'on vient de dire.

PROBLÊME XIII.

50. *Trouver quatre nombres qui foient tels.* 1°. *Que la fomme
des trois premiers moins le quatriéme foit égale à un nombre connu
marqué par a.* 2°. *Que la fomme des deux premiers & du quatriéme moins le troiſiéme foit égale à b.* 3°. *Que la fomme du premier & des deux derniers moins le fecond foit égale à c.* 4°. *Que
la fomme des trois derniers moins le premier foit égale à d.*

J'appelle le premier de ces quatre nombres, v ; le fecond, x;
le troiſiéme, y ; le quatriéme, z : & je dis: puifque par la
premiere condition du problême, la fomme des trois premiers
nombres moins le 4ᵉ , doit être égale au nombre marqué
par a , on aura l'équation $v + x + y - z = a$. La feconde
condition du problême donnera pareillement $v + x + z - y = b$.
La troiſiéme condition donnera auffi $v + y + z - x = c$. Enfin

fin la quatriéme donnera $x + y + z - v = d$. Voilà donc les quatre équations qui expriment les conditions du problème.

Je mets une de ces équations à part ; c'est la premiere, & je prends la valeur de v, en laissant l'inconnue toute seule dans le premier membre, en cette maniere $v = a - x - y + z$: je substitue ensuite le second membre $a - x - y + z$ qui est la valeur de v dans les trois autres équations ; & je trouve après les réductions faites, les secondes équations $a - 2y + 2z = b$; $a - 2x + 2z = c$; $2x + 2y - a = d$.

Je mets aussi la derniere de ces équations à part, en laissant le terme $2y$ seul dans le premier membre, & il vient $2y = d + a - 2x$: je substitue ensuite la valeur de $-2y$ dans la premiere des secondes équations ; & je trouve $a - d - a + 2x + 2z = b$, ou bien $2x + 2z = b + d$. A cette équation il faut joindre celle-ci $a - 2x + 2z = c$, dans laquelle l'inconnue y ne se trouve pas ; ainsi les troisiémes équations sont $2x + 2z = b + d$ & $a - 2x + 2z = c$, sur lesquelles je dois operer comme sur les premieres & sur les secondes ; je mets donc à part la premiere, en laissant $2z$ seul dans le premier membre ; & il vient $2z = b + d - 2x$: je substitue ensuite la valeur de $2z$ dans la seconde équation ; & je trouve $a - 2x + b + d - 2x = c$, ou bien $a + b + d - 4x = c$; donc $a + b - c + d = 4x$, ou, en mettant l'inconnue dans le premier membre, comme on le fait ordinairement, $4x = a + b - c + d$; donc $x = \frac{a+b-c+d}{4}$.

* 48.

Ayant la valeur toute connue de x, j'ai aussi celle de $2x$ qui est $\frac{a+b-c+d}{2}$; je substitue donc $\frac{-a-b+c-d}{2}$ à la place de $-2x$ dans la troisiéme des équations mises à part *, qui est $2z = b + d - 2x$, laquelle ne contient que l'inconnue x avec une autre qui est z : cette substitution étant faite, je trouve $2z = b + d \frac{-a-b+c-d}{2}$; & en ôtant la fraction, il vient $4z = 2b + 2d - a - b + c - d$, ou bien $4z = b + d - a + c$; donc $z = \frac{-a+b+c+d}{4}$.

* 49.

Je substitue aussi $\frac{-a-b+c-d}{2}$ à la place de $-2x$ dans l'équation $2y = d + a - 2x$, qui est la seconde de celles qui sont à part ; je trouve $2y = d + a \frac{-a-b+c-d}{2}$; d'où étant la fraction, il vient $4y = 2d + 2a - a - b + c - d$, ou bien $4y = a - b + c + d$; donc $y = \frac{a-b+c+d}{4}$.

Enfin mettant les valeurs toutes connues de x, de y & de z dans l'équation $v = a - x - y + z$, il vient

aa

$v = \frac{-a-b-c-d+a+c-b+d}{4}$; d'où ôtant la fraction, je trouve $4v = 4a - a - b + c - d - a + b - c - d - a + b + c + d$, ou bien $4v = a - b + c - d$; donc $v = \frac{a-b+c-d}{4}$.

Voici toutes les équations de ce problême. On a mis le signe* à côté de celles qui ont été prises pour les mettre à part.

Premieres Equations.	Equations mises à part.
*$v + x + y - z = a$	$v = a - x - y + z$
$v + x + z - y = b$	$2y = d + a - 2x$
$v + y + z - x = c$	$2z = b + d - 2x$
$x + y + z - v = d$	

Secondes Equations réduites.	Troisiémes Equations réduites.
$a - 2y + 2z = b$	*$2x + 2z = b + d$
$a - 2x + 2z = c$	$a - 2x + 2z = c$
*$2x + 2y - a = d$	

$v = \frac{a-b+c-d}{4}$, $x = \frac{a+b-c-d}{4}$, $y = \frac{-a+b-c+d}{4}$, $z = \frac{-a+b+c+d}{4}$.

Si on suppose que a vaut 15, b 25, c 31, d 39, on trouvera que $v = 8$, $x = 12$, $y = 15$, $z = 20$.

51. Entre les problêmes précedens, il y en a qui ne contiennent qu'une espece d'inconnue ; & quoique les autres renferment plusieurs inconnues ; cependant par le moyen de la substitution prescrite par la seconde regle, on est parvenu à une ou à plusieurs équations qui ne contiennent chacune qu'une seule espece d'inconnue ; c'est pourquoi tous les problêmes précedens sont déterminez. Mais lorsqu'on ne peut, par le moyen de la substitution, parvenir à une équation qui ne contienne qu'une espece d'inconnue, pour lors le problême est indéterminé, parce qu'il peut avoir une infinité de solutions. Voici un exemple de ces sortes de problêmes.

PROBLÈME XIV.

52. *Trouver deux nombres dont le produit soit le double de la somme de ces nombres.*

Soient les deux nombres x & y ; le produit sera xy, & la somme $x + y$.

Puisque par l'hypothese le produit des deux nombres est le double de leur somme, on aura l'équation $xy = 2x + 2y$, qui contient deux inconnues differentes, & qui exprime seule parfaitement la nature du problême; ainsi il n'y a point de substitution à faire : c'est pourquoi on ne peut parvenir à une équation qui ne contienne qu'une espece d'inconnue.

Pour resoudre ces sortes d'équations dans lesquelles il y a differentes inconnues, il en faut regarder une comme si elle étoit connue, & faire passer dans le premier membre tous les termes qui contiennent l'autre inconnue, afin de laisser cette seconde inconnue seule dans le premier membre: ainsi dans l'équation $xy = 2x + 2y$, je regarde y comme si elle étoit connue, & je fais passer dans le premier membre tous les termes dans lesquels se trouve x; il vient $xy - 2x = 2y$. Or le premier membre est le produit de x par $y - 2$; par consequent en divisant toute l'équation par $y - 2$, x demeurera seule dans le premier membre, & on aura $x = \frac{2y}{y-2}$.

Si on suppose que y est 3, $\frac{2y}{y-2}$ sera égal à 6; ainsi on aura $x = 6$: si on suppose que y est 4, on aura $x = 4$: si on suppose que y est 5, pour lors on aura $x = \frac{10}{3} = 3\frac{1}{3}$. Il est visible que l'on peut substituer successivement une infinité de nombres à la place de y dans l'équation $x = \frac{2y}{y-2}$, & que toutes ces substitutions donneront des valeurs differentes de x, qui satisferont toutes au problême.

On auroit pû supposer que x est connue, & faire passer dans le premier membre tous les termes qui contiennent y, & on auroit eu $xy - 2y = 2x$; d'où l'on auroit tiré $y = \frac{2x}{x-2}$; & pour lors en substituant successivement plusieurs nombres à la place de x, on auroit trouvé differentes valeurs de l'inconnue y.

F I N.

TABLE
DE L'ARITHMETIQUE
ET DE L'ALGEBRE.

Theorême I. & Fondamental. *Dans toute proportion geometrique, le produit*

LIVRE TROISIEME.

Des Equations.

FIN.

rayons viſuels C L & T L eſt rectangle , parce que le rayon de la terre eſt perpendiculaire à la tangente HB qui repreſente l'horiſon ſenſible ; ainſi l'angle T eſt droit. D'ailleurs on con- noît l'angle CLT meſuré par la parallaxe horiſontale OB que l'on trouve dans les Tables aſtronomiques. Mais on connoît encore le côté C T qui eſt un rayon de la terre, que l'on ſçait être de 1432 lieuës communes de France, dont chacune con- tient 2282 toiſes ; ainſi on pourra trouver par le premier problême le côté C L qui eſt la diſtance de la Lune au cen- tre de la terre.

* Liv. 1. Art. 121.

La Lune n'eſt pas toujours également éloignée de la terre; mais ſi on la prend dans ſa moyenne diſtance, on trouve que l'angle L eſt d'environ un degré , lorſque la Lune répond au plan de l'horiſon ; on aura donc la proportion ſuivante : le ſinus de l'angle d'un degré eſt au côté CT qui eſt un demi-diametre de la terre, comme le ſinus de l'angle droit eſt à C L. Voici cette proportion : 1745.1 :: 100000. C L = 57 $\frac{113}{349}$.

Ainſi le côté C L qui eſt la diſtance de la Lune au centre de la terre eſt d'environ 57 demi-diametres de la terre ; par conſequent la moyenne diſtance de la Lune à la terre, mar- quée par D L, n'eſt que de 56 demi-diametres qui font en- viron 80000 lieuës.

72. Remarquez que la parallaxe d'une planete eſt d'au- tant plus petite que la planete eſt plus éloignée de la terre: par exemple, la parallaxe de Jupiter ſuppoſé en I eſt moin- dre que celle de la Lune , comme on le voit ſenſiblement dans la Figure 14 où la parallaxe de Jupiter eſt l'arc A B ou l'angle C I T. Cet angle eſt même ſi petit qu'il devient in- ſenſible, & que l'angle TCI eſt preſque droit auſſi-bien que l'angle C T I, enſorte que les deux rayons viſuels C I & T I font ſenſiblement paralleles, à cauſe de la grande diſtance de Jupiter ; c'eſt pourquoi on ne pourroit pas ſe ſervir de cette methode pour connoître la diſtance de Jupiter à la terre.

73. On peut remarquer de même par rapport aux hau- teurs que l'on veut meſurer ſur la terre, qu'il faut être à une diſtance médiocre de ces hauteurs, afin que l'erreur inſenſi- ble qu'il n'eſt preſque pas poſſible d'éviter, lorſqu'on prend l'angle de hauteur, en le faiſant un peu trop grand ou un peu trop petit, ne cauſe pas une erreur trop conſiderable dans le

calcul de la hauteur qu'on cherche. Suppofons, par exemple,
Fig. 16 qu'il s'agiffe de mefurer la hauteur A C: fi on obferve du
point D, & qu'au lieu de prendre l'angle A D C tel qu'il eft,
on le fafle un peu plus grand comme l'angle F D C ; il eft vifible que cette erreur fera la hauteur A C plus grande qu'elle
n'eft de la quantité F A qui eft plus du quart de A C : mais
fi on mefure l'angle de hauteur au point B, & qu'au lieu de
prendre l'angle A B C tel qu'il eft, on fafle la même erreur
qu'auparavant, en prenant E B C, enforte que l'angle E B A
foit égal à l'angle F D A ; il eft évident que cette dernière
erreur, quoi qu'égale à la première, ne fera la hauteur A C
plus grande qu'elle n'eft effectivement, que de la quantité
E A qui eft beaucoup moindre que F A. Il en feroit de même, fi on étoit beaucoup plus près qu'il ne faut de la hauteur à mefurer. Ainfi il faut, afin de mefurer exactement une
hauteur, qu'il y ait de la proportion entre la diftance de l'obfervateur à l'objet & à la hauteur de cet objet, & fi cette
diftance eft égale à la hauteur, (ce qui arrive lorfque l'angle de hauteur eft de 45 degrez) pour lors on eft dans l'é-
loignement le plus favorable pour mefurer la hauteur.

74. Ce que l'on vient de dire touchant la mefure des hauteurs, doit auffi s'entendre de la mefure de toute autre ligne,
foit qu'elle marque la largeur ou la diftance des objets ; enforte qu'il faut toujours que l'éloignement qui eft entre l'obfervateur & la ligne à mefurer, ait quelque rapport fenfible
avec cette ligne.

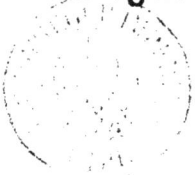

F I N.

ELEMENS

DE

GEOMETRIE.

Article
I.

LA GEOMETRIE est une partie des Mathématiques qui traite de l'étenduë & de ses differents rapports.

Cette Science ne considere pas l'étenduë en tant qu'elle est revêtuë des qualitez sensibles, telles que sont la dureté, la fluidité, la lumiere, les couleurs, &c. Mais son veritable objet est l'étenduë considerée en tant qu'elle a trois dimensions, longueur, largeur & profondeur.

2. L'étenduë en longueur considerée sans largeur & sans profondeur, se nomme *Ligne*.

3. L'étenduë en longueur & en largeur considerées ensemble, indépendamment de la profondeur, se nomme *Surface*.

4. L'étenduë en longueur, en largeur & en profondeur considerées ensemble, se nomme *Solide*, & quelquefois *Corps*.

5. On appelle *Point* une partie d'étenduë si petite, qu'on la considere comme n'ayant aucune étenduë : telle est l'extremité d'une ligne.

6. Remarquez qu'il n'y a point d'étenduë qui n'ait les trois dimensions ; sçavoir, longueur, largeur & profondeur, & qu'il n'y a pas de point sans étenduë : mais cela n'empêche pas qu'on ne puisse considerer quelques-unes de ces dimensions

A

fans les autres : par exemple, on peut confiderer la longueur
fans la largeur & la profondeur ; & de même on peut confiderer la longueur & la largeur fans faire attention à la profondeur : enfin on peut confiderer le Point fans aucune di-
menfion.

Il y a donc feulement trois efpeces d'étendues, la ligne,
la furface & le folide, ou corps ; c'eft pourquoi nous divife-
rons la Geometrie en trois Livres.

Dans le premier, nous traiterons des lignes.

Dans le fecond, nous parlerons des furfaces.

Dans le troifiéme, nous traiterons des folides.

Enfin, après ces trois Livres nous donnerons un Traité de
Trigonometrie, qui fera connoître fenfiblement l'utilité de
la Geometrie.

LIVRE PREMIER.

Nous fuppoferons dans ce Livre & dans le fuivant, que
toutes les lignes & les furfaces dont nous parlerons,
font fur le même plan. Un plan eft une furface unie, ou dont
les points font également élevez ; telle eft fenfiblement la furface d'une glace bien polie, & celle d'une table bien unie.

Il y a trois fortes de lignes, la droite, la courbe & la mixte.

Figure 1. 7. La ligne droite eft celle dont tous les points font dans
la même direction : telle eft la ligne A B.

8. La ligne courbe eft celle dont tous les points ne font pas
dans la même direction : telles font les lignes A E B & A D B.

Fig. 2. 9. La ligne mixte eft celle qui eft en partie droite & en partie courbe : telle eft la ligne A B C D.

Après ces notions on peut regarder les trois propofitions
fuivantes, comme des axiomes qui n'ont pas befoin de démonftration.

I.

Fig. 1. 10. On ne peut tirer qu'une feule ligne droite d'un point
à un autre point ; mais on en peut tirer une infinité de courbes : cela paroît par la premiere Figure, dans laquelle il eft
évident qu'on ne peut tirer que la feule ligne droite A B, du
point A au point B, quoiqu'on puiffe tirer du premier point
au fecond plufieurs lignes courbes, comme A E B & A D B.

II.

11. La ligne droite est la plus courte que l'on puisse mener d'un point à un autre point : par exemple, la ligne A B, tirée du point A au point B, est plus courte que chacune des trois lignes A E B, A D B, & A C B; c'est pourquoi la ligne droite est la mesure exacte de la distance qui est entre deux points.

III.

12. La position d'une ligne droite ne dépend que de deux points ; ensorte que si on connoît la position de deux points, on connoît aussi celle de la ligne entiere : nous nous servirons souvent de cet axiome dans la suite ; c'est pourquoi il est à propos de l'expliquer en peu de mots pour le faire bien concevoir.

Il est évident que plusieurs lignes droites peuvent passer par un même point ; par exemple, la ligne C D & la ligne A B passent toutes les deux par le point E; on en peut même faire passer une infinité d'autres par ce point ; ainsi un seul point ne détermine pas la position ou la direction d'une ligne droite : mais si on prend deux points comme E & F, il n'est pas possible de faire passer par ces deux points d'autres lignes droites que C D ; car il est clair que toutes les lignes droites qui passeroient par les deux points E & F , seroient couchées sur la ligne C D; & par conséquent elles ne seroient pas differentes de cette ligne : donc deux points suffisent pour déterminer la position d'une ligne droite.

Fig. 3.

AVERTISSEMENT.

Lors qu'on ne trouvera point de figure citée pour un article, il faudra regarder celle qui aura été citée en dernier lieu à la marge. Ainsi dans le corollaire suivant nous nous servirons de la troisiéme figure qui vient d'être citée.

13. Il suit du dernier axiome que deux lignes droites ne peuvent se couper que dans un seul point ; car si deux lignes telles que A B & C D se coupoient en un autre point qu'au point E, comme chaque point d'intersection est commun aux deux lignes , ces deux lignes auroient deux points communs ; & par conséquent la position d'une ligne droite ne dépendant que de deux points , les deux lignes auroient tous les autres points communs , & ne feroient qu'une seule ligne droite ; ce qui est contre la supposition ou l'hypothese ; ainsi

A ij

deux lignes droites ne peuvent se couper qu'en un seul point.

Ce Corollaire seroit évidemment faux, si on ne conside-roit pas les lignes sans largeur ; car si les lignes étoient re-gardées comme ayant de la largeur, il est clair que le point d'intersection auroit de l'étenduë, & pourroit par conséquent être divisé en deux autres points qui seroient communs aux deux lignes.

14. Il suit encore du même axiome, que si deux points, comme C & D, d'une ligne droite sont également éloignez de deux autres A & B, chaque point de la ligne CD sera à égale distance de ces deux points A & B ; ainsi E est égale-ment distant de A & de B ; c'est la même chose des autres points de la ligne CD. C'est une suite bien claire du troisiéme axiome.

15. Remarquez que quand on suppose que les deux points C & D sont également distans des deux autres points A & B, on ne veut pas dire que les points C & D sont également distans de A, & qu'ils le sont aussi également de B ; mais on veut dire que le point C en particulier est également éloigné de A & de B ; & pareillement que le point D est autant éloi-gné de A qu'il est éloigné de B.

16. Les deux points C & D de la ligne CD étant en-core supposés, chacun également éloignés de A & de B, non seulement tous les points de la ligne CD sont égale-ment distans des deux points A & B ; mais de plus, si elle est prolongée de part & d'autre, elle passera par tous les points également éloignés de A & de B ; ensorte qu'il ne peut y avoir aucun point à côté de la ligne CD qui soit égale-ment distant des points A & B : soit, par exemple, le point H qui est à côté de la ligne CD, je dis qu'il n'est point égale-ment distant de A & de B, ou, ce qui est la même chose, que les lignes HA & HB tirées du point H aux points A & B ne sont point égales ; car les deux lignes EA & EB sont égales, parce que tous les points de la ligne CD sont également éloi-gnés de A & de B ; par conséquent si on ajoute HE à cha-cune de ces deux lignes égales, on aura encore deux autres lignes égales ; sçavoir, HEA & HEB ou HB : or HA est plus courte que HEA * ; donc HA est aussi plus courte que HB ; donc le point H n'est pas également distant des points A & B. On peut démontrer la même chose de tous les autres

Fig. 4.

* 11.

points qui font à côté de la ligne C D; par conſequent cette ligne étant prolongée paſſera par tous les points également éloignés de A & de B.

AVERTISSEMENT.

Lorſque cette marque * ſe trouve à la marge avec un nombre à côté, cela ſignifie que la propoſition qui répond à cette marque eſt prouvée par l'Article deſigné par le nombre. Ainſi après avoir dit dans l'article précedent que la ligne H A eſt plus courte que H E A, on a mis le ſigne * tant après cette propoſition que vis-à-vis à la marge, avec le nombre 11. pour faire connoître que la propoſition eſt prouvée par l'article 11.

DE LA LIGNE CIRCULAIRE.

Entre les lignes courbes nous ne conſidererons dans ces élemens que la ligne circulaire qui n'eſt autre choſe que la circonference entiere, ou quelque partie de la circonference d'un cercle.

17. On peut définir la circonference d'un cercle, une ligne courbe dont tous les points ſont également diſtans d'un point qu'on nomme *centre*. Il y a cette difference entre le cercle & la circonference; que le cercle eſt l'eſpace renfermé dans la circonference, & la circonference eſt la ligne courbe qui termine cet eſpace.

18. Toute partie de la circonference eſt appellée *arc* : ainſi A D, E I F, G L H ſont des arcs. Fig. 5.

19. Toute ligne droite, comme E F, terminée de part & d'autre par la circonference, eſt appellée *corde*.

20. Si la corde paſſe par le centre, on la nomme *diametre*, comme A B.

21. Une ligne tirée du centre à la circonference, eſt appellée *rayon*; comme C D, C A, C B.

22. Les Geometres diviſent la circonference de tout cercle en 360. parties égales qu'ils appellent *degrez*.

Chaque degré ſe diviſe en ſoixante parties égales qu'on appelle *minutes*, chaque minute ſe diviſe en ſoixante parties égales qu'on nomme *ſecondes*, & chaque ſeconde en ſoixante *tierces*, & ainſi de ſuite à l'infini; enſorte que par degré il ne faut pas entendre une grandeur abſoluë; mais ſeulement la trois cens ſoixantiéme partie de quelque circonference que ce

foit grande ou petite ; ainfi la plus petite circonference a autant de degrez que la plus grande; mais elle les a plus petits à
proportion ; de même que chaque grandeur telle qu'elle foit,
grande ou petite a deux moitiez proportionnées à leur tout.

23. Si du même centre on décrit plufieurs circonferences,
elles font appellées *concentriques*, auffi-bien que les cercles qu'elles renferment.

24. Tous les rayons d'un cercle font égaux ; c'eft une fuite
de ce que le centre eft également diftant de tous les points
de la circonference.

25. Tous les diametres d'un cercle font égaux : car chaque diametre eft évidemment compofé de deux rayons ; &
par confequent puifque tous les rayons font égaux, tous les
diametres le font auffi.

26. Dans deux cercles égaux, les rayons & les diametres
de l'un font égaux aux rayons & aux diametres de l'autre.

27. Tous les diametres divifent le cercle & la circonference
en deux parties égales ; car tous les points de la circonference étant également diftans du centre, la courbure de cette
circonference eft uniforme, c'eft-à-dire, qu'elle eft par tout
égale ; & par confequent de quelque maniere que foit fitué
le diametre, il partage toujours le cercle & la circonference
en deux parties égales.

28. Dans un cercle les cordes égales foutiennent des arcs
égaux ; & réciproquement les arcs égaux font foutenus par
Fig. 5. des cordes égales : par exemple, fi les cordes E F & G H font
égales, il faut que les arcs E I F & G L H qu'elles foutiennent, foient égaux : & fi ces arcs font égaux, il faut que les
cordes E F & G H foient égales; car puifque la courbure de la
circonference eft uniforme ou égale dans toutes fes parties,il eft
neceffaire que les cordes égales foutiennent des arcs égaux,
& que les arcs égaux foient foutenus par des cordes égales.

29. On peut dire pareillement que dans deux cercles égaux
les cordes égales foutiennent des arcs égaux, & que les arcs
égaux font foutenus par des cordes égales : par exemple, fi
les cordes E F & e f font égales, il faut que leurs arcs foient
égaux, & fi ces arcs font égaux, les cordes font égales. Cela
paroîtra clairement fi l'on conçoit que la premiere circonference foit pofée fur la feconde, enforte que la corde E F foit
appliquée fur l'autre corde e f : car il eft évident que les arcs

seront posés exactement l'un sur l'autre, & qu'ils sont par conséquent égaux aussi-bien que les cordes.

30. Remarquez que quand on parle d'un arc soutenu par une corde, il faut toujours entendre celui qui est le plus petit : par exemple, si on parle de l'arc soutenu par la corde EF, il faut entendre l'arc EIF, & non pas l'arc ELF, à moins qu'on ne marque expressément ce dernier.

31. Dans un cercle les cordes égales sont également éloignées du centre ; & réciproquement les cordes également éloignées du centre sont égales. C'est encore une suite évidente de la parfaite uniformité de la circonference.

32. Pareillement dans deux cercles égaux les cordes égales sont également éloignées des centres ; & reciproquement les cordes également éloignées des centres sont égales.

Après avoir donné les notions des lignes tant droites que circulaires, & après avoir exposé plusieurs propositions évidentes, fondées sur la nature même de ces lignes, il est à propos de resoudre plusieurs problêmes sur cette matiere.

PROBLEME I.

33. *D'un point donné, comme C, pour centre, & d'un intervalle* Fig. 5.
aussi donné, comme CA, décrire une circonference.

Ouvrez le compas de l'intervalle donné CA, mettez une de ses pointes sur le point donné C, faites ensuite tourner l'autre pointe en tenant toujours la premiere immobile sur le point C, la ligne courbe que la seconde pointe décrira par ce mouvement, sera la circonference cherchée.

Il est évident par cette opération, que du même centre & du même intervalle, on ne peut décrire qu'un cercle ; & que tous les cercles qui sont décrits du même intervalle, sont égaux.

PROBLEME II.

34. *Trouver une ligne droite qui ait tous ses points également distants de deux autres points donnez, comme A & B.*

Des deux points donnez A & B, & d'un même intervalle Fig. 6.
pris à discretion, décrivez deux arcs qui se coupent en un point que nous appellerons C. Décrivez aussi des mêmes points donnez A & B, & de la même ouverture du compas deux autres arcs qui se coupent au-dessous en D ; tirez la li-

gne CD, chacun de ſes points ſera également éloigné des
deux points A & B; car ayant tiré les lignes A C & B C,
elles ſeront rayons de cercles égaux, puiſque C eſt le point
d'interſection de deux arcs qui ont pour centres les points
A & B, & qui ont été décrits de la même ouverture du
compas : donc ces lignes ſont égales; par conſequent le point
C eſt également éloigné de A & de B. Par la même raiſon le
point D eſt également éloigné de A & de B; ainſi la ligne C D
a deux points, ſçavoir C & D, également diſtants de A &
de B : donc tous les autres points de la ligne C D ſont auſſi *
également diſtants de A & de B.

* 14.

35. Quand nous avons dit qu'il falloit décrire les deux derniers arcs d'une même ouverture du compas, nous n'avons
pas prétendu dire qu'ils fuſſent décrits de la même ouverture
que les deux premiers; mais ſeulement que les deux derniers
arcs devoient être décrits l'un & l'autre d'une même ouverture du compas, laquelle peut être égale ou differente de
celle dont on s'eſt ſervi pour les deux premiers arcs.

On peut obſerver ici que les lignes ponctuées ſont celles
que l'on tire ſeulement pour la démonſtration : telles ſont les
lignes A C & B C; ou bien pour l'execution d'un problême :
tels ſont les arcs qui ont été décrits des points A & B.

PROBLEME III.
36. *Couper une ligne droite comme A B en deux parties égales.*

Trouvez par le problême précedant, la ligne C D qui ait
tous ſes points également diſtans des deux extrêmitez A & B
de la ligne donnée A B; le point d'interſection M coupera la
ligne donnée en deux parties égales : car ce point M étant
un des points de la ligne C D, il doit être également éloigné de A & de B.

Fig. 7.

37. Il faut faire la même choſe pour couper un arc comme A B en deux parties égales.

* 180.

On enſeignera dans la ſuite * la méthode de couper une
ligne droite en pluſieurs parties égales.

PROBLEME IV.
38. *Faire paſſer une circonference par trois points donnez, tels*

Figure 8. *que* A, B, C.

Tirez la ligne droite E F dont les points ſoient également
diſtans

diſtans des deux points A & B * ; enſuite tirez la ligne droite
G H dont tous les points ſoient également diſtans des deux
points C & B ; le point K dans lequel les deux lignes ſe cou-
peront ſera le centre du cercle ; enſorte que ſi du point K
& de l'intervalle K A on décrit une circonference , elle paſſera par les trois points A , B , C.

Pour le démontrer il n'y a qu'à faire voir que le point
K eſt également éloigné des trois points A , B , C ; ce qui eſt
très-facile : car premierement, ce point K entant qu'il appartient à la ligne E F, eſt également éloigné de A & de B , puiſque par la conſtruction, c'eſt-à-dire, par la maniere dont on a
ſuppoſé que la ligne E F a été tirée, tous les points de cette ligne ſont également diſtans de A & de B : ſecondement, entant que le point K appartient à la ligne G H, il eſt également
éloigné de B & de C ; parce que tous les points de G H ſont
auſſi par la conſtruction également diſtans de B & de C ; par
conſéquent le point K eſt également éloigné des trois points
donnez : donc le problème eſt réſolu.

39. Remarquez que ſi les trois points donnez étoient diſpoſez en ligne droite, le problème ſeroit impoſſible ; parce
qu'une ligne droite ne peut être coupée qu'en deux points
par une circonference.

PROBLÈME V.

40. *Trouver le centre d'une circonference ou d'un arc donné.*

Prenez les trois points A , B , C , dans cette circonference
ou dans cet arc donné, cherchez par le problème précédent
le centre d'un cercle qui paſſe par ces trois points A , B , C ;
ce ſera celui de l'arc propoſé.

DES DIFFERENTES POSITIONS DES LIGNES.

41. Nous avons d'abord conſideré les lignes droites en
elles-mêmes, ſans les regarder les unes par rapport aux autres ; preſentement nous allons les comparer enſemble. Lorſqu'on compare deux lignes droites l'une avec l'autre ; ou bien
elles ſont tellement diſpoſées qu'elles ſe rencontrent, ou du
moins qu'elles ſe rencontreroient ſi elles étoient prolongées ;
ou bien elles ſont diſpoſées de maniere qu'elles ne ſe rencontreroient jamais, quand même elles ſeroient prolongées à l'in-

B

fini ; auquel cas on les appelle *paralleles.* Lorſqu'elles ſe ren-
contreut, cela peut encore arriver en deux manieres : premierement, enſorte que l'une ne panche ni d'un côté ni d'autre de celle qu'elle rencontre, & pour lors on les appelle *perpendiculaires :* ſecondement, enſorte que l'une panche plus d'un
côté que de l'autre de celle qu'elle rencontre, & alors on les
appelle *obliques.*

Les lignes perpendiculaires & les obliques forment par leur
rencontre des *angles* dont nous parlerons d'abord, après quoi
nous traiterons des perpendiculaires & des obliques, & enſuite des paralleles.

DES ANGLES.

42. Un angle eſt l'ouverture de deux lignes qui ſe rencontrent en un point qu'on appelle le *ſommet* ou la *pointe* de l'an-
Fig. 9. gle : telle eſt l'ouverture des deux lignes C A & C B.

43. Les deux lignes qui par leur rencontre forment l'angle,
s'appellent les *cotés* de l'angle : telles ſont les lignes C A & C B.

Un angle peut ſe marquer par une ſeule lettre qui eſt au
ſommet ; mais on le marque plus ordinairement par trois lettres, & pour lors on met toujours celle qui déſigne le ſommet
à la ſeconde place ; ainſi pour déſigner l'angle de la Figure 9,
on dira l'angle A C B, ou l'angle B C A, en mettant à la ſeconde place la lettre C qui eſt au ſommet : cela s'obſerve,
ſoit que l'on parle, ſoit que l'on écrive. Ce même angle peut
être déſigné par la ſeule lettre C qui eſt au ſommet.

On diſtingue trois ſortes d'Angles, le *rectiligne,* le *curviligne*
& le *mixtiligne.*

44. L'angle rectiligne eſt celui dont les deux côtez ſont
des lignes droites.

45. L'angle curviligne eſt celui dont les deux côtez ſont
des lignes courbes.

46. L'angle mixtiligne eſt celui dont un des côtez eſt une
ligne droite, & l'autre une ligne courbe

Nous ne parlerons ici que des angles rectilignes, qui ſont
les ſeuls dont la connoiſſance ſoit neceſſaire dans les Elemens
de Geometrie.

47. Remarquez que la grandeur d'un angle ne dépend point
de la longueur des côtez ; mais ſeulement de l'ouverture ou
inclinaiſon de ces côtez ; c'eſt pourquoi l'angle *a* C *b* eſt égal

à l'angle A C B ; ou plutôt c'est le même angle ; quoique les deux côtez C*a* & C*b* soient plus courts que les côtez C A & C B.

48. Un angle, comme A C B, qui a son sommet au centre du cercle, a pour mesure l'arc A B compris entre ses côtez ; car il est évident que cet arc devient plus grand ou plus petit à proportion que l'ouverture des côtez est plus grande ou plus petite. Or nous venons de dire que c'est de la seule ouverture des côtez que dépend la grandeur de l'angle.

Il est indifferent que l'arc qui doit servir de mesure à un angle, soit décrit à une plus grande ou à une moindre distance du sommet ; car soit que la circonference qui a pour centre le sommet de l'angle soit grande ou petite, l'arc compris entre les côtez de l'angle est toujours de la même grandeur relative ; c'est-à-dire, que cet arc contient le même nombre de degrez ; par exemple, l'arc *a b* contient autant de degrez que l'arc A B ; puisque si l'un est la huitiéme partie de sa circonference, il est clair que l'autre est aussi la huitiéme partie de la sienne.

49. Ces arcs de differens cercles qui contiennent un égal nombre de degrez, sont appellez *proportionnels* ou *semblables*.

50. Il suit de ce que nous venons de dire, que les angles sont égaux, quand ils ont pr.. mesure des arcs égaux du même cercle, ou de cercles égaux, ou des arcs proportionnels de differens cercles.

C'est par rapport aux arcs qui mesurent les angles, que outre les trois especes d'angles dont nous avons parlé, on distingue encore trois sortes d'angles, le droit, l'obtus & l'aigu.

51. L'angle droit est celui qui a pour mesure un arc qui contient 90. degrez, ou le quart de la circonference : tel est l'angle D C B.

52. L'Angle obtus est celui qui a pour mesure un arc qui contient plus de 90. degrez : tel est l'angle D C A.

53. L'angle aigu est celui qui a pour mesure moins de 90. degrez : tel est l'angle D C B.

54. On peut conclure de ces définitions que tous les angles droits sont égaux, puisqu'ils ont tous pour mesure 90. degrez ; mais tous les angles obtus ne sont pas égaux ; car, par exemple, un angle de 95. degrez, & un angle de 100. degrez sont obtus, parce que l'un & l'autre a plus de 90. degrez.

Or il est visible que ces deux angles ne sont pas égaux : de même tous les angles aigus ne sont pas égaux : par exemple, deux angles aigus dontl'un est de 30. degrez & l'autre de 50, ne sont pas égaux.

55. Remarquez qu'un angle obtus ne peut avoir 180. degrez, ou la demi circonference pour sa mesure ; car si on vouloit, par exemple, augmenter l'angle DCA ; ensorte qu'il eut pour mesure la demi circonference, il faudroit appliquer le côté CD sur le rayon CB ; auquel cas il est visible qu'il n'y auroit plus d'angle, puisque les côtez A C & C D ne feroient plus que la ligne droite A C B.

A l'occasion des angles aigus & obtus, on distingue des complemens & des supplemens d'angles ou d'arcs.

56. Le complement d'un angle est ce qu'il faut ajouter à cet angle, afin que la somme soit égale à un angle droit : par *Fig. 12.* exemple, le complement de l'angle aigu E C B est l'angle D C E, qui, avec le premier, fait l'angle droit D C B. L'angle E C B est aussi complement de D C E.

57. Le supplement d'un angle est ce qu'il faut ajouter à cet angle, afin que la somme soit égale à deux angles droits : par exemple, le supplement de l'angle E C B est l'angle E C A : de même l'angle E C B est supplement de l'autre E C A.

58. On peut dire la même chose des arcs ; ainsi l'arc D E est le complement de l'arc E B, & cet arc E B est aussi complement du premier ; parce que la somme de ces deux arcs est égale à l'arc D E B, qui est le quart de la circonference ; mais l'arc E D A est le supplement de l'arc E B, & l'arc E B est le supplement de l'arc E D A, parce que la somme de ces deux arcs est égale à la demi circonference. On confond assez souvent ces deux termes de *complemens* & de *supplemens* : nous nous en servirons suivant les notions que nous venons d'en donner.

59. Il paroît par ces définitions que les angles & les arcs qui ont des complemens ou des supplemens égaux, sont égaux : & réciproquement lorsque les angles ou les arcs sont égaux, les complemens ou les supplemens sont égaux ; par exemple, *Fig. 12.* si les angles E C B & *e c b* sont égaux, leurs complemens E C D & 13. & *e c d* sont égaux ; il en est de même des supplemens.

THEOREME I.

60. *Une ligne droite tombant sur une autre, forme deux angles,*

qui pris ensemble font égaux à deux angles droits, c'est-à-dire, *qu'ils ont pour mesure* 180. *degrez, ou la demi circonférence.* On suppose dans ce Theoreme que la premiere ligne ne tombe pas sur l'extrêmité de l'autre.

DEMONSTRATION.

Soit la ligne D C qui tombe sur la ligne A B : je dis que les deux angles D C A & D C B qu'elle forme, ont pour mesure la demi circonférence; car si du point C comme centre, on décrit une circonférence, la ligne A B qui contient le centre en sera diametre; & par conséquent elle coupera la circonférence en deux parties égales; ainsi la partie A D B est la demi circonférence. Or l'arc A D est la mesure de l'angle D C A*; & l'arc D B, qui est le reste de la demi circonférence, est la mesure de l'angle D C B*; donc ces deux angles pris ensemble ont pour mesure la demi circonférence; par conséquent ils valent deux angles droits. Ce qu'il falloit démontrer.

Fig. 11.

* 49.
* 48.

COROLLAIRE.

61. Puisque les angles D C A & D C B pris ensemble valent deux angles droits, il s'ensuit que si un des deux est droit, l'autre le sera aussi.

62. Remarquez que si la ligne qui tombe sur l'autre, n'incline ni d'un côté ni d'autre, comme la ligne D C, Fig. 10. Elle forme deux angles égaux entre eux, dont chacun est droit; mais si la ligne panche plus d'un côté que de l'autre, comme la ligne D C, Fig. 11. elle forme des angles inégaux, dont l'un est aigu & l'autre obtus, & qui pris ensemble valent toujours deux angles droits, comme on vient de le prouver.

63. On démontreroit de la même maniere que si plusieurs lignes tombent sur un même point d'une autre ligne & du même côté; tous les angles formez pris ensemble, sont égaux à deux angles droits: par exemple, les angles A C D, D C E, E C F & F C B, formez par les trois lignes D C, E C & F C qui tombent sur le point C de la ligne A B, ont pour mesure la demi circonférence qui a été décrite du point C comme centre; par conséquent tous ces angles pris ensemble valent deux angles droits.

Fig. 14.

64. Enfin on peut encore faire voir de la même maniere

que si plusieurs lignes se coupent au même point, tous les angles qu'elles forment pris ensemble, sont égaux à quatre angles droits; c'est-à-dire, qu'ils ont pour mesure la circonférence entière. Cela paroît par la figure 15, dans laquelle on a décrit une circonference qui a pour centre le point C ou les lignes se coupent, & qui est la mesure de tous les angles formez par les lignes qui se rencontrent.

Fig. 15.

65. Nous allons exposer un theoreme qui sert à démontrer un grand nombre de propositions; c'est sur les *angles opposez au sommet.* Les angles opposez au sommet, sont ceux qui sont formez par deux lignes qui se coupent; ensorte que l'un de ces angles est d'un côté du point d'intersection, & l'autre est du côté opposé : tels sont les angles B C E & A C D, ou les angles A C E & B C D; on les appelle aussi les *angles opposez par la pointe.* Il faut prendre garde que les angles B C E & A C E ne sont pas opposez, non plus que les angles A C D & B C D; c'est pourquoi il ne s'agit pas de ces angles comparez de cette maniere.

Fig. 16.

THEOREME II.

66. *Les angles opposez au sommet sont égaux :* B C E, *par exemple, est égal à* A C D.

DEMONSTRATION.

Du point d'intersection des deux lignes qui forment ces angles soit décrite une circonference, elle sera coupée en deux parties égales par les lignes A B & D E, qui en sont des diametres; donc l'arc A E B & l'arc D A E seront chacun une demi circonference ; & par consequent ils seront égaux; si donc on en retranche la partie commune A E, les restes seront encore égaux. Or le reste de la premiere demi circonference est E B, & le reste de la seconde est D A ; ainsi ces deux arcs E B & D A sont égaux; mais ces arcs sont les mesures des angles B C E & A C D *; donc ces angles sont égaux. Ce qu'il falloit démontrer.

* 48.

On peut démontrer de même que les deux autres angles A C E & B C D qui sont aussi opposez au sommet, sont égaux entre eux,

PROBLÈME I.

67. *Faire sur une ligne donnée, comme* AB, *un angle égal à un autre angle tel que* GEF.

Du sommet de l'angle donné GEF décrivez un arc entre ses deux côtez; ensuite de l'extrêmité A de la ligne donnée, & de la même ouverture du compas décrivez un arc indéfini tel que BD, sur lequel vous prendrez avec le compas la partie BC égale à l'arc FG: après quoi vous tirerez une ligne du point A au point C, elle formera l'angle CAB égal à l'angle donné: ce qui est évident, puisque ces angles ont pour mesures des arcs égaux.

Fig. 17.

PROBLÈME II.

68. *Couper un angle, comme* A, *en deux parties égales.*

Du point A comme centre & d'un intervalle pris à discretion, décrivez l'arc BC; ensuite des deux points B & C pris pour centres, décrivez deux arcs de la même ouverture du compas qui se coupent en un point, comme D; enfin tirez une ligne droite du point A au point D; elle coupera l'angle BAC en deux parties égales; car la ligne AD coupant l'arc BC en deux parties égales *, il faut aussi qu'elle coupe en deux parties égales l'angle BAC dont l'arc BC est la mesure.

Fig. 18.

* 37.

Nous parlerons dans la suite de la mesure des angles qui n'ont pas leur sommet au centre: mais on va voir lorsque nous traiterons des perpendiculaires, des obliques & sur tout des paralleles, qu'il étoit necessaire d'exposer les propositions précedentes touchant les angles avant de parler de ces lignes.

DES LIGNES PERPENDICULAIRES
& des Obliques.

69. Une ligne droite est perpendiculaire à l'égard d'une autre ligne droite, lorsqu'elle tombe sur cette seconde sans pancher ni d'un côté ni de l'autre; telle est la ligne AC. Il ne faut pas confondre la ligne droite avec la perpendiculaire, puisqu'une oblique est droite aussi-bien qu'une perpendiculaire.

Fig. 19.

70. Une ligne est oblique sur une autre lorsqu'elle panche plus d'un côté que de l'autre: telle est la ligne FK.

Fig. 20.

71. Puifque la ligne perpendiculaire ne panche ni d'un
côté ni de l'autre, il s'enfuit felon ce que nous avons dit * qu'elle forme deux angles égaux & droits ; au contraire la ligne
oblique étant plus inclinée d'un côté que de l'autre, elle forme
deux angles inégaux qui font fupplemens l'un de l'autre.

72. On peut dire auffi réciproquement que fi une ligne tombant fur un autre forme des angles droits, & par conféquent
égaux, elle eft neceffairement perpendiculaire fur cette feconde : car faifant des angles égaux, elle n'incline ni d'un
côté ni de l'autre ; ainfi elle eft perpendiculaire fuivant la notion que nous venons de donner de cette ligne ; & fi la ligne
qui tombe fur une autre forme des angles inégaux, elle eft
oblique fur la feconde, parce que pour lors elle incline plus
d'un côté que de l'autre.

73. Remarquez qu'une ligne ne peut être perpendiculaire
à une autre que cette feconde ne foit auffi perpendiculaire à la
premiere. Car fi onprolonge la perpendiculaire, comme dans
la figure 19, la perpendiculaire prolongée A C E faifant des
angles droits fur la ligne B D, cette fecondeligne fait auffi neceffairement des angles droits fur la premiere A C E, & par
conféquent elle lui eft perpendiculaire. De même lorfqu'une
ligne eft oblique à une autre, cette feconde eft auffi oblique
à la premiere ; ce qui paroîtra évidemment fi on prolonge la
premiere au-delà du point de rencontre.

74. Une ligne étant perpendiculaire à une autre, fi un des
points de la premiere eft également éloigné de deux points
de la feconde, tous les autres points de la perpendiculaire
font également éloignez de ces deux points : par exemple, la
ligne A C étant perpendiculaire fur B D, fi le point A eft également éloigné de B & de D, tous les autres points de la ligne A C font auffi également éloignez de B & de D ; car fi
le point E ou tout autre point de la perpendiculaire n'étoit
pas également éloigné de B & de D, il eft évident que la
ligne A C feroit plus inclinée d'un côté que de l'autre ; par
conféquent elle ne feroit plus perpendiculaire fur B D ; ce qui
eft contre la fuppofition. Si au lieu du point A, on avoit fuppofé le point C également éloigné de B & de D, on auroit
prouvé de la même maniere que le point A ou le point E eft
également éloigné des deux points B & D. Il en eft de même de tous les autres points de la perpendiculaire.

75.

75. Il fuit de-là que si une ligne, comme A C, est perpendiculaire à une autre telle que BD; & qu'un de ses points soit également éloigné des deux points B & D de cette autre ligne, la perpendiculaire prolongée passe par tous les points également éloignez de B & de D; car on vient de faire voir que pour lors tous les autres points de la perpendiculaire sont à égale distance de B & de D. Or cela posé, il faut qu'elle passe par tous les points également éloignez de B & de D*.

* 16.

76. Mais si une ligne, comme A C, n'étoit pas supposée perpendiculaire sur une autre, pour démontrer qu'elle est effectivement perpendiculaire, il ne suffiroit pas de faire voir qu'un de ses points, comme A, est également éloigné des deux points B & D de la seconde ligne B D; il faudroit démontrer que deux points, comme A & E, de la ligne A C sont chacun également éloignez des deux points B & D; auquel cas la ligne A C seroit certainement perpendiculaire sur la ligne B D, puisqu'ayant deux de ses points également éloignez de B & de D, tous les autres points seroient également distans des mêmes points B & D, & ainsi elle n'inclineroit ni d'un côté ni de l'autre; par conséquent elle seroit perpendiculaire.

THEOREME I.

77. *On ne peut tirer qu'une seule perpendiculaire d'un même point, sur une ligne donnée, comme A B.*

DEMONSTRATION.

Le point duquel on tire la perpendiculaire est ou hors de la ligne, ou dans la ligne même. Or dans l'un & dans l'autre cas on ne peut tirer qu'une seule perpendiculaire d'un point sur une même ligne.

Fig. 22.

Premier cas. Soit, par exemple, le point C hors de la ligne AB, je dis que de ce point on ne peut abbaisser que la seule perpendiculaire CD: pour le démontrer, je prens dans la ligne AB deux points, comme A & B, dont le point C soit également distant; cela posé, je raisonne ainsi; la ligne C D étant perpendiculaire sur A B, & son point C étant également éloigné de A & de B, tous les autres points de la perpendiculaire C D doivent aussi être également éloignez de A & de B*; donc le point D est également éloigné de A & de B. Or de-là il s'ensuit que nulle autre ligne, telle que C F tirée du point C ne peut être perpen-

* 74.

G

diculaire fur A B; car fi C F étoit perpendiculaire fur A B, fon
point C étant également diftant de A & de B, tout autre point
de la ligne C F feroit également diftant de A & de B *. Or
le point F n'eſt point également diftant de ces deux points,
parce que le point D étant également éloigné de A & de B,
il faut que le point F qui eſt entre D & B ſoit plus près de B
que de A; donc la ligne C F n'eſt pas perpendiculaire fur A B.
Il en eſt de même de toute autre ligne tirée du point C.

Second cas. Si l'on prend le point D dans la ligne A B, je démontre de même que de ce point on ne peut élever que la
feule perpendiculaire D C fur A B: car fi du point D qui eſt
également éloigné de A & de B, on élevoit une autre ligne que D C, elle feroit à droite ou à gauche de la perper-
diculaire D C; ainfi cette perpendiculaire D C paffant par tous
les points également diftans de A & de B *, les points de cette
autre ligne tirée du point D ne pourroient être à égale diftance
de ces deux points A & B; par conféquent cette autre ligne ne
pourroit être perpendiculaire fur A B. *

* 74.

* 75.

* 74.

COROLLAIRE.

78. Deux lignes qui font chacune perpendiculaires à une
troifiéme, ne peuvent jamais fe rencontrer, quoique prolongées à l'infini: car fi ces deux lignes fe rencontroient, il y auroit deux perpendiculaires tirées du même point; ſçavoir, du
point de rencontre, fur la troifiéme ligne: ce qui vient d'être
démontré impoffible.

THEOREME II.

79. *La perpendiculaire eſt plus courte que l'oblique tirée du même
point fur la même ligne.*

DEMONSTRATION.

Soit la ligne C D perpendiculaire fur A B, & la ligne C F
tirée du même point fur la ligne A B. Je dis que C D eſt plus
courte que C F: pour le démontrer il faut prolonger C D jufqu'au point H; enforte que H D foit égale à C D, & tirer
l'oblique H F qui eſt neceffairement égale à l'autre oblique
C F; car la ligne C H étant perpendiculaire fur A B, cette ligne A B eſt auffi perpendiculaire fur C H *. Or fon point D
eſt également diftant des deux points C & H, puifque H D eſt

Fig. 22.

* 73.

égale à CD, par conſequent tout autre point, comme F, de la
perpendiculaire AB * eſt également diſtant de C & de H; * 74.
donc HF eſt égale à CF. Cela poſé, je raiſonne ainſi ; la ligne droite CDH eſt plus courte que CFH * : donc la moi- * 11.
tié de CDH eſt plus courte que la moitié de CFH. Or la
moitié de CDH eſt CD, & la moitié de CFH eſt CF; donc
la perpendiculaire CD eſt plus courte que l'oblique CF. Ce
qu'il falloit démontrer.

COROLLAIRE.

80. Puiſque la perpendiculaire eſt la plus courte ligne que
l'on puiſſe tirer d'un point ſur une ligne ; il s'enſuit que la perpendiculaire eſt la meſure de la diſtance d'un point à une ligne: par exemple, la perpendiculaire CD eſt la meſure de la
diſtance du point C à la ligne AB.

THEOREME III.

81. *De toutes les obliques tirées du même point ſur une ligne, la*
plus éloignée de la perpendiculaire eſt la plus longue; & celles qui
ſont également éloignées ſont égales.

DEMONSTRATION.

Du point C ſoient tirées ſur la ligne AB les obliques CF & Fig. 22.
CG du même côté de la perpendiculaire, & de l'autre côté
l'oblique CE, autant éloignée de la perpendiculaire que CF.
1°. l'oblique CG eſt plus longue que l'oblique CF. Pour le
démontrer il faut prolonger la perpendiculaire CD juſqu'au
point H, enſorte que HD ſoit égale à CD, & du point H tirer
les lignes HF & HG ; il eſt facile de faire voir comme dans
le Theorême précedent, que ces deux lignes ſont égales aux
obliques CF & CG ; ainſi CF eſt la moitié de CFH & CG
eſt la moitié de CGH. Or il eſt évident que CGH eſt plus
longue que CFH, parce qu'elle ſe détourne davantage de la
voye la plus courte, qùi eſt CDH* : donc l'oblique CG eſt * 11.
auſſi plus longue que l'oblique CF.

2°. Les obliques également éloignées CF & CE ſont égales;
car ayant tiré la ligne HE, il eſt vident que les deux lignes
CFH & CEH ſont égales, puis qu'elles s'écartent également
de la ligne droite CDH; par conſequent leurs moitiés CF &
CE ſont auſſi égale. Ce qu'il fal. dem.

COROLLAIRE.

82. D'un même point, comme C, on ne peut tirer que deux lignes égales fur une autre ligne, telle que A B; car il eft clair qu'on ne peut tirer que deux obliques également éloignées de la perpendiculaire, fçavoir, une de chaque côté.

83. On a fuppofé dans le Theorême précedent que les lignes obliques ont été tirées du même point ou de l'extremité de la même perpendiculaire; mais il eft évident que fi les obliques étoient tirées de l'extremité de perpendiculaires égales, ce feroit la même chofe; par exemple, les trois perpendiculaires A B, D E, G H étant égales, l'oblique G L qui eft plus éloignée de fa perpendiculaire que l'oblique D F ne l'eft de la fienne, eft plus longue que cette autre oblique; & les deux obliques A C & D F que l'on fuppofe également éloignées de leurs perpendiculaires font égales. Si en en vouloit avoir une demonftration fenfible, il n'y auroit qu'à concevoir que les perpendiculaires égales, telles que D E & G H font appliquées l'une fur l'autre, enforte qu'elles ne foient plus qu'une même ligne; & pour lors les deux obliques G L & D F feroient tirées du même point, & la premiere feroit plus éloignée de la perpendiculaire que la feconde, ce qui reviendroit au même cas que dans le Theoreme précedent. Pareillement en concevant les perpendiculaires égales A B & D E appliquées l'une fur l'autre, il paroîtra, comme dans le Theoreme, que les obliques A C & D F font égales.

84. La ligne H L comprife entre l'oblique G L & la perpendiculaire G H, laquelle mefure la diftance de l'extremité de l'oblique à la perpendiculaire, eft appellée *Eloignement de perpendicule*. De même B C eft l'éloignement de perpendicule par rapport à l'oblique A C & à la perpendiculaire A B.

THEOREME IV.

85. *De ces trois chofes, fçavoir, la Perpendiculaire, l'Oblique & l'Eloignement de Perpendicule, fi deux d'une part font égales aux deux Correfpondantes d'une autre part, la troifiéme d'un côté eft égale à la troifiéme de l'autre.*

Fig. 1.

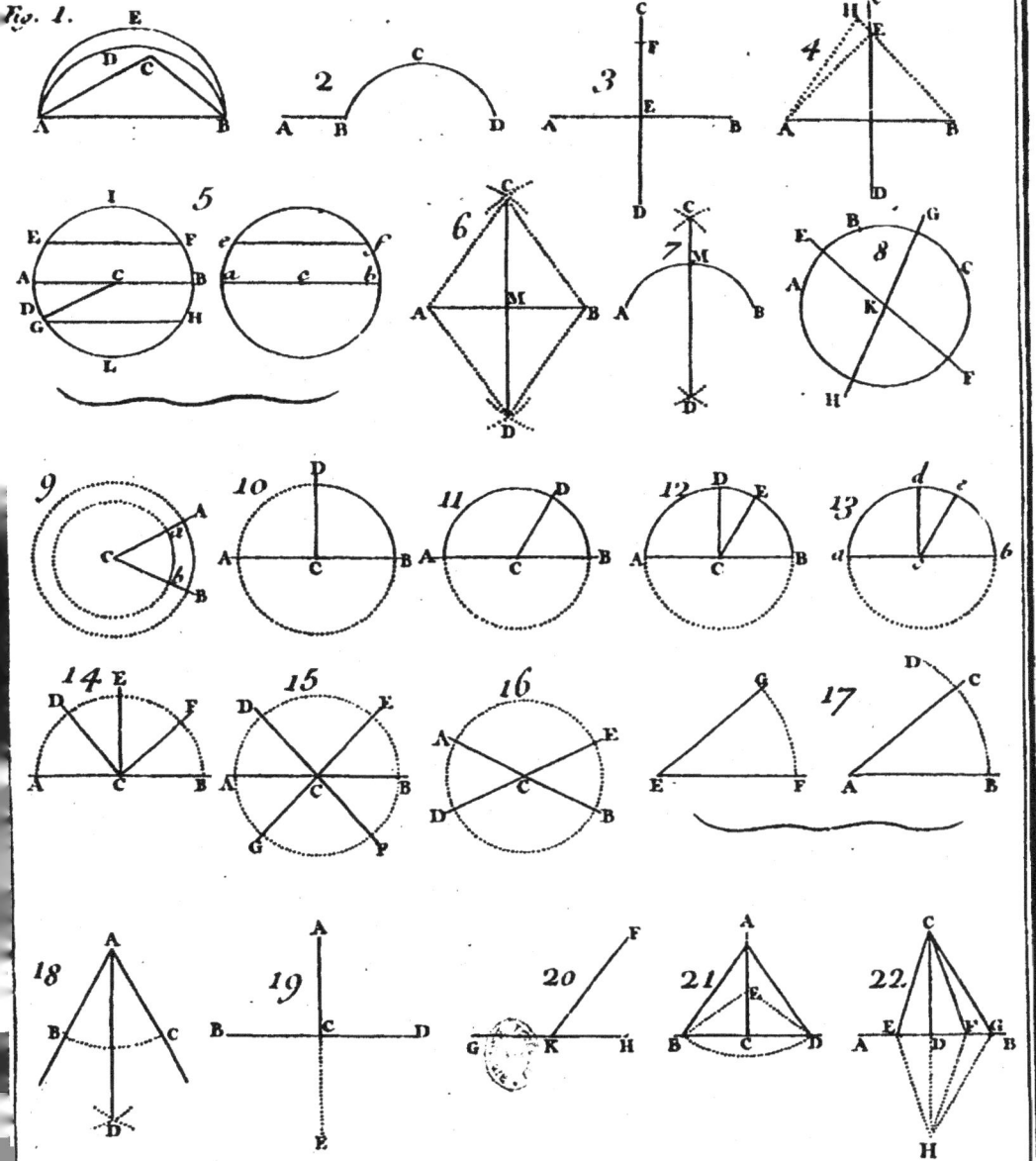

DEMONSTRATION.

1°. Si la perpendiculaire A B & l'éloignement de perpendicule B C font égaux à la perpendiculaire D E & à l'éloignement de perpendicule E F, l'oblique A C eſt égale à l'oblique
D F : c'eſt ce que nous avons démontré *, en faiſant voir que   * 83.
les obliques qui font tirées des extrémitez de perpendiculaires   Fig. 23.
égales , & qui en font également éloignées , font égales.

2°. Si la perpendiculaire A B & l'oblique A C font égales à
la perpendiculaire D E & à l'oblique D F, les éloignemens de
perpendicule B C & E F font égaux ; car ſi un des éloignemens de perpendicule , par exemple B C, étoit plus grand que
l'autre, l'oblique A C feroit auſſi plus grande que l'oblique D F,
puis qu'elle feroit plus éloignée de la perpendiculaire ; ainſi les
obliques ayant été ſuppoſées égales, il faut auſſi que les éloignemens de perpendicule foient égaux.

3°. Si l'éloignement de perpendicule & l'oblique d'une part
font égaux à l'éloignement de perpendicule & à l'oblique d'une
autre part , les perpendiculaires font égales ; car les éloignemens de perpendicule peuvent être conſiderez comme des
perpendiculaires , & les perpendiculaires comme des éloignemens de perpendicule ; par exemple B C peut être regardé
comme la perpendiculaire , & A C comme l'éloignement de
perpendicule , en concevant que l'oblique A C eſt tirée du
point C, extremité de la perpendiculaire au point A : par confequent ce troiſiéme cas ſe rapporte au ſecond.

86. De ce que nous avons dit ſur les perpendiculaires , il
ſuit qu'il y a trois marques pour connoître ſi une ligne, comme C D, eſt perpendiculaire à une autre, telle que A B ; la   Fig. 22.
premiere , lors qu'elle forme deux angles droits, & par confequent égaux ſur l'autre ligne * ; la ſeconde, quand elle a   * 72.
deux de ſes points également éloignez chacun de deux points
de la ſeconde ligne * ; & la troiſiéme eſt quand elle eſt la plus   * 76.
courte que l'on puiſſe tirer du point C ſur la ligne A B. Les
deux premieres marques font évidentes par la définition même
de la perpendiculaire , & la troiſiéme eſt fondée ſur le ſecond
Theoreme.

PROBLÈME

87. *D'un point donné, comme* C, *tirer une perpendiculaire sur une ligne.*

Le point C peut être hors de la ligne, ou dans la ligne même ; c'est pourquoy ce Problème a deux cas.

Fig. 25.   1°. Si le point C est hors de la ligne, de ce point C comme centre, décrivez un arc qui coupe la ligne en deux points, tels que E & F ; ensuite du point E & du point F, décrivez deux arcs de cercle de la même ouverture du compas, qui se coupent en un point D ; enfin tirez une ligne droite qui passe par le point donné C, & par le point d'intersection des deux arcs, elle sera perpendiculaire à la ligne donnée A B.

Fig. 26.   2°. Si le point C est dans la ligne même, de ce point comme centre décrivez une demi circonference qui coupe la ligne A B en deux points, desquels pris pour centre il faut décrire des arcs de la même ouverture du compas, & faire le reste comme dans le premier cas.

Fig. 27.   Si dans le second cas le point C, duquel il faut tirer une perpendiculaire, étoit à l'extrémité de la ligne donnée A B ; pour lors il faudroit prolonger cette ligne au-delà du point C, & décrire de ce point comme centre une demi circonference qui coupât la ligne prolongée : & le reste comme cy-dessus.

Il est indifferent que l'on tire les deux arcs au-dessus ou au dessous de la ligne donnée, pourvû qu'ils ne se coupent pas au point donné C ; ce qui pourroit arriver lorsque ce point est hors de la ligne.

Il est évident qu'en observant cette methode, la ligne tirée est perpendiculaire à la ligne donnée, puisque deux de ces points, sçavoir, le point donné & le point d'intersection des deux arcs, sont également distants des deux points E & F de la ligne donnée.

DES LIGNES PARALLELES.

88. Les lignes *Paralleles* sont celles qui sont par tout également éloignées l'une de l'autre, ou, ce qui est la même chose, qui sont tellement disposées que tous les points de l'une sont
Fig. 28.   également éloignez de l'autre : telles sont les lignes C D & A B.

De cette notion des parallèles on peut conclure plusieurs propositions qui en sont des suites évidentes.

89. 1°. Les parallèles prolongées à l'infini ne peuvent jamais se rencontrer, puis qu'elles sont par tout également éloignées l'une de l'autre.

90. 2°. Deux lignes A B & C D étant parallèles, si une troisième comme X Y est parallèle à une des deux, elle sera aussi parallèle à l'autre ; car cette troisième ligne ne peut être par tout également éloignée de l'une des deux parallèles, qu'elle ne soit aussi par tout à même distance de l'autre. Cela est vrai, lorsque X Y est entre les deux lignes A B & C D, & quand elle est hors de ces deux lignes.

91. 3°. Les lignes, comme C A & D B, tirées d'une parallèle perpendiculairement sur l'autre, sont égales, puisque ces perpendiculaires mesurent la distance d'une parallèle à l'autre, laquelle est par tout égale.

92. 4°. Les obliques, comme E G & H L, également inclinées entre parallèles, sont égales entre elles ; car si on tire les perpendiculaires E F & H K, elles seront égales : d'ailleurs les obliques étant supposées également inclinées, les éloignemens de perpendicule F G & K L sont égaux ; par conséquent les obliques elles-mêmes seront égales *.   *Fig. 29.*

                                                             . 85.

93. 5°. Si plusieurs lignes parallèles également distantes sont coupées par une ligne, telle que A E, les parties de cette ligne comprises entre ces parallèles ; sçavoir, A B, B C, C D, D E, sont égales entr'elles. Cela paroît parce que ces différentes parties sont autant de lignes également inclinées entre des espaces parallèles égaux ; ce qui est la même chose que si elles étoient également inclinées dans le même espace parallèle, auquel cas elles seroient égales.   *Fig. 30.*

94. Deux lignes parallèles, comme A B & C D, coupées par une troisième ligne E F sont également inclinées vers le même point E sur cette troisième ; car si les deux parallèles A B & C D n'étoient pas également inclinées sur E F vers le point E, ensorte que la parallèle inférieure fut plus inclinée vers ce point que l'autre parallèle, ces deux lignes s'approcheroient l'une de l'autre ; & par conséquent elles ne seroient pas parallèles ; ce qui est contre l'hypotèse.   *Fig. 31.*

Nous appellerons *Secante* la ligne qui coupe les parallèles.

95. La secante forme avec les parallèles plusieurs angles qu'il

faut remarquer : les uns font entre les paralleles; on les nomme *Interieurs* ou *internes* : tels font les angles I, L, M, N; les autres font hors des paralleles, on les nomme *Exterieurs* ou *Ex-*
ternes ; tels font les angles G & H au deſſus, & O & P au deſſous. En comparant les angles ſoit internes ſoit externes deux
à deux, il y en a qu'on appelle *Alternes* ; ce ſont ceux dont l'un
eſt dans la partie ſuperieure, & l'autre dans la partie inferieure,
l'un à droite & l'autre à gauche de la ſecante ; par exemple,
les angles I & N ſont alternes internes auſſi-bien que les deux
autres L & M. Pareillement les deux angles H & O ſont alternes externes, de même que les deux autres G & P.

96. Deux angles formez par des paralleles, comme H & N,
dont l'un eſt exterieur & l'autre interieur du même côté de la
ſecante ſont égaux ; car la grandeur des angles dépend de l'inclinaiſon des lignes. Or les deux paralleles ſont également inclinées ſur la ſecante E F * ; par conſequent les angles H & N
que les paralleles forment ſur E F ſont égaux. Par la même
raiſon l'angle exterieur P & l'angle interieur L qui ſont au
deſſous des paralleles du même côté de la ſecante ſont auſſi
égaux. On peut faire voir de la même maniere que les angles
G & M de l'autre côté de la ſecante ſont égaux entr'eux ; comme auſſi les angles O & I : c'eſt ſur cette propoſition qu'eſt fondée la démonſtration du theoreme ſuivant.

* 94.

THEOREME I.

97. *Si deux lignes ſont paralleles* 1°. *Les angles alternes internes*
ſont égaux. 2°. *Les angles alternes externes ſont égaux.* 3°. *Les*
deux angles interieurs du même côté de la ſecante pris enſemble va-
lent deux angles droits. 4°. *Les deux angles exterieurs du même*
côté de la ſecante pris enſemble valent auſſi deux angles droits.

DEMONSTRATION.

Soient les deux paralleles A B & C D ; il faut prouver en premier lieu que les angles alternes I & N ſont égaux. L'angle I
eſt égal à l'angle H, parce qu'ils ſont oppoſez au ſommet :
l'angle N eſt auſſi égal à l'angle H, comme on vient de le faire
voir ; par conſequent les angles I & N ſont égaux. On prouveroit de même que les deux autres angles alternes internes L &
M ſont égaux, à cauſe que chacun des deux eſt égal à l'angle G.

2°. Les angles alternes externes G & P ſont égaux ; car l'angle

gle G eſt égal à l'angle L , parce qu'ils ſont oppoſez au ſommet. D'ailleurs l'angle P eſt auſſi égal à l'angle L, puiſque l'un
eſt exterieur & l'autre interieur du même côté de la ſecante :
donc les deux angles G & P ſont égaux. On prouveroit de même que les deux autres angles alternes externes H & O ſont
égaux , parce que chacun d'eux eſt égal à l'angle I.

3°. Les deux angles interieurs N & L du même côté de la
ſecante valent enſemble deux angles droits ; car les deux angles H & L pris enſemble valent deux droits * : donc ſi à la
place de l'angle H on prend l'angle N qui luy eſt égal , la
ſomme des angles N & L vaudra auſſi deux angles droits. On
prouveroit de même que les deux angles interieurs M & I valent
enſemble deux angles droits , parce que les deux angles G & I
valent deux droits. *K 60*

4°. Les deux angles exterieurs H & P du même côté de la
ſecante valent enſemble deux angles droits ; car les deux angles N & P pris enſemble valent deux angles droits*: donc ſi à la
place de l'angle interieur N, on prend l'angle exterieur H qui lui
eſt égal, la ſomme des angles H & P vaudra auſſi deux angles
droits. On peut prouver de même que les deux angles exterieurs G & O valent enſemble deux angles droits , parce que
les deux angles M & O valent deux droits. *＊ 60.*

COROLLAIRE.

98. Les lignes A B & C D étant ſuppoſées paralleles , ſi la
ligne E F eſt perpendiculaire ſur une parallele A B , elle eſt *Fig. 31.*
auſſi perpendiculaire à l'autre; car la ſecante E F étant perpendiculaire ſur A B, l'angle E F B eſt droit ; par conſequent
l'angle alterne F E C eſt auſſi droit ; d'où il ſuit que la ligne
E F eſt perpendiculaire ſur C D.

99. On a fait voir que ſi deux lignes, comme AB & CD, ſont
paralleles , l'angle exterieur H & l'angle interieur N , formez *Fig. 31.*
ſur ces paralleles du même côté de la ſecante, ſont égaux.
Mais on peut dire reciproquement que ſi les deux angles H & N
ſont égaux , les deux lignes A B & C D ſont paralleles. Car
les angles ne peuvent être égaux que ces deux lignes ne ſoient
également inclinées vers le même point E ſur la ſecante E F.
Or les deux lignes A B & C D ne peuvent être également inclinées vers le même point E ſur la ſecante E F , ſans être paralleles ; c'eſt-à-dire , également diſtantes l'une de l'autre dans

D

toute leur longueur; car il eſt évident qu'une de ces lignes: par exemple A B, ne peut s'approcher ou s'éloigner de C D par une de ſes extrêmitez, à moinsqu'elle ne ſoit plus ou moins inclinée ſur la ſecante que l'autre ligne C D: par la même raiſon ſi l'angle exterieur P & l'angle interieur L ſont égaux, les lignes A B & C D ſont paralleles. On peut faire voir de la même maniere que ſi les deux angles G & M ſont égaux entr'eux ou les deux autres O & I, les lignes A B & C D ſont paralleles.

100. Nous avons dit que les deux lignes A B & C D ne peuvent être également inclinées & vers le même point E ſur une troiſiéme E F ſans être paralleles: mais deux lignes peuvent être également inclinées vers differens points ſur une troiſiéme, ſans que ces deux lignes ſoient paralleles. Cela paroît par la Figure 33, où les deux lignes A B & C D peuvent être également inclinées ſur E F, quoiqu'elles ne ſoient pas paralleles, l'une étant inclinée vers E & l'autre vers F.

THEOREME II.

101. *Deux lignes ſont paralleles, 1°. Si les angles alternes internes ſont égaux. 2°. Si les angles alternes externes ſont égaux. 3°. Si les deux interieurs du même côté de la ſecante valent enſemble deux angles droits. 4°. Si les deux exterieurs du même côté de la ſecante valent enſemble deux angles droits.* Ce Theoreme eſt la propoſition inverſe ou réciproque du premier.

DEMONSTRATION.

Fig. 31. Soient les deux lignes A B & C D coupées par la ſecante E F. Il faut prouver en premier lieu, que ſi les angles alternes internes I & N ſont égaux, ces lignes ſont paralleles. L'angle H eſt toujours égal à l'angle I, à cauſe qu'ils ſont oppoſez au ſommet: donc ſi les angles I & N ſont égaux entr'eux, les deux angles H & N, dont l'un eſt exterieur & l'autre interieur du même côté de la ſecante, ſont auſſi égaux; & par conſequent les lignes A B & C D ſont paralleles *. On peut prouver la même choſe par rapport aux autres angles alternes internes L & M qui ne peuvent être égaux, à moins que l'angle exterieur G ne ſoit égal à l'angle interieur M.

* 99.

2°. Si les angles alternes externes G & P ſont égaux, les lignes A B & C D ſont paralleles; car l'angle L eſt neceſſairement égal à l'angle G: donc ſi les deux angles G & P ſont égaux, les deux angles L & P, dont l'un est interieur & l'autre exterieur du même côté de la secante, sont aussi égaux ; & par consequent les lignes A B & C D sont paralleles *.   On peut prouver la même chose par rapport aux deux angles alternes externes H & O qui ne peuvent être égaux, à moins que l'angle interieur I ne soit égal à l'angle exterieur O.

    *99.

    3°. Si les deux angles interieurs N & L du même côté de la secante valent ensemble deux angles droits, les lignes A B & C D sont paralleles ; car les angles H & L pris ensemble valent deux droits * : par consequent si les angles N & L valent aussi deux droits, il faut que les angles H & N, dont l'un est exterieur & l'autre interieur, soient égaux entr'eux ; ainsi les lignes A B & C D sont paralleles. On peut prouver la même chose par rapport aux deux autres angles interieurs M & I, qui ne peuvent valoir deux droits, à moins que l'angle exterieur G ne soit égal à l'angle interieur M.

    * 60.

    4°. Si les deux angles exterieurs H & P du même côté de la secante valent ensemble deux angles droits, les lignes A B & C D sont paralleles ; car les deux angles N & P valent deux droits * ; donc si les angles H & P valent aussi deux droits, il faut que l'angle exterieur H soit égal à l'interieur N ; par consequent les deux lignes A B & C D sont paralleles. On peut prouver la même chose par rapport aux deux autres angles alternes externes G & O qui ne peuvent valoir deux angles droits, à moins que l'angle exterieur G ne soit égal à l'interieur M du même côté de la secante.

    * 60.

COROLLAIRE.

    102. Si la ligne E F est perpendiculaire aux deux autres A B & C D, ces deux lignes sont paralleles ; car E F étant perpendiculaire sur A B & sur C D, les angles alternes internes E F B & F E C sont chacun droits, & par consequent égaux ; donc les lignes A B & C D sont paralleles.

    Fig. 32.

    La ligne E F ne peut pas être perpendiculaire sur A B & sur C D que ces deux lignes ne soient perpendiculaires sur E F ; on peut donc dire en general que si deux lignes sont perpendiculaires sur une troisiéme, elles sont paralleles entr'elles. Cette proposition n'est pas differente du Corollaire précedent.

THEOREME III.

Fig. 34.   103. *Si deux lignes paralleles, telles que* C D *&* A B, *sont comprises entre deux autres lignes paralleles, comme* A C *&* B D, *les deux premieres sont égales, & les deux autres comprises entre les premieres sont aussi égales entr'elles ; & de plus les angles opposez comme* A *&* D *sont égaux.*

DEMONSTRATION.

I. PARTIE. Les deux lignes C D & A B sont égales ; car les li-
* 92.   gnes également inclinées entre parallèles sont égales *. Or les
lignes C D & A B sont entre les parallèles A C & B D ; &
* 94.   d'ailleurs elles sont également inclinées entre ces parallèles * ;
puisqu'elles sont parallèles elles-mêmes ; par conséquent elles
sont égales. On démontrera de la même maniere que les deux
parallèles A C & B D sont égales.

II. PARTIE. Les angles opposez, comme A & D, sont égaux
* 97.   entr'eux ; car l'angle A joint à l'angle B vaut deux angles droits *,
parce que ce sont deux angles interieurs du même côté de la sécante A B, entre les parallèles A C & B D. Pareillement l'angle
D joint à l'angle B, vaut aussi deux angles droits , à cause des
* 97.   deux autres parallèles C D & A B * ; par conséquent les deux
angles opposez A & D sont égaux entr'eux. On démontrera de
la même maniere que les deux autres angles opposez B & C
sont égaux, en les joignant chacun avec l'angle A ou D.

104. De ce que nous avons dit on peut conclure qu'il y a
plusieurs marques pour connoître si deux lignes sont parallèles.

1°. Si deux perpendiculaires comprises entre ces lignes sont
égales ; car dans ce cas il y aura deux points d'une ligne qui
seront également éloignez de l'autre ligne ; par conséquent
tous les autres points de la première seront également distans
de la seconde ; ainsi ces deux lignes seront parallèles.

* 102.   2°. Si une même ligne est perpendiculaire à l'une & à l'autre *.
Fig. 31.   3°. Si les angles, tels que H & N, formez sur l'une & l'au-
* 99.   tre ligne du même côté * par une troisième , sont égaux.

4°. Si les angles, soit alternes internes, soit alternes externes,
* 101.   sont égaux *.

5°. Si les angles , soit interieurs , soit exterieurs du même
* 101.   côté de la secante pris ensemble , sont égaux à deux droits *.

P R O B L E M E.

105. *Par un point donné* C, *tirer une parallele à une ligne don-* Fig. 35.
née telle que A B.

Du point C & d'un intervalle pris à discretion, tirez l'arc
indéfini B D : ensuite du point B & de la même ouverture du
compas décrivez l'autre arc A C, & prenez avec le compas sur
le premier arc qui est indéfini, une partie B D égale à A C :
enfin tirez une ligne droite qui passe par les deux points C & D;
elle sera parallele à A B.

Cela est évident ; car ayant tiré la ligne C B, il paroît que
les angles alternes A B C & B C D sont égaux, puisqu'ils ont
pour mesures les arcs égaux, A C & B D; & par consequent
les deux lignes A B & C D sont paralleles *.　　　　　　　* 101.

Nous avons consideré jusqu'ici les lignes droites, ou en elles-
mêmes, ou les unes par rapport aux autres, soit qu'elles se rencontrent, soit qu'elles ne se rencontrent jamais. Nous allons
les considerer dans la suite en tant qu'elles ont rapport à la circonference d'un cercle.

D E S   L I G N E S   D R O I T E S ,
considerées par rapport au Cercle.

Les lignes droites qui ont rapport au cercle, sont tirées ou
d'un point hors du cercle & de la circonference, ou d'un point
en dedans du cercle, ou d'un point de la circonference même.

106. Dans le premier cas, lorsqu'une ligne est tirée d'un
point hors du cercle, si elle coupe la circonference, elle est
appellée *secante exterieure* : mais si elle touche la circonference
sans la couper, quoiqu'elle soit prolongée, on l'appelle *tangente*.

Les lignes A B & A D de la Figure 37. sont des secantes exterieures: & la ligne A B D, Figure 43. est une tangente.　Fig. 37.
& 43.

107. Dans le second cas, lorsque la ligne droite est tirée d'un
point en dedans du cercle, elle est appellée *secante interieure* ;
telles sont les lignes A B & A D de la figure 39; mais si la ligne Fig. 39.
est tirée du centre même jusqu'à la circonference, elle prend
le nom de *rayon*, comme nous avons dit.

Dans le troisiéme cas, c'est-à-dire, lorsque la ligne droite
est tirée d'un point de la circonference, & qu'elle est aussi terminée par la circonference, on la nomme *corde*; & si la corde

30   ELEMENS DE GEOMETRIE.
paſſe par le centre, elle prend le nom de *diametre* : c'eſt ce que nous avons déja dit.

Il eſt à propos d'obſerver ici que tout arc eſt concave d'un côté ; ſçavoir, vers le centre, & convexe de l'autre ; c'eſt pourquoi ſi on prend un point hors du cercle, il eſt viſible que la partie de la circonference la plus proche de ce point eſt convexe à ſon égard, & que la plus éloignée eſt concave : par exemple, dans les Figures 54, 55 & 56, l'arc EF eſt convexe par rapport au point A, & l'arc BD eſt concave.

THEOREME I.

109. *Une ligne qui coupe une corde, peut avoir trois conditions.* 1° *Paſſer par le centre.* 2°. *Couper la corde en deux parties égales.* 3°. *Etre perpendiculaire à la corde. Or deux de ces conditions étans poſées, la troiſiéme s'enſuit neceſſairement.*

DEMONSTRATION.

Fig. 36.   I. CAS. Si une ligne, comme EF, paſſe par le centre, & qu'elle coupe la corde AB en deux parties égales, elle eſt perpendiculaire à cette corde ; car ſi elle paſſe par le centre, ſon point C, qui eſt le centre même, eſt également éloigné des deux points de la circonference A & B qui ſont les extrêmitez de la corde : d'ailleurs, puiſque par l'hypotheſe la ligne EF coupe la corde en deux parties égales, le point d'interſection D eſt encore également diſtant des deux extrêmitez A & B ; il y a donc deux points dans la ligne EF également diſtans des deux extrêmitez de la corde ; & par conſequent cette ligne eſt
* 76.   perpendiculaire à la corde *.

II. CAS. Si la ligne EF paſſe par le centre, & qu'elle ſoit perpendiculaire à la corde, elle coupe la corde en deux parties égales ; car puiſque la ligne EF paſſe par le centre, ſon point C eſt également éloigné des deux points A & B de la circon-
* 74.   ference ; ainſi cette ligne étant ſuppoſée perpendiculaire *, tous ſes autres points doivent être également éloignez des deux mêmes points ; par conſequent ſon point d'interſection D eſt auſſi également éloigné des deux extrêmitez A & B de la corde, c'eſt-à dire, que la corde eſt coupée en deux parties égales.

III. CAS. Enfin ſi la ligne EF coupe la corde en deux parties égales, & qu'elle ſoit perpendiculaire à la corde, elle paſſe par le centre ; car la ligne EF coupant la corde en deux parties égales, le point d'interfection D eft également diftant des deux extrêmitez A & B de la corde: mais d'ailleurs cette ligne eft fuppofée perpendiculaire à la corde ; donc étant prolongée, elle paffe par tous les points du même plan également diftant de A & de B.* Or le centre eft également éloigné des deux points A & B qui font dans la circonference; par confequent la perpendiculaire E F paffe par le centre. Ce qu'il falloit démontrer.

* 75.

110. Remarquez que dans ces trois cas, la ligne EF coupe le grand arc A E B & le petit arc AFB chacun par le milieu ; car dans tous ces cas la ligne E F a deux points; fçavoir, C & D également éloignez des deux points A & B; ainfi tous fes autres points font auffi également diftans des deux mêmes points A & B; par confequent le point E eft également diftant de A & de B; les cordes E A & E B font donc égales ; ainfi les arcs E A & E B qu'elles foutiennent font auffi égaux ; donc le grand arc A E B eft coupé par le milieu : pareillement le point F eft également diftant de A & de B ; par confequent le petit arc A F B eft auffi coupé par le milieu.

COROLLAIRE.

111. Il fuit de ce Theoreme & de la remarque, que tout rayon, comme C F, perpendiculaire à une corde, coupe cette corde & fon arc chacun en deux parties égales.

THEOREME II.

112. *Si on tire d'un même point A plufieurs lignes, comme A B, A D, A E, terminées à la circonference, la plus longue eft celle qui paffe par le centre ; & la plus courte eft celle qui eft terminée à un point plus éloigné de l'extrémité B de la ligne qui paffe par le centre.*

Fig. 37. 38. & 39.

Le point A peut être ou hors le cercle, (Fig. 37.) ou dans la circonference (Fig. 38.) ou au dedans du cercle (Fig. 39). Il faut prouver dans ces trois cas que la ligne A B qui paffe par le centre eft la plus longue de toutes, & que la ligne A E eft la plus courte. Pour cela il faut tirer des rayons au point D & au point E : une feule démonftration fuffira pour les trois Figures.

AVERTISSEMENT.

Lorfqu'une démonftration s'applique à plufieurs Figures, il

est bon, en la lisant, de n'en regarder d'abord qu'une : & après avoir bien conçu la démonstration, on l'applique ensuite aux autres Figures : ainsi en lisant la démonstration suivante, il est à propos de ne regarder d'abord que la Figure 37.

DEMONSTRATION.

* 11.

I. PARTIE. La ligne ACD est plus longue que AD * qui est une ligne droite tirée entre les deux points A & D. Or la ligne AB qui passe par le centre est égale à la ligne ACD, parce qu'elles ont la partie commune AC, & des restes égaux ; sçavoir, les rayons CB & CD ; donc AB est plus longue que AD. On peut prouver pareillement que AB est plus longue que AE ; par conséquent la ligne AB est la plus longue de toutes les lignes tirées du point A à la circonférence.

* 11.

II. PARTIE. La ligne COD est plus longue que le rayon CD * ; donc elle est aussi plus longue que l'autre rayon CE ; par conséquent si on ôte CO qui est une partie commune à la ligne COD & au rayon CE, le reste OD sera plus grand que OE : donc si à ces deux restes on ajoute AO, la toute AOD sera plus grande que l'autre toute AOE. Or cette derniere ligne AOE est plus longue que la droite AE * ; par conséquent la ligne AOD est aussi plus longue que AE. Ce qu'il falloit démontrer.

* 11.

113. Remarquez que quand le point A est hors du cercle, le theoreme est toujours vrai, quoique les lignes AD & AE soient terminées à la partie convexe de la circonférence, comme dans la Figure 40. ainsi AE est plus courte que AD, parce que la premiere est terminée à un point plus éloigné de B que la seconde : afin de le prouver, il faut tirer les deux rayons CD & CE, & prolonger la ligne AE jusqu'au point O où elle rencontre le rayon CD. Cela posé, je raisonne ainsi ; la ligne

Fig. 40.

* 11.

ADO est plus longue que la droite AO * ; donc en ajoutant CO de part & d'autre, la toute ADC sera plus longue que la toute AOC. Pareillement la ligne COE est plus longue que la droite CE * ; donc en ajoutant AE de part & d'autre, la toute AOC sera plus longue que la toute AEC. J'ai donc prouvé que ADC est plus longue que AOC ; & que AOC est plus longue que AEC ; par conséquent ADC est plus grande que AEC ; donc si on retranche les rayons CD & CE, le reste AD sera plus grand que le reste AE.

* 11.

COROLLAIRE

COROLLAIRE I.

114. Dans la Figure 38. la ligne A B est un diametre, &
les lignes A D & A E sont des cordes. Il suit donc de ce
Theoreme que le diametre est plus grand qu'aucune des cordes. De plus il est évident que la corde A D soutient un plus
grand arc que la corde A E. Il suit donc aussi que dans un
même cercle, ou dans des cercles égaux les plus grandes cordes soutiennent de plus grands arcs : réciproquement l'arc
A E D étant plus grand que l'arc A E, il faut que la corde
A D soit plus grande que la corde A E, puisque le premier de
ces arcs étant plus grand que le second, le point D est plus
proche du point B que le point E : par conséquent dans le
même cercle ou dans des cercles égaux, les plus grands arcs
sont soutenus par des cordes plus grandes.

COROLLAIRE II.

115. Les lignes tirées du point A à la circonference sont
des secantes exterieures dans la Figure 37 ; & ce sont des secantes interieures dans la Figure 39. Il suit donc de ce Theoreme que de toutes les secantes exterieures tirées du même
point, la plus longue est celle qui passe par le centre ; & pareillement, que de toutes les secantes interieures tirées du
même point, la plus longue est aussi celle qui passe par le
centre.

THEOREME III.

116. *De toutes les secantes exterieures tirées du même point à*
la circonference , celle qui prolongée passeroit par le centre , est
la plus courte. Pareillement de toutes les secantes interieures tirées
du même point à la circonference, celle qui prolongée passeroit par le
centre, est la plus courte.

Ce theoreme auroit pû être déduit du précedent comme
un corollaire. En voici une démonstration particuliere.

DEMONSTRATION.

I. PARTIE. Il faut prouver que des deux secantes
exterieures A F & A E, la premiere qui est celle qui passeroit par le centre , est la plus courte. Que l'on prolonge la

Fig. 41.

E

ſecante A F juſqu'au centre C; & qu'on tire de ce centre le rayon C E, on aura la ligne droite A F C plus courte que la

* 11. ligne A E C *; donc en retranchant de l'une & de l'autre, des parties égales, ſçavoir les rayons C F & C E, les reſtes ſeront encore inégaux. Or le reſte de la premiere eſt la ſecante A F, & le reſte de la ſeconde eſt A E; donc la ſecante A F eſt plus courte que l'autre.

II. PARTIE. Les ſecantes interieures A F & A E ſont

Fig. 42. tirées du même point; je dis que la ſecante A F qui prolongée paſſeroit par le centre C, eſt plus courte que la ſecante A E; car ſi on prolonge A F juſqu'au centre C, & qu'on tire le rayon C E, on aura les deux rayons C F & C E égaux. Or C E qui eſt une ligne droite tirée du point C au point E eſt plus courte que C A E; donc l'autre rayon C F eſt auſſi plus court que C A E; donc ſi on retranche C A qui eſt une partie commune au rayon C F & à la ligne C A E, le reſte A F ſera plus court que le reſte A E. Ce qu'il falloit démontrer.

THEOREME IV.

117. *Une ligne perpendiculaire à l'extrémité d'un rayon ne touche la circonference que dans un ſeul point.*

DEMONSTRATION.

Soit la ligne A B D perpendiculaire à l'extrémité du rayon;

Fig. 43. je dis qu'elle ne touche le cercle qu'au ſeul point B; car ſi on tire les deux lignes C E & C F, elles ſeront obliques ſur la li-

* 77. gne A B D *, parce qu'elles ſont tirées du même point que le rayon perpendiculaire C B: donc ces obliques ſeront plus longues que le rayon perpendiculaire; par conſequent elles ont leurs extrêmitez E & F au-delà du cercle & de la circonference: donc ces points E & F ne touchent pas la circonference. On peut dire la même choſe de tout autre point diſtingué de B; & par conſequent la ligne A B D ne touche le cercle qu'au ſeul point B.

COROLLAIRE.

118. Toute ligne perpendiculaire à l'extrêmité du rayon eſt donc une tangente, puiſque ne touchant le cercle que dans un ſeul point, elle ne peut couper la circonference.

THEOREME V.

119. *La tangente est perpendiculaire au rayon qui est tiré au point de contingence.* Ce theoreme est la proposition inverse ou réciproque du corollaire précedent.

DEMONSTRATION.

Soit la tangente A B D qui touche le cercle au point B auquel on a tiré le rayon C B : il faut démontrer que la tangente est perpendiculaire au rayon.

Puisque la tangente ne coupe pas la circonference, elle n'entre pas dans le cercle, & par consequent il est impossible de tirer du centre à la tangente une ligne plus courte que le rayon C B : donc ce rayon est perpendiculaire à la tangente *; & réciproquement la tangente est perpendiculaire au rayon.

* 79.

COROLLAIRE I.

120. La tangente ne touche le cercle qu'en un seul point : car le rayon C B étant perpendiculaire, toute autre ligne tirée du centre C sur la tangente est oblique, & par consequent plus longue que ce rayon : ainsi elle aura son extrémité hors de la circonference : donc le point de la tangente auquel elle aboutira, ne touchera pas la circonference. On peut démontrer la même chose de tout autre point different du point B : donc la tangente ne touche la circonference qu'en ce point.

COROLLAIRE II.

121. Il paroît par la démonstration du theoreme, que tout rayon tiré au point de contingence, ou, ce qui revient au même, toute ligne qui passe par le centre, & qui aboutit au point de contingence est perpendiculaire à la tangente : d'où il suit que si une ligne passe par le centre, & qu'elle soit perpendiculaire à la tangente, il faut qu'elle aboutisse au point de contingence : car cette seconde ligne ne peut être differente de la premiere : autrement on pourroit tirer du centre deux perpendiculaires sur la tangente. Il suit aussi que si une ligne aboutit au point de contingence, & qu'elle soit perpendiculaire à la tangente, il faut qu'elle passe par le centre ; car cette troisiéme ligne ne peut être differente de la pre-

miere ou de la seconde: autrement on pourroit tirer du point
de contingence deux perpendiculaires sur la tangente. Ainsi
de ces trois conditions : sçavoir, passer par le centre, aboutir
au point de contingence, & être perpendiculaire à la tangente ; deux étant posées la troisiéme s'ensuit necessairement.

COROLLAIRE III.

122. On ne peut mener qu'une tangente au même point de
la circonference; car toute tangente est perpendiculaire à l'extrêmité du rayon tiré au point de contingence. Or il ne peut
y avoir qu'une perpendiculaire sur l'extrêmité * d'une ligne :
par consequent il est impossible de mener deux tangentes au
même point de la circonference.

* 77.

THEOREME VI.

123. *On ne peut tirer au point de contingence aucune ligne droite
qui passe entre la circonference & la tangente ; mais on y peut faire
passer une infinité de lignes circulaires.*

DEMONSTRATION.

I. PARTIE. Que l'on tire la ligne droite G B au point
de contingence : il faut démontrer qu'elle ne peut passer entre la circonference & la tangente A B D.

Fig. 43

Cette tangente étant perpendiculaire à l'extrêmité du rayon
C B, il est necessaire que la ligne G B soit oblique * au même rayon : par consequent ce rayon est aussi oblique sur la
ligne G B : donc si du centre C on tire la perpendiculaire
C H sur cette ligne, elle sera plus courte que le rayon C B
qui est oblique : donc son extrêmité H sera au dedans du
cercle : donc la ligne G H B coupe le cercle, & ainsi elle ne
passe pas entre la circonference & la tangente.

* 77.

On peut concevoir que la ligne G B s'approche de la tangente, en faisant descendre le point G ; mais la même démonstration subsistera toujours jusqu'à ce que la ligne G B
soit appliquée sur la tangente, & qu'elle ne fasse plus qu'une
même ligne avec elle : ce qui fait voir que quand on tireroit
au point de contingence une ligne droite qui seroit plus proche de la tangente, elle couperoit toujours le cercle.

II. PARTIE. On peut faire passer une infinité de lignes
circulaires par le point de contingence, entre la tangente

Fig. 44.

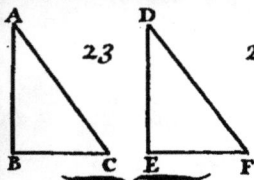

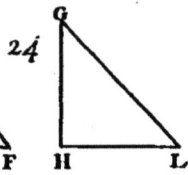

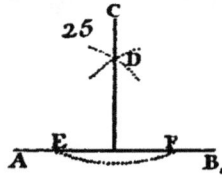

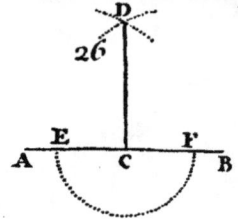

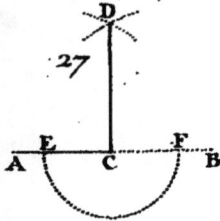

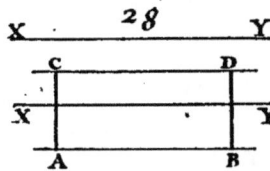

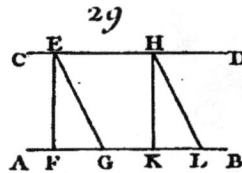

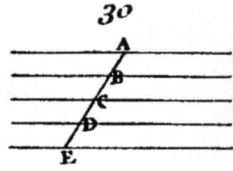

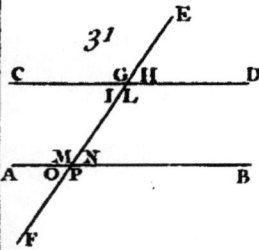

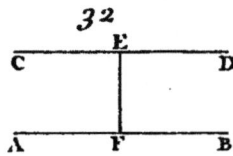

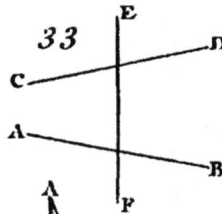

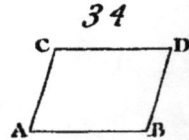

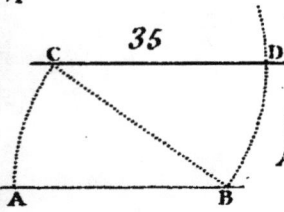

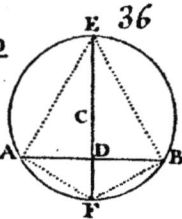

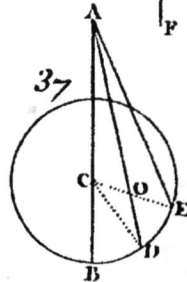

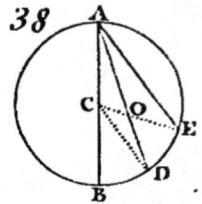

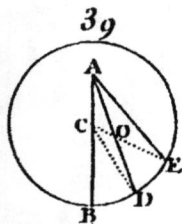

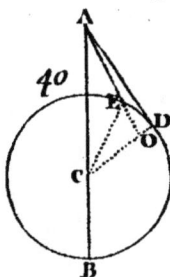

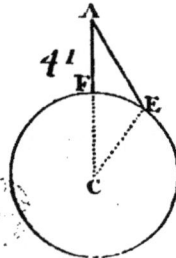

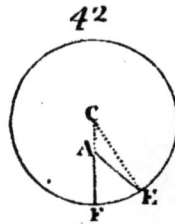

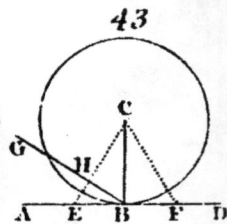

A B D & la petite circonference dont le rayon est C B : car soit prolongé le rayon C B jusqu'au point G , & que de ce point comme centre , & de l'intervalle G B on décrive la grande circonference ; il faut démontrer qu'elle passe entre la tangente & la petite circonference, ensorte qu'elle ne coupe ni la tangente, ni la petite circonference.

1°. La grande circonference ne coupe pas la tangente du petit cercle ; car son rayon G B est terminé au même point B que le rayon du petit cercle : ainsi la ligne A B D n'est pas coupée par la grande circonference ; mais elle est tangente par rapport au grand & au petit cercle.

2°. La grande circonference ne coupe pas la petite : pour le faire voir, il n'y a qu'à démontrer que les deux circonférences n'ont pas d'autre point commun que le point B. Or il est aisé de montrer que tout autre point de la grande circonference est différent du point B : par exemple, le point F, n'est pas commun à la petite : car soit tirée la ligne C F, cette ligne C F est secante intérieure par rapport au grand cercle, laquelle ne passeroit pas par le centre, & la ligne C B est aussi une secante intérieure du même cercle, qui prolongée passeroit par le centre : donc la ligne C F est plus longue que C B *.   * 116. Or les deux lignes C B & C E qui sont rayons du petit cercle sont égales : par conséquent C F étant plus longue que C B , elle est aussi plus longue que C E : donc le point F n'est pas le même que le point E qui appartient à la petite circonference. On démontrera la même chose de tout autre point de la grande circonference par rapport à tous ceux de la petite, excepté le point B : par conséquent les deux circonférences n'ont d'autre point commun que le point B : donc la grande ne coupe pas la petite : d'ailleurs elle ne coupe pas la tangente ; elle passe donc par le point de contingence entre la petite circonference & la tangente. Ce qu'il falloit démontrer.

Si on prolongeoit le rayon G B au-delà de G , on pourroit décrire de nouvelles circonférences qui passeroient toutes entre la tangente & la moindre circonference qu'on auroit décrite auparavant.

124. Il paroît d'abord surprenant que l'on puisse faire passer une ligne circulaire entre la tangente & une moindre circonference, quoique l'on n'y puisse pas faire passer une ligne

droite, puifque celle-ci n'a pas plus de largeur que la ligne circulaire, ou plutôt on les regarde l'une & l'autre comme n'en ayant aucune : mais ce qui fait la différence entre l'une & l'autre ligne, c'eft que la droite va toujours felon la même direction ; & delà vient qu'elle ne peut parvenir jufqu'au point de contingence, fans couper la circonference : au contraire la ligne circulaire fe détourne, & renferme la moindre circonference : c'eft ce qui fait qu'elle arrive au point de contingence fans la couper.

125. On peut encore remarquer fur ce theoreme que l'efpace compris entre la circonference & la tangente à côté du point de contingence, peut être divifé en une infinité de parties, puifqu'on peut décrire une infinité de circonferences qui paſſeront toutes par differens points de cet efpace, & qui n'auront d'autre point commun que le point de contingence, comme on vient de le démontrer : d'où il faut conclure que la matiere eft divifible à l'infini, & qu'elle n'eft pas compofée de points inétendus. Mais fi d'un côté la Geometrie démontre que les points de la matiere ne font pas inétendus ; elle fournit d'ailleurs les deux difficultés fuivantes, qui femblent prouver que le point de contingence n'eft pas étendu.

La premiere eft prife du premier corollaire du cinquiéme theoreme ; car, dira-t-on, fuppofons un globe parfait, pofé fur un plan parfait : il eft facile de faire voir, comme dans ce corollaire, que le plan ne touche le globe que dans un feul point, qui par confequent doit être inétendu ; car fi le point du plan, ou plutôt celui du globe, qui lui répond étoit étendu, il pourroit être divifé en plufieurs autres points ; ainfi le globe toucheroit le plan en plufieurs points : ce qui eft impoſſible felon le corollaire.

Voici la feconde difficulté. Si le point de contact du globe étoit étendu, fa furface qui touche le plan feroit ou courbe comme une petite calote, ou plate. Or l'un & l'autre paroît impoſſible.

1°. Cette furface ne peut être courbe, parce qu'une furface qui touche un plan, doit correfpondre au plan, & par confequent doit être plate elle-même dans l'endroit qu'il touche. 2°. Cette furface du point de contact ne peut être plate, autrement le globe ne feroit pas rond : ce qui eft contre l'hypothefe : par confequent le point de contact eft inétendu.

On peut répondre que cette surface du point de contingence dans le globe est plate ; mais qu'elle est infiniment petite : ce qui n'empêche pas la rondeur du globe, parce que deux rayons du globe, dont l'un est tiré au centre de cette surface, & l'autre à la circonférence, ne peuvent differer que d'une quantité infiniment petite. Or deux lignes qui ne different que d'une quantité infiniment petite, sont considerées comme égales ; par conséquent cette surface plate n'empêche pas que les rayons du globe ne soient considerez comme égaux : ainsi de même que le cercle n'est qu'un polygone regulier d'une infinité de côtez infiniment petits, pareillement un globe n'est qu'un corps qui est terminé par des surfaces planes infiniment petites ; ensorte qu'il ne peut y avoir de cercles qui ne soient pas terminez par des lignes droites infiniment petites, ni de globes qui ne soient pas terminez par des surfaces planes infiniment petites. Voyez l'Histoire de l'Academie des Sciences de 1722. page 74.

On peut aussi répondre à la premiere difficulté tirée du corollaire du cinquiéme theoreme, que quand on démontre qu'il est impossible de tirer plusieurs lignes du centre au point de contingence, on considere pour lors le centre & le point de contingence comme deux points sans étenduë ; mais si on regarde ces points en eux-mêmes & tels qu'ils sont, il est certain qu'ils ont de l'étenduë : car le centre fait partie du cercle, & le point de contingence fait aussi partie de la tangente & de la circonférence. Or il est évident que des choses étenduës telles que sont le cercle, la circonférence & la tangente ne peuvent être composées de points inétendus : ainsi le centre & le point de contingence ont de l'étenduë.

Nous donnerons les problêmes sur les tangentes après avoir parlé de la mesure des angles, d'où dépend la méthode dont nous nous servirons pour tirer une tangente d'un point donné hors la circonférence du cercle.

DE LA MESURE DES ANGLES,
qui n'ont pas leurs sommets au centre du cercle.

Nous avons dit qu'un angle dont le sommet est au centre a pour mesure l'arc compris entre ses côtés : mais il y a des angles dont le sommet est à la circonférence ; il y en a d'autres qui ont leur sommet hors du cercle : enfin, il y en a dont le sommet est dans le cercle entre le centre & la circonference.

126. Ceux qui ont leur sommet à la circonference & qui sont formez par des cordes, sont appellez *angles inscrits* : tel est l'angle B A D Figure 47 : ceux qui ont aussi leur sommet à la circonference, & qui sont formez par une corde & par une tangente, comme B A D & G A D, sont appellez *angles du segment.*

Fig. 52.

127. On entend par *segment* la partie du cercle terminée par une corde & par l'arc soutenu par cette corde : tel est l'espace A D F contenu entre la corde A D & l'arc A F D. Or toute corde qui ne passe pas par le centre, divise le cercle en deux segmens inégaux dont l'un est nommé *le petit segment*, comme A D F, & l'autre *le grand segment*, comme A D E ; c'est pour cela que l'angle B A D est appellé *l'angle du petit segment* ; & l'autre G A D, qui est supplement du premier, est appellé *l'angle du grand segment.*

L'angle qu'on nomme inscrit, comme B A D Figure 47, est aussi appellé *angle dans le segment*, parce que si on conçoit une corde B D qui joigne les extrêmitez des deux côtez de l'angle inscrit, elle partagera le cercle en deux segmens, dans l'un desquels est renfermé l'angle inscrit.

128. L'angle qui a son sommet hors du cercle, & qui est formé par deux tangentes, est appellé *circonscrit* : tel est l'angle B A D Figure 56. Les autres angles qui n'ont pas leur sommet au centre, n'ont pas de noms particuliers.

Il s'agit de sçavoir quelle est la mesure de tous ces angles qui n'ont pas leur sommet au centre. Avant de le déterminer, il faut établir la verité du lemme suivant, dont nous nous servirons dans la démonstration des propositions sur cette matiere.

LEMME.

129. *Lorsque deux paralleles coupent ou touchent une circonference, les arcs compris de part & d'autre sont égaux.*

Il peut arriver trois cas, 1°. Que les deux paralleles coupent la circonference. 2°. Qu'une des paralleles coupe la circonference, & que l'autre la touche. 3°. Que les deux paralleles touchent la circonference sans la couper. Or dans ces trois cas les arcs compris de part & d'autre entre les deux circonferences sont égaux.

DEMONS-

DEMONSTRATION.

1°. Si les deux paralleles, comme G H & I K, coupent le cercle, les arcs G I & H K font égaux : car tirant la ligne E F qui paffe par le centre O, & qui foit perpendiculaire aux deux cordes paralleles, le grand arc I E K eft coupé en deux parties égales E I & E K *. Par la même raifon l'arc G E H eft coupé en deux parties égales E G & E H ; par conféquent fi on ôte ces deux dernieres parties des deux premieres, fçavoir E G de E I, & E H de E K, les reftes G I & H K feront égaux. Ce qu'il falloit démontrer.

* 11⒐

2°. Si une des paralleles, comme C D, touche le cercle & que l'autre I K le coupe, les deux arcs F I & F K compris entre ces paralleles font égaux : car fi la ligne E F paffe par le centre & qu'elle foit tirée au point de contingence F, elle fera neceffairement * perpendiculaire à la tangente : par conféquent cette ligne E F fera auffi perpendiculaire à l'autre parallele I K * ; donc cette parallele I K étant une corde, l'arc I F K qu'elle foutient eft coupé * en deux parties égales qui font les arcs F I & F K compris entre les paralleles.

* 121.

* 98.

* 119.

3°. Si les deux paralleles, comme A B & C D, touchent le cercle, les deux arcs E G I F & E H K F font auffi égaux. Pour le démontrer, je tire la ligne E F qui paffe par le centre, & qui aille aboutir au point de contingence F, elle fera perpendiculaire à la tangente C D * ; par conféquent elle fera auffi perpendiculaire à l'autre tangente parallele A B *. Or la ligne E F paffant par le centre, & de plus étant perpendiculaire à la tangente A B, il faut qu'elle vienne aboutir au point de contingence E de cette tangente * : ainfi la ligne E F qui paffe par le centre, & qui par conféquent eft un diametre, aboutit de part & d'autre au point de contingence ; donc les deux arcs compris de part & d'autre entre les paralleles font des demi circonferences ; donc ces arcs font égaux. Ce qu'il falloit démontrer.

* 121.

* 98.

* 121.

THEOREME I. ET FONDAMENTAL.

1 3 0. *L'angle qui a fon fommet à la circonference, & qui eft formé par deux cordes, a pour mefure la moitié de l'arc compris entre fes côtez.*

Ce theoreme a trois cas, parce qu'il peut arriver ou qu'un

F

des côtez paſſe par le centre : tel eſt l'angle B A D Figure 46,
ou que le centre ſe trouve entre les deux côtez, comme dans
la Figure 47, ou enfin que le centre ſoit hors des deux côtez, comme dans la Figure 48. Il faut faire voir que dans ces
trois cas, l'angle a pour meſure la moitié de l'arc B D ſur lequel il eſt appuyé.

DEMONSTRATION.

Fig. 46.   I. C A s. Si le côté A B de l'angle B A D paſſe par le
centre C, tirez par ce centre la ligne E F parallele à l'autre
* 96.   côté A D, vous aurez les deux angles B C F & B A D égaux *,
parce que les lignes E F & A D ſont paralleles, & que ces deux
angles ſont du même côté de la ſecante A B, le premier exterieur & l'autre interieur. Or l'angle B C F ayant ſon ſommet
* 48.   au centre, a pour meſure l'arc B F * compris entre ſes côtez :
donc l'angle B A D qui lui eſt égal a auſſi pour ſa meſure le
même arc B F. Il reſte à faire voir que cet arc B F eſt la moitié de l'arc B F D ; en voici la démonſtration : l'arc B F eſt
égal à l'arc A E, parce que ces deux arcs ſont meſures d'angles
* 66.   égaux *, ſçavoir B C F & A C E qui ſont oppoſez au ſommet.
Pareillement l'arc D F eſt égal au même arc A E, puiſqu'ils
ſont compris entre paralleles : donc les deux arcs B F & D F
ſont égaux ; donc ils ſont chacun la moitié de l'arc entier
B F D. Or on vient de démontrer que l'arc B F eſt la meſure
de l'angle B A D ; ainſi cet angle a pour meſure la moitié de
l'arc ſur lequel il eſt appuyé.

Fig. 47   I I. C A s. Si le centre eſt entre les deux côtez de l'angle
B A D, il faut tirer une ligne du ſommet A qui paſſe par le
centre, elle diviſera l'angle B A D en deux autres ; ſçavoir,
B A F & F A D. Or le premier de ces angles a pour meſure la
moitié de l'arc B F, à cauſe de ſon côté A F qui paſſe par le
centre : par la même raiſon l'autre angle F A D a pour meſure la moitié de l'arc F D ; donc l'angle total B A D a pour
meſure la moitié de B F & la moitié de F D ; c'eſt-à-dire, la
moitié de l'arc B D compris entre ſes côtez.

Fig. 48.   I I I. C A s. Si le centre eſt hors des deux côtez, il faut
tirer du ſommet une ligne telle que A F qui paſſe par le centre ; cette ligne formera l'angle D A F qui a pour ſa meſure
la moitié de l'arc F D, ou, ce qui eſt la même choſe, la moitié de l'arc F B, plus la moitié de l'arc B D. Or l'angle F A B

qui eſt une partie de l'angle total DAF, a pour meſure la moitié de l'arc FB, à cauſe du côté AF qui paſſe par le centre; par conſéquent l'angle BAD qui eſt l'autre partie de l'angle total a pour meſure la moitié de BD; autrement l'angle total DAF n'auroit pas pour meſure la moitié de FB plus la moitié de BD.

COROLLAIRE I.

131. Tous les angles inſcrits, comme BAD, BED, BFD, appuyez ſur le même arc BD ſont égaux, parce qu'ils ont tous pour meſure la moitié de cet arc ſur lequel ils ſont appuyez.

Fig. 49.

COROLLAIRE II.

132. Un angle, comme BCD, qui a ſon ſommet au centre & qui eſt appuyé ſur le même arc que l'angle inſcrit BAD, eſt le double de cet angle inſcrit : cela paroît évidemment, parce que l'angle qui a ſon ſommet au centre, a pour meſure l'arc entier BD ſur lequel il eſt appuyé ; au lieu que l'angle inſcrit n'a pour meſure que la moitié du même arc.

On ne doit pas être ſurpris ſi l'angle BCD eſt plus grand que l'angle BAD, quoi qu'ils ſoient tous les deux appuyez ſur le même arc : car la grandeur d'un angle dépend de l'ouverture de ſes côtez *. Or il eſt viſible que l'ouverture qui eſt entre les côtez du premier angle eſt plus grande que celle qui eſt entre les côtez du ſecond.

Fig. 50.

* 47.

COROLLAIRE III.

133. Un angle inſcrit, comme BAD, qui eſt appuyé ſur le diametre BD, eſt droit : car l'angle ne peut être appuyé ſur le diametre BD, qu'il ne le ſoit auſſi ſur la demi-circonference. Or tout angle inſcrit appuyé ſur la demi-circonference eſt droit, parce qu'il a pour meſure la moité de la demi circonference, ou le quart de la circonference.

Fig. 51.

COROLLAIRE IV.

134. L'angle inſcrit BAE appuyé ſur un arc plus grand que la demi-circonference, eſt obtus: & au contraire l'angle BAF appuyé ſur un arc moindre que la demi-circonference, eſt aigu : cela eſt évident.

THEOREME II.

Fig. 52. 135. *Un angle du segment, comme* BAD, *a pour mesure la moitié de l'arc* AFD *soutenu par la corde* AD.

DEMONSTRATION.

Soit tirée la ligne DE parallele à la tangente GAB : les deux angles alternes BAD & ADE sont égaux. Or l'angle
* 130. inscrit ADE a pour mesure la moitié de l'arc AE*; donc l'angle BAD a aussi pour mesure la moitié du même arc AE.
* 129. Or les deux arcs AFD & AE sont égaux * à cause des paralleles GAB & DE : donc l'angle BAD a pour mesure la moitié de l'arc AFD.

L'angle du grand segment GAD qui est supplement du premier, a aussi pour mesure la moitié de l'arc AED soutenu de l'autre côté par la corde AD : car ces deux angles pris ensemble étant égaux à deux angles droits*, ils ont pour me-
* 60. sure la moitié de la circonference. Or la mesure du premier angle BAD est la moitié de l'arc AFD ; par conséquent l'autre angle GAD a pour mesure la moitié du reste de la circonference; c'est-à-dire, la moitié de l'arc AED.

THEOREME III.

Fig. 53. 136. *Un angle, comme* BAD, *formé par la corde* AD & *par le côté* AB *qui est la partie de la corde* EA *prolongée hors du cercle, a pour mesure la moitié de la somme des arcs* AD & AE *soutenus par les deux cordes.*

DEMONSTRATION.

L'angle inscrit EAD & l'angle BAD pris ensemble sont
* 60. égaux à deux angles droits*; par conséquent ils ont pour mesure la moitié de la circonference. Or l'angle inscrit EAD a
* 130. pour mesure la moitié de l'arc ED*; donc son supplement BAD a pour mesure la moitié du reste de la circonference, c'est-à-dire, la moitié de la somme des arcs AD & AE.

THEOREME IV.

Fig. 54. 137. *Un angle, comme* BAD, *qui a son sommet hors du cercle,*
55. & 56. & *dont les côtez coupent le cercle ou le touchent en un point, a pour mesure la moitié de la difference qui est entre l'arc concave* BD &

l'arc convexe EF compris entre les côtez de l'angle : par exemple, si l'arc concave BD est de 100. degrez, & que l'arc convexe EF soit de 40, la différence ou l'excès de l'un sur l'autre sera de 60 degrez, dont la moitié est 30 : ainsi l'angle BAD aura pour mesure un arc de 30. degrez.

Ce theoreme a trois cas : le premier, est lorsque les deux côtez de l'angle coupent le cercle, comme BAD, Figure 54. le second, quand un des côtez coupe le cercle & que l'autre le touche, comme BAD, Figure 55. le troisiéme, lorsque les deux côtez touchent le cercle & forment un angle circonscrit : tel est l'angle BAD, Figure 56. Une seule démonstration suffit pour les trois cas.

DEMONSTRATION.

Du point F ou le côté AD coupe ou touche la circonference, tirez la ligne FG parallele à l'autre côté AB ; l'arc GD sera la différence, c'est-à-dire, l'excès de l'arc concave BD sur l'arc convexe EF ; car l'arc convexe EF est égal à l'arc BG, à cause des paralleles. Or GD est l'excès de l'arc concave BD sur la partie BG : donc GD est aussi la différence ou l'excès de l'arc concave sur l'arc convexe EF. Reste donc à faire voir que l'angle BAD a pour mesure la moitié de l'arc GD : ce que je démontre en cette maniere ; l'angle A est égal à l'angle F à cause des paralleles AB & FG. Or l'angle F ou GFP a pour mesure la moitié de l'arc GD ; ainsi la moitié de cet arc est aussi la mesure de l'angle A ou BAD.

En considerant les angles qui n'ont pas leur sommet au centre, nous avons parlé jusqu'ici, 1°. De ceux qui ont leur sommet à la circonference. 2°. De ceux qui ont leur sommet hors du cercle : il nous reste à parler de ceux qui ont leur sommet en un point qui est au dedans du cercle, & different du centre. C'est ce que nous ferons dans le theoreme suivant.

THEOREME V.

138. *Un angle, comme* BAD, *dont le sommet est entre le centre & la circonference, a pour mesure la moitié de la somme des arcs* BD *&* EF *compris de part & d'autre entre ses côtez prolongez au delà du sommet.* Fig. 57. 58.& 59.

Tirez du point F la ligne FGP parallele au côté AD. Il

peut arriver trois cas ; le premier, est lorsque cette parallele coupe la circonference, ensorte que le point d'intersection G est vers le point D, comme dans la Figure 57. le second, quand la parallele F G P est tangente, comme dans la Fig. 58. le troisième, lorsqu'elle coupe la circonference, ensorte que le point d'intersection G est du côté du point E, comme dans la Figure 59. Il faut prouver que dans ces trois cas l'angle BAD a pour mesure la moitié de la somme des arcs BD & EF compris de part & d'autre entre ses côtez prolongez au-delà du sommet.

DEMONSTRATION.

Fig. 57.

*130.

I. CAS. Il est évident que l'angle BAD est égal à l'angle BFP ou BFG à cause des parallelles AD & FG. Or l'angle BFG a pour mesure la moitié de l'arc BDG *, ou, ce qui est la même chose, la moitié de la somme des arcs BD & DG : donc l'angle BAD a aussi pour mesure la moitié de

*132.

ces mêmes arcs BD & GD : mais EF est égal à DG *, parce que ces deux arcs sont entre parallelles ; par conséquent l'angle BAD a pour sa mesure la moitié de la somme des arcs BD & EF.

Fig. 58.

* 135.

* 132.

II. CAS. La démonstration est la même que dans le premier, puisque l'angle BFP égal à l'angle BAD a toujours pour mesure la moitié de la somme des arcs BD & DG *, & que l'arc EF est encore égal à DG *, comme dans le premier cas.

* 60.

Fig. 59.

III. CAS. Les deux angles BAD & BAE pris ensemble sont égaux à deux angles droits *, & par conséquent ils ont pour mesure la moitié de la circonference. Or l'angle BAE a pour mesure la moitié de la somme des arcs BE & DF, compris de part & d'autre entre ses côtez prolongez, comme il paroît par le premier cas : donc son supplément BAD a pour mesure la moitié du reste de la circonference, c'est-à-dire, la moitié de la somme des arcs BD & EF.

PROBLEME I.

139. D'un point donné, comme B, dans la circonference tirer une tangente.

Fig. 60.

* 118.

Tirez un rayon au point B ; ensuite élevez sur l'extrêmité de ce rayon la perpendiculaire AB, elle sera tangente au point B *.

PROBLÈME II.

140. D'un point donné, comme A, hors de la circonference, tirer une tangente au cercle.

Tirez une ligne du point A au centre du cercle ; coupez cette ligne par le milieu, que je suppose être le point O ; après quoi du point O comme centre, & de l'intervalle O A decrivez une circonference, elle coupera la premiere en deux points : si du point A on tire une ligne à un des points d'intersection, telle que la ligne A B, elle sera tangente au cercle donné.

La raison en est, que si on tire le rayon C B au point d'intersection, on aura l'angle A B C appuyé sur le diametre du cercle qu'on vient de decrire ; par consequent cet angle est droit : donc la ligne A B est perpendiculaire sur l'extrèmité du rayon ; donc elle est tangente *.

* 18.

DES LIGNES PROPORTIONNELLES.

Il ne sera peut-être pas inutile de répeter quelque chose de ce que nous avons dit dans le traité des raisons & des proportions, afin d'entendre plus facilement les propositions suivantes sur les lignes proportionnelles.

141. Une raison ou un rapport (il s'agit ici de la raison geometrique) est la maniere dont une grandeur en contient une autre : par exemple, la raison d'une ligne de 12. pieds à une ligne de 4 pieds est exprimée par 3, parce que la premiere ligne contient 3 fois la seconde.

142. Il est évident que plus l'antecedent d'une raison est grand, le consequent demeurant le même, plus aussi la raison est grande : par exemple, la raison d'une ligne de 12. pieds à une ligne de 4 pieds est plus grande que la raison d'une ligne de 8 pieds à la même ligne de 4 pieds, parce 12 contient plus de fois 4, que 8 ne contient la même grandeur 4 : au contraire l'antecedent demeurant le même, la raison est d'autant plus petite que le consequent est grand : par exemple, la raison de 15 à 5 est moindre que la raison de 15 à 3, parce que 15 contient moins de fois 5 qu'il ne contient 3.

143. Lorsque deux raisons sont égales, elles forment une proportion : par exemple, la raison de 12 à 4 & celle de 15 à 5 forment une proportion, parce que ces deux raisons sont

égales. Or nous avons dit qu'il y avoit trois cas où les raisons
sont égales : le premier, quand chacun des antécedens con_
tient son consequent exactement ou sans reste & le même nombre de fois, comme dans l'exemple qu'on vient de rapporter :
le second, quand chacun des antécedens contient l'aliquote
pareille de son consequent sans reste & le même nombre de
fois : par exemple, la raison de 18 à 24 est égale à celle de 9
à 12, parce que 18 contient autant de fois 6 que 9 contient
3. Or 6 & 3 sont des aliquotes pareilles des consequens 24.
& 12 : le troisiéme, quand chacun des antécedens contient
l'aliquote pareille de son consequent, & qu'il y a des restes
des antécedens qui sont entr'eux comme les aliquotes pareilles :
par exemple, la raison de 20 à 24 est égale à celle de 10 à
12, parce que 20 contient autant de fois 6, que 10 contient
3 ; & d'ailleurs les restes des antécedens, sçavoir 2 & 1, sont
entr'eux comme les aliquotes pareilles 6 & 3.

144. Lorsqu'on dit que plusieurs grandeurs, comme A, B,
C, D, sont proportionnelles à autant d'autres, telles que
a, b, c, d ; cela signifie que les premieres sont les antéce_
dens, & les autres consequens de raisons égales ; ensorte que
A.a :: B.b :: C.c :: D.d.

S'il n'y a que deux grandeurs de part & d'autre, comme
A & B d'un côté, & a & b de l'autre, & qu'on dise que les
deux premieres sont proportionnelles aux deux secondes, on
entend ordinairement que la raison des deux premieres est
égale à celle des deux secondes, c'est-à-dire, que A. B :: a. b :
mais on peut aussi concevoir que les deux premieres grandeurs sont les antécedens ; ensorte que A. a :: B b ; puisque
cette seconde proportion n'est que l'alterne de la premiere.

145. Il faut encore se souvenir que deux lignes sont réciproques à deux autres, lorsque les deux premieres sont les
extrêmes d'une proportion dont les deux autres sont les
moyens.

Fig. 74.
146. Une ligne, comme A B, est dite divisée en moyenne
& extrême raison, lorsque la ligne entiere A B est à la grande
partie B E, comme cette grande partie B E est à la petite E A ;
ensorte qu'on a la proportion A B. B E :: B E. E A.

147. Une ligne est multiplié par une autre, lorsque l'on
prend la premiere autant de fois qu'il y a de points dans l'autre : par exemple, pour multiplier AC par CD (Liv. 2, Fig. 20)

Il

Il faut prendre la ligne A C autant de fois qu'il y a de points dans la ligne C D ; c'est-à-dire, que pour avoir le produit de A C par C D, il faut concevoir qu'à chaque point de la ligne C D, on a élevé des lignes égales & parallèles à A C: ce qui rempliroit l'espace A C D B ; c'est pourquoi le produit d'une ligne par une autre forme un rectangle , & si ces deux lignes sont égales , le rectangle est un quarré ; comme dans la Figure 21. Livre 2. où le côté A B est égal à la base B C. On donnera dans le second Livre * les définitions de rectangle & de quarré.

* L. 2.
Art. 42.

148. Remarquez que quand on conçoit qu'une ligne est multipliée par une autre , on suppose que la première est perpendiculaire à la seconde.

149. Il faut observer pour le theoreme suivant , que si deux lignes , comme E F & G H comprises dans un espace parallèle sont coupées par des parallèles , il est évident qu'une de ces lignes sera divisée en autant de parties que l'autre ; & si une des lignes est divisée en parties égales entr'elles , l'autre sera aussi divisée en autant de parties égales entr'elles: par exemple , si E F est divisée en quatre parties égales qu'on peut nommer P , l'autre , sçavoir G H , sera pareillement coupée en quatre parties égales entr'elles qu'on peut nommer S ; ainsi dans cette hypotese E F $=$ 4 P , & G H $=$ 4 S. De même les deux lignes A B & C D étant renfermées dans un espace parallèle , si A B est coupée par des parallèles en trois parties égales , l'autre ligne C D sera aussi coupée en trois parties égales entr'elles.

Fig. 61.

THEOREME I. ET FONDAMENTAL.

150. *Lorsque deux lignes comprises dans un espace parallèle , sont autant inclinées que deux autres lignes enfermées dans un autre espace parallèle , les quatre lignes sont proportionnelles.*

Soient les deux lignes A B & C D autant inclinées dans leur espace parallèle que les deux lignes E F & G H dans le leur ; ensorte que A B & E F soient également inclinées , & que C D & G H soient aussi également inclinées : il faut prouver que A B . E F :: C D . G H ou *alternando* A B . C D :: E F . G H.

Fig. 61.

G

DEMONSTRATION.

Qu'on suppose la ligne EF divisée en parties égales ; par exemple, en quatre, dont chacune soit nommée P : ensuite qu'on tire des parallèles par les points de division ; elles cou-peront la ligne GH en autant de parties égales entr'elles *, quoiqu'inégales aux parties de la ligne EF : chacune des par-ties de GH soit nommée S ; ainsi de même que la ligne EF sera égale à quatre P ; la ligne GH sera aussi égale à quatre S.

* 93.

Enfin qu'on prenne une des parties P du conséquent EF, & qu'on voye combien de fois elle est contenuë dans l'antécé-dent entier AB ; alors on connoîtra qu'elle y est contenuë exactement un certain nombre de fois sans reste, ou bien il y aura quelque reste.

Supposons 1°. qu'elle y est contenuë exactement, par exem-ple, trois fois sans reste ; alors en tirant des parallèles par les points de division de AB, la ligne CD sera pareillement di-visée en parties égales entr'elles, & aux parties de la ligne GH, puisque comme AB & EF sont également inclinées ; de même ces deux lignes CD & GH sont supposées égale-ment inclinées ; donc la ligne AB sera égale à 3 P, & la ligne CD égale à 3 S : ainsi au lieu des quatre lignes AB, EF, CD, GH, on aura 3 P, 4 P, 3 S, 4 S. Or il est évident que la proportion 3 P . 4 P :: 3 S . 4 S est vraye, puisque les ali-quotes pareilles des conséquens, sçavoir P & S, sont conte-nuës trois fois chacune dans leur antécedent : ainsi dans ce premier cas AB . EF :: CD . GH.

2°. Si P aliquote de EF, quelque petite qu'elle soit, n'est pas contenuë exactement dans l'antécédent AB ; & que par conséquent S aliquote pareille de GH ne soit pas contenuë exactement dans l'antécédent CD ; il ne laisse pas que d'y avoir proportion, comme dans le premier cas ; ensorte que la raison de AB à EF est égale à la raison de CD à GH : car si la première raison n'étoit pas égale à la seconde, elle se-roit plus petite ou plus grande. Or l'un & l'autre est impossible.

Premierement, la raison de AB à EF n'est pas moindre que celle de CD à GH ; car si elle étoit moindre, en ajou-tant quelque chose à l'antécedent AB (ce qui augmenteroit la raison *,) on pourroit la rendre égale à celle de CD à GH ; or quelque petite partie qu'on ajoute à l'antécedent AB, elle

* 142.

rendra la raison de A B à EF plus grande que celle de CD
à G H. Pour le démontrer, soit nommée X la partie ajoutée
à l'antécedent A B, & soit supposée l'aliquote P moindre que
X, ce qui est toujours possible, parce que l'on peut concevoir que la ligne EF est divisée en autant de parties aliquotes
que l'on voudra, & qu'ainsi chacune de ces aliquotes est aussi
petite que l'on peut souhaiter. Cela posé, je démontre que
la raison de A B + X à EF est plus grande que celle de CD à
G H. Supposons que P soit contenuë 80 fois dans EF, &
qu'ainsi l'aliquote pareille S soit contenuë 80 fois dans G H;
il faudra que P soit aussi contenuë un certain nombre de fois
dans A B; par exemple, 60 fois avec un petit reste moindre
que P, & que S soit aussi contenuë 60 fois dans C D avec un
petit reste moindre que S: mais comme on a ajouté X plus
grande que P à la ligne A B; l'aliquote P de E F sera contenuë au moins 61 fois dans l'antécedent A B + X; au lieu que
l'aliquote pareille S de G H n'est pas contenuë 61 fois dans
l'autre antécedent C D; ainsi la raison de A B + X à EF est
plus grande que celle de C D à G H. On ne peut donc augmenter la premiere raison sans la rendre plus grande que la
seconde; & par conséquent elle n'est pas moindre que la seconde.

On démontrera de la même maniere qu'on ne peut ôter
aucune partie de A B sans rendre la raison de A B à E F moindre que celle de C D à G H; donc la premiere raison n'est
pas plus grande que la seconde: d'ailleurs elle n'est pas moindre, comme on vient de le prouver; par conséquent elle lui
est égale: ainsi on a la proportion comme dans le premier cas,
A B . E F :: C D . G H ou *alternando*. A B . C D :: E F . G H.
Ce qu'il falloit démontrer.

Remarquez que cette démonstration a lieu, soit que les lignes A B & E F soient perpendiculaires dans leurs espaces, ou
qu'elles soient obliques, pourvû qu'elles le soient également.

COROLLAIRE I.

151. Il suit de ce theoreme que le produit des extrêmes
A B & G H est égal au produit des moyens E F & C D: ce
n'est qu'une application du theoreme fondamental de l'égalité du produit des extrêmes & des moyens qui a toujours
lieu toutes les fois que quatre lignes sont proportionnelles. Il

ſuffira d'en avoir averti ici, ſans qu'il ſoit neceſſaire de le re-
peter ailleurs.

COROLLAIRE II.

152. Si deux lignes, comme A B & C D, compriſes entre
deux lignes paralleles, ſont coupées toutes deux par une troiſiéme parallele E F, elles ſeront diviſées en parties proportionnelles; c'eſt-à-dire, que A E . E B :: C F . F D. Car l'eſpace
parallele total eſt diviſé en deux autres par la ligne E F. Or
la ligne A E eſt autant inclinée dans l'eſpace ſuperieur que la
ligne E B l'eſt dans l'inferieur, parce que c'eſt la même ligne continuée. Par la même raiſon les deux parties C F & F D
ſont auſſi également inclinées chacune dans ſon eſpace; par
conſequent ſelon le theoreme précedent A E . E B :: C F . F D
ou *alternando* A E . C F :: E B . F D.

153. On pourroit auſſi dire que les deux lignes entieres
A B & C D ſont proportionnelles aux parties ſuperieures A E
& C F, & aux parties inferieures E B & F D. Cela ſuit évi-
demment du theoreme, puiſque les deux lignes entieres A B
& C D ſont autant inclinées dans leur eſpace que les deux
parties, ſoit ſuperieures, ſoit inferieures, le ſont dans le leur.
On a donc les proportions A B . A E :: C D . C F & A B . E B ::
C D . F D ou bien leurs alternes.

COROLLAIRE III.

154. Si les deux côtez d'un angle, comme B A D, ſont
coupez par une ligne, telle que E F parallele à la baſe, c'eſt-
à-dire, à la ligne B D tirée d'un côté à l'autre, les deux parties d'un côté ſont proportionnelles aux parties de l'autre; enſorte que A E . E B :: A F . F D: car ayant mené par le point
A une parallele à la baſe B D, il eſt clair que les deux lignes
A E & A F ſont autant inclinées dans leur eſpace que E B &
F D le ſont dans le leur: d'où s'enſuit la proportion A E . E B ::
A F . F D, ou *alternando* A E . A F :: E B . F D.

155. On peut auſſi, comme dans le corollaire précedent,
faire voir que les deux côtez A B & A D ſont proportionnels
aux parties A E & A F, & aux parties E B & F D; enſorte qu'on
a les proportions A B . A E :: A D . A F. & A B . E B :: A D . F D,
& leurs alternes.

156. Dans la Figure 64. on a auſſi la proportion A B . A E ::

AD.AF: & encore BE.AB:: DF.AD, ou bien BE.AE::
DF.AF; & les alternes de ces trois proportions. Tout cela
se démontre comme dans la Figure 63.

COROLLAIRE IV.

157. Si les deux côtez d'un angle, comme BAC, sont autant inclinez sur leur base BC que les deux cotez DE & DF
de l'angle EDF le sont sur la base EF; on aura la proportion
AB.DE::AC.DF: car si on conçoit par les points A & D
des lignes tirées parallelement aux bases, on aura deux espaces
paralleles; & les deux lignes AB & AC seront autant inclinées dans le premier espace, que les deux lignes DE & DF
le sont dans le second; & par consequent ces quatre lignes seront proportionnelles. C'est par ce corollaire qu'on démontrera dans la suite que quand les angles d'un triangle sont
égaux aux angles d'un autre, les côtez du premier triangle
sont proportionnels aux côtez du second. C'est un des plus
beaux theoremes de toute la Geometrie.

Fig. 65.

COROLLAIRE V.

158. Si un angle, comme BAC, a deux bases paralleles
BC & EF, elles seront proportionnelles au côté entier AB
& à la partie AE; ensorte qu'on aura la proportion BC.EF::
AB.AE. Pour le démontrer il n'y a qu'à concevoir des lignes
tirées par le point B & par le point E qui soient paralleles au
côté AC; ces lignes formeront deux espaces paralleles, un
grand & un petit: le grand compris entre AC & la ligne ponctuée B, renferme les lignes AB & BC; & le petit compris
entre AC & la ligne ponctuée E, renferme les lignes AE &
EF. Or la base BC est autant inclinée dans le grand espace
que EF dans le petit, puisque ces deux bases sont paralleles:
de même AB est autant inclinée dans le premier espace que
AE dans le second, parce que c'est la même ligne continuée;
d'où suit la proportion BC.EF::AB.AE, ou bien, en commençant par le côté AB & la partie AE, AB.AE::BC.EF,
& *invertendo* AE.AB::EF.BC.

Fig. 66.

159. On démontreroit de la même maniere que les bases
sont proportionnelles au côté AC & à sa partie AF, en concevant des paralleles au côté AB tirées par le point C & par
le point F.

ELEMENS DE GEOMETRIE.

Fig. 67. 160. On trouve les mêmes proportions dans la Figure 67, qui n'eſt differente de la precedente qu'en ce que les deux baſes paralleles ne ſont pas du même coté du point A, l'une étant au deſſus & l'autre au deſſous de ce point.

COROLLAIRE VI.

Fig. 68. 161. Si un angle, comme B A D, a deux baſes paralleles BD & E G, & que du ſommet de l'angle on tire une ligne qui coupe les deux baſes ; les parties de l'une ſeront proportionnelles aux parties de l'autre ; c'eſt-à-dire, qu'on aura la proportion B C . E F :: C D . F G. Car par le corollaire precedent B C.E F :: A C . A F : & de même C D . F G :: A C . A F. Voilà donc deux raiſons, ſçavoir celle de B C à E F, & celle de C D à F G qui ſont égales chacune à la raiſon de A C à A F ; donc ces deux raiſons ſont égales entr'elles : ce qui fait la proportion B C. E F :: C D . F G, & *alternando* B C. C D :: E F . F G ; d'où il ſuit que ſi une baſe eſt coupée en parties égales, l'autre l'eſt pareillement.

Fig. 69. 162. Ce que nous avons dit ſur la Figure 68 peut être appliqué à la Figure 69 qui ne diffère de la precedente qu'en ce que les deux baſes paralleles ne ſont pas du même coté du point A.

163. Si du ſommet de l'angle qui a deux baſes paralleles, on tiroit pluſieurs lignes qui coupaſſent les baſes, toutes les parties de l'une ſeroient proportionnelles aux parties correſpondantes de l'autre : par exemple, dans la Figure 77 C E eſt à a g, comme E F eſt à g h, & comme F D eſt à h b.

Fig. 65. 164. Remarquez que ſi deux angles qui ſont ſur une baſe ſont égaux à deux angles qui ſont ſur une autre baſe chacun à chacun, les cotez de la premiere baſe ſeront autant inclinez ſur elle que les deux autres cotez le ſont ſur la ſeconde baſe : par exemple, dans la Figure 65, ſi les angles B & C formez ſur la baſe B C ſont égaux aux deux angles E & F formez ſur la baſe E F, chacun à chacun ; c'eſt-à-dire, l'angle B égal à l'angle E, & l'angle C égal à l'angle F, pour lors les cotez A B & A C ſeront autant inclinez ſur la baſe B C que les lignes D E & D F le ſont ſur la baſe E F. Cela vient de ce que la grandeur des angles dépend de l'inclinaiſon des lignes. Cette remarque ſera d'uſage dans la ſuite.

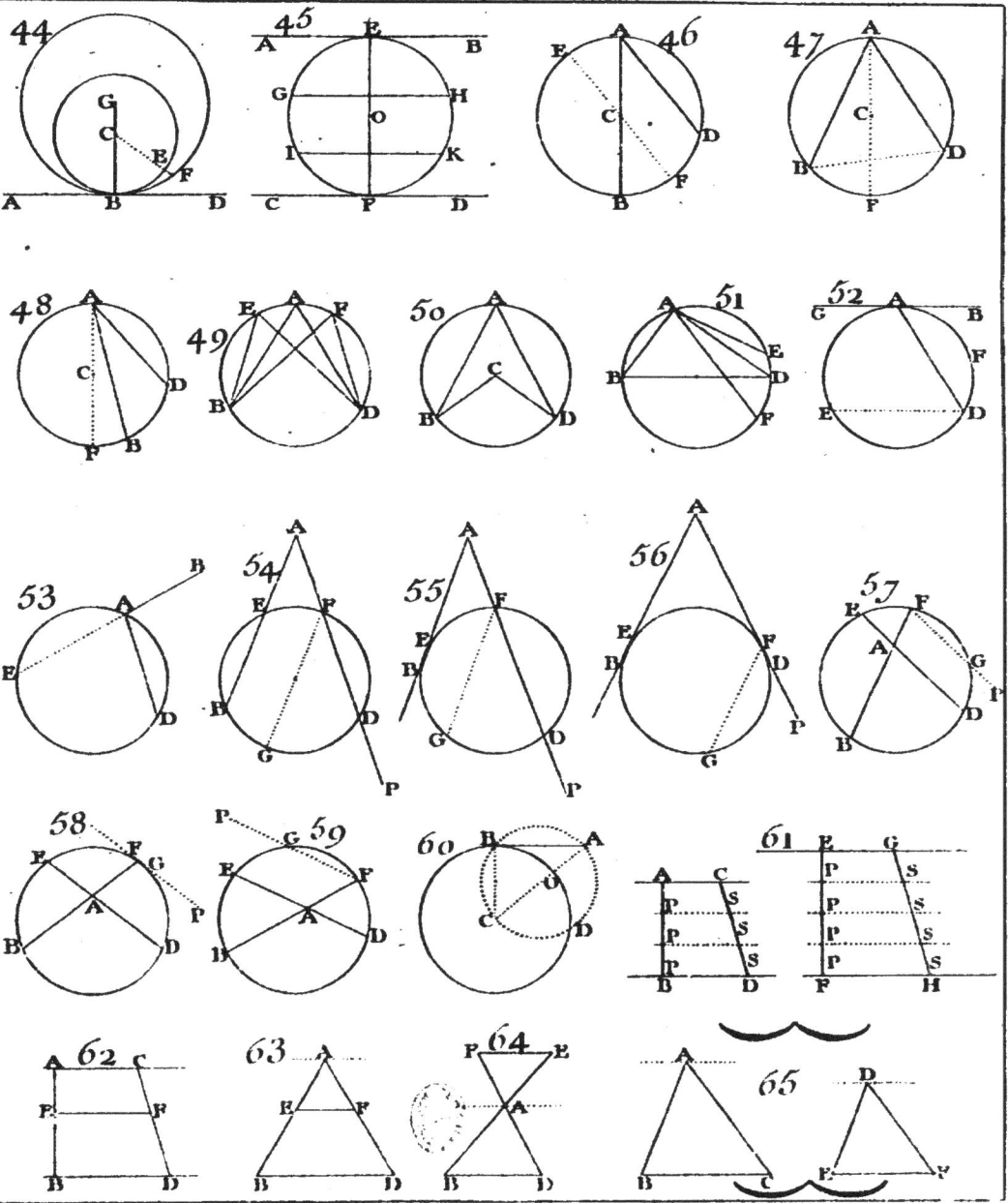

COROLLAIRE. VII.

165. Si un angle, comme B A D, est divisé en deux parties égales par la ligne A C, elle coupera la base B D en deux parties proportionnelles aux côtez de l'angle ; ensorte qu'on aura la proportion B C . D C :: B A . D A : car si on conçoit des lignes tirées par le point B & par le point D parallèles à la ligne A C, on aura deux espaces parallèles dans un desquels sont renfermées les lignes B C & B A, & dans l'autre D C & D A. Or la ligne B C est autant inclinée dans son espace que la ligne D C dans le sien, puisque c'est la même ligne continuée ; pareillement la ligne B A est autant inclinée dans le premier espace que la ligne D A dans le second, parce que l'angle B A C est égal par l'hypothèse à l'angle D A C ; on aura donc par le theoreme fondamental, la proportion B C . D C :: B A . D A, ou en commençant la proportion par les côtez, B A . D A :: B C . D C.

166. Remarquez que si les deux côtez BA, DA de l'angle BAD sont égaux, les deux parties de la base coupée par la ligne A C sont égales. Cela suit de la proportion B A . D A :: B C . D C, qu'on vient de prouver dans ce corollaire. En general, lorsque les deux premiers termes d'une proportion sont égaux, les deux derniers sont aussi égaux entr'eux. Pareillement si les deux antécédens sont égaux, les deux conséquens sont égaux entr'eux ; & réciproquement si les deux conséquens sont égaux, les antécédens le sont aussi : car sans cela le premier terme ne seroit pas au second comme le troisième est au quatrième ; ainsi il n'y auroit pas de proportion. On peut appliquer cette remarque au second, troisième, quatrième, cinquième & sixième corollaire.

THEOREME II.

167. *Lorsque deux cordes d'un cercle se coupent, les parties de l'une sont réciproques aux parties de l'autre.*

Soient les deux cordes BF & D E qui se coupent au point A ; les deux parties A B & A F de la première sont réciproques aux parties A E & A D de la seconde ; c'est-à-dire, que A B . A E :: A D . A F.

Fig. 70.

Fig. 71.

DEMONSTRATION.

Si l'on tire les deux lignes B D & E F, les angles D B F &
D E F seront égaux, parce qu'ils sont appuyez sur le même
arc D F : de même les angles B D E & B F E sont aussi égaux,
étant appuyez sur le même arc B E ; ainsi, en nommant les
angles par une seule lettre, les deux angles B & D qui
sont sur la base B D sont égaux aux deux autres E & F qui
sont sur la base E F, chacun à chacun. Or la grandeur des
* 164. angles dépend de l'inclinaison des lignes *, par conséquent
les deux cotez A B & A D de l'angle B A D sont autant
inclinez sur leur base B D que les deux côtez A E & A F de
l'angle E A F le sont sur la base E F : on aura donc, suivant le
* 157. quatriéme corollaire*, la proportion A B . A E :: A D . A F. Ce
qu'il falloit démontrer.

COROLLAIRE I.

Fig. 71. 168. Si une des cordes, comme B F, étoit diametre &
qu'elle fut perpendiculaire à l'autre corde, la partie A E ou
A D de cette seconde corde seroit moyenne proportionnelle
entre les parties A B & A F du diametre ; car par le theoreme A B . A E :: A D . A F. Or par l'hypotese la ligne B F
passe par le centre, & de plus elle est perpendiculaire à la
* 109. corde D E ; par conséquent cette corde est coupée en deux
parties égales *, sçavoir, A E & A D ; donc on peut mettre
A E à la place de A D dans la proportion précedente, & on
aura A B . A E :: A E . A F.

COROLLAIRE II.

169. On peut conclure delà que si d'un point de la circonference d'un cercle, on tire une perpendiculaire, comme
E A, sur le diametre B F, elle sera moyenne proportionnelle
entre les deux parties A B, A F du diametre. C'est une proprieté remarquable du cercle.

THEOREME III.

170. *Deux secantes exterieures étant tirées du même point A,
& prolongées jusqu'à la partie concave de la circonference, une
secante entiere & sa partie hors du cercle sont réciproques à l'autre secante entiere & à sa partie hors du cercle.*

Soient

Soient les fecantes exterieures A B & A D tirées du même
point A , & prolongées jufqu'en B & D : il faut prouver que
la fecante A B & fa partie exterieure A E font réciproques à
l'autre fecante A D & à fa partie exterieure A F; c'eſt-à-dire,
que A B . A D :: A F . A E.

DEMONSTRATION.

Ayant mené les cordes B F & D E, les angles B F D & B E D
font égaux , parce qu'ils font appuyez fur le même arc B D;
il faut donc que leurs fupplemens A F B & A E D foient auffi
égaux. Pareillement les angles B & D font égaux , puiſqu'ils
font appuyez fur le même arc E F; ainſi les angles B & A F B
formez fur la baſe B F font égaux aux angles D & A E D
formez fur la baſe D E; donc les côtez A B & A F de l'angle
B A F font autant inclinez fur la baſe B F que les côtez A D
& A E de l'angle D A E le font fur la baſe D E*; donc par le
quatriéme corollaire du premier theoreme , on aura la proportion A B . A D :: A F . A E. Ce qu'il falloit démontrer.

COROLLAIRE I.

171. Si une tangente, comme A D, & la fecante A B font
tirez du même point A , la tangente fera moyenne proportionnelle entre la fecante A B & fa partie exterieure A E. Pour
entendre la raiſon de ce corollaire , il faut recourir à la Figure du theoreme , & concevoir que la ligne A B demeurant
immobile , on en éloigne le côté A D en le faiſant tourner
autour du point A : il eſt facile d'appercevoir que dans cette
hypotefe les points D & F s'approchent l'un de l'autre , la proportion du theoreme demeurant toujours vraye. Or dans
l'inſtant que la ligne A D devient tangente, le point D & le
point F ſe confondent, & la ligne A F devient égale à A D;
on a donc pour lors cette proportion A B . A D :: A F ou
A D . A E.

Voici une feconde démonſtration plus geometrique & toute
femblable à celle du theoreme.

Ayant tiré les cordes B F & D E, l'angle du grand fegment A D B ou A F B a pour meſure la moitié de l'arc D E B
foutenu par la corde B D*. Or l'angle A E D a auffi pour fa
meſure la moitié du même arc D E B*; ainſi les deux angles
A F B & A E D font égaux entr'eux. Pareillement l'angle B

Fig. 73.

* 164.

Fig. 74.

* 135.
* 135.

H

& l'angle du petit fegment A D E font égaux, parce qu'ils ont
pour mefure la moitié de l'arc D E ou F E ; ainfi, comme
dans la démonftration du theoreme, les deux angles B & A F B
formez fur la bafe B F font égaux aux angles A D E & A E D
formez fur la bafe D E ; donc les côtez A B & A F ou A D
de l'angle B A F font autant inclinez fur la bafe B F, que les
côtez A D & A E de l'angle D A E le font fur la bafe D E ;
par conféquent on aura la proportion A B . A D :: A F ou
A D . A E. Ce qu'il falloit démontrer.

COROLLAIRE II.

172. Si la partie interieure E B de la fecante A B eft égale
à la tangente, cette fecante fera divifée en moyenne & extrême raifon au point E : car par le corollaire précedent on
a la proportion A B . A D :: A D . A E : donc mettant E B à la
place de A D qui lui eft fuppofée égale, la proportion fera
A B . E B :: E B . A E : donc la fecante fera divifée en moyenne
& extrême raifon au point E.

COROLLAIRE III.

173. E B étant toujours fuppofée égale à la tangente A D,
fi on tire la ligne E G parallele à B D, la tangente fera divifée
en moyenne & extrême raifon au point G ; c'eft-à-dire, qu'on
aura la proportion A D . G D :: G D . A G. Car à caufe des
*155. paralleles B D & E G, on aura les deux proportions *A B . E B ::
*154. A D . G D, & *E B . A E :: G D . A G. Or par le fecond co-
rollaire les deux premieres raifons de ces proportions font
égales, ainfi les deux dernieres le font auffi ; c'eft-à-dire, que
A D . G D :: G D . A G.

174. Remarquez que la grande partie G D de la tangente
coupée par la parallele E G, eft égale à la partie exterieure
A E de la fecante : car par le premier corollaire A B . A D ::
A D . A E. D'ailleurs à caufe des paralleles B D & E G on a
encore la proportion A B . A D :: E B . G D. Or les deux premieres raifons de ces proportions font égales ; par conféquent
les deux dernieres le font auffi : on a donc la troifiéme proportion A D . A E :: E B . G D : mais par l'hypotefe les deux
antécedens A D & E B font égaux ; donc les deux confequens
156. A E & G D le font auffi.

175. Delà il fuit que E B étant égale à la tangente A D,

comme on l'a suppofé dans le troifiéme corollaire, fi on prend
fur A D la partie G D égale à A E, la tangente fera coupée
en moyenne & extrême raifon, parce que pour lors elle fera
divifée de la même maniere qu'elle l'eft dans la Figure par la
parallele E G.

PROBLEME I.

176. *Trois lignes, comme* A, B, C, *étant données, trouver une* Fig. 75.
quatriéme proportionnelle D.

Tirez deux lignes indéfinies telles que E H & E K qui faf-
fent tel angle qu'il vous plaira ; prenez fur une de ces lignes
la partie E F égale à la ligne donnée A, & fur l'autre la partie E G égale à la feconde ligne B; tirez la ligne F G, prenez enfuite fur la ligne E F prolongée tant qu'il fera befoin,
la partie F H égale à la troifiéme ligne C qui eft donnée,
& tirez H K parallele à F G, la ligne G K renfermée entre
les deux paralleles F G & H K, fera la quatriéme proportionnelle cherchée ; car à caufe des paralleles F G & H K, on a
la proportion * E F . E G : : F H . G K, ou bien A . B : : C . D. * 154.

PROBLEME II.

177. *Deux lignes, comme* A *&* B, *étant données, trouver une*
troifiéme proportionnelle que nous nommerons encore D *; enfuite*
qu'on ait la proportion A . B : : B . D.

Ce problème fe réfout de la même maniere que le premier,
avec cette difference que la troifiéme ligne F H de la Figure
75, doit être égale à la feconde E G ; & alors la ligne G K
comprife entre les deux paralleles eft la troifiéme proportionnelle cherchée.

PROBLEME III.

178. *Deux lignes, comme* A *&* C, *étant données, trouver une* Fig. 76.
moyenne proportionnelle entre ces deux lignes données.

Tirez une ligne indéfinie telle que D F, fur laquelle prenez D G
égale à la ligne donnée A, & la ligne G F égale à la ligne donnée C ; divifez la fomme D F en deux également au point O ;
& de ce même point comme centre, & de l'intervalle O D,

H ij

décrivez un cercle ; ensuite du point G élevez la perpendiculaire GE jusqu'à la circonference ; elle sera la moyenne
proportionnelle cherchée entre les deux lignes A & C.

* 169.   C'est une suite évidente du second corollaire * du theoreme
second.

PROBLÈME IV.

179. *Divisez une ligne donnée en des parties semblables ou pro-*
portionnelles à celles d'une autre ligne donnée.

Fig. 77.   Soit la ligne CD divisée en trois parties : sçavoir, CE,
EF, FD ; soit aussi donnée la ligne droite AB qu'il faut
diviser en parties semblables à celles de CD. Tirez la ligne
a b égale à AB & parallele à CD ; ensuite par les extrêmitez de la ligne donnée CD, & celles de la parallele *ab*,
tirez deux lignes, lesquelles iront se rencontrer dans un point
comme K : enfin menez de ce point K des lignes droites au
point de division de la ligne donnée CD ; elles couperont la
parallele égale à AB en parties proportionnelles ou semblables à celles de la ligne donnée CD.

* 163.   Cette pratique a été démontrée dans le sixiéme corollaire *
du premier theoreme.

180. On peut par ce problême diviser une ligne donnée
en tant de parties égales qu'on voudra : supposons, par exem-
Fig. 78.   ple, qu'on veuille diviser la ligne AB en cinq parties égales,
il faut tirer une ligne droite indéfinie, telle que MN sur laquelle vous prendrez avec le compas cinq parties égales de
quelle grandeur vous voudrez, telles que MC, CD, DE,
EF, FG ; ensuite vous tirerez la ligne *a b* égale à AB qui
soit parallele à la ligne indéfinie MN ; & faites le reste comme dans le problême. Il est évident que la ligne *ab* sera partagée en cinq parties égales.

PROBLÈME V.

Fig. 79.   181. *Couper une ligne, comme AD en moyenne & extrême*
raison.

Sur une extrêmité de la ligne donnée AD, par exemple,
sur l'extrêmité D, élevez la perpendiculaire CD égale à la
moitié de la ligne AD : ensuite du point C comme centre &

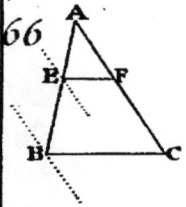

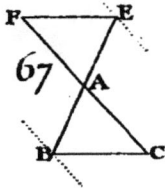

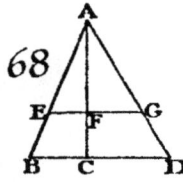

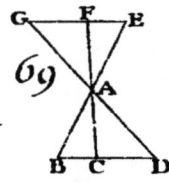

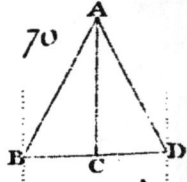

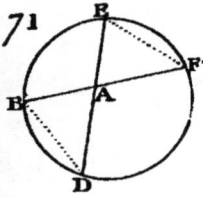

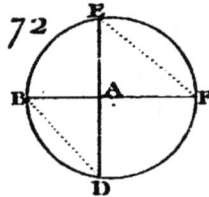

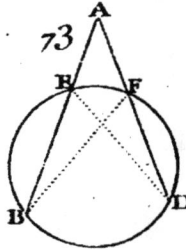

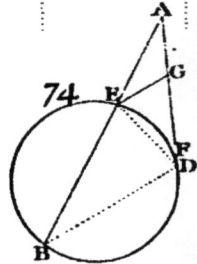

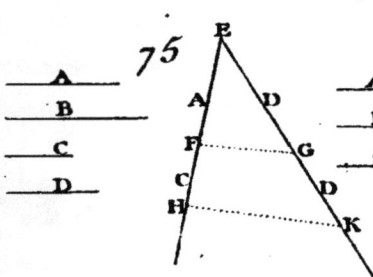

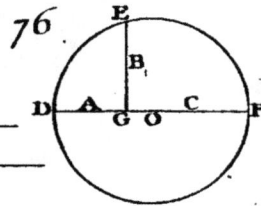

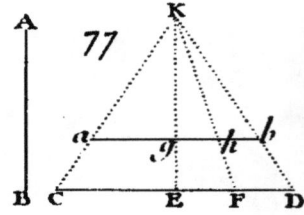

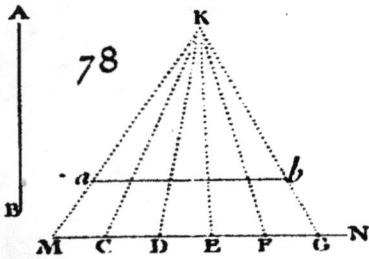

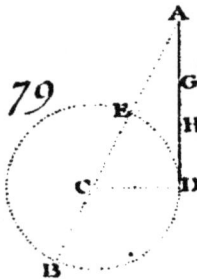

de l'intervalle C D, décrivez une circonference ; & puis de l'autre extrêmité A de la ligne donnée A D, tirez la fecante A B qui paffe par le centre du cercle, & coupe la circonference au point E ; prenez G D égale à la partie exterieure A E de la fecante. Je dis que la ligne A D fera coupée en moyenne & extrême raifon au point G ; c'eft-à-dire, qu'on aura la proportion A D . G D :: G D . A G.

Pour démontrer cette proportion, il faut remarquer que la fecante A B paffant par le centre, E B eft un diametre, & par confequent double du rayon C D. Or par la conftruction la tangente A D eft auffi double de la perpendiculaire C D ; donc la partie interieure E B de la fecante eft égale à la tangente A D ; d'où il faut conclure, fuivant ce que nous avons dit *, $\quad$ *175: que la tangente A D eft coupée en moyenne & extrême raifon au point G.

182. On auroit encore pû couper d'une autre maniere la ligne A D en moyenne & extrême raifon, en prenant A H égale à la partie exterieure de la fecante ; auquel cas il eft évident que H D auroit été égale à A G : ainfi au lieu de la proportion A D . G D :: G D . A G, on auroit eu la fuivante, A D . A H :: A H . H D, en mettant A H & H D à la place de G D & de A G ; & par confequent la ligne A D auroit été coupée en moyenne & extrême raifon au point H.

LIVRE SECOND.

DES SURFACES.

& des Figures planes.

Art. I; FIGURE en general eſt un eſpace renfermé de tous côtez. Il y en a de deux ſortes; les unes ſont terminées par des lignes; les autres ſont terminées par des ſurfaces; celles-ci ſont des *ſolides* dont nous parlerons dans le troiſiéme Livre; les autres qui ſont terminées par des lignes ſont des *ſurfaces* dont nous devons traiter ici. Or on diſtingue trois eſpeces de ces figures, les *planes*, les *courbes*, & les *mixtes*.

2. Les figures planes ſont celles dont tous les points ne ſont ni plus élevez, ni plus enfoncez les uns que les autres : telle eſt ſenſiblement la ſurface des miroirs ordinaires.

3. Les figures courbes ſont celles dont les points ſont iné-galement élevez ou enfoncez : telle eſt la ſurface d'une boule.

4. Les figures mixtes, ſont celles qui ſont en partie planes, & en partie courbes.

5. Les figures planes qui ſont les ſeules dont nous parlerons dans ce ſecond Livre, ſont encore de trois ſortes, les rectilignes qui ſont terminées par des lignes droites, les curvilignes qui ſont terminées par des lignes courbes, & enfin les mixtilignes qui ſont terminées par des lignes dont les unes ſont droites & les autres courbes.

6. Remarquez donc qu'il y a de la difference entre une ſurface ou ſuperficie courbe, & une ſuperficie curviligne ; puiſqu'une ſurface plane peut être curviligne, quoi qu'elle ne puiſſe être courbe : un cercle, par exemple, eſt une ſurface curviligne, quoi qu'elle ne ſoit pas courbe.

Dans les figures rectilignes auſquelles on peut rapporter les deux autres eſpeces de figures planes, il y a trois choſes principales à conſiderer, les côtez, les angles & la ſurface. Nous conſidererons d'abord les figures par rapport aux côtez & aux angles qu'ils forment, & enſuite par rapport aux ſurfaces que ces côtez renferment.

DES FIGURES PLANES,
considerées selon leurs côtez & leurs angles.

Si une Figure n'est terminée que par des lignes droites, il faut qu'il y en ait au moins trois ; c'est pourquoi l'angle n'est pas une figure.

7. On a donné aux figures rectilignes les plus simples certains noms qu'il ne faut pas ignorer, la figure des trois côtez s'appelle *triangle*, celle de quatre s'appelle *quadrilatere*, celle de cinq s'appelle *pentagone*, celle de six, *exagone*, celle de sept, *eptagone*, celle de huit, *octogone*, celle de neuf, *enneagone*, celle de dix, *decagone*, celle de onze, *endecagone*, celle de douze, *dodecagone*, celle de mille, *kiliogone*, celle de dix mille, *miriogone*, celle de plusieurs côtez se nomme indéfiniment *polygone*.

8. Une Figure est *reguliere* ou *irreguliere*. La reguliere, est celle dont tous les côtez & les angles sont égaux. La Figure irreguliere est celle dont tous les angles & tous les côtez ne sont pas égaux.

9. Quand on compare deux Figures ensemble, si les angles de l'une sont égaux aux angles de l'autre, & que les côtez homologues ou correspondans soient proportionnels, on les appelle *semblables* ; & si les côtez comparez sont égaux aussi-bien que les angles, les figures sont appellées *toutes égales*, ou *égales en tout*, ou *parfaitement égales*.

10. De toutes les figures curvilignes, nous ne considererons dans ces Elemens de Geometrie que le cercle ; & des figures mixtilignes, nous ne parlerons que de celles qui ont rapport au cercle : telle est celle qu'on nomme *segment* dont nous avons donné la notion*, & celle qu'on appelle *secteur* de cercle.

11. Un secteur de cercle est une certaine portion de cercle comprise entre deux rayons, & l'arc terminé par deux rayons : par exemple, l'espace marqué par A.

** Liv. 1.
Art. 127.*

Fig. 1.

AVERTISSEMENT.

Lorsque dans ce second Livre, on citera quelque Article du premier, on écrira à la marge * Liv. 1. Art. & ensuite le nombre de l'Article cité : par exemple, pour citer l'Article 150. du premier Livre, on mettra à la marge * Liv. 1. Art. 150. Mais quand on voudra citer un Article de ce second Livre, on mettra feulement le figne * avec le nombre de l'Article cité, comme on l'a fait dans le premier Livre. On obfervera la même chofe dans le troifiéme Livre ; c'eft-à-dire, que quand on voudra citer un Article du premier ou du fecond Livre, on mettra à la marge * Liv. 1. Art. ou * Liv. 2. Art. mais lorfqu'il s'agira de citer un Article du troifiéme Livre, on marquera feulement le figne * avec le nombre de l'Article cité.

DES TRIANGLES.

12. Dans tout triangle, il y a trois côtez & trois angles. On prend ordinairement pour *bafe* du triangle le côté inferieur ; mais on peut prendre pour bafe tout autre côté du triangle : par exemple, le côté AC eft la bafe du triangle ABC : mais cela n'empêche pas que l'on ne puiffe auffi confiderer le côté AB ou le côté BC comme bafe.

13. La ligne perpendiculaire qu'on mene de la pointe d'un angle fur la bafe fe nomme la hauteur du triangle : telle eft la ligne BH. Il peut arriver que cette perpendiculaire tombe en dehors du triangle ; & pour lors, afin d'avoir la hauteur, il faut prolonger la bafe du côté où tombe la perpendiculaire : par exemple, fi du point E du triangle DEF, on abaiffoit la perpendiculaire EH fur la bafe DF ; il eft clair qu'elle tomberoit en dehors du triangle, & qu'il faudroit prolonger cette bafe au-delà du point D, afin que la perpendiculaire la rencontrat.

14. Le triangle peut être confideré ou par rapport à fes côtez, ou par rapport à fes angles : fi on le confidere par rapport à fes côtez, il y en a de trois efpeces : car ou fes trois côtez font égaux, & on l'appelle *equilateral* ; tel eft le triangle ABC Figure 2 ; où il n'a que deux côtez égaux, comme dans la Figure 4, & on l'appelle *ifocele* ; ou bien enfin fes trois côtez font inégaux, comme dans la Figure 5, & on l'appelle *fcalene*.

15. Lorfque le triangle eft confideré par rapport aux angles, on en diftingue encore de trois fortes ; le triangle *rectangle* qui a un angle droit ; tel eft le triangle NMO Figure 5 ; *l'ambligone* qui a un angle obtus ; tel eft le triangle EDF Figure 3 ; & *l'oxigone* qui a fes trois angles aigus, comme dans la Figure 2. ou dans la Figure 4.

Nous

Nous démontrerons dans la suite, qu'il eſt impoſſible qu'il y ait dans un triangle deux angles qui ſoient ou tous deux droits, ou tous deux obtus, ou un droit & un obtus.

Nous ſuppoſons 1°. qu'il ſe peut toujours faire qu'une circonference paſſe par les ſommets des trois angles de chaque triangle: cela ſuit évidemment de ce qu'on peut décrire une circonference qui paſſe par trois points donnez, pourvû qu'ils ne ſoient pas en ligne droite *.

*Liv. 1. Art. 38.

Nous ſuppoſons 2°. qu'on peut conſiderer les deux côtez de chaque triangle comme renfermez dans un eſpace parallele, en tirant par le ſommet une ligne parallele à la baſe, comme dans la Figure 7. Cela poſé, l'on démontre facilement le theoreme ſuivant, qui eſt un des plus beaux & des plus utiles de toute la Geometrie.

THEOREME I. ET FONDAMENTAL.

16. *Les trois angles d'un triangle pris enſemble ſont égaux à deux angles droits*, ou, ce qui eſt la même choſe, *ces trois angles ont pour meſure la demi-circonference.*

DEMONSTRATION.

Par la premiere ſuppoſition, tout triangle comme A B C, peut être conçu inſcrit dans un cercle; alors l'angle A aura pour meſure la moitié de l'arc B C, l'angle B aura pour meſure la moitié de l'arc C A, & l'angle C aura pour meſure la moitié de l'arc A B*. Or ces trois arcs font la circonference entiere; donc les trois moitiez de ces trois arcs, font la demi-circonference; par conſéquent les trois angles du triangle pris enſemble, ont pour meſure la demi-circonference; ils ſont donc égaux à deux angles droits. Ce qu'il falloit démontrer.

Fig. 6.

*Liv. 1. Art. 130.

On peut encore demontrer ce theoreme de la maniere ſuivante.

Tirez par le point C une ligne D E parallele à la baſe A B; alors les deux angles alternes a & A formez par l'oblique C A, entre les paralleles ſeront égaux: pareillement les deux angles alternes b & B formez par l'oblique C B, ſeront auſſi égaux. Or les trois angles a, C, b pris enſemble ſont égaux à deux angles droits *: par conſéquent, ſi à la place des deux angles & a b, on prend les deux autres A & B qui leur ſont égaux,

Fig. 7.

*Liv. 1. art. 63.

I

les trois angles A , C , B pris enfemble , valent auffi deux an:
gles droits.

Ce theoreme eft la fameúfe trente-deuxiéme propofition du
premier Livre d'Euclide.

COROLLAIRE I.

Fig. 8.

17. Si on prolonge un des côtez, comme A B , d'un trian_
gle , l'angle exterieur C B D ou G fera égal aux deux intérieurs oppofez *m* & *o* pris enfemble ; car l'angle extérieur G
Liv. 1 joint à l'angle *n* vaut deux angles droits *. De même les an-
art.60. gles *m* & *o* joints au même angle *n*, valent auffi deux angles
16. droits *. Par conféquent l'angle exterieur G eft égal aux angles interieurs oppofés *m* & *o* pris enfemble. On peut prouver de la même maniere, qu'en prolongeant le côté B C ,
l'angle exterieur A C E ou *h* eft égal aux deux intérieurs oppofés *n* & *m* pris enfemble. Pareillement, fi on prolonge le
côté C A , l'angle extérieur B A F ou *k* , fera égal aux deux
interieurs *o* & *n*.

COROLLAIRE II.

18. Dans chaque triangle , dès que l'on connoît deux angles , on peut facilement connoître le troifième ; car le troifiéme eft toujours le fupplément à 180 degrez ; par exemple,
fi l'on connoît deux angles , dont l'un foit de 40. degrez, &
l'autre de 80., on eft affuré que le troifiéme eft de 60 degrez,
parce que les deux premiers pris enfemble, valent 120 degrez : or le fupplément de 120 degrez à 180 eft 60.

19. Si dans un triangle on ne connoît que la valeur d'un
angle , on pourra bien connoître la fomme des deux autres
angles ; mais on ne pourra connoître la valeur de chacun
en particulier ; ainfi fi l'angle connu étoit de 50 degrez, on
fçauroit bien que la fomme des deux autres eft de 130. degrez;
mais on ne connoîtroit pas de combien de degrez feroient l'un
& l'autre de ces deux angles féparément.

COROLLAIRE III.

20. Chaque triangle ne peut avoir qu'un angle droit , ou
un feul obtus ; deforte que fi un angle eft droit ou obtus , les
deux autres font néceffairement aigus : autrement les trois angles pris enfemble, feroient plus grands que deux angles droits.

THEOREME II.

21. Lorsque dans un triangle il y a des côtés égaux, les angles opposés à ces côtés sont aussi égaux; & reciproquement s'il y a des angles égaux, les bases ou côtés opposez sont égaux.

DEMONSTRATION.

Soit le triangle A C B, dont le côté A C soit supposé égal au côté B C; je dis 1º. que l'angle en B opposé au côté A C est égal à l'angle en A opposé au côté B C : car les côtés A C & B C étant égaux, les arcs A C & B C qui sont soutenus par ces côtés, seront égaux, parce que les cordes égales soû-tiennent des arcs égaux; donc la moitié de l'arc A C, est égal à la moitié de l'arc B C; or ces moitiés sont les mesures des angles en B & en A *; donc ces angles sont égaux. Ce qu'il falloit démontrer en premier lieu.

Fig. é:

＊Liv. I. Art. 130.

II. PARTIE. Si l'angle en B est égal à l'angle en A, les côtez opposez A C & B C sont égaux ; car si les deux angles en B & en A sont égaux, leurs mesures, c'est-à-dire, la moi-tié de l'arc A C, & la moitié de l'arc B C sont égales; donc les arcs entiers A C & B C sont aussi égaux. Or les arcs égaux sont soûtenus par des cordes égales; donc les cordes ou cô-tés A C & B C sont égaux. Ce qu'il falloit démontrer.

22. Il est évident, que si les trois côtez d'un triangle étoient égaux, les trois angles seroient aussi égaux ; & que si les trois angles étoient égaux, les trois côtez le seroient aussi.

THEOREME III.

23. Lorsque dans un triangle il y a des côtez inégaux, le plus grand angle est opposé au plus grand côté, & le plus petit angle est opposé au moindre côté.

DEMONSTRATION.

Si dans le triangle A C B l'angle en A est plus grand que chacun des deux autres, le côté B C qui lui est opposé, est le plus grand de tous : car si l'angle en A est plus grand, il faut que l'arc B C dont il a la moitié pour mesure, soit aussi plus grand que chacun des arcs A B & A C; & par consequent la corde ou le côté B C sera plus grand que les autres côtés. Ce qu'il falloit demontrer.

Fig. 6.

On prouvera de même, que si l'angle en C est le plus petit, le coté opposé A B est aussi moindre que chacun des côtez A C & B C.

THEOREME IV.

24. *Lorsqu'un triangle est isocele, si du sommet de l'angle compris entre les côté égaux, on abbaisse une perpendiculaire sur la base. 1°. Cette base sera coupée en deux parties égales. 2°. L'angle compris entre les côtez égaux, sera aussi partagé également.*

Fig. 9.

Soit le triangle isocele A C B, & que du sommet de l'angle C, on tire la perpendiculaire C D sur la base A B; je dis 1°. que cette perpendiculaire coupe la base en deux parties égales. 2°. Qu'elle partage aussi l'angle C en parties égales. Pour le démontrer, il faut du point C comme centre & de l'intervalle C A ou C B décrire une circonference, & prolonger la perpendiculaire C D jusqu'à la rencontre de la circonference en E : cela posé, le Theoreme est facile à prouver.

DEMONSTRATION.

I. PARTIE. La base A B est une corde du cercle dont le point C est le centre, & par conséquent la ligne C D qui est supposée perpendiculaire à la corde, la coupe necessairement en deux parties égales *.

*Liv. 1.
art. 103.

*Liv. 1
art. 113.

II. PARTIE. La perpendiculaire C D E étant tirée du centre, & coupant la corde A B en deux parties égales, coupe aussi * l'arc A E B, soutenu par la corde en deux parties égales, sçavoir A E & B E. Or A E est la mesure de l'angle A C E, & B E est la mesure de l'angle B C E; donc ces angles sont égaux : ainsi la perpendiculaire coupe l'angle C en deux parties égales. Ce qu'il falloit demontrer.

COROLLAIRE.

25. Si on tire du point C une ligne qui divise l'angle C en deux parties égales, il est clair qu'elle ne differera pas de la perpendiculaire C D; par conséquent si une ligne divise en parties égales l'angle compris entre les côtez égaux d'un triangle isocele, elle sera perpendiculaire à la base, il est évident par la même raison, que si une ligne tirée de cet angle coupe la base en parties égales, elle sera perpendiculaire à la base.

26. On peut distinguer six choses dans un triangle; sça-

voir trois côtez & trois angles: mais parce que deux angles étant donnez & déterminez, le troisieme l'est aussi; il suffira de considerer ici cinq choses; sçavoir, trois côtez & deux angles. Or si dans un triangle, trois de ces cinq choses sont égales aux trois correspondantes dans un autre triangle, les deux triangles sont égaux en tout.

Il y a quatre cas. 1°. Ou bien un des côtez d'un triangle, & les deux angles sur ce côté sont égaux à un côté d'un autre triangle, & aux deux angles sur ce côté. 2°. Ou deux côtez & un angle compris entre ces côtez du premier triangle, sont égaux à deux côtez & à un angle compris entre ces côtez du second. 3°. Ou bien deux côtez & un angle opposé à un de ces côtez dans le premier triangle, sont supposez égaux à deux côtez & à un angle opposé à un de ces côtez dans le second triangle. 4°. Enfin il peut arriver que les trois côtez du premier triangle soient égaux aux trois côtez d'un autre triangle, chacun à chacun.

Nous allons demontrer dans les quatre Theoremes suivans, qu'en tous ces cas, les deux triangles sont égaux, en observant neanmoins que dans le troisiéme cas, il faut encore supposer, que l'autre angle sur la base du premier triangle, est de même espece que son correspondant dans le second triangle, comme on le verra dans le sixiéme theoreme.

THEOREME V.

27. *Si un côté comme* b c *du triang'e* b a c *est égal au côté* B C *du triangle* B A C, *& que les deux angles* b *&* c, *sur le premier côté, soient egaux aux angles* B *&* C *sur l'autre côté, les deux triangles seront egaux en tout.*

Fig. 101

DEMONSTRATION.

Qu'on conçoive le côté b c appliqué sur le côté B C, le point b sur le point B, & le point c sur le point C. Puisque les angles b & B sont égaux, le côté b a sera posé sur le côté B A; & de même le côté c a sera appliqué sur le côté C A, parce que les angles c & C sont égaux; par consequent les deux côtez b a & c a iront se réunir au même point que les deux autres côtez B A & C A; donc les deux triangles conviendront entierement; ainsi ils seront parfaitement égaux ou égaux en tout, c'est-à-dire, quant aux angles, aux côtez & aux espaces.

Les deux côtez *b c* & B C étant toujours suppofez égaux ;
fi les deux angles *b* & *a* étoient égaux aux angles correfpondans B & A , les triangles feroient parfaitement égaux ;
parce que pour lors l'angle *c* feroit égal à l'autre angle C :
ainfi les deux angles fur le côté *b c* feroient égaux aux
deux angles fur le côté B C : ce qui reviendroit au cinquiéme
theoreme.

Fig. 11.   28. Remarquez qu'il peut arriver que deux triangles foient
inégaux, quoiqu'un côté du premier foit égal à un côté du
fecond , & que les trois angles de l'un , foient égaux aux
trois angles de l'autre, fi ces angles égaux ne font pas correfpondans : par exemple, dans les deux triangles BAC & BDC,
le coté B C eft commun aux deux triangles , & par confequent il eft égal de part & d'autre : il en eft de même de l'angle C : d'ailleurs , il fe peut faire que l'angle A du grand
triangle foit égal à l'angle D B C du petit , & que par confequent l'angle A B C du grand , foit égal à l'angle B D C du
petit.

THEOREME VI.

Fig. 10.   29. *Si deux côtez comme a b & a c, du triangle a b c , font égaux*
aux côtez A B & A C du triangle A B C , & que de plus l'angle
a , compris entre les deux premiers côtez , foit égal à l'angle A com-
pris entre les deux autres côtez , les deux triangles feront égaux en
tout.

DEMONSTRATION.

Qu'on conçoive le côté *a b* du premier triangle appliqué fur
le côté A B de l'autre ; enforte que le point *a* foit fur le point
A ; il faut, à caufe de l'égalité des deux angles *a* & A , que
le côté *a c* foit pofé fur le côté A C : dans cette hypothefe le
point *b* tombera fur le point B & le point *c* fur le point C,
parce que les deux côtez *a b* & *a c* font égaux aux côtez A B
& A C ; par confequent la bafe *a b* conviendra avec la bafe
A B & les deux triangles conviendront entierement ; donc ils
feront égaux en tout. Ce qu'il falloit demontrer.

THEOREME VII.

Fig. 12.   30. *Si les deux côtez a b & a c du triangle a b c font encere*
égaux aux côtez A B & A C du triangle A B C , & que l'angle

b opposé au côté ac, soit égal à l'angle B opposé au côté A C; si de plus, les angles c & C opposez aux autres chez ab & AB sont de même espece, c'est-à-dire, ou tous deux aigus ou tous deux obtus, sans les supposer égaux; pour lors les deux triangles seront égaux en tout.

DEMONSTRATION.

Qu'on conçoive le côté *b a* posé sur le côté B A, ensorte que le point *b* soit sur le point B, & le point *a* sur le point A; pour lors la base *b c* sera appliquée sur la base B C, à cause de l'égalité des angles *b* & B; mais comme les bases n'ont point été supposées égales, il faut demontrer que le point *c* tombera sur le point C : pour cela, il faut tirer du point A la perpendiculaire A D sur la base B C prolongée s'il est necessaire; cela posé, je raisonne ainsi : les lignes *a c* & A C seront toutes les deux du même côté de la perpendiculaire, ou la premiere d'un côté, & la seconde d'un autre. Or ce second cas est impossible : car si la ligne *a c* tomboit, par exemple, à la gauche de la perpendiculaire, ensorte que son extremité *c* fut sur le point E, tandis que la ligne A C est à la droite, il est visible que l'angle *a c b* ou A E B seroit obtus, & l'angle A C B aigu : ce qui est contre l'hypotese, puisque ces deux angles sont supposez de même espece; par consequent il est necessaire que les deux lignes *a c* & A C soient du même côté de la perpendiculaire. Mais d'ailleurs ces deux lignes sont des obliques égales, ainsi elles doivent être également éloignées de la perpendiculaire : donc *a c* tombera sur A C, & le point *c* sur le point C; ainsi les deux triangles conviendront parfaitement; par consequent ils seront égaux en tout. Ce qu'il falloit demontrer.

31. Remarquez que si les deux angles *b* & B que l'on a supposez égaux, étoient droits ou obtus, pour lors les deux angles *c* & C seroient aigus, & par consequent de même espece : c'est pourquoi si les angles égaux sont droits ou obtus, on n'a pas besoin de supposer la quatriéme condition marquée dans l'énoncé du theoreme, pour que deux triangles soient égaux dans le troisiéme cas.

32. Remarquez encore, que si on compare deux triangles rectangles, l'angle droit de l'un est necessairement égal à l'angle droit de l'autre, & par consequent ces triangles seront

ELEMENS DE GEOMETRIE.

égaux, si un autre angle & un côté du premier triangle sont
égaux à un angle & au côté correspondant à celui du second,
ou si deux côtez du premier triangle sont égaux à deux côtez
correspondans du second. Cela suit des theoremes précedens ;
car pour lors il y aura trois choses dans un des triangles rectangles, égales aux trois correspondantes de l'autre ; ainsi
ces triangles seront égaux.

THEOREME VIII.

33. *Si les trois côtez d'un triangle, comme a b c, sont égaux aux
trois côtez d'un autre triangle A B C, les deux triangles seront parfaitement égaux.*

DEMONSTRATION.

Fig. 13.

Pour demontrer ce theoreme, il faut du point C comme
centre, & de l'intervalle C B, décrire une circonference, &
*Liv. 1.
Art 112.* ensuite prolonger le côté A C jusqu'à la rencontre de la circonference au point H. Nous avons demontré *, qu'entre les
autres lignes qu'on peut tirer du point A à la circonference,
celle qui est terminée à un point plus éloigné du point H, est
la plus courte. Cela posé, concevez le côté a c appliqué sur
le côté A C, le point a sur le point A, & le point c sur le
point C : il est visible que si le point b tombe sur le point B, les
deux triangles conviendront entierement, & par consequent
ils seront égaux en tout. Or il est necessaire que le point b
tombe sur le point B ; car le côté c b est égal au côté C B ;
donc il est rayon de la circonference décrite ; par consequent
son extremité b doit tomber sur un point de cette circonference ; il faut donc prouver qu'il ne peut tomber sur un point
différent du point B, par exemple, sur les points E ou F : ce
que je fais voir en cette maniere, après avoir tiré les lignes
A E & A F : si le point b tomboit sur le point E, le côté a b
*L. 1.
Art. 112.* seroit égal à la ligne A E : mais A E est plus petit que A B ' ;
donc le côté a b seroit aussi plus petit que le côté A B ; ce
qui est contre l'hypotese. Au contraire si le point b tomboit
sur le point F, le côté a b seroit égal à la ligne A F, & par
*L. 1.
Art 112.* consequent il seroit plus grand que le côté A B * : ce qui est encore contre l'hypotese. Par consequent le côté a c, étant appliqué sur le côté A C, il faut que le point b tombe sur le
point B : donc les deux triangles conviendront entierement ;
donc

donc ils font égaux en tout. Ce qu'il falloit demontrer.

34. Remarquez que si deux côtez, comme A B & A C, du triangle B A C font égaux aux deux côtez *a b* & *a c* d'un autre triangle *b a c*, & que l'angle en A soit plus grand que l'angle en *a*, la base B C du premier fera plus grande que la base *b c* du second ; car l'angle A étant plus grand que l'angle *a*, l'ouverture des deux premiers côtez fera plus grande, & par conséquent la base fera plus grande que l'autre base. Réciproquement les deux côtez étant toujours supposez égaux de part & d'autre, chacun à chacun, il est évident que si la base B C est plus grande que la base *b c*, l'angle A fera plus grand que l'angle *a* du second triangle.

Fig. 14.

PROBLEME I.

35. *Faire un triangle qui ait un côté égal à la ligne donnée* N, *& les deux angles sur ce côté égaux aux angles donnez* H *&* G.

Tirez B C égale à la ligne donnée N ; ensuite tirez aux points B & C des lignes qui fassent sur B C des angles égaux aux angles donnez H & G : ces deux lignes prolongées se rencontreront en un point, comme A, & formeront le triangle B A C avec les conditions proposées.

Fig. 15. & 16.

PROBLEME II.

36. *Faire un triangle qui ait deux côtez égaux aux lignes données* L *&* M, *& l'angle compris entre ces côtez égal à l'angle donné* K.

Tirez une ligne A B égale à une des proposées L ; & de l'extrêmité A, tirez la ligne A C que vous prendrez égale à l'autre proposée M, & qui fasse l'angle B A C égal à l'angle K ; ensuite menez une ligne du point B au point C ; elle formera le triangle cherché A B C.

PROBLEME III.

37. *Faire un triangle qui ait deux côtez égaux à deux lignes données* L *&* M, *& l'angle opposé à l'une de ces lignes* M, *égal à l'angle donné* H.

Tirez l'indéterminée BZ, puis à une de ses extrêmitez, comme B, tirez la ligne A B qui soit égale à L, & qui fasse

Fig. 15. & 17.

K

avec B Z un angle égal à l'angle donné H ; enfuite du point A pris pour centre & d'un intervalle égal à l'autre ligne M, décrivez un arc de cercle qui coupera la ligne B Z dans un feul point, fi la ligne M eft plus grande ou égale à la premiere ligne L ; c'eft pourquoi tirant une ligne du point A au point d'interfection de l'arc & de l'indéterminée B Z , on aura le triangle B A C fait felon les conditions propofées.

Mais fi la ligne M étoit plus petite que L, comme on le fuppofe dans la Figure 15 , & que cependant elle fut plus grande que la perpendiculaire A D ; alors l'arc décrit du point A & de l'intervalle de la ligne M, couperoit B Z en deux points: c'eft pourquoi afin de déterminer le triangle, il faut fçavoir fi l'angle oppofé au coté A B doit être obtus ou aigu ; s'il eft obtus, tirez A E ; s'il eft aigu, tirez A C ; & vous aurez le triangle cherché B A E dans le premier cas, & B A C dans le fecond.

Si la ligne M étoit égale à la perpendiculaire , pour lors l'arc toucheroit B Z feulement au point D : ainfi la ligne qu'il faudroit tirer du point A pour achever le triangle, feroit la perpendiculaire même.

Enfin fi la ligne M étoit plus courte que la perpendiculaire, le problème feroit impoffible , parce qu'une ligne tirée du point A & égale à M , ne rencontreroit pas l'indéterminée B Z.

PROBLÈME IV.

38. *Faire un triangle qui ait les trois côtez égaux aux trois lignes données* L, M, N.

Tirez une ligne B C égale à une des lignes propofées N : enfuite de l'une de fes extrèmitez B comme centre , & de l'intervalle de la ligne donnée L, décrivez un arc ; & de l'autre extrèmité C, & de l'intervalle de la ligne donnée M, décrivez un fecond arc qui coupe le premier au point A : enfin menez des lignes des points B & C au point d'interfection A , & vous aurez le triangle cherché B A C.

39. Il faut remarquer que deux des lignes données prifes enfemble doivent être plus grandes que la troifième : par exemple, dans la Figure 16. les deux côtez A C & B C pris enfemble, font neceffairement plus grands que le troifième

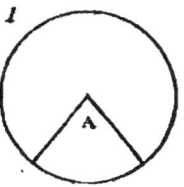

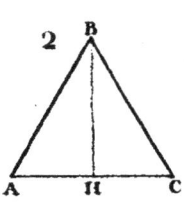

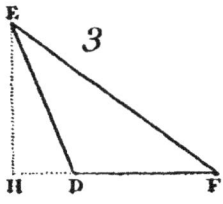

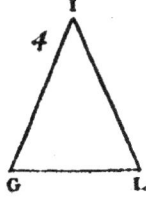

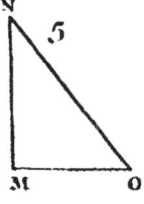

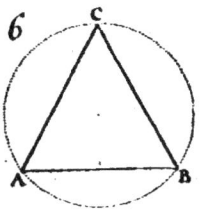

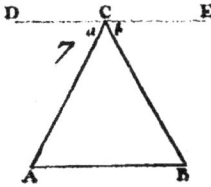

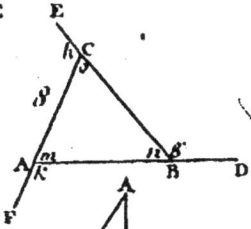

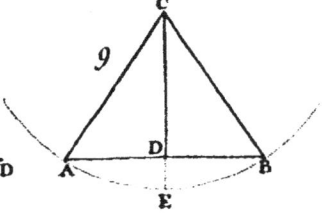

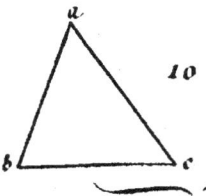

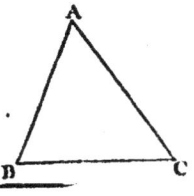

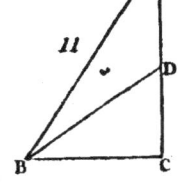

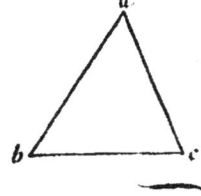

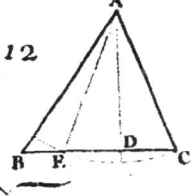

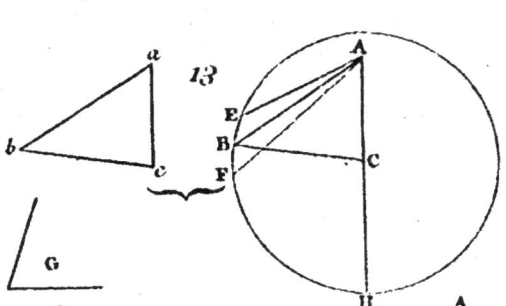

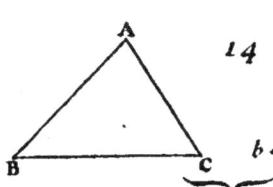

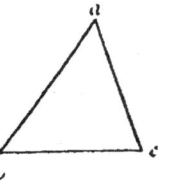

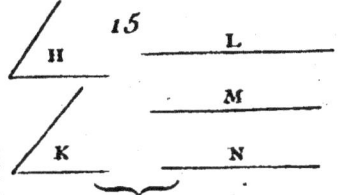

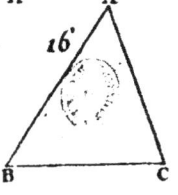

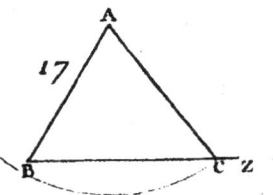

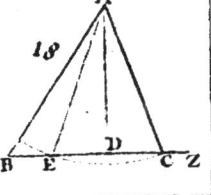

côté A B, parce que A B étant une ligne droite tirée du point A au point B, il faut qu'elle soit plus courte que A C B *.

* Liv. 1. Art. 11.

DU PERIMETRE ET DES ANGLES
du Quadrilatere.

Le *quadrilatere*, comme nous avons dit, est une Figure terminée par quatre lignes droites; la ligne droite qui est tirée d'un angle du quadrilatere à l'angle opposé, comme AD dans la Figure 19, se nomme *diagonale*.

40. Si un quadrilatere n'a aucun de ses côtez paralleles, ou s'il n'en a que deux, on le nomme *trapeze*; tel est le quadrilatere de la Figure 19. mais lorsque chaque côté est parallele au côté opposé, le quadrilatere est appellé *parallelogramme*, comme CABD Figure 23. Si les angles du parallelogramme sont droits, il est appellé *rectangle*, comme dans la Figure 20; & si les côtez du rectangle sont égaux, on le nomme *quarré*, comme ABCD, Figure 21. Il y a une espece particuliere de parallelogramme que l'on nomme *rhombe*; c'est celui dont les côtez sont égaux, & les angles inégaux, comme ABDC Figure 22.

On peut donc définir 1°. le parallelogramme, un quadrilatere dont les côtez opposés sont paralleles. 2°. Le rectangle, un parallelogramme dont les angles sont droits, & par conséquent égaux. 3°. le quarré, un rectangle dont les côtez sont égaux.

Il suit des notions qu'on vient de donner que tout parallelogramme est quadrilatere; mais tout quadrilatere n'est pas parallelogramme: de même tout rectangle est parallelogramme; mais tout parallelogramme n'est pas rectangle: enfin tout quarré est rectangle; mais tout rectangle n'est pas quarré.

41. Nous observerons ici trois choses. 1°. Un quadrilatere peut être désigné ou par quatre lettres placées aux sommets des angles, ou seulement par deux lettres qui sont aux sommets des angles opposés: ainsi le quadrilatere de la Figure 19. peut être désigné par les quatre lettres A, C, D, B, ou par les deux A, D, ou enfin par les deux autres B, C. 2°. Quand on dit le quarré d'une ligne, on entend un quarré dont chacun des côtez est égal à la ligne: par exemple, le quarré de la ligne E F (Fig. 21) est un quarré, comme A B C D, dont chaque côté est égal à E F. 3°. Lorsqu'on veut désigner le

quarré d'une ligne, telle que EF, on écrit $\overline{EF}^2$: ainsi cette expression $\overline{EF}^2$ signifie le quarré de la ligne EF.

Fig. 19. 42. Il faut remarquer que dans tout quadrilatere, comme ACDB, la somme des quatre angles est toujours égale à quatre angles droits ; car si on tire la diagonale AD, elle divisera le quadrilatere en deux triangles, dont les angles seront formez des angles même du quadrilatere. Or, comme nous avons démontré ci-dessus, les trois angles d'un triangle sont égaux à deux angles droits ; donc tous les angles des deux triangles sont égaux à quatre angles droits ; & par conséquent tous les angles du quadrilatere pris ensemble, valent quatre angles droits.

Fig. 23. 43. Dans tout parallelogramme, comme CABD, les côtez opposés AB & CD, ou AC & BD sont égaux entr'eux ; de plus les deux angles sur le même côté, comme A & B ou A & C pris ensemble, sont égaux à deux angles droits ; enfin les angles opposez, comme A & D, ou C & B sont égaux entr'eux. Tout cela a été démontré en parlant des paralleles*.

Liv. 1. Art. 103.

33. 44. Delà il suit 1°. que si on tire une diagonale, comme AD, dans un parallelogramme, elle le divisera en deux parties égales qui sont les triangles ACD & DBA* ; car les trois côtez du premier, sçavoir AC, CD & AD sont égaux aux trois côtez BD, AB & AD du second.

2°. Que dans tout parallelogramme un angle, comme A, ne peut être droit que tous les autres angles ne le soient aussi : car si l'angle A est droit, son opposé D le sera aussi : de même l'angle B sera droit, parce que les deux angles A & B valent ensemble deux angles droits : donc l'angle C opposé à B sera aussi droit.

3°. Que si deux côtez, comme AC & AB qui forment l'angle CAB, sont égaux, les deux autres côtez sont aussi égaux ; parce que BD est égal à AC, & CD est égal à AB.

PROBLEME.

45. *Faire un parallelogramme qui ait ses côtez égaux aux lignes données M & N, & un angle égal à l'angle donné O.*

Fig. 23. Faites l'angle en A égal à l'angle donné O ; & sur les côtez prenez AB & AC égaux aux lignes données M & N ; ensuite

du point C & de l'intervalle A B, décrivez un arc de cercle;
& du point B & de l'intervalle A C décrivez un autre arc qui
coupe le précedent en D; tirez les lignes C D & B D, &
vous aurez le parallelogramme proposé.

Il est aisé de concevoir que le quadrilatere C A B D aura
ses côtez égaux aux lignes données M & N, puisque les deux
côtez A B & A C ont été pris égaux à ces lignes, & que
d'ailleurs les arcs ont été décrits de l'intervalle de ces mêmes lignes M & N; ce qui fait voir que les autres côtez C D
& B D sont égaux aux premiers. Or les côtez opposés ne peuvent être égaux sans qu'ils soient paralleles : car que l'on conçoive une diagonale tirée du point A au point D, le quadrilatere sera divisé en deux triangles parfaitement égaux *,   * 33.
puisque les trois côtez de l'un seront égaux aux trois côtez de
l'autre; ainsi l'angle A D C du triangle superieur est égal à
l'angle correspondant D A B du triangle interieur; & par consequent ces deux angles égaux étant alternes, les deux côtez
C D & A B sont paralleles *. Par la même raison, les deux côtez   * Liv. 1.
A C & B D sont paralleles, puisque les angles alternes D A C   Art. 101.
& A D B, qui sont des angles correspondans dans les deux
triangles, sont égaux; donc le quadrilatere C A B D est un
parallelogramme.

Si on propose seulement de faire un parallelogramme, ensorte que l'angle O ne soit pas donné, ni les côtez M & N,
on fera l'angle en A à discretion; & on prendra les côtez
A B & A C de quelle longueur on voudra; ainsi le problême
en sera plus facile.

46. On peut se servir de la même methode pour faire un
quarré, pourvû qu'on tire la ligne A C perpendiculaire &
égale au côté A B.

Après avoir traité des triangles & des quadrilateres, considerez selon leur côtez & leurs angles, qui sont les deux especes de figures les plus simples, nous allons parler 1°. des
polygones en general. 2° Des polygones semblables. 3°. Des
polygones reguliers.

DES POLYGONES EN GENERAL.

Nous avons donné ci-dessus * la définition du polygone en   * 7. & 8.
general & celle d'un polygone regulier.

THEOREME.

47. *Tous les angles d'un polygone quelconque sont égaux à deux fois autant d'angles droits moins quatre, que le polygone a de côtez:* Par exemple, si le polygone a cinq côtez; pour connoître combien d'angles droits valent tous les angles de ce polygone, il n'y a qu'à prendre le double de cinq, & l'on aura dix, dont il faut ôter quatre, & il reste six; ainsi tous les angles du pentagone pris ensemble valent six angles droits. De même si l'on veut connoître combien d'angles droits valent tous les angles d'un polygone de 1000 côtez, il n'y a qu'à doubler 1000, & l'on aura 2000, dont il faut ôter quatre, il reste 1996; ce qui marque que tous les angles d'un polygone de 1000 côtez valent 1996 angles droits.

DEMONSTRATION.

Fig. 24. Du point A sommet d'un des angles de la Figure, il faut tirer des lignes à tous les autres angles, excepté aux deux plus proches qui sont B & E; ces lignes formeront autant de triangles, moins deux, qu'il y a de côtez ou d'angles dans le polygone; ensorte que s'il y a cinq côtez, il y aura cinq triangles moins deux, c'est-à-dire, trois; de plus les angles de ces triangles ne sont formez que des angles du polygone. Cela posé, je raisonne ainsi: s'il y avoit autant de triangles qu'il y a de côtez dans le polygone, comme les angles de chaque triangle valent deux angles droits, les angles des triangles formez dans le polygone vaudroient autant de fois deux angles droits, qu'il y a de côtez dans le polygone; c'est-à-dire, que les angles du polygone pris ensemble seroient égaux à deux fois autant d'angles droits, qu'il y a de côtez: mais il n'y a pas autant de triangles qu'il y a de côtez, il s'en faut deux; & les angles de deux triangles valent quatre angles droits: par conséquent les angles du polygone valent deux fois autant d'angles droits moins quatre, qu'il y a de côtez dans un polygone. Ce qu'il falloit démontrer.

On peut énoncer ce theoreme autrement, en cette maniere; tous les angles d'un poligone quelconque sont egaux à deux fois autant d'angles droits, que le polygone a de côtez moins deux; par exemple, le pentagone ayant cinq côtez, il faut en ôter deux, il en restera trois, dont le double qui est six, marque que les angles du pentagone valent fix angles droits.

COROLLAIRE I.

48. Si on prolonge d'un côté chacune des lignes qui font   Fig. 25.
le perimetre d'un polygone , tous les angles externes qui font
ici F A B , G B C , H C D , K D E , L E A pris enfemble
feront égaux à quatre angles droits ; car chaque angle inter-
ne , comme E A B & l'angle externe F A B , qui eft fon fupplément , valent enfemble deux angles droits *, & par confe-   * Liv. 1
quent , en prenant conjointement les angles tant internes ,
qu'externes du polygone , on aura autant de fois la valeur de
deux angles droits , qu'il y a d'angles internes ou de côtez
dans le polygone ; c'eft-à-dire , que les angles internes & externes pris enfemble font égaux à deux fois autant d'angles
droits , qu'il y a de côtez dans le polygone. Or les feuls angles internes valent deux fois autant d'angles droits moins
quatre qu'il y a de côtez ; donc la fomme de tous les angles
externes d'un polygone , ne vaut que quatre angles droits.

COROLLAIRE II.

49. La fomme des angles externes d'un polygone , eft égale
à la fomme des angles externes d'un autre polygone , foit que
les polygones ayent le même nombre de côtez , foit que
l'un en ait plus que l'autre. Cela fuit évidemment du premier
corollaire , puifque l'une & l'autre fomme eft égale à quatre
angles droits.

COROLLAIRE III.

50. Lorfque deux polygones réguliers ont chacun le même
nombre de côtez , les angles de l'un font égaux aux angles de
l'autre : par exemple , foient deux pentagones réguliers ; je
dis que les angles de l'un font égaux aux angles de l'autre ,
chacun à chacun ; car les cinq angles d'un pentagone font
égaux à fix angles droits par le theoreme. Or ces cinq angles
font égaux entr'eux , puifque l'un & l'autre pentagone eft
régulier ; donc chacun des angles eft la cinquiéme partie de
fix angles droits dans l'un & l'autre pentagone ; ainfi les angles de l'un font égaux aux angles de l'autre.

DES POLYGONES OU FIGURES SEMBLABLES.

•9. 51. Nous avons dit* que deux Figures sont semblables, lorsque chaque angle de l'une est égal à chaque angle de l'autre dans le même ordre, & que les côtez de la premiere sont **Fig. 31.** proportionnels aux côtez correspondans de la seconde. Ces côtez correspondans comme *a b* & A B, *b c* & B C, *c d* & C D, *d e* & D E, *e f* & E F, &c. sont appellez *homologues.*

Dans deux triangles semblables, les côtez homologues ou correspondans, sont ceux qui sont opposez à des angles égaux : ainsi dans la Figure 28, les côtez *a b* & A B sont homologues, parce que les angles *c* & C opposez à ces côtez sont égaux, de même les côtez *a c* & A C sont homologues, parce que les angles *b* & B qui leur sont opposez sont égaux ; il en est de même des deux autres côtez *c b* & C B.

Fig. 25. 52. Remarquez que les angles d'un polygone, peuvent être égaux aux angles d'un autre polygone, chacun à chacun, quoique les côtez de l'un ne soient pas proportionnels à ceux de l'autre : car soient, par exemple, deux exagones semblables, le premier *a b c d e f*, & le second A B C D E F : si vous prolongez deux côtez du second, comme B C & E D, (il en faut choisir deux qui soient separez l'un de l'autre par un troisiéme qui est ici C D,) & si vous tirez la ligne G H parallele au côté C D, vous aurez un troisiéme exagone A B G H E F, dont les angles sont égaux à ceux du second, à cause des paralleles G H & C D ; par consequent les angles de ce troisiéme exagone sont aussi égaux à ceux du premier. Cependant les côtez du troisiéme exagone ne sont pas proportionnels à ceux du premier ; car les côtez de l'exagone A B C D E F étant par l'hypothese, proportionnels à ceux du premier, il est impossible que les côtez du troisiéme exagone, soient aussi proportionnels aux côtez du premier.

Reciproquement les côtez d'un polygone peuvent être proportionnels aux côtez d'un autre polygone, quoique les angles de l'un ne soient pas égaux aux angles de l'autre : car soient encore deux exagones semblables, le premier *a b c d e f*, & le second A B C D E F ; tirez des deux angles B & F les deux lignes B G & F L égales aux deux côtez B C & F E, (il faut choisir deux angles qui soient separez par trois autres qui sont ici C, D, E :) ensuite du point G & de l'intervalle C D,

décrivez

décrivez un arc vers le point D : pareillement du point L &
de l'intervalle E D, décrivez un autre arc qui coupe le premier
en un point comme H : enfin tirez les lignes G H & L H,
vous aurez un troisiéme exagone A B G H L F dont les cotez
font égaux, par la construction à ceux du second, & par conséquent proportionnels à ceux du premier : cependant il est
visible que les angles du troisiéme exagone ne font pas égaux
aux angles du second, ni par conséquent à ceux du premier.

Il faut conclure de-là, qu'afin de pouvoir assurer que deux
polygones font semblables, il est necessaire de sçavoir que les
angles de l'un font égaux aux angles de l'autre, & de plus que
les côtez du premier font proportionnels à ceux du second. Il
faut néanmoins excepter les triangles de cette remarque, parce
que nous allons faire voir dans le theoreme suivant, que
quand deux triangles ont les angles égaux, c'est-à-dire, que les
angles de l'un font égaux aux angles de l'autre, les côtez font
proportionnels : & reciproquement lorsque les côtez d'un triangle font proportionnels aux côtez de l'autre, les angles du premier font égaux à ceux du second chacun à chacun * ; ainsi il   * 59.
suffit de sçavoir que deux triangles ont une de ces conditions,
pour pouvoir assurer qu'ils font semblables.

THEOREME I. ET FONDAMENTAL.

*53. Lorsque deux angles d'un triangle font égaux à deux an-
gles d'un autre triangle, chacun à chacun, les côtez du premier font
proportionnels aux côtez homologues du second, ainsi les deux triangles font semblables.*

Soient les deux triangles *a b c* & A B C, ensorte que   Fig. 21.
l'angle *a* du premier soit égal à l'angle A du second & l'angle *b*,
égal à l'angle B ; je dis que les côtez de l'un font proportionnels
aux côtez homologues de l'autre ; c'est-à-dire, que l'on a les
trois proportions. 1°. *c a* . CA : : *c b* . CB. 2°. *b c* . B C : : *b a* . BA.
3°. *a b* . A B : : *a c* . AC. Avant que de le demontrer, il
faut remarquer que les angles *c* & C font necessairement
égaux, parceque deux angles d'un triangle ne peuvent être
égaux à deux angles d'un autre triangle, que le troisiéme angle du premier ne soit égal au troisiéme du second *.

                                                          * 15.

L

DEMONSTRATION.

1° ca. CA :: cb. CB : Car nous avons demontré*, que si
les deux côtez d'un angle sont autant inclinez sur sa base, que
les deux côtes d'un autre angle le sont sur la sienne, alors les
deux côtez du premier angle sont proportionnels aux deux côtez du second. Or les deux côtez ca & cb de l'angle c sont autant
inclinez sur la base ab, que les deux côtez CA & C B de l'angle C
le sont sur la base A B *; puisque les deux angles a & b sont égaux
aux deux angles A & B ; par conséquent on a la proportion
ca . CA :: cb . CB.

*L. 1.
Art 157.

*L. 1.
Art. 164

2°. bc . BC :: ba . BA : car les deux angles a & c étant égaux
aux deux autres A & C, les deux côtez bc & ba de l'angle b,
sont autant inclinez sur la base ac, que les deux côtez B C &
B A de l'angle B le sont sur la base A C; par conséquent on
a la proportion bc . BC :: ba . BA.

3°. ab . AB :: ac . AC. Cette proportion peut être
demontrée de la même maniere que les deux autres, en considerant les lignes bc & B C, comme bases. Au lieu de ces
trois proportions, on auroit pû mettre leurs alternes.

54. Remarquez qu'afin d'être assuré que deux triangles isoceles sont semblables, il suffit de sçavoir qu'un angle du premier
triangle est égal à l'angle correspondant du second : par exemple, les deux côtez ca & cb du triangle acb étant supposez
égaux ; & les deux côtez C A & C B du triangle A C B étant
aussi égaux entr'eux ; si les deux angles c & C sont chacun de
50 degrez ; il est necessaire que les deux angles égaux a & b
du premier triangle ayent chacun 65. degrez, & que les deux
angles A & B du second qui sont aussi égaux entr'eux, ayent
pareillement chacun 65 degrez. Par conséquent les deux triangles sont semblables.

Les trois theoremes suivans repondent au sixiéme, septiéme, huitiéme * qu'on a demontrez sur les triangles égaux.

*29. 30.
& 33.

THEOREME II.

Fig. 29.

55. *Si les deux côtez ab & ac d'un triangle sont proportionnels
aux côtez A B & A C d'un autre triangle, & que les angles compris a & A soient égaux, les deux triangles sont semblables.*

DEMONSTRATION.

Prenez fur A B la ligne *a d* égale au côté *a b* du petit triangle, & tirez *df* parallele à B C. Cela posé, je demontre ainsi le theoreme : puisque *df* est parallele à B C, les angles *d* & *f* font égaux aux angles B & C ; & par conséquent les deux triangles *d* A *f* & B A C font femblables ; ainsi on a la proportion A *d* . A *f* :: A B . A C. Mais par l'hypothese *ab* . *ac* :: A B . A C : de plus la feconde raifon est la même dans ces deux proportions ; donc les deux premieres raifons font égales, c'est-à-dire, que A *d* . A *f* :: *ab* . *ac*, & *alternando* A *d* . *ab* :: A *f* . *ac*. Or dans cette derniere proportion, les deux termes de la premiere raifon font égaux, parce que l'on a pris A *d* égale à *ab* ; donc les deux termes de la feconde raifon font aussi égaux ; ainsi les deux côtez A *d* & A *f* du triangle *d* A *f* font égaux aux côtez *ab* & *ac* du triangle *b ac*. Mais d'ailleurs les angles compris A & *a* font fuppofez égaux ; donc les deux triangles *d* A *f* & *b ac* font égaux en tout *. Or le triangle *d* A *f* est femblable au triangle B A C ; par conféquent le petit triangle *b ac* est aussi femblable au grand triangle B A C. Ce qu'il falloit de montrer.

* 29:

THEOREME III.

56. *Si les deux côtez* ab *&* ac *d'un triangle font proportionnels aux côtez* A B *&* A C *d'un autre triangle, & que les angles* b *&* B *oppofez aux côtez* ac *&* A C, *foient égaux ; fi de plus les angles* c *&* C *font de même efpece ; pour lors les deux triangles font femblables.*

Fig. 13.

DEMONSTRATION.

Prenez A *d* égal à *ab*, & tirez *df* parallele à B C : il est évident que les angles *d* & *f* feront égaux aux angles B & C, & que les triangles *d* A *f* & B A D feront femblables : par conféquent on aura la proportion A *d* . A *f* :: A B . A C. Mais d'ailleurs par l'hypothefe *ab* . *ac* :: A B . A C ; donc A *d* . A *f* :: *ab* . *ac* ; & *alternando* A *d* . *ab* :: A *f* . *ac*. Or dans cette derniere proportion les deux termes de la premiere raifon font égaux ; donc ceux de la feconde le font aussi ; les deux côtez A *d* & A *f* font donc égaux aux côtez *ab* & *ac* du triangle *b ac* ; & d'ailleurs l'angle *d* étant égal à l'angle B, il est auſſi égal à l'angle *b*. Pareillement l'angle *f* étant égal à l'angle C, il eſt de même eſpece que l'angle *e* ; par conſéquent les deux triangles *d* A *f* & *b a e* ſont égaux en tout *. Or le triangle *d* A *f* eſt ſemblable au triangle B A C : donc le triangle *b a e* eſt auſſi ſemblable au triangle B A C. Ce qu'il falloit démontrer.

* 30.

57. Remarquez que ſi les deux angles égaux *b* & B étoient droits ou obtus, il ne ſeroit pas neceſſaire de ſuppoſer que les deux angles *e* & C ſont de même eſpece, parce que cela s'enſuivroit neceſſairement ; puiſque les deux angles *b* & B étant droits ou obtus, il faut que les angles *e* & C ſoient aigus *.

* 20.

58. Remarquez encore que ſi on compare deux triangles rectangles, l'angle droit de l'un eſt neceſſairement égal à l'angle droit de l'autre ; & par conſéquent ces triangles ſeront ſemblables, ſi un autre angle du premier eſt égal à un autre angle du ſecond, ou ſi deux côtez du premier triangle ſont proportionnels à deux côtez correſpondans du ſecond ; car pour lors ces deux triangles auront les conditions marquées dans les theoremes précedens, afin que deux triangles ſoient ſemblables.

THEOREME IV.

Fig. 29.

59. *Si les trois côtez* a b, a c, *&* b c *d'un triangle, ſont proportionnels aux trois côtez* AB, AC *&* BC *d'un autre triangle, les angles du premier ſont égaux aux angles du ſecond, chacun à chacun ainſi les triangles ſont ſemblables. Ce theoreme eſt la propoſition inverſe du theoreme fondamental.*

DEMONSTRATION.

Prenez ſur le côté A B, la ligne A *d* égale à *a b*, & tirez *d f* parallele à B C ; il eſt évident que le triangle *d* A *f* eſt ſemblable au triangle B A C ; par conſéquent A *d*. A *f* :: A B. A C ; de même A *d* . *d f* :: A B . B C : mais d'ailleurs les côtez du triangle *b a e* étant par l'hypoteſe proportionnels aux côtez du triangle BAC, on aura auſſi les proportions *a b . a e* :: A B . A C & *a b . b e* :: A B . B C. Or dans la premiere & la troiſième proportion, la ſeconde raiſon eſt la même ; par conſéquent les premieres raiſons ſont égales ; c'eſt-à-dire, que A *d*. A *f* :: *a b . a e*, & *alternando* A *d*. *a b* :: A *f*. *a e* : ainſi puiſque A *d* $=$ *a b*,

il s'enfuit que $Af = ac$. On conclura pareillement de la fe_
conde & de la quatriéme proportion que $df = bc$. Les trois
côtez du triangle dAf font donc égaux aux trois côtez du
triangle bac; par conféquent ces deux triangles font égaux
en tout *. Or les angles du triangle dAf font égaux aux an-   * 33.
gles du triangle B A C; donc les angles du triangle bac font
auffi égaux aux angles du triangle B A C; par conféquent ces
deux triangles font femblables. Ce qu'il falloit démontrer.

60. On peut remarquer ici que quand deux triangles font   Voyez
femblables, les quarrez des côtez homologues font propor- l'Art. 41.
tionnels: par exemple, dans la Fig. 28, $\overline{ca}.\overline{CA}::\overline{cb}.\overline{CB}$:
car les deux triangles étant femblables, on a la proportion
$ca.CA::cb.CB$; & par conféquent les quarrez de ces côtez font auffi proportionnels. Cette remarque a lieu toutes les
fois que quatre lignes font proportionnelles, parce qu'on a
démontré dans le traité des proportions, que lorfque quatre
grandeurs font proportionnelles, leurs quarrez le font auffi. Il
en eft de même des cubes & des autres puiffances femblables.

COROLLAIRE.

61. Il paroît évidemment par les démonftrations des trois
précedens theoremes, que fi un triangle eft femblable à un
autre, & que l'un des côtez du premier foit égal au côté homologue du fecond, les deux triangles font égaux en tout.
Cela a été déja démontré *.   * 27.

Ces quatre theoremes fervent à trouver les côtez & les angles d'un triangle dont on connoît déja trois chofes : fçavoir,
ou deux angles & un côté, ou deux côtez & un angle, ou les
trois côtez. Nous ferons voir dans la trigonometrie comment
il faut s'y prendre pour trouver le refte d'un triangle dont on
connoît les trois chofes que nous venons de marquer.

Lorfqu'un triangle eft rectangle, le côté oppofé à l'angle
droit eft nommé *hypotenufe*: par exemple, dans la Figure 30.
le côté BC oppofé à l'angle droit eft l'hypotenufe de ce
triangle.

THEOREME V.

62. *Si du fommet de l'angle droit d'un triangle rectangle, on
abbaiffe une perpendiculaire fur l'hypotenufe, le triangle fera divifé
en deux autres femblables chacun au grand triangle, & on aura
trois moyennes proportionnelles.*

Fig. 30

Soit le triangle B A C rectangle en A : je dis que si du fommet de l'angle droit A, on abbaiffe la perpendiculaire A D
fur l'hypotenufe, le triangle total B A C fera divifé en deux
triangles; fçavoir, A D B & A D C qui font chacun femblablables au grand triangle ; & de plus on aura trois moyennes
proportionnelles. 1°. A B moyenne entre la bafe B C & la
partie B D. 2°. A C moyenne entre la même bafe B C & fon
autre partie D C. 3°. La perpendiculaire A D moyenne entre
les deux parties B D & D C de la bafe.

DEMONSTRATION.

1°. Le triangle partiel A D B eft femblable au triangle total B A C : car l'angle *m* du triangle partiel eft droit à caufe
de la perpendiculaire A D ; cet angle eft donc égal à l'angle
A du grand triangle qui eft aufli droit. D'ailleurs l'angle B
eft commun à ces deux triangles; il y a donc deux angles du
petit triangle égaux à deux angles du grand ; donc le troifiéme angle *o* du petit eft égal à l'angle C qui eft le troifiéme
du grand ; & les triangles font femblables ; par conféquent
les cotez homologues font proportionnels. Or B D côté du
petit triangle eft homologue à A B côté du grand, puifque
les deux angles *o* & C oppofez à ces deux côtez font égaux :
de même A B confideré comme côté du petit triangle, eft
homologue à B C côté du grand; parce que les angles oppofez M & A font égaux : ainfi on a la proportion B D . A B : :
A B . B C ; ou en faifant changer de place aux extrèmes,
B C . A B : : A B . B D. Donc le côté A B eft moyen proportionnel entre B C bafe du grand triangle & fa partie B D.

2°. L'autre triangle partiel A D C eft aufli femblable au
triangle total B A C : car l'angle *n* du triangle partiel eft droit;
& par conféquent égal à l'angle droit A du grand triangle.
D'ailleurs l'angle C eft commun à ces deux triangles ; donc
le troifiéme angle *p* du petit eft égal à l'angle B qui eft le troifiéme du grand ; & les deux triangles font femblables ; par
conféquent les côtez homologues font proportionnels. Or
D C côté du petit triangle eft homologue à A C côté du
grand, parce que les angles oppofez *p* & B font égaux : de
même A C confideré comme coté du petit triangle eft homologue à B C côté du grand; parce que les angles *n* & A qui
font oppofez à ces côtez font égaux. On a donc la propor-

tion D C . A C :: A C . B C, ou en faisant changer de place aux extrêmes, B C . A C :: A C . D C : ainsi le côté A C du grand triangle est moyen proportionnel entre la base B C & l'autre partie D C.

3°. Les deux triangles partiels A D B & A D C sont semblables entr'eux : car puisqu'ils sont chacun semblables au grand triangle, il faut qu'ils soient semblables entr'eux. L'angle *o* du premier est donc égal à l'angle C du second ; par conséquent les côtez opposez à ces angles: sçavoir, B D dans le premier, & A D dans le second sont homologues : pareillement l'angle B du premier triangle est égal à l'angle *p* du second ; par conséquent les côtez opposez à ces angles: sçavoir, A D dans le premier & D C dans le second sont homologues; ainsi on a la proportion B D . A D :: A D . D C; donc la perpendiculaire A D est moyenne proportionnelle entre les deux parties de la base.

THEOREME VI.

63. *Lorsque deux Figures sont semblables, leurs contours ou périmètres sont entr'eux comme les côtez homologues des Figures.*

Soient les deux Figures *abcdefg* & A B C D E F G que l'on suppose semblables. Je dis que le perimetre de la première est au perimetre de la seconde, comme le côté *ab* de la première est au côté homologue A B de la seconde.

Fig. 31.

DEMONSTRATION.

Ces deux Figures étant supposées semblables, les côtez de l'une sont proportionnels aux côtez homologues de l'autre ; c'est-à-dire, que *ab*.A B:: *bc*.B C:: *cd*.C D:: *de*.D E:: *ef*.E F:: *fg*.F G:: *ga*.G A. Voilà donc plusieurs raisons égales ; par conséquent la somme des antécédens est à la somme des conséquens, comme un seul antécédent est à son conséquent. Or la somme des antécédens est le perimetre de la première Figure ; c'est-à-dire, tous ses côtez pris ensemble, & la somme des conséquens est aussi le perimetre de la seconde Figure ; donc le perimetre de la première Figure est au perimetre de la seconde comme *ab* est à A B ou comme *bc* est à B C. Ce qu'il falloit démontrer.

64. On peut remarquer que dans deux Figures semblables, les lignes correspondantes, telles que *ad* & A D sont propor-

tionnelles aux côtez homologues *ab* & AB, ou *bc* & BC;
ou *cd* & CD, &c. car ayant tiré les deux autres lignes correspondantes *ac* & AC, on a deux triangles *abc* & ABC qui

* 55.
sont semblables *, parce que les côtez *ab* & *bc* du premier
sont proportionnels aux côtez AB & BC du second; & que
d'ailleurs les angles *cba* & CBA sont égaux. Or ces triangles étant semblables, il s'ensuit 1°. que *ac*.AC::*ab*.AB,
ou bien *ac*.AC::*cd*.CD, & *alternando a c.cd*.. AC.CD.
2°. Que les deux angles *bca* & BCA sont égaux; & par
conséquent les deux autres angles *dca* & DCA sont aussi
égaux, à cause que l'angle total *bcd* est égal à l'angle total
BCD; ainsi les deux triangles *acd* & ACD sont semblables
par la même raison que les deux premiers le sont entr'eux;
donc les côtez *ad* & AD sont proportionnels aux côtez *cd* &
CD ou *ab* & AB. En continuant de la même maniere, on
prouveroit que les deux côtez *ae* & AE sont proportionnels
aux côtez *de* & DE.

On peut se convaincre de la même chose indépendamment
des triangles semblables: car il est évident que si le côté *ab*,
par exemple, est la moitié ou le tiers du côté homologue AB,
il faut aussi que la ligne *ad* soit la moitié ou le tiers de la ligne correspondante AD, parce qu'autrement les Figures ne
seroient pas semblables: on peut donc assurer en général que
dans deux Figures semblables, les lignes correspondantes ou
semblablement tirées sont proportionnelles aux côtez homologues.

65. Il suit de cette remarque que deux ou plusieurs lignes,
telles que *ac*, *ad*, *ae*, &c. d'une Figure sont proportionel-
les aux lignes correspondantes AC, AD, AE, &c. d'une autre Figure semblable: ensorte que *ac*.AC::*ad*.AD::
ae.AE. Cela est évident; car suivant la remarque, chacune
de ces raisons est égale à celle de *ab* à AB; ainsi elles sont
toutes égales entr'elles.

Nous avons démontré jusqu'ici quelques proprietez des
polygones semblables: nous allons parler des polygones reguliers; mais avant il faut sçavoir ce que c'est qu'un polygone
inscrit & un polygone circonscrit.

66. Le polygone inscrit est celui dont chaque angle a le
sommet dans la circonference d'un cercle: ainsi le pentagone
de la Figure 35 est inscrit dans le grand cercle dont le rayon
est CA.

67. Le polygone circonfcrit eft celui dont tous les côtez font des tangentes d'un cercle : ainfi le pentagone de la Figure 35 eft circonfcrit au petit cercle dont le rayon eft C G.

Remarquez que quand un polygone eft infcrit à un cercle, ce cercle eft appellé *circonfcrit* ; & lorfque le polygone eft circonfcrit, le cercle eft appellé *infcrit*.

DES POLYGONES REGULIERS.

Une figure ou un polygone eft regulier, comme on l'a déja dit, lorfque tous les angles & tous les côtez font égaux.

68. Remarquez que les angles d'un polygone peuvent être égaux, quoique les côtez ne le foient pas. Cela paroît par l'exagone A B G H E F dont les angles font égaux à ceux de l'exagone regulier A B C D E F. Réciproquement les côtez d'un polygone peuvent être égaux, quoique les angles ne le foient pas, comme on peut le voir par l'exagone A B G H L F dont fes côtez font égaux à ceux de l'exagone regulier ABCDEF. Cette remarque eft pareille à celle que nous avons faite * fur les polygones femblables, & fe démontre de la même maniere.

Fig. 32.

Fig. 33.

* 52.

Il fuit delà qu'afin qu'on puiffe dire qu'un polygone eft regulier, il faut être affuré que non feulement fes angles, mais auffi fes côtez font égaux. Il en faut excepter le triangle, parce que nous avons fait voir * que quand les trois angles d'un triangle font égaux, les côtez le font auffi ; & de même lorfque les trois côtez d'un triangle font égaux, les angles font égaux, comme on l'a démontré.

* 22.

Dans un polygone regulier on diftingue deux fortes de rayons, *l'oblique* & le *droit*.

69. Le rayon oblique eft une ligne tirée du centre du polygone à un des angles de la Figure : telle eft la ligne C A de la Figure 35.

70. Le rayon droit eft une ligne tirée du centre perpendiculairement fur un des côtez : telle eft la ligne C G dans la Figure 35.

THEOREME I.

71. *Si dans un polygone regulier on tire du fommet de deux angles voifins, des lignes qui partagent chacun de ces angles en deux parties égales, ces lignes prifes du fommet des angles jufqu'au point de rencontre font égales ; & toutes les autres lignes tirées de ce point aux angles du polygone font auffi égales aux premieres.*

M

Fig. 34

Soit le pentagone regulier ABCDE : si des deux angles voisins A & B on tire les lignes A F & B F qui partagent les angles A & B chacun en parties égales, & qui se rencontrent au point F; je dis que les lignes A F & B F sont égales, & que toutes les autres lignes tirées du point F aux angles de la Figure, sont aussi égales à ces deux.

DEMONSTRATION.

I. PARTIE. L'angle total en A est égal à l'angle total en B, puisque la Figure est supposée reguliere: donc l'angle FAB qui est la moitié du premier est égal à l'angle FBA qui est la moitié du second; donc le triangle AFB est isocele * & les deux côtez F A & F B sont égaux.

* 21.

II. PARTIE. La ligne F C est égale à la ligne F A : ce qui se démontre par la comparaison des deux triangles B F A & B F C qui sont égaux : car les côtez B A & B F du premier sont égaux aux côtez B C & B F du second. D'ailleurs par l'hypotese l'angle ABF compris entre les deux côtez du premier triangle est égal à l'angle C B F, compris entre les côtez du second ; donc les deux triangles sont égaux en tout *; par conséquent le côté FC est égal au côté F A, ou au côté F B.

* 29.

On démontrera de la même maniere que les lignes F D & F E sont égales aux précedentes.

COROLLAIRE I.

72. Le point F est appellé le centre, & les lignes tirées de ce point au sommet des angles du polygone, sont les rayons obliques qui sont tous égaux entr'eux, comme on vient de le démontrer. De même les rayons droits, comme F G, sont aussi égaux entr'eux; puisque les triangles étant égaux en tout, leurs hauteurs qui sont les rayons droits sont égales.

COROLLAIRE II.

73. On peut toujours circonscrire un cercle à un polygone regulier donné : car le centre du polygone étant également éloigné de chacun des angles, si de ce centre & de l'intervalle d'un rayon oblique, comme C A, on décrit une circonference, elle passera par tous les sommets des angles ; par consequent le cercle sera circonscrit au polygone.

Fig. 35.

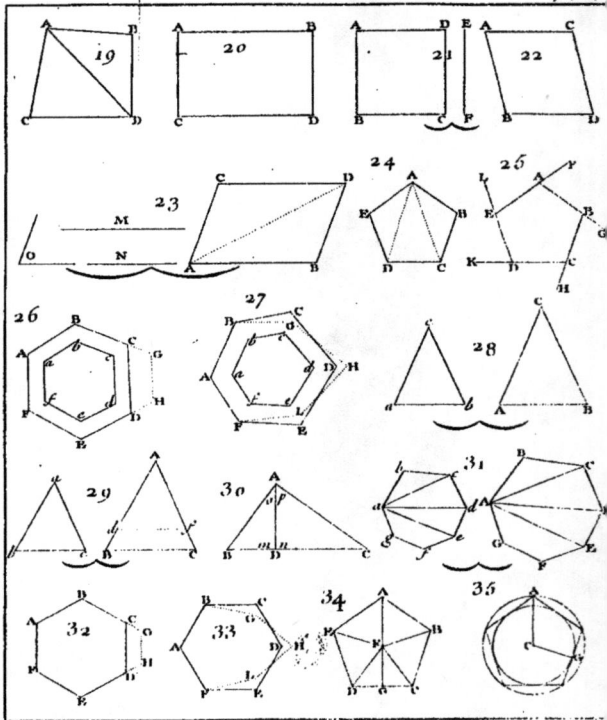

COROLLAIRE III.

74. On peut toujours inscrire un cercle à un polygone re-gulier donné : car tous les rayons droits étant égaux, si du centre du polygone & de l'intervalle d'un rayon droit, com-me C G, on décrit une circonference, elle touchera tous les côtez du polygone, sans passer au-delà ; par consequent le cercle sera inscrit.

75. Il suit du second & du troisiéme corollaire qu'on peut toujours supposer qu'un polygone regulier est inscrit, ou cir-conscrit à un cercle.

76. Remarquez que le rayon droit d'un polygone regulier, coupe le côté du polygone en deux parties égales : car ce po-lygone peut être inscrit à un cercle, comme on vient de le dire ; par consequent chaque côté peut être consideré com-me une corde. Or nous avons démontré * que quand une li-gne passe par le centre, & qu'elle est perpendiculaire à la cor-de, elle coupe cette corde en deux parties égales ; ainsi le rayon droit ayant ces deux conditions, il coupe le côté du po-lygone en deux parties égales..

*Liv. 1.
Art. 107.

77. Remarquez aussi que le rayon oblique d'un polygone regulier partage l'angle à la circonference en deux parties égales : par exemple, le rayon F A partage l'angle E A B en deux autres angles égaux ; sçavoir, F A E & F A B. Cela pa-roît par la démonstration du theoreme.

Fig. 34.

78. Il paroît évidemment par la Figure 36 que deux poly-gones reguliers étant inscrits à un même cercle ou à des cer-cles égaux, si l'un a le double des cotez de l'autre, il aura un plus grand perimetre : par exemple, l'octogone a un plus grand perimetre que le quarré. Mais quoique le nombre des côtez d'un polygone ne soit pas double du nombre des cotez d'un autre (on les suppose tous deux reguliers & inscrits au même cercle ou à des cercles égaux ;) cependant le perime-tre du polygone qui a le plus de côtez est plus grand que ce-lui qui en a moins ; par exemple, le perimetre du pentagone est plus grand que celui du quarré : car la circonference du cercle étant plus grande que le perimetre d'aucun polygone qui lui est inscrit ; il est certain que plus le perimetre d'un po-lygone inscrit approche de la circonference, plus le perime-tre est grand. Or le perimetre du pentagone est plus près de

Fig. 35.

M ij

la circonference que celui du quarré, puisque les côtez du pentagone sont des cordes plus petites que les côtez du quarré ; donc
le perimetre du pentagone est plus grand que celui du quarré. ·

79. Au contraire de tous les polygones reguliers circon-
scrits au même cercle ou à des cercles égaux, celui qui a le
plus de côtez a le moindre perimetre. Cela est évident, lorsqu'un des polygones a le double des côtez de l'autre, comme dans la Figure 37. Mais on peut démontrer la proposition generalement en cette maniere : la circonference d'un
cercle est plus petite que le perimetre d'aucun polygone circonscrit ; par consequent plus le perimetre circonscrit s'approche de la circonference, plus ce perimetre est petit. Or
le perimetre s'approche d'autant plus de la circonference que
le polygone a de cotez, parce que ces cotez étant des tangentes, ils s'écartent d'autant moins qu'ils sont plus petits ;
donc plus un polygone circonscrit a de côtez, plus son perimetre est petit.

80. Il suit delà que si un polygone regulier, soit inscrit
soit circonscrit avoit une infinité de côtez, son perimetre s'ap-
procheroit infiniment de la circonference & se confondroit
avec elle ; il pourroit donc être pris pour la circonference
même ; c'est pourquoi on peut regarder le cercle, comme un
polygone regulier d'une infinité de côtez.

THEOREME II.

81. *Les polygones reguliers d'un même nombre de côtez sont sem-*
blables.

DEMONSTRATION.

Fig. 38. Soient, par exemple, deux pentagones reguliers ; je dis
qu'ils sont semblables : car 1°. les angles de l'un sont égaux
* 50. aux angles de l'autre *. 2°. Les côtez de l'un sont proportionnels aux côtez de l'autre ; c'est-à-dire, AB . ab :: BD . bd ::
D E . de :: E F . ef :: F A . fa, parce que les côtez du premier
pentagone étant égaux entr'eux, & ceux du second étant aussi
égaux entr'eux, si un des côtez du premier est le double ou
le triple, &c. d'un des côtez du second, les autres cotez du
premier sont aussi doubles ou triples, &c. des autres cotez du
second ; par consequent les deux pentagones reguliers sont des
Figures semblables,

Comme les polygones reguliers d'un même nombre de côtez font toujours femblables; au lieu de dire, les polygones reguliers d'un même nombre de côtez, on dit fouvent, *les po-*
lygones reguliers femblables.

COROLLAIRE.

82. Puifqu'on a démontré * que dans toutes les Figures   * 63.
femblables les perimetres font proportionnels aux côtez homologues ; il s'enfuit que cette proprieté convient auffi aux
polygones reguliers femblables ; par exemple, à deux pentagones reguliers.

THEOREME III.

83. *Dans les figures regulieres femblables, par exemple, dans deux*
pentagones reguliers, les perimetres font entr'eux comme les rayons
obliques, ou comme les rayons droits.

Il faut démontrer que le perimetre du premier penta-   Fig. 38.
gone eft au perimetre du fecond, comme le rayon oblique
CD eft au rayon oblique *c d*, ou comme le rayon droit CG
eft au rayon droit *e g*.

DEMONSTRATION.

Les deux triangles CGD & *e g d* font femblables : car l'angle G de l'un eft égal à l'angle *g* de l'autre, parce qu'ils font
tous les deux droits. De plus les angles CDG & *e d g* font
auffi égaux, parce qu'ils font chacun moitié d'angles égaux ;
fçavoir, des angles BDE & *b d e* qui font partagez chacun en
deux parties égales par les rayons obliques * ; donc les deux   * 77.
triangles font femblables ; par confequent les côtez homologues font proportionnels ; c'eft-à-dire, CG . *e g* :: GD . *g d*,
or les rayons droits CG & *e g* coupent les côtez ED & *e d* des
polygones reguliers en parties égales * ; par confequent GD   * 76.
& *g d* font les moitiez des côtez ED & *e d* ; donc la raifon qui
eft entre les côtez ED & *e d*, eft égale à celle des moitiez
GD & *g d* : ainfi au lieu de la proportion CG . *e g* :: GD . *g d*,
on aura celle-ci CG . *e g* :: ED . *e d* ; c'eft-à-dire, que les raïons
droits font entr'eux comme les côtez. Or par le corollaire
précedent la raifon des perimetres eft égale à la raifon des
côtez ; ainfi les rayons droits font auffi entr'eux comme les
perimetres, ou les perimetres font entr'eux comme les raïons

droits ; par conséquent les perimetres font encore entr'eux
comme les rayons obliques, parce que la raison des rayons obliques est égale à celle des rayons droits, à caufe des triangles
femblables C G D & *c g d*.

COROLLAIRE I. ET FONDAMENTAL.

84. Les circonferences font entr'elles comme les rayons. On
vient de demontrer que dans les Figures regulieres femblables , les perimetres font entr'eux comme les rayons droits
ou obliques. Or les cercles peuvent être confidérez comme
des polygones reguliers d'une infinité de côtez * ; par conféquent leurs perimetres, c'est-à-dire, leurs circonferences font
entr'elles comme les rayons.

85. en marge

85. Il faut remarquer , que la différence du rayon droit au
rayon oblique est d'autant moindre que les côtez du polygone
font petits: c'est pourquoi le cercle pouvant être confideré comme un polygone d'une infinité de côtez infiniment petits, la
différence entre le rayon droit & le rayon oblique , doit être
infiniment petite , & peut être confiderée comme nulle.

86. Les rayons étant entr'eux comme les circonferences ,
ils font auffi entr'eux comme les demi-circonferences, comme les quarts , & generalement comme les arcs femblables ,
c'est-à-dire , d'un même nombre de degrez ; enforte, par
exemple, que fi on a deux cercles , le rayon de l'un est au
rayon de l'autre , comme un arc de 30 degrez du premier
cercle est à un arc de 30 degrez du fecond.

87. Les rayons étant moitié des diametres , la raison des
diametres de deux cercles est égale à celle des rayons ; & ainfi
dans deux cercles , les diametres font entr'eux comme les circonferences & encore comme les arcs femblables : par exemple , fi le diametre d'un cercle est double du diametre d'un
autre cercle , la circonference du premier est double de celle
du fecond.

COROLLAIRE II.

88. Dans deux cercles , les cordes qui foutiennent des arcs
femblables , font entr'elles comme ces arcs.

Fig. 39. en marge

Soient les deux cordes A B & *a b* qui foutiennent les deux
arcs femblables A E B & *a e b*; je dis que les deux cordes font
entr'elles comme les arcs: car ayant tiré les deux rayons C A

& CB aux extrémitez de la premiere corde,& les deux autres rayons *c a* & *c b* aux extrémitez de la seconde corde , on a deux triangles isoceles qui sont semblables *, puisque l'angle C&l'angle *c* sont appuyez sur des arcs semblables , & sont par conséquent égaux ; donc les côtez homologues de ces trian. gles sont proportionnels; ainsi la raison qui est entre les cordes A B & *a b* est égale à celle qui est entre les rayons C A & *c a*. Or la raison qui est entre ces rayons , est égale à celle des arcs semblables AEB& *a e b*.Donc la raison des cordes est égale à celle des arcs semblables qu'elles soutiennent.

    Comme nous allons parler des sinus, des tangentes, & des secantes d'arcs de cercles, il est necessaire d'en donner la notion.

    89. Une ligne comme A D , tirée d'une extrémite de l'arc A E perpendiculairement sur le rayon C E qui passe par l'autre extrémité de cet arc, est appellée *sinus* de l'arc A E , & de l'angle A CE dont l'arc A E est la mesure. Pareillement la ligne *a d* perpendiculaire sur le rayon *c e* est le sinus de l'arc *a e* & de l'angle *a c e*.

    90. Une ligne comme A F tirée perpendiculairement de l'extrêmité du rayon C A & terminée de l'autre côté par le rayon prolongé C E F, est appelée *tangente* de l'arc A E compris entre ces deux rayons.De même *a f* est la tangente de l'arc *a e*.

    91.Le rayon prolongé C E F est appellé *secante* du même arc. Pareillement dans l'autre Figure *c e f* est la secante de l'arc *a e*.

COROLLAIRE. III.

    92. Dans deux cercles, les sinus d'arcs semblables sont entr'eux comme ces arcs.

    Soient les deux arcs semblables A E & *a e* dont les sinus sont A D & *a d* ; je dis que ces sinus sont entr'eux comme leurs arcs : car dans les deux triangles C D A & *c d a*, l'angle D du premier est égal à l'angle *d* du second, puisque les sinus sont perpendiculaires aux rayons CE & *c e*. D'ailleurs l'angle ACE est aussi égal à l'angle *a c e*, parce qu'ils ont pour mesures les arcs A E & *a e* qui sont semblables par la supposition ; par conséquent, les deux triangles sont semblables ; donc les côtez homologues sont proportionnels ; ainsi A D . *a d*::C A .*c a*. Or les arcs semblables , sont entr'eux comme les rayons * ; donc A E.*a e*::CA . *c a*; par conséquent AD.*a d*::A E.*a e*.

*54.

*86.

COROLLAIRE IV.

93. Dans deux cercles, les tangentes d'arcs femblables, font entr'elles comme ces arcs.

Soient les deux arcs femblables A E & *a e*, dont les tangentes font A F & *af* : je dis que ces tangentes font entr'elles comme leurs arcs : car il eſt clair que les deux triangles rectangles C A F & *e a f*, font femblables, d'où l'on conclura comme dans le corollaire précedent, que A F . *af* :: A E . *a e*.

COROLLAIRE V.

94. Dans deux cercles, les fecantes d'arcs femblables font entr'elles comme ces arcs.

Les lignes C E F & *e e f* font des fecantes des arcs femblables A E & *a e* ; je dis qu'elles font entr'elles comme ces arcs ; ce qui fe prouve de la même maniere que le corollaire précedent.

95. On voit par les cinq corollaires précedens, que dans deux cercles où l'on a tiré des diametres, des rayons, des cordes, des finus, des tangentes, & des fecantes d'arcs femblables, on a plufieurs raifons egales, fçavoir la raifon des diametres, celle des rayons, celle des circonferences, celle des arcs femblables, celle des cordes, celle des finus, celle des tangentes, & celle des fecantes ; toutes ces raifons, dis-je, font egales entr'elles.

96. Il faut remarquer que dans un même cercle les differentes cordes ne font pas entr'elles comme les arcs qu'elles foutiennent : par exemple, quoique l'arc A E B foit double de l'arc A E ; cependant la corde A B n'eſt pas double de la corde A B, puifque la corde A B n'eſt pas fi grande que les deux cordes egales A E & B E prifes enfemble. Les finus de differens arcs ne font pas non plus entr'eux comme ces arcs. Il en eſt de même de leurs tangentes & de leurs fecantes.

THEOREME IV.

97. *Le côté de l'exagone regulier infcrit dans un cercle, eſt égal au rayon du cercle.*

DEMONS-

DEMONSTRATION.

Du centre C, foient tirez les rayons C A & C B fur les extrémitez du côté A B de l'exagone. Je dis que ce côté eft égal
au rayon : car dans le triangle A C B, l'angle C a pour fa mefure l'arc A B qui eft de 60 degrez, puifqu'il eft la fixiéme
partie de la circonference ; donc les deux autres angles A &
B pris enfemble valent 120 degrez. Or ces deux angles font
égaux, parce qu'ils font oppofez à des côtez égaux, fçavoir aux rayons C A & C B ; donc chacun de ces angles eft
de 60 degrez ; donc les trois angles du triangle A C B font
égaux ; donc les côtez font aufli égaux ; par confequent le côté
A B de l'exagone eft égal au rayon. Ce qu'il falloit démontrer.

COROLLAIRE.

98. De-là il fuit, que le perimetre de l'exagone régulier
infcrit dans un cercle, contient fix fois, ou eft fix fois plus
grand que le rayon du cercle ; & par confequent ce perimetre eft trois fois plus grand que le diametre. Or la circonference du cercle eft plus grande que le perimetre de l'exagone infcrit ; ainfi la circonference du cercle eft plus de
trois fois plus grande que fon diametre, c'eft-à-dire, que le
rapport de la circonference au diametre, eft plus grand
que celui de 3 à 1, ou de 21 à 7. On démontre
même qu'il eft encore un peu plus grand que celui
de 21 $\frac{1}{2}$ à 7 : mais Archimede a fait voir que ce rapport
de la circonference au diametre eft moindre que celui de 22
à 7. On n'a pû encore jufqu'à préfent trouver quel eft au ju-
fte ce rapport. Dans l'ufage on fuppofe ordinairement qu'il
eft égal à celui de 22 à 7 : & fi on veut encore avoir un rapport plus approchant du véritable, on prend celui de 314 à
100, qui eft égal à celui de 21 $\frac{1}{2}$ à 7, puifque fi on fait une
proportion de ces deux rapports, on trouvera que le produit
des extrêmes eft égal à celui des moyens.

THEOREME V.

99. *Le côté du decagone régulier infcrit dans un cercle,
eft égal à la grande partie du rayon divifé en moyenne & extrême raifon.*

N

DEMONSTRATION.

Fig. 41. Soit le côté A B du decagone, aux extrémitez duquel tirez les rayons C A & C B qui forment le triangle A C B dont l'angle C a pour mesure la dixiéme partie de la circonférence ; c'est-à-dire, 36 degrez ; par conséquent les deux autres angles A & B du triangle A C B pris ensemble, valent 144 degrez ; autrement les trois angles du triangle n'auroient pas pour mesure 180 degrez. Or ces deux angles sur la base sont égaux, à cause que le triangle A C B est isocele ; donc chacun des angles A & B vaut 72 degrez, si donc on divise l'angle B en deux parties égales par la ligne B D, chacune de ces parties étant moitié de l'angle B, vaudra 36 degrez ; ainsi dans le petit triangle B D C, l'angle C est égal à l'angle *n* ; & par conséquent les côtez opposez à ces angles, sçavoir B D & C D sont égaux. Or B D est aussi égal à A B : car dans le petit triangle A B D, l'angle *o* vaut 36 degrez, puisqu'il est moitié de l'angle total en B : d'ailleurs nous avons déja dit que l'angle A vaut 72 degrez ; donc le troisiéme angle *m* vaut aussi 72 degrez ; donc les côtez B D & A B opposez à ces deux angles sont égaux : ainsi C D & A B étant chacun égaux à B D, sont égaux entr'eux.

Il faut donc demontrer que C D est la grande partie du rayon C A divisé en moyenne & extrême raison au point D ; ensorte qu'on a la proportion C A . C D :: C D . A D. Pour cela il faut remarquer que les deux triangles A C B & A B D sont semblables ; à cause que l'angle A est commun à tous les deux, & que d'ailleurs l'angle C du grand est égal à l'angle *o* du petit : par conséquent les côtez homologues sont proportionnels. Or C A du grand triangle & A B du petit sont homologues, parce qu'ils sont opposés aux angles égaux B & *m* : pareillement A B du grand triangle & A D du petit sont homologues, étant opposez aux angles égaux C & *o* ; ainsi on a la proportion C A . A B :: A B . A D. Or C D = A B ; donc C A . C D :: C D . A D. Ainsi C D égal au côté A B, est la grande partie du rayon C A divisé en moyenne & extrême raison. Ce qu'il fal. dem.

PROBLEME I.

100. *Trouver la valeur de l'angle au centre & celle de l'angle*

à la circonference d'un polygone regulier, par exemple, d'un pen-
tagone.

1°. pour l'angle au centre, divifez la circonference, c'eft-
à-dire, 360 degrez, par le nombre des côtez du polygone,
& le quotient fera la mefure de l'angle au centre : ainfi pour
avoir la valeur de l'angle au centre du pentagone, il faut
divifer 360 par 5, & le quotient 72 marquera que l'angle
A C B eft de 72 degrés. Cela eft évident, puifque l'angle au
centre d'un pentagone a pour mefure la cinquiéme partie de
la circonference du cercle dans lequel il peut être infcrit.

2°. L'angle de la circonference, comme A B D, peut être
facilement connu, après avoir trouvé la valeur de l'angle au
centre : car dans le triangle A C B, l'angle au centre plus les
deux angles fur le côté A B, c'eft-à-dire, les trois angles du
triangle font égaux à deux angles droits. Or l'angle A B D
eft égal aux deux angles fur le côté A B pris enfemble, puifque chacun de ces deux, n'eft que la moitié de l'angle à la
circonference *; donc l'angle au centre & l'angle à la circonference joints enfemble, valent deux angles droits; & par
confequent fi de 180 degrez, qui font la mefure de deux angles droits, on ôte la valeur de l'angle au centre, le refte
fera la valeur de l'angle à la circonference : par exemple,
l'angle à la circonference du pentagone eft de 108, parce que
en ôtant de 180 la valeur de l'angle au centre qui eft de 72
degrez, le refte eft 108.

Fig. 42.

* 77.

PROBLÉME II.

101. *Infcrire un quarré régulier dans un cercle donné.*

Coupez la circonference en quatre parties égales, par deux
diametres perpendiculaires, & tirez enfuite des cordes aux extrémitez des diametres, vous aurez le quarré infcrit.

Fig. 43.

PROBLÉME III.

102. *Infcrire un exagone regulier dans un cercle.*

Prenez la longueur du rayon que vous porterez fix fois fur la
circonference; enfuite tirez des cordes aux points de divifion;
vous aurez l'exagone cherché. Cela fuit clairement du quatriéme theoreme.

Fig. 44.

N ij

PROBLEME IV.

103. *Inscrire un decagone regulier dans un cercle.*

Coupez le rayon du cercle en moyenne & extrême raison; prenez ensuite la grande partie de ce rayon ainsi divisé, que vous porterez sur la circonference; enfin tirez des cordes aux points de division, vous aurez le decagone cherché. C'est une suite du cinquiéme theoreme.

PROBLEME V.

104. *Une figure reguliere étant inscrite, en inscrire une autre qui n'ait que la moitié du nombre des côtez.*

Fig. 44. Tirez des cordes dont chacune soutienne un arc double de celui qui est soutenu par chaque côté du polygone inscrit: par exemple, ayant un exagone regulier inscrit, si on veut inscrire un triangle regulier, il faut tirer les cordes A C, C E & E A dont chacune soutient un arc double de celui qui est soutenu par chaque côté de l'exagone.

PROBLEME VI.

105. *Un polygone regulier étant inscrit dans un cercle, en inscrire un autre qui ait le double des côtez.*

Divisez en deux parties égales chacun des arcs soutenus par le côté du polygone inscrit; tirez ensuite des cordes à tous les arcs, & vous aurez le polygone cherché: par exemple, le triangle équilateral A C E étant inscrit, si on veut inscrire un exagone, il faut diviser les arcs A C, C E, E A, chacun en deux parties égales, & tirer les cordes A B, B C, C D, D E, E F, F A; on aura l'exagone regulier A B C D E F.

106. Il est évident par les deux derniers problèmes, que lorsqu'on sçait inscrire un polygone regulier, on en peut aussi inscrire deux autres, dont l'un n'ait que la moitié des côtez du premier, & l'autre le double: sur quoi il faut remarquer que dans la pratique il n'est pas necessaire d'inscrire un polygone pour en inscrire un autre qui ait la moitié ou le double du nombre des côtez: par exemple, pour inscrire un triangle ou un dodécagone, il faut seulement marquer les six points de

division , defquels il faudroit tirer les côtez de l'exagone.

PROBLEME VII.

107. *Circonfcrire un polygone regulier à un cercle.*

Il faut d'abord infcrire un polygone regulier femblable : Fig. 45.
enfuite tirer par les angles du polygone infcrit, des tangentes qu'il faut prolonger jufqu'à ce qu'elles fe rencontrent, elles formeront le polygone cherché : par exemple, pour circonfcrire un exagone au cercle de la Fig. 45, il faut d'abord infcrire à ce cercle l'exagone *abcdef*, & enfuite tirer des tangentes par les points *a, b, c, d, e, f*; elles formeront l'exagone circonfcrit ABCDEF.

PROBLEME VIII.

108. *Trouver la circonference d'un cercle dont on connoît le diametre.*

Soit un cercle dont le diametre ait dix pieds : afin de trouver la circonference, il faut fe fervir du rapport trouvé par Archimede entre le diametre & la circonference qui eft de 7 à 22, & faire une regle de trois dont le premier terme foit 7, le fecond 22, & le troifiéme 10 ; le quatriéme fera la circonference cherchée : on trouvera ce quatriéme terme à l'ordinaire, en multipliant les deux moyens 22 & 10 l'un par l'autre, & divifant le produit 220 par 7 qui eft le premier terme ; le quotient 31 $\frac{3}{7}$ fait voir que fi le diametre d'un cercle eft de dix pieds, la circonference eft d'environ 31 pieds & $\frac{3}{7}$ d'un pied.

Si on veut avoir un nombre qui approche un peu plus de la circonference que 31 $\frac{3}{7}$, il faut fe fervir du rapport de 100 à 314, & faire la proportion 100.314::10.x : on trouvera qu'après avoir multiplié les deux moyens & divifé le produit par le premier terme, le quotient fera 31 & $\frac{40}{100}$ ou $\frac{2}{5}$; ainfi la circonference eft environ 31 pieds & $\frac{2}{5}$ d'un pied.

109. Remarquez que la circonference cherchée eft un peu moindre que le quotient 31 $\frac{3}{7}$, parce que la raifon de la circonference au diametre eft moindre que le rapport de 22 à 7 ; c'eft-à-dire, que le diametre étant fuppofé de 7, la circonference eft moindre que 22 : au contraire la circonference cherchée eft un peu plus grande que l'autre quotient 31 $\frac{2}{5}$;

parce que le diametre étant suppofé de 100, la circonference eft plus grande que 314.

Pour voir le rapport des deux fractions ¾ & ⁷⁄₂₂, il faut les
réduire au même dénominateur ; & on trouvera ⁻ & ⁻: ainfi
les deux fractions ¾ & ⁷⁄₂₂ font entr'elles comme les nombres
15 & 14. qui font les numerateurs des fractions réduites.

DES FIGURES PLANES,
confiderées felon leur furface.

Après avoir parlé des côtez qui terminent les figures, &
des angles formez par ces côtez, il faut à prefent confiderer
l'efpace qui y eft renfermé. Cet efpace eft une furface ou fuperficie, on le nomme auffi *aire*.

Nous avons dit qu'il y avoit trois fortes de furfaces ; les
planes, comme celle des miroirs ordinaires ; les courbes, comme celles des globes, & les mixtes qui font en partie planes
& en partie courbes.

Nous avons encore diftingué trois fortes de fuperficies planes ; les rectilignes, comme un pentagone ; les curvilignes,
comme les cercles, & les mixtilignes, comme les fegmens &
les fecteurs du cercle.

Nous traiterons 1°. des élemens & de l'égalité des furfaces. 2°. De la mefure des furfaces. 3°. Du rapport des furfaces.

DES ELEMENS ET DE L'EGALITE'
des Surfaces.

110. Comme la ligne eft compofée de points, de même la
furface eft compofée de lignes pofées les unes à côté des autres : ainfi les élemens des furfaces font des lignes. Or on ne
peut concevoir que des lignes confiderées fans largeur compofent une furface ; c'eft pourquoi il faut confiderer les lignes
comme ayant une largeur infiniment petite qui foit la même
dans chacune des lignes qui fervent d'élemens à une fuperficie.

Fig. 46. 111. Les élemens d'un parallelogramme font donc une infinité de lignes paralleles & égales à la bafe, lefquelles rem-
pliffent l'efpace compris dans le parallelogramme. De même
Fig. 47 les élemens d'un triangle font une infinité de lignes paralleles à la bafe qui font d'autant plus courtes qu'elles font plus
éloignées de la bafe. Les élemens du cercle font une infinité
de circonferences concentriques : ainfi des autres figures.

112. On prend aussi pour élemens des figures, des surfaces infiniment petites, dont la somme remplit la figure : par exemple, on peut dire que les élemens d'un parallelogramme, sont une infinité de petits parallelogrammes qui ont même base que le parallelogramme total, & qui ont une hauteur infiniment petite. Pareillement on peut prendre pour élemens d'un triangle une infinité de triangles qui ont même hauteur que le triangle total ; & qui ont pour base chacun une hauteur infiniment petite de la base de ce triangle. On peut aussi prendre pour élemens d'un cercle, des triangles infiniment petits, dont le sommet soit au centre, & qui ayent pour base chacun une partie infiniment petite de la circonference. On peut dire la même chose des secteurs de cercle, comme celui de la Figure 49.

Fig. 48.

113. Il est évident que deux figures ou superficies sont égales, lorsque les élemens de l'une sont égaux aux élemens de l'autre, & que le nombre de ces élemens est égal dans les deux superficies.

114. Nous nous servirons dans nos démonstrations des premiers élemens, c'est-à-dire, des lignes que l'on regarde comme ayant une largeur infiniment petite. Or le nombre de ces élemens se mesure dans les parallelogrammes & dans les triangles par des perpendiculaires à la base qui sont les hauteurs; ensorte que si la hauteur d'un parallelogramme est double de celle d'un autre, le nombre des élemens du premier est double du nombre des élemens du second ; si la hauteur est triple, le nombre des élemens est triple, &c.

115. Dans le cercle le nombre des circonferences concentriques qui en sont les élemens, est mesuré par le rayon, parce que le cercle étant rempli de circonferences, chacune passe par un point du rayon;ainsi le nombre des circonferences est égal au nombre des points du rayon.

On appelle ces élemens *indivisibles*, parce que n'ayant qu'une largeur infiniment petite, on les regarde comme indivisibles selon leur largeur.

Après avoir donné ces notions touchant les élemens des surfaces, il faut maintenant parler de leur égalité.

116. Deux figures planes sont appellées *égales*, lorsque la surface de l'une est égale à la surface de l'autre, quoique les côtez de la première ne soient pas égaux à ceux de la seconde :

par exemple, afin que deux triangles soient appellez égaux, il suffit qu'ils ayent des surfaces égales, & même un triangle est dit égal à un parallelogramme, lorsqu'il contient autant d'espace ou de surface que le parallelogramme : mais lorsque deux figures ont des surfaces égales, & que les côtez & les angles de l'une sont égaux à ceux de l'autre, chacun à chacun, pour lors on dit qu'elles sont égales en tout. Dans le premier cas, on dit souvent que les figures sont égales en surface; mais cela n'est pas necessaire, il suffit de dire qu'elles sont égales : ce qui signifie la même chose qu'en disant qu'elles sont égales en surface.

117. Il paroît par-là & par l'Article 9. qu'il y a une grande différence entre des figures égales, & des figures semblables.

118. Deux rectangles de même base & de même hauteur sont égaux en tout. Cette proposition peut passer pour un axiome: car si on conçoit que l'on applique ces deux rectangles l'un sur l'autre, la base sur la base, & le côté sur le côté, on voit aisément que ces deux rectangles conviendront parfaitement, & par consequent ils sont égaux en tout. Mais si on compare un rectangle avec un parallelogramme de même base & de même hauteur, on n'apperçoit pas si facilement si les surfaces sont égales. Nous allons démontrer l'égalité de ces deux figures dans le theoreme suivant.

THEOREME I. ET FONDAMENTAL.

119. Un rectangle & un parallelogramme de même base & de même hauteur sont égaux.

Fig. 50. Soit le rectangle A B C D & le parallelogramme E B C F qui ont même base; sçavoir BC, & qui ont aussi même hauteur, puisqu'ils sont entre les mêmes paralleles. Il faut démontrer que leurs surfaces sont égales.

DEMONSTRATION.

Deux superficies sont égales lorsque les élemens de l'une sont égaux à ceux de l'autre, & que le nombre de ces élemens est égal dans les deux figures. Or 1°. les élemens du rectangle sont égaux à ceux du parallelogramme, puisque les élemens de l'une & de l'autre figure, comme G H & K L

font

font égaux chacun à la base commune BC. 2°. Le nombre des élemens est égal dans les deux Figures, parce qu'elles ont même hauteur. D'ailleurs il est évident qu'en prolongeant tous les élemens du rectangle, ils remplissent l'aire ou la surface du parallelogramme, & par conséquent il y a autant d'élemens dans l'une & l'autre de ces deux figures ; donc le rectangle & le parallelogramme font égaux. Ce qu'il fal. dem.

On pourroit peut-être objecter contre cette démonstration que le parallelogramme contient plus d'élemens que le rectangle, parce que dans le parallelogramme il y a autant d'élemens ou de lignes paralleles à la base qu'il y a de points dans le côté EB : & de même il y a autant de ces élemens dans le rectangle qu'il y a de points dans le côté AB. Or il y a plus de points dans l'oblique EB, que dans la perpendiculaire AB.

Il est vrai que si l'on suppose les points égaux dans les deux lignes EB & AB, il y en a plus dans la premiere que dans la seconde : mais il ne s'ensuit pas delà qu'il y ait plus d'élemens dans l'une que dans l'autre figure, parce que les points de la ligne EB par lesquels passe chaque élement du parallelogramme, font plus grands que ceux de la ligne AB par lesquels passe chacune des paralleles du rectangle, à cause de l'obliquité de la premiere ligne ; afin donc qu'il y eût plus d'élemens dans le parallelogramme que dans le rectangle, il faudroit que la hauteur du parallelogramme fut plus grande que celle du rectangle : ce qui est contre l'hypotese.

Autre Demonstration.

Le rectangle & le parallelogramme ont le triangle commun BOC ; il n'y a donc plus qu'à faire voir que l'autre partie ABOD du rectangle est égale à la partie EOCF du parallelogramme ; ce que je démontre ainsi : le triangle ABE est égal en tout au triangle DCF : car 1°. la perpendiculaire AB du premier est égale à la perpendiculaire DC du second, puisque ce font des côtez opposez d'un rectangle. 2°. Les deux obliques BE & CF font aussi égales, parce que ce font des côtez opposez du parallelogramme. * 3°. Les éloignemens de perpendicule AE & DF font donc égaux* ; par consequent les trois côtez du premier triangle font égaux aux trois côtez du second ; ainsi les deux triangles font égaux en tout* ; donc si on retranche la partie commune DOE, le reste ABOD

* 43.
* Liv. 1. Art. 85.
* 33.

O

du premier triangle fera égal au refte E O C F du fecond.
Mais ces reftes font les deux parties du rectangle & du parallelogramme qu'il falloit démontrer égales. Par conféquent
le rectangle eft égal au parallelogramme. Ce qu'il fall. dem.

COROLLAIRE I.

120. Deux parallelogrammes qui ont des hauteurs égales,
ou, ce qui eft la même chofe, qui font entre mêmes paralleles, & qui ont des bafes égales, font égaux en furfaces.
C'eft une fuite neceffaire du theoreme, parce que chacun de
ces parallelogrammes eft égal à un rectangle de même bafe
& de même hauteur.

Fig. 51.   121. Avant de paffer au fecond corollaire, il faut remarquer qu'un triangle, comme A B D, eft la moitié d'un paral-
logramme de même bafe & de même hauteur : car fi on fait
le parallelogramme A B D C dont le côté A B & la bafe B D
foient deux côtez du triangle, il eft certain que le troifiéme
côté A D du triangle divife le parallelogramme en deux par-
* 44.   ties égales *, parce que ce côté fert de diagonale ; par conféquent le triangle A B D eft la moitié du parallelogramme
A B D C qui a même bafe & même hauteur que le triang'².

COROLLAIRE II.

Fig. 51.   122. Deux triangles comme A B D & E G H, qui ont des
hauteurs égales, ou qui font entre mêmes paralleles, & qui
ont auffi des bafes égales, font égaux en furface : car felon la
remarque précédente, ces triangles font moitié des parallelog.
A D & E H qui ont même hauteur & même bafe que les
triangles. Or nous venons de dire dans le premier corollaire,
que ces parallelogrammes font égaux ; donc leurs moitiés font
auffi égales.

COROLLAIRE III.

Fig. 52.   123. Un triangle, comme C E D, qui a même bafe qu'un
parallelogramme C B, & qui a une hauteur double de celle du
parallelogramme, lui eft égal en furface : car fuppofons un autre parallelogramme qui ait même bafe & même hauteur que
le triangle, il eft clair que le triangle & le parallelogramme C B
ne font chacun que la moitié de cet autre parallelogramme, &
par confequent le triangle eft égal au parallelogramme C B.

COROLLAIRE IV.

124. Un triangle comme C A E, qui a même hauteur qu'un parallelogramme tel que A D, & qui a une base double, lui est égal en surface. Cela se démontre de la même maniere que le corollaire précedent.

Fig. 53.

THEOREME II.

125. *Un trapeze, comme* A C D B, *dont les deux côtez* A B & C D *font paralleles, est égal à un parallelogramme de même hauteur, & qui auroit pour base une ligne moyenne proportionnelle arithmétique entre les deux côtez paralleles.*

Fig. 54.

Prenez C K égale à A B, & divisez le reste K D en deux parties égales au point P : tirez ensuite la ligne P E parallele au côté A C, vous aurez le parallelogramme A C P E ou A P, qui a la même hauteur que le trapeze, & dont la base C P est moyenne proportionnelle arithmetique entre A B ou C K & C D ; puisque C K est autant surpassé par C P, que C P l'est par C D. Il s'agit donc de démontrer, que ce parallelogramme A P est égal en surface au trapeze.

DEMONSTRATION.

Le pentagone A C P H B est commun au parallelogramme, & au trapeze ; par consequent si le triangle B H E qui est le reste du parallelogramme est égal au triangle D H P reste du trapeze, ces deux Figures ont des surfaces égales. Or les deux triangles B H E & D H P sont égaux; car 1°. l'angle B est égal à l'angle D, parce qu'ils sont alternes entre paralleles. 2°. Les angles E & P de ces deux triangles, sont aussi égaux par la même raison. 3°. Les côtez B E & D P sur lesquels ces angles sont formés sont encore égaux : car les deux lignes A E & C P sont égales, puisque ce sont des côtez opposez du parallelogramme : d'ailleurs les deux parties A B & C K de ces côtez sont égales par l'hypothese ; donc les deux autres parties B E & K P sont aussi égales. Or D P est encore égal à K P par l'hypothese ; donc les côtez B E & D P des deux triangles B H E & D H P sont égaux; ainsi les deux triangles sont égaux ; par consequent le parallelogramme est égal au trapeze. Ce qu'il fal. dém.

* 43.

* 27.

O ij

THEOREME III.

126. La surface d'un cercle est égale à la surface d'un triangle rec-
tangle qui a pour hauteur le rayon, & pour base une ligne droite
égale à la circonférence.

DEMONSTRATION.

Soit le cercle de la Figure 55, & le triangle rectangle CAB
qui a pour hauteur le rayon CA, & pour base la ligne droite
AB, égale à la circonférence. Pour démontrer que le cercle est
égal au triangle, il faut concevoir que l'un & l'autre est partagé en ses élemens, & faire voir, 1°. qu'il y a autant d'élemens dans le cercle que dans le triangle. 2°. Que les élemens du cercle sont égaux aux élemens correspondans du
triangle.

Premierement, il y a autant d'élemens dans le cercle, qu'il
y en a dans le triangle : car les élemens du cercle sont des circonférences concentriques, & les élemens du triangle sont des
lignes paralleles à la base. Or il y a autant de circonférences
concentriques dans le cercle, que de lignes paralleles à la base dans le triangle, puisque le nombre en est mesuré de part &
d'autre par la ligne CA, qui est en même tems rayon du
cercle & hauteur du triangle.

En second lieu, chaque circonference comme *ad*, est égale à la base correspondante *ab* du triangle : car les circonférences étant entr'elles comme les rayons, on a cette proportion;la grande circonférence AD est à la petite *ad* :: CA . *ca*.
de même à cause des triangles semblables CAB, *cab*,
on a encore la proportion AB . *ab* :: CA . *ca* ; ainsi, puisque la raison de AD à *ad*, & celle de AB à *ab*, sont égales
chacune à une troisiéme, sçavoir celle de CA à *ca* ; il faut
qu'elles soient égales entr'elles. On a donc encore la proportion AD . *ad* :: AB . *ab* :& *alt mando*, AD . AB :: *ad* . *ab*.
Or dans cette derniere proportion, l'antécédent & le conséquent de la premiere raison sont égaux par l'hypothese puisque
l'on suppose que la base du triangle est égale à la circonference du cercle; par conséquent les deux termes *ad* & *ab* de la
seconde raison sont aussi égaux. On peut démontrer de la
même maniere, que chaque circonference est égale à la base
correspondante du triangle, ainsi les élemens du cercle sont

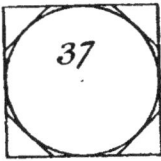
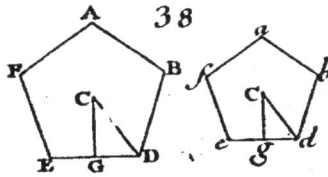
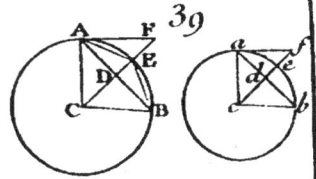

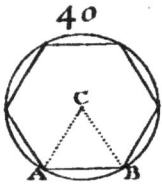
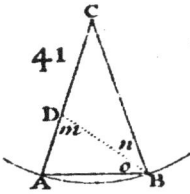
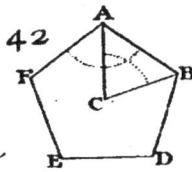
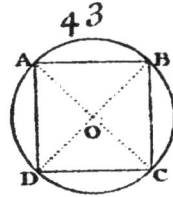
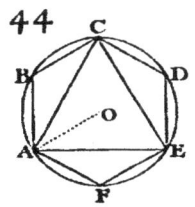

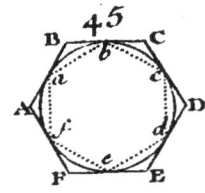
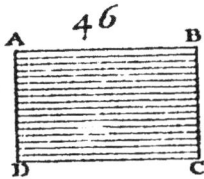
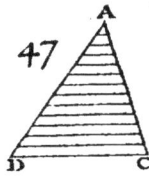
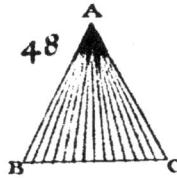
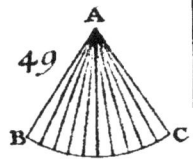

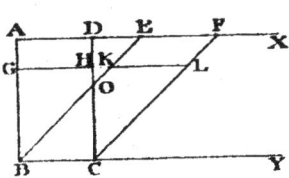
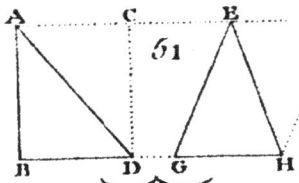
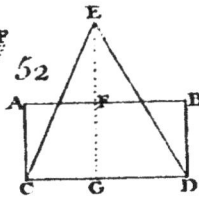
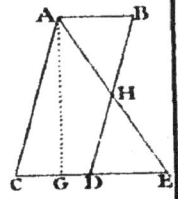

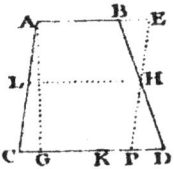
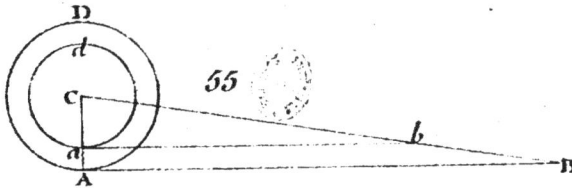
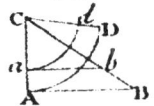

égaux aux élemens correfpondans du triangle : d'ailleurs le nombre des élemens eft egal de part & d'autre : par confé-quent le cercle eft égal au triangle. Ce qu'il fal. dém.

COROLLAIRE.

127. Un fecteur de cercle comme C A D, eft égal au trian-gle rectangle C A B qui a pour hauteur le rayon C A, & pour bafe une ligne droite égale à l'arc du fecteur. Cela fe démon-tre de la même maniere que le theoreme, en faifant voir qu'il y a autant d'élemens dans le fecteur, que dans le triangle, & que les élemens correfpondans dans les deux Figures font égaux.

Fig. 56.

128. Un triangle rectangle eft égal à tout autre triangle de même bafe & de même hauteur*;&par conféquent on peut dire generalement, qu'un cercle eft égal en furface à un triangle quelconque qui a pour hauteur le rayon du cercle,& pour bafe une ligne droite égale à la circonference. De même on peut dire en general, qu'un fecteur de cercle eft égal à un triangle quelconque, qui a pour hauteur le rayon du fecteur, & pour bafe une ligne droite égale à l'arc de ce fecteur.

* 122.

PROBLEME.

129. *Une Figure rectiligne, comme A B C D E, étant donnée, en faire une autre qui lui foit égale, & qui ait un côté de moins.*

Fig. 57.

Du point A tirez la ligne A C qui retranche le triangle A B C; enfuite du point B, tirez la ligne B F parallele à la ligne A C; enfin prolongez le côté D C, jufqu'à la rencontre de la ligne B F. Je dis que fi du point A, vous menez la ligne A F au point où le côté D C rencontre la parallele B F, on aura le quadrilatere AFDE,égal au pentagone donné ABCDE. En voici la demonftration.

La furface A E D C eft commune au quadrilatere & au pen-tagone; il n'y a donc qu'à faire voir que le triangle A F C qui eft le refte du quadrilatere, eft égal au triangle A B C,refte du pentagone. Or ces deux triangles font égaux*; puifqu'ils ont la même bafe, fçavoir A C, & qu'ils font entre les mêmes paralleles B F & A C.

* 122.

On pourroit par la même methode réduire le quadrilate-

re A F D E en un triangle égal en surface. Pour cela il faudroit mener une ligne du point A au point D ; ensuite tirer
par le point E une parallele à la ligne A D , & prolonger C D
jusqu'à la rencontre de cette parallele; enfin tirer la ligne A G,
& on auroit le triangle G A F égal au quadrilatere A F D E,
comme il paroît en faisant l'application de la démonstration
qui précede.

130. Il suit de-là , que tout polygone peut se réduire en
triangle. Or un triangle est égal à un rectangle qui a même
hauteur & la moitié de sa base *, ou qui a même base que le
triangle & la moitié de sa hauteur *. D'ailleurs nous ferons
voir que tout rectangle peut se réduire en quarré ; par conséquent toute surface rectiligne peut se réduire en quarré : c'est
ce qu'on appelle la *quadrature* des surfaces rectilignes.

* 114.
* 123.

DE LA MESURE DES SURFACES PLANES.

131. Les mesures des superficies sont d'autres petites superficies connuës & déterminées : comme le pied quarré, la
toise quarrée, &c.

132. On entend par un *pied quarré*, une surface quarrée
dont les quatre côtez sont chacuns égaux à un pied en longueur ; telle seroit la Figure 69 , si chacun des côtez avoit un
pied en longueur. De même un quarré dont chaque côté est
égal à une toise en longueur , est appellé *toise quarrée*, &c.

THEOREME I.

133. *La surface d'un rectangle est égale au produit de sa hauteur
par sa base, ou de sa base par sa hauteur.*

DEMONSTRATION.

Fig. 58.

Soit le rectangle A C dont le côté A B contienne 3 toises,
& la base B C en contienne 4. Si on multiplie 3 par 4 , le
produit sera 12 ; il faut donc faire voir que la surface de ce
rectangle contient 12 toises quarrées. Pour cela , il faut diviser le côté du rectangle en trois toises , & sa base en quatre :
ensuite par les points de division du côté A B, tirez des paralleles à la base, & par les points de la base , tirez des paralleles aux côtez; toutes ces paralleles formeront des toises
quarrées disposées en rangs paralleles à la base, dont chacun
contiendra autant de toises quarrées,qu'il y a de toises en lon-

gueur, c'eft-à-dire 4 : mais d'ailleurs il y aura autant de ces rangs de toifes quarrées, qu'il y a de toifes en longueur dans le côté du rectangle, c'eft-à-dire 3 ; donc la fomme des toifes quarrées du rectangle, eft égale à 3 fois 4, qui eft le produit du nombre des toifes de la bafe, par celui des toifes du côté. Ce qu'il fal. dem.

COROLLAIRE I.

134. La furface d'un parallelogramme eft egale au produit de fa bafe par fa hauteur : car tout parallelogramme eft egal à un rectangle de même bafe & de même hauteur. Or on vient de démontrer que pour avoir la fuperficie d'un rectangle, il falloit multiplier fa bafe par fa hauteur; par conféquent pour avoir la furface d'un parallelogramme, il faut auffi multiplier fa bafe par fa hauteur.

135. Remarquez que dans un parallelogramme qui n'eft pas rectangle, la hauteur eft différente du côté qui fait un angle avec la bafe ; parce que cette hauteur fe prend de la perpendiculaire tirée entre les deux bafes : mais lorfque le parallelogramme eft rectangle, alors le côté étant perpendiculaire aux bafes, il mefure la hauteur du parallelogramme.

COROLLAIRE II.

136. La furface d'un triangle eft égale au produit de fa bafe par la moitié de fa hauteur, ou au produit de fa hauteur par la moitié de fa bafe. C'eft une fuite néceffaire des corollaires dans lefquels on a démontré *, que le triangle eft égal au parallelogramme, qui a même bafe & la moitié de la hauteur du triangle ; ou bien à un parallelogramme qui a même hauteur que le triangle & la moitié de la bafe.

*123 & 124.

On peut encore dire que la furface du triangle eft égale à la moitié du produit de fa bafe par fa hauteur. Cela revient au même que ce que nous venons de dire dans le corollaire.

137. Remarquez que lorfque le triangle eft rectangle, comme ABD, on peut prendre BD, qui eft un des côtez de l'angle droit pour la bafe ; auquel cas l'autre côté AB du même angle eft la hauteur du triangle, parce que ce côté eft perpendiculaire à la bafe. C'eft pourquoi afin d'avoir la furface d'un triangle rectangle, il faut multiplier un des côtez de l'angle droit par la moitié de l'autre côté, & le produit don-

Fig. 51.

ne la furface du triangle ; ou bien il faut multiplier un de ces côtez par l'autre, & prendre la moitié du produit.

COROLLAIRE. III.

138. L'aire ou la fuperficie du cercle eſt égale au produit du rayon par la moitié de la circonférence du cercle : car on démontre *, que le cercle eſt égal au triangle qui a pour hauteur le rayon,& pour baſe une ligne droite égale à la circonference. Or ce triangle eſt égal au produit de ſa hauteur qui eſt le rayon par la moitié de la baſe, c'eſt-à-dire, par la moitié de la circonference ; donc le cercle eſt auſſi égal au produit du rayon par la moitié de la circonference.

*126.

On démontrera de la même maniere, que l'aire d'un fecteur de cercle,eſt égale au produit du rayon par la moitié de l'arc du fecteur.

COROLLAIRE IV.

Fig. 54.

139. La furface d'un trapeze qui a deux côtez paralleles, eſt égal au produit de ſa hauteur par une moyenne proportionnelle arithmetique entre les deux côtez paralleles. Cela ſuit du Theoreme II.* dans lequel on a démontré que le trapeze qui a deux côtez paralleles,eſt égal à un parallelogramme de même hauteur, & dont la baſe eſt une moyenne proportionnelle arithmetique entre ces deux côtez paralleles.

*125.

THEOREME II.

140. *Une Figure circonſcrite à un cercle, eſt égale au produit du rayon du cercle, par la moitié du perimetre de la Figure.*

DEMONSTRATION.

Fig. 59.

Soit le polygone circonſcrit ABCDE : il faut faire voir qu'il eſt égal au produit du rayon FG du cercle par la moitié du perimetre. Pour cela tirez du centre F des lignes, comme FA, FB, &c. aux angles du polygone. Il eſt évident que ces lignes diviſeront le polygone en autant de triangles qu'il y a de côtez. D'ailleurs ces triangles auront une hauteur égale, ſçavoir, un rayon comme FG, tiré au point de contingence,parce que tout rayon tiré au point de contingence, eſt perpendiculaire à la tangente*. Or chacun des triangles comme DFC eſt égal au produit de la moitié du côté DC qui eſt

*Liv. 1.
Art. 121.

eſt la baſe, par le rayon FG qui eſt la hauteur. Donc la ſomme des triangles, ou le polygone circonſcrit eſt égal au produit de la moitié de tous les cotez, c'eſt-à-dire, de la moitié du perimetre par le rayon du cercle. Ce qu'il fal. dem.

On peut dire auſſi qu'un polygone circonſcrit à un cercle, eſt égal au produit du perimetre entier par la moitié du rayon, ou bien à la moitié du produit du perimetre par le rayon entier. Il eſt évident que tout cela revient à la même choſe que l'énoncé du theoreme.

COROLLAIRE I.

141. Tout polygone regulier eſt égal au produit du rayon droit par la moitié du perimetre. Ce corollaire n'eſt qu'une application du theoreme, parce qu'on peut toujours regarder un polygone regulier comme circonſcrit à un cercle dont le rayon ſeroit égal au rayon droit du polygone *.   * 74.

COROLLAIRE II.

142. La ſuperficie du cercle eſt égale au produit du rayon par la moitié de la circonference. C'eſt une ſuite du corollaire précedent, puiſque le cercle eſt un polygone regulier dont les côtez ſont infiniment petits. Nous avons déja démontré la même propoſition dans le troiſiéme corollaire du premier theoreme *.   * 138.

143. Remarquez que toute figure rectiligne comme A pou-   Fig. 62. vant être réduite en triangle, on aura la meſure de l'aire de cette figure, ſi on prend celle de tous les triangles.

PROBLÈME.

144. *Faire un quarré égal à un rectangle donné.*

Soit le rectangle dont le côté eſt A & la baſe C. Pour avoir   Fig. 61. un quarré égal à ce rectangle, il faut chercher une moyenne proportionnelle B entre le côté & la baſe du rectangle ; le quarré de cette moyenne proportionnelle eſt égal au rectangle : car par l'hypoteſe A . B : : B . C ; donc le produit des extrêmes eſt égal au produit des moyens. Or le produit des extrêmes A & C eſt le rectangle ; puiſque pour avoir l'aire du rectangle, il faut multiplier la hauteur par la baſe : & le produit des moyens eſt le quarré de la moyenne proportionnelle

P

B; donc le quarré de la moyenne proportionnelle est égal au rectangle.

C'est ici où nous devons parler du fameux problême de la quadrature du cercle, que l'on n'a encore pû résoudre jusqu'à présent. Ce problême consiste à trouver une methode geometrique de faire un quarré égal en surface à un cercle donné.

145. Nous avons démontré qu'un cercle est égal en surface à un triangle qui a pour hauteur le rayon & pour base une ligne droite égale à la circonference. Or ce triangle est égal à un rectangle de même hauteur, & qui auroit pour base la moitié de cette ligne droite égale à la circonference : enfin par le problême précedent, ce rectangle est égal au quarré de la moyenne proportionnelle entre la hauteur & la base du rectangle; par conséquent ce quarré qui a pour côté une moyenne proportionnelle entre le rayon & la demi-circonference, est égal au cercle. Ainsi pour avoir un quarré égal au cercle donné, il faut trouver une moyenne proportionnelle entre le rayon & la demi-circonference du cercle.

146. Nous avons donné * la methode de trouver une moyenne proportionnelle entre deux lignes droites; c'est pourquoi si on pouvoit trouver geometriquement une ligne droite égale à la demi-circonference, il seroit aisé d'avoir une moyenne proportionnelle entre le rayon & la demi-circonference : ce qui donneroit la solution du problême de la quadrature du cercle, parce que le quarré de cette moyenne seroit égal au cercle, comme nous venons de le démontrer. On voit donc que pour résoudre ce problême, il ne s'agit que de trouver une methode geometrique de tirer une ligne droite égale à la moitié de la circonference.

* Liv. 1. Art. 178.

147. Archimede a cherché à exprimer en nombre le rapport de la circonference au diametre : mais il n'a pû trouver exactement ce rapport; il a cependant démontré, comme nous l'avons dit *, que ce rapport étoit un peu moindre que celui de 22 à 7, & plus grand que celui de 21 à 7. Or si on connoissoit exactement par des nombres le rapport de la circonference au diametre, il ne seroit pas difficile de trouver une ligne droite égale à la circonference, parce que le diametre est une ligne droite à laquelle la circonference auroit un rapport connu; & par conséquent le problême de la quadrature du cercle seroit résolu.

* 58.

Mais quoique ce rapport ne puisse peut-être pas s'exprimer en nombre, ou, ce qui est la même chose, quoique la circonference & le diametre du cercle soient peut-être incommensurables, il ne s'ensuit pas que l'on ne puisse avoir une maniere geometrique de faire un quarré égal en surface à un cercle donné, parce qu'il suffit pour cela de trouver geometriquement une ligne droite égale à la circonference, ou à la demi-circonference du cercle.

Le rapport approché de la circonference au diametre trouvé par Archimede qui est celui de 22 à 7, suffit pour connoître à peu près, & sans erreur sensible, la surface d'un cercle dont on connoît le rayon ou le diametre : c'est ce que nous allons expliquer dans le problême suivant.

PROBLÊME.

148. *Trouver la surface d'un cercle dont on connoît le diametre.*

Soit un cercle dont le diametre ait 10 pieds. Pour en avoir la surface, cherchez d'abord la circonference * que vous trouverez de 31 pieds $\frac{3}{7}$, en supposant le rapport du diametre à la circonference de 7 à 22 : multipliez ensuite la moitié de la circonference par le rayon ; c'est-à-dire, $15\,\frac{5}{7}$ par 5 ; le produit de 78 pieds quarrez plus $\frac{4}{7}$ d'un pied quarré, est à peu près la surface du cercle dont le diametre est de dix pieds. * 168.

Si on suppose le rapport du diametre à la circonference égal à celui de 100 à 314, on trouvera la circonference de 31 pieds & $\frac{2}{5}$ de pieds, dont la moitié est $15\,\frac{7}{10}$, qui étant multipliée par 5, le produit sera $78\,\frac{1}{2}$: ainsi la surface du cercle est environ 78 pieds quarrez, plus un demi pied quarré. Ce nombre approche plus de la veritable surface cherchée que le premier produit $78\,\frac{4}{7}$.

149. Remarquez que la surface qu'on cherche est un peu moindre que le produit $78\,\frac{4}{7}$, & un peu plus grande que l'autre produit $78\,\frac{1}{2}$, parce que le diametre d'un cercle étant supposé de 7, la circonference est moindre que 22 : & au contraire le diametre étant supposé de 100, la circonference est plus grande que 314.

DU RAPPORT DES SURFACES.

150. Nous avons fait voir que les surfaces planes sont égales

au produit de certaines lignes multipliées l'une par l'autre; c'est
pour cela que ces lignes sont appellées *produisans*. Dans un parallelogramme les deux produisans sont la hauteur & la base.
Or c'est par ces produisans que l'on connoît le rapport des
surfaces, comme on le verra dans les theoremes suivans.

En parlant du rapport des surfaces, on employe souvent
les raisons composées & doublées; c'est pourquoi il est à propos de répeter quelque chose de ce que nous avons dit sur ces
sortes de raisons, en supposant les démonstrations que nous
avons données sur cette matiere dans le traité des proportions.

151. Une raison *composée* est le produit de deux ou plusieurs
raisons. Or pour avoir le produit de plusieurs raisons, il faut
multiplier les antécedens l'un par l'autre, & les consequens
de même : par exemple, pour avoir le produit des deux rai-
sons $\frac{3}{2}$ & $\frac{12}{4}$, on multiplie les deux antécedens 3 & 12, & les
deux conséquens 2 & 4; la raison des produits 36 & 8 est
composée de celles de 3 à 2, & de 12 à 4. Pareillement la
raison composée des rapports de A à B & de C à D, est celle
de A C à B D.

152. Lorsqu'il n'y a que deux raisons composantes ou simples, & qu'elles sont égales, la raison composée est appellée
doublée : par exemple, si on a les raisons égales de la proportion 6 . 2 :: 12 . 4. en multipliant les antécedens l'un par l'autre & les conséquens de même, on aura la raison de 72 à 8
qui est doublée de celles de 6 à 2, & de 12 à 4. Pareillement si les raisons de A à B & de C à D sont égales, la raison composée qui est celle de A C à B D sera doublée.

153. Au lieu de prendre des raisons composantes égales exprimées par differens termes, pour avoir une raison doublée,
on peut se servir de la même raison répetée deux fois : ainsi
à la place des deux raisons de 6 à 2 & de 12 à 4 que l'on a
prises pour avoir la raison doublée 72 à 8, on pouvoit prendre les deux raisons de 6 à 2 & de 6 à 2 qui ne sont que la
même raison répetée deux fois. Or la raison de 36 à 4 qui est
doublée de ces deux raisons, est égale à celle de 72 à 8, puisque les raisons dont la premiere est le produit, sont égales
à celles dont l'autre est le produit.

154. Il suit delà que la raison qui est entre les quarrez est
doublée de celle qui est entre les racines : par exemple, la
raison de 36 à 4 est doublée de celle des racines 6 & 2 : de

même la raison de A A à B B est doublée de celle des racines A & B. Tout cela posé, il faut encore avant les theoremes suivans établir la verité d'un lemme qui nous servira dans la suite.

LEMME.

155. *Lorsque deux polygones reguliers sont semblables, les produisans de l'un sont proportionnels aux produisans de l'autre.*

DEMONSTRATION.

La surface d'un polygone regulier est égale au produit du rayon droit par la moitié du perimetre * ; par consequent les produisans d'un polygone regulier sont le rayon droit & la moitié du perimetre. Or dans deux polygones reguliers semblables les rayons droits sont proportionnels aux perimetres*; ainsi les rayons droits sont aussi proportionnels aux moitiez des perimetres, ou *alternando*, le rayon droit & la moitié du perimetre d'un des polygones semblables sont proportionnels au rayon droit & à la moitié du perimetre de l'autre ; c'est-à-dire, que les produisans du premier polygone sont proportionnels à ceux du second.

* 141:

* 83: ·

156. Ce lemme peut aussi s'apliquer aux polygones irreguliers semblables; car quoique dans les polygones irreguliers semblables, tels que sont les deux pentagones ABDEF & *abdef*, on ne puisse pas tirer du même point des rayons droits égaux sur le milieu de chaque côté comme dans les figures regulieres ; cependant on peut toujours élever du milieu de deux côtez homologues, comme A B & *ab*, des perpendiculaires CG & *cg* qui soient proportionnelles à ces côtez. Or ces perpendiculaires que nous appellerons rayons droits, seront aussi proportionnelles aux perimetres, parce que les perimetres sont entr'eux comme les côtez homologues A B & *ab*. Cela posé, puisque les pentagones sont entierement semblables, & qu'ils ne different que parce que l'un est plus grand que l'autre, il est évident que si la surface du premier est égale au produit du rayon droit C G par la moitié du perimetre, la surface du second sera aussi égale au produit du rayon *cg*, par la moitié de son perimetre ; & en general, quoique l'on ne sçache pas par quelle partie du perimetre il faut multiplier le rayon droit d'un des pentagones, afin d'avoir sa surface ;

Fig. 62:

cependant il est clair que la partie du perimetre par laquelle il faut multiplier le rayon d'une de ces figures pour avoir sa superficie, est semblable à la partie du perimetre par laquelle il faut multiplier le rayon de l'autre figure pour avoir sa superficie. Or dans ces figures semblables, les rayons droits C G & *cg* sont proportionnels aux perimetres ; donc ils sont aussi proportionnels aux parties semblables de ces perimetres, ou *alternando*, le rayon droit & la partie du perimetre d'une figure sont proportionnels au rayon droit & à la partie semblable du perimetre de l'autre figure ; par conséquent les produisans de l'une sont proportionnels aux produisans de l'autre.

157. On peut voir par la démonstration de ce lemme que dans deux figures ou polygones semblables quelconques, les produisans correspondans sont proportionnels aux cotez homologues : par exemple, dans les deux pentagones semblables dont on vient de parler, les rayons droits C G & *cg* sont proportionnels aux cotez homologues A B & *ab*. Or ces rayons sont des produisans correspondans de ces figures. On peut même dire en general que les produisans correspondans de deux polygones semblables sont proportionnels aux lignes semblablement tirées dans ces polygones, parceque ces lignes sont entr'elles comme les côtez homologues *.

* 64.

THEOREME I.

158. *Deux parallelogrammes sont entr'eux comme le produit des produisans de l'un est au produit des produisans de l'autre.*

DEMONSTRATION.

Fig. 63.

Soient les deux parallelogrammes de la Figure 63 : les produisans de l'un sont A & B, & les produisans de l'autre sont *a* & *b*. Or le premier parallelogramme est le produit de A par B, & le second parallelogramme est le produit de *a* par *b* ; donc le premier parallelogramme est au second, comme le produit des produisans de l'un est au produit des produisans de l'autre. Ce qu'il fall. dem.

COROLLAIRE I.

159. Si les hauteurs A & *a* sont égales, les parallelogrammes sont entr'eux comme les bases B & *b* : car lorsque deux grandeurs sont multipliées par une troisième, les produits

font comme les grandeurs avant leur multiplication. Or dans ce corollaire il s'agit de deux grandeurs; sçavoir, les deux bases qui sont multipliées par une troisiéme, qui est la hauteur que l'on suppose égale dans les deux parallelogrammes; par conséquent les deux produits, c'est-à-dire, les deux parallelogrammes sont comme les bases.

COROLLAIRE II.

160. Si les bases sont égales, les parallelogrammes sont comme les hauteurs A & *a*: par exemple, si la hauteur de l'un est double ou triple de la hauteur de l'autre, le premier parallelogramme est le double ou le triple du second. Ce corollaire se démontre comme le premier.

COROLLAIRE III.

161. Si les deux produisans d'un parallelogramme sont réciproques aux deux produisans d'un autre parallelogramme, ensorte qu'on ait la proportion A . *a* :: *b* . B , le premier parallelogramme est égal au second. La raison en est que dans toute proportion le produit des extrèmes est égal au produit des moyens.

COROLLAIRE IV.

162. Si le côté *a* ou *b* d'un quarré est moyen proportionnel entre les produisans A & B d'un parallelogramme, le quarré est égal au parallelogramme. C'est une suite du troisiéme corollaire, parce que dans ce cas les produisans du parallelogramme sont réciproques à ceux du quarré. *Fig. 64.*

THEOREME II.

163. *La raison qui est entre deux parallelogrammes, comme ceux de la Figure 63, est composée des raisons des produisans correspondans; c'est-à-dire, des raisons de la hauteur à la hauteur, & de la base à la base.* *Fig. 63.*

DEMONSTRATION.

Pour avoir une raison composée de deux autres, il faut multiplier les deux antécedens l'un par l'autre, & les deux conséquens de même*. Or le premier parallelogramme est le produit des deux antécedens A & B, & le second parallelo- *151.

gramme eſt le produit des deux conſéquens *a* & *b*, donc la raiſon qui eſt entre les deux parallelogrammes eſt compoſée des raiſons de la hauteur à la hauteur, & de la baſe à la baſe.

On peut énoncer ce theoreme de cette autre maniere: deux parallelogrammes ſont en raiſon compoſée des hauteurs & des baſes.

COROLLAIRE I.

164. Si les hauteurs A & *a* des deux parallelogrammes ſont proportionnelles aux baſes B & *b*, enſorte qu'on ait la proportion A . *a* :: B . *b*, les deux parallelogrammes ſont en raiſon doublée des hauteurs & des baſes.

DEMONSTRATION.

L'on a fait voir dans le theoreme que les deux parallelogrammes ſont en raiſon compoſée des hauteurs & des baſes. Or on ſuppoſe dans ce corollaire que la raiſon des hauteurs eſt égale à celle des baſes; par conſéquent la raiſon compoſée de ces deux raiſons eſt doublée; ainſi deux parallelogrammes dont les hauteurs ſont proportionnelles aux baſes, ſont en raiſon doublée de ces hauteurs & de ces baſes.

165. Remarquez qu'au lieu de dire que les parallelogrammes dont il s'agit dans ce corollaire ſont en raiſon doublée des hauteurs & des baſes, on pourroit dire que ces parallelogrammes ſont en raiſon doublée des hauteurs, ou bien en raiſon doublée des baſes: car le rapport des hauteurs étant égal à celui des baſes, la raiſon doublée de ces deux rapports eſt la même choſe * que la raiſon doublée des hauteurs, ou que celle des baſes. Cela paroîtra encore par le corollaire ſuivant.

* 153.

COROLLAIRE II.

166. Si on ſuppoſe, comme dans le corollaire précedent, que les hauteurs des deux parallelogrammes ſont proportionnelles à leurs baſes, les deux parallelogrammes ſont entr'eux comme les quarrez des produiſans homologues, c'eſt-à-dire, comme A A eſt à *aa*, ou comme B B eſt à *bb*.

DEMONSTRATION.

Par le premier corollaire la raiſon de deux parallelogrammes
mes

mes eft doublée de la raifon des hauteurs A & *a*, & de celle des bafes B & *b* : mais d'ailleurs la raifon des quarrez A A & *aa* eft doublée des raifons $\frac{A}{a}$ & $\frac{A}{a}$. Donc les deux raifons $\frac{A}{a}$ & $\frac{B}{b}$ étant égales aux deux autres $\frac{A}{a}$ & $\frac{A}{a}$, il s'enfuit que la raifon des parallelogrammes qui eft doublée des deux premieres, eft égale à celle des quarrez qui eft doublée des deux dernieres.

* 154.

167. Les triangles étant moitié des parallelogrammes de même bafe & de même hauteur, ils font entr'eux comme les parallelogrammes ; ainfi les triangles qui ont même hauteur font entr'eux comme leurs bafes ; & ceux qui ont même bafe font comme leurs hauteurs. En un mot, tout ce que nous venons de dire dans les deux theoremes précedens & leurs corollaires convient aux triangles.

168. Il faut neanmoins remarquer par rapport au quatriéme corollaire du premier theoreme, qu'afin d'avoir un quarré égal à un triangle, le côté du quarré doit être moyen proportionnel entre la bafe du triangle & la moitié de la hauteur, & non pas la hauteur entiere, parce que le triangle n'eft pas égal au produit de fa bafe par fa hauteur, mais feulement au produit de fa bafe par la moitié de fa hauteur.

169. Si les côtez d'un des parallelogrammes qu'on compare, font autant inclinez fur leur bafe, que les côtez de l'autre font inclinez fur la leur, on pourra mettre les côtez au lieu des hauteurs dans les deux theoremes précedens, & leurs corollaires ; & ces propofitions feront également vrayes, parce qu'alors les côtez font entr'eux comme les hauteurs qui font des perpendiculaires : par exemple, fi les côtez C D & *cd* des parallelogrammes font également inclinez fur leur bafe, ils font comme les hauteurs A & *a*, & par conféquent en mettant les côtez à la place des hauteurs, le même rapport fubfiftera toujours ; on pourra donc dire que les parallelogrammes dont les côtez font également inclinez font entr'eux comme le produit de la bafe de l'un par fon côté eft au produit de la bafe de l'autre par fon côté ; & qu'ils font auffi en raifon compofée des côtez & des bafes. En un mot, les deux theoremes & leurs corollaires démontrez ci-deffus, conviennent à ces parallelogrammes, en mettant les côtez à la place des hauteurs.

170. Il faut remarquer par rapport au quatriéme corol-

Q

laire du premier Theoreme, qu'un parallelogramme n'eſt pas égal à un quarré dont le côté eſt moyen proportionnel entre le côté & la baſe du parallelogramme. Mais au lieu du quarré, il faut ſuppoſer un rhombe dont les côtez ſoient autant incli-nez que ceux du parallelogramme, & pour lors ces deux Fi-gures ſeront égales, pourvû que le côté du rhombe ſoit moyen proportionnel entre le côté & la baſe du parallelogramme.

171. Lorſque les côtez de deux parallelogrammes ſont éga-lement inclinez, & qu'ils ſont proportionnels aux baſes, les pa-rallelogrammes ſont appellez ſemblables. On peut donc dire conformément aux deux corollaires du ſecond Theoreme, que les parallelogrammes ſemblables ſont entr'eux en raiſon doublée des côtez ou des baſes, & qu'ils ſont auſſi comme les quarrez de ces côtez ou de ces baſes.

172. Pareillement les triangles ſemblables ſont entr'eux en raiſon doublée des côtez homologues, ou comme les quarrez de ces côtez : par exemple, dans la Figure 63, le premier triangle C D E, eſt au ſecond c d e, en raiſon doublée du cô-té C D au côté c d, ou comme les quarrez de ces côtez.

Fig. 63.

THEOREME II.

173. *Deux polygones ſemblables, ſont en raiſon doublée des produiſans correſpondans, ou bien comme les quarrez de ces pro-duiſans.*

DEMONSTRATION.

Lorſque deux polygones ſont ſemblables, les deux pro-duiſans de l'un ſont proportionnels aux produiſans de l'au-tre * ; enſorte que ſi on appelle les deux produiſans du pre-mier A & B, & les deux produiſans du ſecond a & b, on aura la proportion A . a :: B . b : par conſéquent, ſelon ce que nous avons dit * ſur les parallelogrammes, ces polygones ſem-blables ſont en raiſon doublée des produiſans correſpondans A & a ou B & b, ou bien comme les quarrez de ces produi-ſans.

155. & *156.*

* *16. &* *166.*

Ce theoreme convient également aux Figures regulieres & irregulieres ſemblables, parceque les produiſans de deux Fi-gures irregulieres ſemblables, ſont proportionnels, de même que les produiſans de deux Figures regulieres.

COROLLAIRE I.

174. Puisque les produisans correspondans de deux Figures ou polygones semblables sont proportionnels aux côtez homo-logues *, & generalement aux lignes semblablement tirées dans ces deux Figures, par exemple, aux rayons droits, aux rayons obliques, &c. Il s'ensuit que les Figures semblables sont en raison doublée des côtez homologues, ou des rayons soit droits, soit obliques, ou bien que ces Figures sont entr'elles comme les quarrez de ces lignes.

* 157.

COROLLAIRE II.

175. Deux cercles sont en raison doublée des rayons, ou comme les quarrez des rayons. C'est une suite évidente du co-rollaire précedent, puisque les cercles sont des polygones re-guliers semblables.

176. Les rayons étant entr'eux comme les diametres, comme les cordes d'arcs semblables, comme les circonfe-rences, comme les arcs semblables, * &c. On peut dire, que les cercles sont en raison doublée des diametres, des cordes d'arcs semblables, des circonferences, des arcs semblables, &c. ou bien comme les quarrez de ces lignes.

* 95.

177. Remarquez donc que les circonferences des cercles sont entr'elles comme les rayons, au lieu que les superficies des cercles sont en raison doublée des rayons, ou comme les quar-rez des rayons ; enforte que si le rayon d'un cercle est d'un pied, & le rayon d'un autre cercle est de trois pieds, les cir-conferences sont entr'elles comme 1 & 3 : mais les cercles, ou ce qui est la même chose, leurs surfaces, sont entr'elles com-me le quarré de 1 est au quarré de 3, c'est-à-dire, comme 1 est à 9. De même si le rayon d'un cercle est de 2 pieds, & le rayon d'un autre cercle est de 5 pieds, les circonferences sont entr'elles comme 2 & 5 : mais les surfaces sont comme 4 & 25, qui sont les quarrez de 2 & de 5.

THEOREME IV. ET FONDAMENTAL.

178. *Dans un triangle rectangle, le quarré de l'hypotenuse est égal aux quarrez des deux autres côtez.*

DEMONSTRATION.

Fig. 65.

Soit le triangle rectangle BAC dont BC est l'hypotenuse. Je dis que le quarré de BC est égal aux quarrez des autres côtez AB & AC. Pour le demontrer, du point A qui est le sommet de l'angle droit, tirez la ligne AD perpendiculaire sur l'hypotenuse, elle partagera le triangle total BAC en deux autres triangles, sçavoir, BDA & ADC qui seront chacun

* 62. semblables au triangle total *; par consequent ces trois trian-
172. gles sont entr'eux comme les quarrez des côtez homologues, ou les quarrez des côtez homologues sont entr'eux comme les triangles. Or le grand triangle est égal aux deux autres triangles pris ensemble; donc le quarré d'un côté du triangle total est égal aux deux quarrez des côtez homologues des deux autres triangles. Mais le côté BC du triangle total est homologue aux côtez AB & AC des deux autres triangles, puisque chacun de ces trois côtez est hypotenuse de son triangle. Donc le quarré de l'hypotenuse BC est égal au quarré de AB, & au quarré de AC pris ensemble. Ce qu'il fal. dem.

Pour mieux concevoir cette demonstration, il faut comparer le triangle total à chacun des triangles partiels séparement. Supposons, par exemple, que le petit triangle ADB est le tiers du triangle total, l'autre triangle partiel ADC en sera par consequent les deux tiers. Cela étant, puisque dans les triangles semblables, le rapport des quarrez des côtez homologues est égal à celui des triangles, le quarré du côté AB hypotenuse du petit triangle, est le tiers du grand quarré BF. Pareillement le quarré de AC hypotenuse de l'autre triangle partiel, est les deux tiers du grand quarré BF; donc le quarré de AB, plus le quarré de AC pris ensemble, sont égaux au grand quarré BF.

AUTRE DEMONSTRATION.

* 62.

On a demontré *, que le côté AB est moyen proportionnel entre la base BC & la partie BD. Or BE = BC; donc BE. AB :: AB. BD; donc le produit des extrêmes est égal au produit des moyens. Or le produit des extrêmes est le rectangle BG, & le produit des moyens est le quarré de AB; donc le rectangle BG est égal au quarré de AB. On a aussi

* 62. demontré *, que l'autre côté AC est moyen proportionnel

entre la bafe B C , & l'autre partie D C. Or B C = CF;donc
CF.AC:: AC.DC; donc le rectangle D F qui eft le produit des extrèmes, eft égal au quarré de AC produit de
moyens. Nous avons donc le rectangle B G égal au quarré de
AB , & le rectangle D F égal au quarré de AC. Or ces
deux rectangles font les deux parties du quarré BF ; donc le
quarré BF qui eft le quarré de l'hypotenufe,eft égal au quarré de AB , plus au quarré de AC.

Ce theoreme qui eft la quarante-feptiéme propofition du
premier Livre d'Euclide , eft d'un grand ufage dans la Geometrie. La découverte en eft attribuée à Pythagore, que l'on
dit avoir immolé 100 bœufs à fes Dieux pour les en remercier.

Nous avons demontré dans ce theoreme , que lorfqu'un
angle d'un triangle eft droit, le quarré de la bafe de cet angle
eft égal aux deux quarrez de fes côtez. La propofition inver-
fe ou reciproque de ce theoreme eft encore vraye, c'eft-à-
dire, que fi dans un triangle le quarré de la bafe d'un angle
eft égal aux deux quarrez des côtez, cet angle eft droit.
C'eft ce que nous allons demontrer dans le corollaire fuivant.

COROLLAIRE I.

179. Un angle comme A eft droit , lorfque le quarré de fa
bafe BC eft égal aux quarrez des côtez AB & AC; & par
confequent le triangle eft rectangle.

DEMONSTRATION.

On a fait voir dans le theoreme, que l'angle A étant fuppofé droit, le quarré de la bafe B C eft égal aux deux quarrez
des côtez. Or les deux côtez AB & AC demeurant de même
longueur , on conçoit que fi l'angle droit A diminuë & devient aigu , la bafe BC fera plus petite , & par confequent
fon quarré ne fera plus égal aux deux quarrez des côtez : &
fi au contraire l'angle droit augmente & devient obtus, pour
lors la bafe BC fera plus grande ; ainfi fon quarré fera auffi
plus grand que les deux quarrez des côtez, donc le quarré de
la bafe d'un angle ne peut être égal aux deux quarrez des
côtez, fi cet angle n'eft droit.

COROLLAIRE II.

180. Si on conftruit fur les côtez d'un triangle rectangle
des Figures femblables , par exemple , des cercles qui ayent

Fig. 56.

chacun pour diametre ou pour rayon un des côtez du triangle, pour lors le cercle qui aura pour diametre ou pour rayon, l'hypothenuse du triangle sera égal aux deux autres cercles pris ensemble : car ces cercles sont entreux, comme les quarrez des diametres ou des rayons*. Or le quarré de l'hypotenuse est égal aux deux autres quarrez ; par conséquent le cercle dont le diametre ou le rayon est l'hypotenuse, est égal aux deux autres cercles.

* 175.

COROLLAIRE III.

Fig. 66.

181. Si les deux côtez d'un angle droit, comme B A C sont égaux, & que l'on fasse un demi cercle sur chacun des côtez du triangle rectangle, les deux lunules A E B G & A F C H terminées par les demi-circonferences seront chacunes égales à un des triangles A D B & A D C formez par le rayon perpendiculaire A D.

DEMONSTRATION.

Le demi cercle B A C qui a pour diametre l'hypotenuse, est égal aux deux autres demi-cercles A E B & A F C pris ensemble *. Or ces deux demi-cercles sont égaux entr'eux, parce que les côtez A B & A C qui sont les diametres sont supposez égaux ; donc le demi-cercle A E B est égal au quart de cercle A D B G ; par conséquent en ôtant le segment A B G, qui est une partie commune au demi-cercle & au quart de cercle ; les restes, sçavoir, la lunule A E B G & le triangle A D B seront égaux. On démontrera de la même maniere que la lunule A F C H est égale au triangle A D C.

* 180.

Il est facile de réduire l'un ou l'autre de ces triangles à un quarré égal en surface,* & par conséquent on peut quarrer la lunule. Il est surprenant que l'on ait trouvé si facilement la quadrature de ces lunules qui sont terminées chacunes par des portions de differentes circonferences, & qu'on n'ait encore pû découvrir la quadrature du cercle qui est terminé par une seule circonference.

* 130.

THEOREME V.

182. *De tous les polygones reguliers isoperimetres, c'est-à-dire, qui ont des perimetres égaux, celui qui a le plus de côtez est plus grand en superficie.*

DEMONSTRATION.

Le quarré & le pentagone de la Figure 67 font fuppofez Fig. 67. reguliers & ifoperimetres : je dis donc que le pentagone eft plus grand que le quarré : car fi l'on infcrit un cercle dans l'un & l'autre polygone, & qu'on tire les rayons C A & C B, on verra que le pentagone eft égal au produit de la moitié de fon perimetre par le rayon C B *, & que le quarré eft auffi * 142. égal au produit de la moitié de fon perimetre par le rayon CA : ainfi, puifque les perimetres font égaux, le pentagone & le quarré font comme les rayons CB & CA. Or le rayon CB eft plus grand que le rayon CA ; car fi ces deux rayons étoient égaux, leurs cercles feroient égaux ; & par confequent le perimetre du pentagone feroit moindre que celui du quarré, parce que de tous les polygones reguliers circonfcrits à des cercles égaux, celui qui a le plus de côtez a un moindre perimetre . Or les perimetres du pentagone & du quarré font * 79. fuppofez égaux ; donc le cercle du pentagone eft plus grand que celui du quarré ; donc le rayon CB eft plus grand que CA ; ainfi la furface du pentagone eft plus grande que celle du quarré.

On peut démontrer la même chofe de deux autres polygones reguliers ifoperimetres dont l'un auroit plus de côtez que l'autre.

COROLLAIRE.

183. Le cercle étant un polygone regulier d'une infinité de côtez, il contient plus de furface que toute autre figure dont le perimetre eft égal.

184. Remarquez que fi un quarré & un rectangle font ifoperimetres, le quarré eft plus grand que le rectangle. Suppofons, par exemple, un quarré dont chaque côté ait dix toifes, & un rectangle dont la bafe ait quinze toifes & le côté perpendiculaire à la bafe en ait cinq, le perimetre du quarré fera de 40 toifes, auffi-bien que celui du rectangle : cependant le quarré contiendra cent toifes quarrées de furfaces, & le rectangle n'en contiendra que foixante & quinze. On peut inferer de-là qu'entre les rectangles ifoperimetres, ceux qui approchent plus de la figure du quarré font plus grands que les autres : par exemple, un rectangle dont la bafe eft de douze

toises & le côté de huit, est plus grand que celui dont on vient de parler, quoiqu'ils ayent des perimetres égaux. Il paroît par-là que deux fonds de terre, comme deux parcs, ou deux jardins, &c. peuvent être inégaux, quoique les contours des murailles qui les enferment soient égaux.

THEOREME VI.

185. *Le quarré du diametre d'un cercle, est à la surface du cercle, comme le diametre est au quart de la circonference.*

DEMONSTRATION.

Fig. 68.   Soit le cercle de la Figure 68 qui est égal au triangle CBD, dont la hauteur est le rayon CB, & la base est une ligne droite égale à la circonference. Ce triangle est égal au rectangle BK de même hauteur, & dont la base n'est que la moitié de celle du triangle. Enfin le rectangle BK est égal à l'autre rectangle BL qui n'a que la moitié de la base du premier rectangle, mais qui a une hauteur double ; c'est-à-dire, que le rectangle BL a pour base le quart de la circonference, & pour hauteur le diametre. Si on compare ce rectangle avec FA qui est le quarré du diametre, on verra que ces deux figures ayant même hauteur, sont comme les bases FB & BH. Or FB est égal au diametre AB, puisque ces deux lignes sont des côtez du même quarré : d'ailleurs l'autre base BH est égale au quart de la circonference ; donc le quarré FA est au rectangle BL, comme le diametre est au quart de la circonference. Ce qu'il fal. dem.

Le rapport du diametre à la circonference étant à peu près égal à celui de 7 à 22, ou de 14 à 44, si on prend le quart de 44, qui est 11, on trouvera que le quarré du diametre est au cercle environ comme 14 est à 11.

Nous finirons ce second Livre par un theoreme qui fait voir qu'il y a des lignes incommensurables, c'est-à-dire, qui n'ont point de parties aliquotes communes, si petites qu'elles soient. Mais pour démontrer ce theoreme, il faut se souvenir des propositions suivantes qui ont été prouvées dans le traité des raisons & des proportions.

186. Toute raison doublée de raisons de nombre, a pour exposans des nombres quarrez : par exemple, la raison de 8 à 72, qui est doublée des raisons égales de 2 à 6 & de 4 à 12,

2 pour expofans 1 & 9 qui font les quarrez de 1 & de 3.

187. D'où il fuit que toute raifon doublée qui n'a pas pour expofans des nombres quarrez, n'eft pas doublée de raifons de nombre à nombre ; c'eft-à-dire, que les raifons fimples dont elle eft doublée ne font pas de nombre à nombre.

188. Les quarrez font en raifon doublée des racines qui font les côtez de ces quarrez : par exemple, la raifon de $\overline{BC}$ à $\overline{BA}$ eft doublée de la raifon de B C à B A. Tout cela pofé, il fera facile de démontrer le theoreme fuivant.

$Fig.\ 69.$

THEOREME VII.

189. *La diagonale d'un quarré eft incommenfurable avec le côté.*

DEMONSTRATION.

Le quarré de la diagonale B C eft égal au quarré de B A, plus au quarré de A C*. Or les deux côtez B A & A C font égaux ; donc le quarré de B C eft double du quarré de B A ; ainfi ces deux derniers quarrez font comme 2 & 1. Mais 2 n'eft pas un nombre quarré ; par conféquent la raifon du quarré de B C au quarré de B A n'a pas pour expofans des nombres quarrez. Or cette raifon qui eft entre ces quarrez eft doublée* : voilà donc une raifon doublée qui n'a pas pour expofans des nombres quarrez ; ainfi la raifon fimple dont elle eft doublée n'eft pas de nombre à nombre*. Mais cette raifon fimple eft celle de B C à B A* ; donc ces deux lignes ne font pas entr'elles comme nombre à nombre, ou, ce qui eft la même chofe, ces deux lignes font incommenfurables.

* 178.

Fig. 69.

* 182.

* 187.

* 188.

190. Ce theoreme fait voir que la diagonale & le côté d'un quarré n'ont point d'aliquotes communes ; enforte que fi l'on prend une aliquote ; par exemple, la milliéme partie ou la cent milliéme, ou la millioniéme, &c. de la diagonale, elle ne fera pas contenuë exactement dans le côté B A ; mais elle y fera contenuë un certain nombre de fois avec un refte moindre que l'aliquote, quelque petite qu'elle foit : car fi une partie étoit contenuë 1000 fois ; par exemple, dans la diago- nale, & 700 fois exactement dans le côté, ces deux lignes fe- roient entr'elles comme 1000 eft à 700, & par conféquent elles feroient entr'elles comme nombre à nombre : ce qui vient d'être démontré impoffible.

R

191. Mais quoique la diagonale & le côté d'un quarré soient incommensurables, cependant leurs quarrez sont commensurables, puisqu'ils sont entr'eux comme 2 & 1. Pour exprimer cela, les Geometres disent que la diagonale & le côté sont incommensurables en longueur & commensurables en puissance. Nous allons prouver dans les corollaires suivans qu'il y a des lignes incommensurables tant en puissance qu'en longueur; c'est-à-dire, que les quarrez de ces lignes sont incommensurables aussi-bien que les lignes elles-mêmes.

COROLLAIRE I.

192. Le quarré de la moyenne proportionnelle entre la diagonale & le côté d'un quarré, est incommensurable avec le quarré de la diagonale: car soit nommée FG cette moyenne proportionnelle, on aura la proportion continuë ÷ BC.FG.BA; & par conséquent, selon qu'il a été démontré dans le traité des proportions, le quarré du premier terme est au quarré du second, comme le premier terme est au troisieme; c'est-à-dire, $\overline{BC}'.\overline{FG}::BC.BA$. Or la raison de BC à BA n'est pas de nombre à nombre, donc celle de $\overline{BC}'$ à $\overline{FG}'$ n'est pas non plus du nombre à nombre, ou, ce qui est la même chose, les deux quarrez $\overline{BC}'$ & $\overline{FG}'$ sont incommensurables.

COROLLAIRE II.

193. Il suit de ce premier corollaire que les lignes BC & FG sont aussi incommensurables: car si ces deux lignes étoient comme nombre à nombre; par exemple, comme 5 est à 4, il est évident que leurs quarrez seroient comme 25 est à 16; & par conséquent ces quarrez seroient commensurables: ce qui est contraire au premier corollaire.

Ce que l'on vient de dire des lignes BC & FG dans ces deux corollaires, convient aussi aux lignes FG & BA comparées ensemble, puisque la raison de BC à FG est égale à celle de FG à BA.

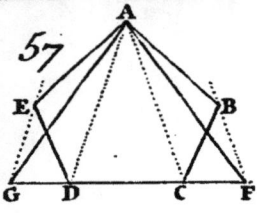

57

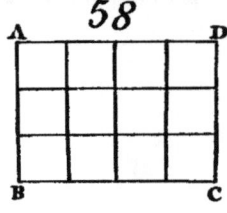

58

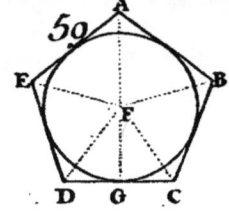

59

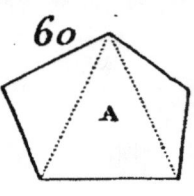

60

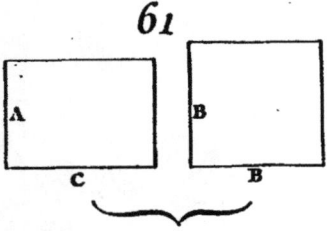

61

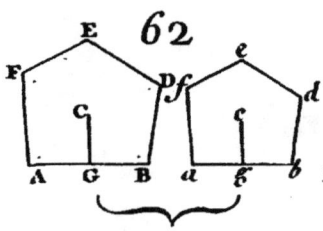

62

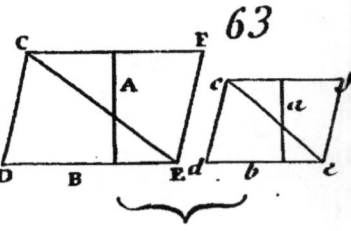

63

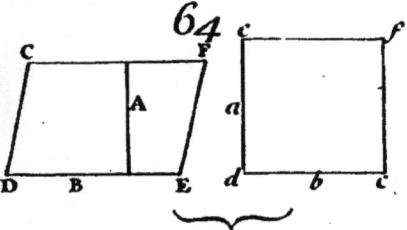

64

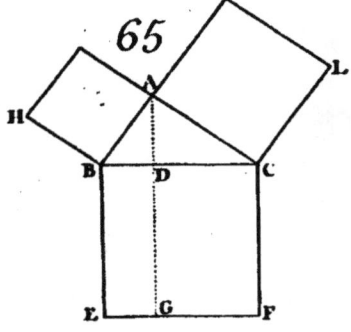

65

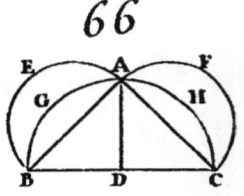

66

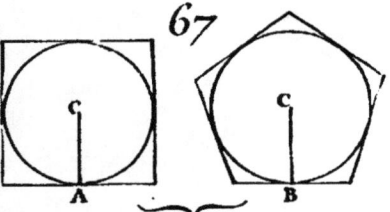

67

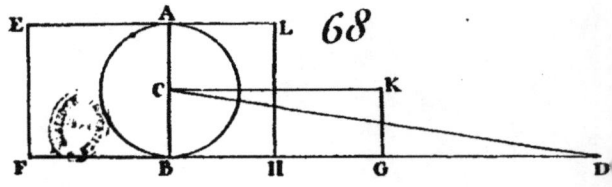

68

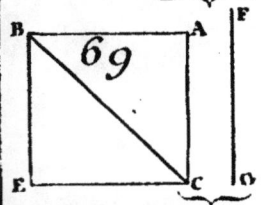

69

.

LIVRE TROISIEME.
DES SOLIDES.

DANS le premier Livre nous avons parlé de la ligne qui est l'étenduë en longueur; dans le second nous avons traité de la surface qui est l'étenduë en longueur & en largeur. Il nous reste à parler du corps ou solide ; qui est l'étenduë considerée avec les trois dimensions, longueur, largeur & profondeur.

Entre les corps de differentes figures, on considere principalement les *Prismes*, les *Cylindres*, les *Pyramides* & les *Cones*.

1. Un Prisme est un corps qui a une grosseur égale dans toute sa longueur, & dont les bases superieures & inferieures sont des polygones entierement égaux.

2. Une Pyramide est un corps dont la base est un polygone, & qui finit en pointe.

3. Le Prisme & la Pyramide prennent differens noms suivant le nombre des côtez de la base ; si la base est un triangle, le prisme est appellé *triangulaire* ; si c'est un pentagone, le prisme est appellé *pentagonal*, ainsi de suite. C'est la même chose de la pyramide. Il y a une espece de prisme, qu'on appelle *parallelipipede*, c'est celui dont la base est un parallelogramme : cette dénomination ne convient pas à la pyramide.

4. Le Cylindre est un corps rond dont la grosseur est égale dans toute sa longueur, & dont les bases sont des cercles égaux; telle seroit une colonne dont la grosseur seroit par tout la même.

5. Un Cone est un corps qui finit en pointe, & dont la base est un cercle.

6. On peut regarder le cylindre comme un prisme, dont la base est un polygone regulier d'une infinité de côtez. Et de même le Cone est une pyramide, dont la base est un polygo-

ne regulier d'une infinité de côtez.

En parlant des prifmes & des cylindres , nous fuppoferons toujours que la bafe fuperieure eft parallele à l'inferieure.

7. Dans un cylindre , la ligne tirée du centre de la bafe fuperieure au centre de la bafe inferieure, eft appellée l'*axe* du cylindre ; & dans le cone , la ligne tirée du fommet ou de la pointe du cone au centre de la bafe , eft auffi appellée l'*axe* du cone. On peut de même concevoir des axes dans les prifmes & les pyramides dont les bafes font des polygones reguliers.

8. Lorfque les axes font perpendiculaires aux bafes, les prifmes , les cylindres, les pyramides & les cones font appellez *droits*; au contraire , ces corps font appellez *obliques*, lorfque les axes font obliques fur les bafes.

Quoique la bafe d'un prifme ne foit point un polygone regulier , & que ce prifme n'ait point d'axe, cependant il peut être droit, pourvû que les rectangles qui lui fervent de faces foient perpendiculaires à la bafe.

9. Les parallelogrammes qui font autour du prifme, & les triangles qui font autour de la pyramide , font fouvent appellez les *cotez* du prifme & de la pyramide : mais comme on appelle auffi côtez les lignes qui terminent ces parallelogrammes ou ces triangles , afin d'éviter l'équivoque , nous ne nous fervirons du terme de *côtez* , que pour defigner des lignes : par exemple , nous appellerons une ligne tirée du fommet d'un cone à la circonference de fa bafe , *côté* du cone : quant aux parallelogrammes des prifmes,& aux triangles des pyramides, nous les appellerons les *faces* de ces corps.

Outre les quatre principaux folides dont nous avons parlé jufqu'ici, on diftingue encore d'autres efpeces de corps qu'on nomme reguliers, dont nous traiterons dans la fuite.

10. Dans les folides terminez par des plans, comme font les prifmes & les pyramides , on remarque des *angles folides.* On entend par un angle folide , une efpace folide terminée en pointe par plufieurs angles plans qui ont un fommet commun : telle eft la pointe d'une pyramide : tels font auffi les coins d'un dez à joüer.

Il faut au moins trois angles plans pour terminer un angle folide. Or quand un angle folide eft terminé feulement par trois angles plans , deux de ces angles font toujours plus grands que le troisiéme. C'est ce que nous allons demontrer dans le theoreme suivant.

THEOREME I.

11. *Lorsqu'un angle solide n'est formé que par trois angles plans, deux de ces angles plans, tels qu'ils soient, pris ensemble, sont plus grands que le troisiéme.*

Fig. 1.

DEMONSTRATION.

La Figure 1 represente un angle solide formé par les trois angles B A D, D A C & B A C. Pour concevoir cet angle solide, il faut s'imaginer que le point A qui en est le sommet, est élevé au-dessus du plan sur lequel est representé l'angle. Il s'agit donc de demontrer que deux des angles plans ; par exemple, B A D & D A C pris ensemble, sont plus grands que le troisiéme B A C. Pour cela tirez la ligne A E égale à la ligne A D, ensorte que l'angle B A E soit égal à l'angle B A D ; tirez ensuite la base B E C jusqu'à la rencontre de la ligne AC qu'il faut prolonger, s'il est necessaire. Cela posé, je raisonne ainsi : l'angle B A D est par l'hypothese égal à l'angle B A E ; d'ailleurs les côtez du premier angle, sçavoir A B & A D, sont égaux aux côtez du second qui sont A B & A E ; par conséquent la base B D du premier est égale à B E du second*. Or les deux lignes B D & D C prises ensemble, sont plus grandes que la troisiéme B C, à cause que ces trois lignes forment un triangle, dont deux côtez sont necessairement plus grands que le troisiéme* ; ainsi, puisque B D est égale à B E, la ligne DC base de l'angle D A C est plus grande que la partie E C base de l'angle E A C : d'ailleurs les deux côtez A D & A C de l'angle D A C, sont égaux aux côtez A E & A C de l'angle E A C : donc le premier de ces angles est plus grand que le second*, par consequent la somme des angles B A D & D A C est plus grande que celle de B A E & E A C. Or ces deux derniers angles font l'angle B A C : par consequent les angles B A D & D A C pris ensemble, sont plus grands que le troisiéme B A C. Ce qu'il fal. dem.

* L. 2.
Art. 29.

*Liv. 1.
Art. 39.

* Liv. 2.
Art. 34.

THEOREME II.

12. *Tous les angles plans qui forment un angle solide pris ensemble, sont moindres que quatre angles droits*

Pour entendre facilement la demonſtration ſuivante, il faut
avoir une pyramide telle qu'on va la ſuppoſer: on en peut faire
une de bois, de carton, de cire, &c.

Soit la pyramide pentagonale de la Figure 2, dont la baſe
qui eſt un pentagone, eſt diviſée en cinq triangles, qui ont
leur ſommet au point G qui eſt en dedans du pentagone. Il
faut demontrer que les cinq angles plans qui forment l'angle
ſolide A, ſont moindres que les quatre droits.

DEMONSTRATION.

La pyramide étant ſuppoſée pentagonale, elle a cinq faces
qui ſont autant de triangles qui ont leur ſommet au point A: le
pentagone qui ſert de baſe contient auſſi cinq triangles; donc
la ſomme des angles des cinq premiers triangles, eſt égale à
la ſomme des angles des cinq autres. Cela poſé, conſiderez
que les angles des cinq premiers triangles ſont ceux qui ſont
ſur la baſe, comme ACB & ACD, plus ceux qui ſont au
ſommet de la pyramide: & les angles des cinq autres triangles
ſont ceux du pentagone, comme BCD, plus ceux qui ſont
au point G; par conſequent ſi les angles qui ſont ſur la baſe
ſont plus grands que ceux du pentagone, il faut que les angles
qui ſont au ſommet de la pyramide, ſoient moindres que ceux
qui ſont au point G. Or les angles qui ſont ſur la baſe de la
pyramide, ſont plus grands que ceux du pentagone; par exemple, les deux angles ACB & ACD ſont plus grands que le
troiſiéme BCD, puiſque ces trois angles plans formant l'angle
ſolide en C, deux pris enſemble, ſont toujours plus grands que le
troiſiéme *: ainſi les angles du ſommet de la pyramide ſont
moindres que ceux qui ſont au point G. Or les angles qui ſont
au point G, valent quatre angles droits; donc ceux du ſommet de la pyramide ſont moindres que quatre angles droits.
Ce qu'il fal. dem.

On peut demontrer ce theoreme en cette maniere: ſoit le
pentagone BCDEF diviſé en cinq triangles qui ont leur ſommet au point G. Il eſt certain que les angles qui ſont autour
du point G ſont égaux à quatre droits. Or afin que les cinq
triangles deviennent les faces d'une pyramide, il eſt neceſſaire que le point G ſoit élevé au-deſſus du plan du pentagone,
& que par conſequent toutes les lignes qui aboutiſſent au
point G, & qui ſont les côtez des angles en G s'allongent,
tandis que les côtez du pentagone qui ſont les baſes de ces

angles demeurent de la même grandeur. Or on conçoit que cela ne peut se faire sans que les angles en G diminuent , & par conséquent ces angles seront moindres que quatre droits, quand ils formeront un angle solide.

C'est par ce dernier theoreme que l'on démontre qu'il n'y a que cinq especes de corps reguliers terminez par des surfaces planes.

13. On entend ici par corps regulier, celui dont toutes les faces sont des polygones reguliers , égaux & semblables, qui sont tellement disposez que tous les angles solides sont formez par un égal nombre d'angles plans. Il y en a cinq, comme nous le venons de dire : sçavoir, le *tetraedre*, compris sous quatre triangles égaux & équilateraux , l'*octaedre* compris sous huit triangles égaux & équilateraux, l'*icosaedre* compris sous vingt triangles égaux & équilateraux , l'*exaedre* ou le *cube* compris sous six quarrez égaux, & le *dodecaedre* compris sous douze pentagones égaux & reguliers.

THEOREME III.

14. *Il n'y a que cinq especes de corps reguliers formez par des surfaces planes.*

DEMONSTRATION.

Toute la demonstration est fondée sur le second theoreme, dans lequel on a fait voir que tous les angles plans qui forment l'angle solide , sont moindres que quatre droits.

Un angle solide peut être formé par trois angles plans de triangles équilateraux , parce que chacun de ces angles ne vaut que 60 degrez ; & par conséquent les trois angles ne valent que 180 degrez , qui font moins que quatre angles droits. Chaque angle solide du tetraedre est formé par trois angles de triangles équilateraux.

2°. Quatre angles des triangles équilateraux peuvent aussi former un angle solide, parceque ces quatre angles ne valant que 240 degrez , ils sont encore moindres que quatre angles droits. Chaque angle de l'octaedre est compris sous quatre angles des triangles équilateraux.

3°. Cinq angles de triangles équilateraux peuvent encore former un angle solide , parce que ces cinq angles sont moindres que quatre angles droits. Chaque angle de l'icosaedre est compris sous cinq angles de triangles équilateraux.

Mais fix angles de triangles équilateraux valent quatre angles droits ; c'eft pourquoi ils ne peuvent former un angle folide ; ainfi il ne peut y avoir que trois efpeces de corps reguliers formez par des triangles.

4°. Trois angles de quarrez peuvent auffi former un angle folide, comme il paroît. Chaque angle de l'exaedre ou cube, eft formé par trois angles de quarrez.

Il eft évident que quatre angles de quarrez ne peuvent former un angle folide, puifque ce font quatre angles droits ; ainfi il n'y a qu'une efpece de corps reguliers compris fous des quarrez.

5°. Un angle folide peut être formé par trois angles de pentagones reguliers, parceque chacun de ces angles ne vaut que 108 degrez. Chaque angle folide du dodecaedre eft formé de trois angles de pentagones reguliers : mais quatre angles de pentagones reguliers font plus de 360 degrez. C'eft pourquoi ils ne peuvent former un angle folide. Ainfi il ne peut y avoir qu'une efpece de corps regulier formé par des pentagones.

On ne peut former aucun corps regulier avec des exagones : car l'angle de l'exagone regulier vaut 120 degrez, & par confequent trois angles d'exagones reguliers font 360 degrez ; ainfi ils ne peuvent former un angle folide.

Puifque trois angles d'exagones font 360 degrez, trois angles de pentagones ou d'octogones, ou de tout autre polygone regulier dont le nombre des côtez eft plus grand, valent plus de 360 degrez ; ainfi ils ne peuvent former un angle folide ; & par confequent on ne peut faire de corps reguliers avec ces polygones. Il n'y a donc que cinq fortes de corps reguliers.

On a reprefenté les cinq corps reguliers avec leurs developpemens, (ce terme va être expliqué dans l'article 17,) la Figure 3 eft un tetraedre avec fon developement, la Figure 4 eft un octaedre, la Figure 5 eft un icofaedre, la Figure 6 eft un exaedre, la Figure 7 eft un dodecaedre. Il eft à propos de faire ces Figures avec du carton, afin de fe reprefenter ces folides diftinctement.

Nous partagerons ce troifiéme Livre en deux Parties. Dans la premiere nous parlerons de la furface des folides,& dans la feconde nous traiterons de leur folidité.

DE

DE LA SURFACE DES SOLIDES.

15. Si une ligne comme A *a* que l'on suppose perpendiculaire à la base d'un prisme droit, tourne autour de cette base en demeurant toujours perpendiculaire, elle décrira la surface convexe du prisme, c'est-à-dire, le contour sans y comprendre les deux bases. De même, si une ligne, comme A *a*, demeurant toujours perpendiculaire à la base d'un cylindre droit, parcourt la circonference de cette base, elle décrira la surface du cylindre. *Fig. 8.* *Fig. 9.*

16. S'il s'agit d'une pyramide ou d'un cone, il faut concevoir une ligne attachée au point A, laquelle tourne autour de la pyramide ou du cone, elle décrira la surface de ces solides. *Fig. 10 & 11.*

17. On peut encore avoir une notion plus sensible de la surface du prisme droit, en imaginant une bande de papier colée tout autour du prisme. Il est évident que si l'on ôtoit cette bande & qu'on la développat, il paroîtroit un rectangle qui auroit la même hauteur que le prisme, & qui auroit pour base une ligne droite égale au perimetre de la base du prisme : ce rectangle qui est nécessairement égal à la surface du prisme, peut être appellé *developement* du prisme. Le developement du cylindre droit est aussi un rectangle qui a pour base une ligne égale à la circonference de la base du cylindre, & qui a même hauteur que le cylindre. *Fig. 8.*

Le developement de la pyramide est la somme de tous ces triangles qui en sont les faces ; ainsi la somme de tous ces triangles est la surface de la pyramide. Toutes les lignes droites, comme A B, tirées du sommet du cone droit aux points de la circonference de la base, étant égales, il est évident que si on develope la surface du cone droit, ce developement sera un secteur de cercle qui aura pour rayon le côté A B du cone, & un arc égal à la circonference de la base du cone. *Fig. 11.*

18. Lorsque la base de la pyramide est un polygone regulier, & que la pyramide est droite, tous les triangles qui en sont les faces ont même hauteur & sont égaux entr'eux, & par consequent ils sont égaux à un seul triangle qui auroit la même hauteur que celle d'un des triangles & une base égale à la somme des bases de tous les triangles, ou, ce qui

S

est la même chose, égale au perimetre de la base de la pyramide. La surface d'une pyramide droite dont la base est un
polygone regulier, est donc égale à un triangle qui a pour
base le perimetre de la base de la pyramide, & la même hauteur que celle d'un des triangles qui servent de faces à la pyramide.

Fig. 10.　19. Remarquez que la hauteur de chaque triangle qui sert
de face à la pyramide est une ligne, comme A F tirée du sommet A perpendiculairement sur la base du triangle ; au lieu
que la hauteur d'une pyramide est une ligne tirée du sommet
A perpendiculairement sur la base même de la pyramide ;
d'où il suit que si la pyramide est droite, la hauteur de chaque triangle est toujours plus grande que celle de la pyramide ;
parce que ces deux lignes étant tirées du même point A, &
la seconde étant perpendiculaire à la base de la pyramide, il
est necessaire que la premiere, qui est la hauteur du triangle, soit
oblique à cette même base ; & par consequent plus grande
que la hauteur de la pyramide.

Fig. 11.　20. Le cone n'étant qu'une pyramide dont la base est un
polygone regulier d'une infinité de côtez, la surface d'un
cone droit est égale à un triangle qui a pour base une ligne
droite égale à la circonference de la base du cone, & pour
hauteur le côté A B du cone.

21. Ce côté A B du cone est la hauteur de chaque triangle infiniment petit qui compose la surface du cone, parce
que ce triangle étant isocele, & ayant une base infiniment petite, la perpendiculaire tirée du sommet sur la base, ne differe du côté que d'une partie infiniment petite ; & par consequent on peut prendre ce côté pour la perpendiculaire.

22. Le triangle qui a pour hauteur le côté A B du cone
droit & pour base une ligne droite égale à la circonference de
la base, est égal au secteur de cercle qui a pour rayon le côté
A B, & dont l'arc est égal à la base du triangle, & par consequent à la circonference de la base du cone *. Ce secteur est
le développement du cone droit, comme nous l'avons dit.

* Liv. 2
Art. 128.

23. De tout ce qu'on vient de dire, il suit que pour avoir
la mesure de la surface d'un prisme droit, il faut multiplier
le perimetre de la base par la hauteur du prisme. Et de même
pour avoir la surface du cylindre droit, il faut multiplier la
circonference de la base par la hauteur du cylindre.

30. 1°. Tous les rayons sont égaux entr'eux, aussi-bien que tous les diametres.

31. 2°. On peut prendre pour axe chacun des diametres, en observant que les poles sont toujours les extrêmitez du diametre que l'on prend pour axe.

32. 3°. Si on coupe une sphere par un plan, la section, c'est-à-dire, la nouvelle surface qui paroît après avoir coupé la sphere, cette section, dis-je, est un cercle : car si le plan passe par le centre de la sphere, il est évident que la section est un cercle dont le diametre est égal à celui de la sphere.

Fig. 12. Si le plan qui coupe la sphere ne passe pas par le centre, la section est encore un cercle : pour en avoir la démonstration, il faut concevoir une ligne, comme C F, tirée du centre de la sphere perpendiculairement sur cette section, & une infinité d'obliques comme C e, C d, tirées du même centre à tous les points qui sont les extrêmitez de la même section : tous ces points étant à la surface de la sphere, les lignes obliques en sont des rayons, & par conséquent elles sont égales entr'elles ; donc ces obliques sont également éloignées de la perpendiculaire ; ainsi elles sont dans la circonference d'un cercle au centre duquel aboutit la perpendiculaire ; donc la section d'une sphere coupée par un plan est un cercle, soit que le plan passe par le centre de la sphere, ou qu'il n'y passe pas.

33. L'on appelle *grands cercles* de la sphere ceux qui passent par le centre de la sphere, & les autres dont le plan ne passe pas par le centre sont appellez *petits cercles*.

Lorsqu'on parle des cercles de la sphere, on entend ceux dont la circonference est sur la surface de la sphere.

34. 4°. Deux grands cercles, c'est-à-dire, deux cercles qui passent par le centre de la sphere se coupent nécessairement, & leur commune section est une ligne droite qui passe par le centre, & qui par conséquent est un diametre de l'un & l'autre cercle.

On peut encore inferer les proprietez suivantes de la maniere dont nous avons formé la sphere.

35. 1°. Les points d, d, d, d, de la demi-circonference que l'on a fait tourner autour du diametre A B décrivent des circonferences paralleles entr'elles.

36. 2°. Tous les points de chacune de ces circonferences paralleles sont également éloignées d'un des poles A de la

sphere ; ils sont aussi également éloignez de l'autre pole B ;
c'est pourquoi ces poles A & B peuvent être appellez les poles de ces circonferences parallelles : & le diametre A B est
leur axe:

37. 3°. Tous les cercles parallelles ont les deux mêmes poles
& le même axe.

38. 4°. L'axe de ces cercles passe par leurs centres & est
perpendiculaire à leurs plans ; & par consequent il mesure
la distance d'un cercle à l'autre, & celle du centre de la sphere
& des poles à chacun des cercles.

39. 5°. Il est évident que le plus grand de tous les cercles
parallelles est celui qui a le même centre que la sphere, &
qui par consequent est également éloigné des deux poles ;
que deux cercles également distans du centre de la sphere,
l'un vers le pole A, l'autre vers le pole B sont égaux ; enfin
que les cercles parallelles qui sont entre le centre de la sphere
& un des poles sont d'autant plus petits qu'ils sont plus près
du pole.

Il faut à present chercher la mesure de la surface d'une
sphere ; pour cela nous nous servirons du cone tronqué touchant lequel nous établirons deux lemmes, en supposant
toujours ce cone droit, sans qu'il soit necessaire d'en avertir
davantage.

LEMME I.

40. *La surface convexe du cone tronqué est égale à un trapeze
qui a pour hauteur le côté B b du cone tronqué, & dont les bases
sont parallelles entr'elles & égales aux circonferences des bases superieures & inferieures du cone.*

DEMONSTRATION.

Soit le cone entier B A C dont la partie inferieure B b c C   Fig. 13.
est un cone tronqué. Nous avons fait voir que la surface convexe du cone entier est égale au triangle E D F qui a pour
hauteur le côté du cone & pour base la circonference de
la base du cone (on suppose ici ce triangle rectangle); par
consequent, si de ce triangle rectangle on ôte la surface du
petit cone b A c qui est l'autre partie du cone entier, il restera
la surface du cone tronqué. Or la surface du petit cone b A c
est égale au petit triangle e D f qui a pour hauteur le côté

du petit cone, & dont la bafe eft parallele à celle du triangle E D F : car la furface d'un cone eft égale à un triangle qui
a pour hauteur le côté du cone & pour bafe la circonference
de la bafe. Or par l'hypothefe la hauteur D*e* du petit triangle *e* D*f* eft égale au côté A*b* du petit cone ; & d'ailleurs la
bafe *e f* du triangle eft égale à la circonference de la bafe de
ce cone : car à caufe des triangles femblables E D F & *e* D*f*,
l'on a la proportion D E . D*e* :: E F . *ef*. De même à caufe des
deux autres triangles femblables B A C & *b* A*c* du cone, la
raifon des côtez A B & A*b* eft égale à la raifon des bafes B C
& *b c* qui font les diametres des bafes du cone tronqué. Or
la raifon de ces diametres eft égale à celle de leurs circonferences B C B & *b c b* ; par conféquent on a la feconde proportion A B . A*b* :: B C B . *b c b*. Il eft vifible que dans ces deux
proportions les deux premieres raifons font égales , puifque
par l'hypothefe D E $=$ A B & D*e* $=$ A*b* ; par conféquent les
deux dernieres raifons font auffi égales ; ce qui donne cette
troifiéme proportion E F . *ef* :: B C B . *b c b*, dont les antécedens font égaux par la fuppofition : d'où il fuit que les conféquens font auffi égaux * ; c'eft-à-dire, que la bafe du petit
triangle *e* D*f* eft égale à la circonference du petit cone *b* A*c*.
Mais par l'hypothefe la hauteur du petit triangle eft encore
égale au côté A*b* du petit cone ; donc la furface du petit
triangle eft égale à celle du petit cone ; ainfi l'autre partie du
grand triangle eft égale à l'autre partie de la furface du cone
entier, ou, ce qui eft la même chofe, la furface du cone tronqué eft égale à un trapeze, dont la hauteur eft le côté du
cone tronqué , & dont les bafes font parallelex entr'elles &
égales aux circonferences des bafes du cone tronqué. Ce
qu'il fal. dem.

*Liv. 1.
Art. 166.

COROLLAIRE I.

41. La furface convexe du cone tronqué eft égale au produit de fon côté B*b* par une ligne moyenne proportionnelle
arithmetique entre la circonference de la bafe fuperieure &
la circonference de la bafe inferieure.

DEMONSTRATION.

On vient de faire voir que la furface du cone tronqué eft
égale à un trapeze dont la hauteur eft le côté du cone tronqué, & dont les bafes font parallelex entr'elles & égales aux

circonferences des bafes du cone tronqué. Or la furface du trapeze eſt égale au produit de ſa hauteur par une ligne moyenne arithmetique entre les deux bafes *; donc la fur-face du cone tronqué eſt égale au même produit.

*Liv. 2. Art 139.

COROLLAIRE II.

42. La furface convexe du cone tronqué eſt égale au pro-duit de ſon côté B b par la circonference M N M également éloignée des deux bafes du cone.

Pour faire voir que ce corollaire eſt une fuite neceſſaire du premier, il n'y a qu'à prouver que la circonference M N M que l'on ſuppoſe également éloignée des deux bafes ſuperieure & inferieure du cone tronqué , eſt moyenne proportionnelle arithmetique entre les circonferences de ces bafes. Pour cela confiderez que comme on a fait voir dans la démonſtration du lemme que la ligne e f parallele à la baſe du triangle EDF eſt égale à la circonference correſpondante du cone ; on pour-roit de même démontrer que toutes les lignes du triangle pa-ralleles à la même baſe ſont égales aux circonferences correſ-pondantes qui compoſent la furface du cone ; par conſequent ſi on tire du point G également éloigné des extrêmitez E & e la ligne G H parallele à la baſe du triangle, elle ſera égale à la circonference M N M également éloignée des deux bafes du cone tronqué. Or la parallele G H eſt moyenne proportion-nelle arithmetique entre les deux bafes E F & e f, comme on va le faire voir : ainſi la circonference M N M du cone eſt auſſi moyenne arithmetique entre les circonferences ſuperieu-re & inferieure qui ſont égales aux deux bafes du trapeze.

43. On a ſuppoſé dans ce ſecond corollaire que la paral-lele G H qui eſt tirée du point G également éloigné des extrê-mitez de la perpendiculaire E e, etoit moyenne proportion-nelle arithmetique entre les deux bafes E F & e f du trapeze. En voici la preuve: ſoient tirées les perpendiculaires f K & H L ; ces perpendiculaires ſont égales , puiſque la parallele G H eſt tirée du point G également éloigné des extrémitez de la ligne E e: d'ailleurs les obliques f H & H F ſont auſſi égales * parce qu'elles ſont également inclinées entre les pa-ralleles ; donc les éloignemens de perpendicule K H & L F ſont égaux : ainſi la baſe E F ſurpaſſe autant la ligne G H que cette ligne G H ſurpaſſe l'autre baſe e f; donc G H eſt

*Liv. 1. Art. 92.

+ Liv. 1. Art. 85.

moyenne proportionnelle arithmetique entre les deux bases.

Avant de passer au second lemme, il est necessaire de sçavoir ce que c'est que cylindre ou un autre corps *circonscrit* à
une sphere.

Fig. 20.   44. Le cylindre circonscrit est celui qui renferme la sphere;
enforte qu'il ait pour base le grand cercle de cette sphere &
pour hauteur son diametre.

Fig. 21.   45. De même un cube circonscrit à une sphere, est celui
qui renferme la sphere ; enforte que chacune de ses trois dimensions est égale au diametre de la sphere.

46. Pour le cone on l'appelle circonscrit à la sphere lorsqu'il renferme la sphere, & que sa surface touche celle de la
sphere dans une de ses circonferences, quoique ce cone ait
une hauteur plus ou moins grande que le diametre de la sphere.

47. Quand quelque corps, comme ceux dont nous venons
de parler, est circonscrit à une sphere, cette sphere est appellée *inscrite* par rapport au corps circonscrit.

Fig. 14.   48. Dans le lemme suivant nous supposerons une tangente,
comme E F, dont les deux extrêmitez E & F sont également
éloignées du point S qui touche la demi-circonference ADB.
Nous supposerons une autre tangente G D qui aboutit à l'extrêmité du rayon C D perpendiculaire à l'axe A B autour duquel il faut concevoir que la demi-circonference tourne avec
les tangentes E F & G D. Cela posé, on voit facilement 1°.
que la demi-circonference décrit en tournant la surface d'une
sphere. 2°. Que la tangente E F décrit la surface d'un cone
tronqué circonscrit à la sphere. 3°. Enfin que l'autre tangente G D décrit la surface d'une partie d'un cylindre circonscrit à la même sphere.

49. Si on tire par les extrêmitez de la tangente E F, les
deux lignes paralleles G I & H N qui soient perpendiculaires
à l'axe A B aussi-bien que le rayon C D, & qu'on tire du point
E la perpendiculaire E L entre les deux paralleles, elle marquera la hauteur du cone circonscrit, & sera égale à G H qui
est aussi perpendiculaire entre les deux mêmes paralleles. Nous
n'avons besoin dans le lemme suivant que de la surface cylindrique décrite par G H que nous allons démontrer égale à
la surface du cone décrite par la tangente E F.

50. Remarquez que les trois lignes G I, H N & C D qui
sont supposées perpendiculaires à l'axe A B sont necessairement

ment paralleles entr'elles *, & que la tangente GD & l'axe AB font auffi des lignes paralleles, parce qu'elles font perpendiculaires au rayon C D. * Liv. 1. Art. 102.

51. On peut encore remarquer qu'on a prolongé la tangente EF & l'axe A B jufqu'au point K, où ces lignes fe rencontrent, afin de faire voir fenfiblement que la ligne K F décrit en tournant avec la demi-circonference la fuperficie d'un cone circonfcrit à la fphere, & que par confequent la tangente E F décrit la furface d'un cone tronqué.

LEMME II.

52. *La furface du cone tronqué circonfcrit, décrite par la tangente E F, eft égale à la furface du cylindre de même hauteur, décrite par G H.*

DEMONSTRATION.

Après avoir encore tiré le rayon CS & la ligne S M O perpendiculaire à l'axe AB, & par conféquent parallele aux deux autres G1 & HN, on a les deux triangles C M S & F L E que je dis être femblables: car l'angle M du premier eft égal à l'angle L du fecond, parce qu'ils font tous les deux droits: pareillement l'angle C ou SCA du premier, qui a pour mefure l'arc SA, eft auffi égal à l'angle E F L du fecond; parce que cet angle E F L eft égal à l'angle ESC, à caufe des paralleles H N & SO. Or l'angle ESO formé par une tangente & par une corde, a pour mefure * S A qui eft la moitié de l'arc SAO foutenu par la corde SO; donc il eft égal à l'angle SCA, & par conféquent les deux angles SCA & E F L font égaux; donc les deux triangles CMS & F L E font femblables; donc les côtez homologues font proportionnels: ces côtez homologues font CS & E F d'une part, & de l'autre, SM & EL. On a donc la proportion CS . EF :: S M . E L. Or le rayon C S eft égal à l'autre rayon C D, & ce dernier rayon eft égal à la ligne H N, parceque ce font deux perpendiculaires entre les paralleles G D & AB: d'ailleurs la ligne EL eft égale à G H; donc au lieu de la proportion précedente, on aura H N . E F :: S M . G H, & alternando H N . S M :: E F . G H. Mais à la place de H N & S M, on peut prendre les circonferences dont ces lignes font les rayons, lefquelles font en même raifon; ainfi en marquant ces circonferences en cette maniere * Liv. 1. Art. 135.

T

⊙ H N & ⊙SM, on aura encore la proportion ⊙ H N . ⊙SM ::
E F . G H ; donc le produit des extrêmes G H × ⊙ H N eſt
égal au produit des moyens E F × ⊙ S M . Or le premier produit eſt égal à la ſurface cylindrique décrite par G H * ; & le
produit des moyens eſt égal à la ſurface du cone décrite par
la tangente E F * , puiſque le point S étant le milieu de la ligne E F , la circonférence ⊙SM eſt également éloignée des
deux baſes du cone tronqué ; donc ces deux ſurfaces ſont égales. Ce qu'il fal. dem.

*23.

* 42.

THEOREME.

53. *La ſurface d'une ſphere eſt égale à la ſuperficie convexe du*
cylindre circonſcrit.

DEMONSTRATION.

Fig. 15.

Soit la demi circonference A D B qui ſoit environnée de
pluſieurs tangentes S , S , S , &c. qui touchent la demi-circonférence , enſorte que le point de contingence de chacune
ſoit également éloignée de ſes extrêmitez : ſoit auſſi la tangen-
E F égale & parallele à l'axe A B , ſi on conçoit que la demi-
circonference tourne autour de l'axe A B avec les petites tangentes S , S , S , & la ligne E F , on verra que les petites tangentes décriront des ſurfaces de cones tronqués , & que la ligne E F décrira la ſurface d'un cylindre circonſcrit. Or ſi on
tire les lignes *dc* , *dc* , *dc* , &c. qui paſſent par les extrêmitez des
tangentes , & qui ſoient perpendiculaires à l'axe A B & à la ligne parallele E F , ces perpendiculaires diviſeront la ligne E F
en pluſieurs parties E *d*, *dd*, *dd*, &c. qui ont décrit en tournant avec la demi-circonference des ſurfaces cylindriques, qui
ſont chacunes égales aux ſuperficies des cones décrites par les
tangentes correſpondantes ; & par conſéquent la ſurface cylindrique décrite par la ligne entiere E F qni contient toutes
les parties E *d*, *dd*, *dd* , &c. eſt égale à la ſomme des ſuperficies décrites par les petites tangentes S , S , S. Mais ſi on ſuppoſe les tangentes infiniment petites, elles ſe confondront avec
la demi-circonference ; ainſi elles décriront la ſurface de la
ſphere ; & par conſéquent la ſurface de la ſphere eſt égale à
la ſuperficie convexe du cylindre circonſcrit. Ce qu'il fal. dem.

COROLLAIRE I.

54. La surface de la sphere est égale au produit de son diametre par la circonference d'un grand cercle : car nous venons de faire voir que la surface de la sphere est égale à celle du cylindre circonscrit. Or pour avoir la surface du cylindre circonscrit, il faut multiplier * la hauteur qui est le diametre de la sphere par la circonference de la base, qui est aussi un grand cercle de la sphere ; par conséquent pour avoir la surface de la sphere, il faut multiplier son diametre par la circonference d'un de ses grands cercles.

*23.

COROLLAIRE II.

55. La surface de la sphere est quadruple d'un grand cercle : car pour avoir la surface d'un grand cercle, il faut multiplier le rayon par la moitié de la circonference *, ou ce qui revient au même, il faut multiplier la moitié du rayon ou le quart du diametre par la circonference d'un grand cercle de la sphere. Mais on vient de démontrer que la surface de la sphere est égale au produit du diametre entier, par la circonference d'un grand cercle ; par conséquent la surface d'un grand cercle de la sphere, & celle de la sphere même, sont comme ces produits. Or ces produits ayant tous deux la circonference d'un grand cercle pour une de leurs racines, sont comme les autres racines, qui sont le quart du diametre, d'une part, & le diametre entier, de l'autre ; ainsi la surface du grand cercle est à celle de la sphere, comme le quart du diametre est au diametre ; donc la surface de la sphere est quadruple d'un grand cercle.

*Liv. 2. Art. 138.

COROLLAIRE III.

56. La superficie convexe du cylindre circonscrit, étant égale à la surface de la sphere, elle doit contenir quatre grands cercles de la sphere, auxquels si on ajoute les deux bases du cylindre, qui sont aussi des grands cercles de la sphere, la superficie totale du cylindre sera égale à six grands cercles de la sphere ; ainsi la surface totale du cylindre, y compris les bases, est à celle de la sphere inscrite, comme 6 est à 4, ou comme 3 est à 2 : mais dans la suite nous démontrerons *, que la solidité du cylindre est aussi à celle de la sphere, comme 3 est a 2 ;

*116.

T ij

par conſequent la ſurface du cylindre, y compris les baſes, eſt
à celle de la ſphere inſcrite, comme la ſolidité du cylindre eſt
à la ſolidité de la ſphere.

Archimede ayant découvert ce que nous venons de démontrer ſur la ſurface du cylindre, & celle de la ſphere dans le
theoreme & les corollaires précedens, il en fut ſi ſatisfait, &
ſur tout du troiſiéme corollaire, qu'il voulut qu'on repré-
ſentat ſur ſon tombeau un cylindre circonſcrit à une ſphere.

COROLLAIRE IV.

Fig. 16.　57. De ce que nous avons dit, il s'enſuit que la ſurface d'u-
ne calotte ſphérique, telle que I A L, eſt égale à la ſuperficie cylindrique dont la hauteur eſt égale à A X qui eſt la hauteur de
la calote ; ainſi pour avoir la ſurface d'une calote ſphérique, il
faut multiplier la circonference d'un grand cercle de la ſphere
par la hauteur de la calote. Par la même raiſon, pour avoir la
ſurface d'une zone, comme K I L M, terminée par deux cercles
paralleles, il faut multiplier ſa hauteur X Y par la circonference
d'un grand cercle de la ſphere.

COROLLAIRE V.

58. La ſurface d'une ſphere eſt au quarré de ſon diametre ;
comme la circonference eſt au diametre : car la ſurface de la
ſphere eſt égale au produit du diametre par la circonference d'un
grand cercle, & le quarré du diametre eſt le produit du diametre par le diametre. Or ces deux produits ont une racine
commune ; ſçavoir, le diametre de la ſphere : donc ils ſont entr'eux comme les racines inégales, qui ſont la circonference,
d'une part, & le diametre, de l'autre ; par conſequent la ſurface
d'une ſphere eſt au quarré de ſon diametre, comme la circonference eſt au diametre.

Il nous reſte encore à parler du rapport des ſuperficies des
corps ſemblables ; c'eſt ce que nous allons faire.

DU RAPPORT DES SUPERFICIES
des Solides ſemblables.

59. Deux ſolides ſont appellez *ſemblables*, lorſque les ſurfaces qui terminent l'un, ſont ſemblables aux ſurfaces correſ-
pondantes de l'autre : par exemple, afin que deux priſmes ſoient

femblables, il faut que la bafe de l'un foit femblable à celle de l'autre, & que les faces du premier foient auffi femblables aux faces correfpondantes du fecond. Afin donc que deux corps foient femblables, il n'eft pas néceffaire que toutes les faces de l'un foient femblables entr'elles: mais il faut que les faces de l'un foient femblables aux faces correfpondantes de l'autre, chacune à chacune.

60. Il fuit-de-là, que deux corps ne peuvent être femblables, à moins qu'ils ne foient de même efpece ; ainfi, par exemple, un prifme ne peut pas étre femblable à une pyramide ; un prifme droit à un prifme oblique, un prifme oblique à un autre prifme oblique, plus ou moins incliné, un prifme triangulaire à un prifme pentagonal, &c. En un mot, afin que deux corps foient femblables, il faut qu'ils ayent la même figure, & qu'ils ne different entr'eux, que parce que l'un a plus de folidité que l'autre.

61. Remarquez que lorfque deux corps font femblables, les lignes tirées dans l'un de ces corps, font proportionnelles aux lignes correfpondantes, ou femblablement tirées dans l'autre ; enforte que fi dans le premier corps une de ces lignes eft double ou triple de la correfpondante dans le fecond, les autres lignes du premier feront auffi doubles ou triples de leurs correfpondantes dans le fecond : par exemple, fi deux cylindres font femblables, les hauteurs font proportionnelles aux circonferences des bafes ou à leurs rayons : c'eft la même chofe dans deux cones. Cette remarque eft la même que celle que nous avons faite fur les po-lygones femblables *.

* Liv. 2; art. 65.

62. *Lorfque deux corps font femblables, les fuperficies font en raifon doublée des côtez homologues, ou comme les quarrez de ces côtez.*

On parle ici des fuperficies ou des furfaces totales, c'eft-à-dire, qu'on y comprend les bafes & les faces des corps.

Si on conçoit que ces furfaces totales foient developées, il eft évident que les developemens feront des figures femblables ; or les figures femblables * font entr'elles en raifon dou-blée des côtez homologues, ou comme les quarrez de ces

* Liv. 2; Art. 174.

côtez; par conſequent les ſurfaces totales des corps ſemblables,
ſont en raiſon doublée des côtez homologues, ou comme les
quarrez de ces côtez.

COROLLAIRE.

63. Les ſpheres étant des corps ſemblables, les ſuperficies
de deux ſpheres ſont en raiſon doublée des diametres, ou comme les quarrez des diametres. Voici une démonſtration particuliere de ce corollaire : ſelon le premier corollaire du theoreme précedent, la ſurface de la premiere ſphere eſt égale au
produit du diametre par la circonference d'un grand cercle de
cette ſphere, ou ce qui eſt la même choſe, à un rectangle qui
a pour hauteur le diametre, & pour baſe la circonference d'un
grand cercle : pareillement la ſurface de l'autre ſphere eſt égale
à un rectangle qui a pour hauteur le diametre, & pour baſe
la circonference d'un grand cercle de cette ſeconde ſphere :
or ces deux rectangles ſont ſemblables, puiſque les hauteurs
qui ſont des diametres, ſont comme les circonferences qui
ſervent de baſes aux rectangles; par conſequent les deux rectangles ſont en raiſon doublée des diametres, qui ſont les
hauteurs, ou comme les quarrez de ces diametres *; ainſi les
ſurfaces des ſpheres ſont auſſi en raiſon doublée de leurs diametres, ou comme les quarrez de leurs diametres.

* Liv. 2.
Art. 164.
& 166.

PROBLEME.

64. *Trouver la ſurface d'une ſphere dont on connoît le
diametre.*

Cherchez la circonference d'un grand cercle de la ſphere
par le moyen du rapport approché du diametre à la circonference trouvé par Archimede : enſuite multipliez la circonference par le diametre, le produit ſera la ſurface de la ſphere : par exemple, ſi le diametre eſt de douze pieds, il faut
chercher la circonference qui eſt de 37 pieds $\frac{5}{7}$, laquelle étant
multipliée par 12, donnera au produit 452 pieds quarrez,
plus $\frac{4}{7}$ d'un pied quarré. Ce produit eſt à peu près la ſurface
de la ſphere dont le diametre eſt de 12 pieds.

Si on avoit ſuppoſé le rapport du diametre à la circonference égal à celui de 100 à 314, on auroit trouvé d'abord 37 $\frac{68}{100}$
pour la circonference d'un grand cercle du globe, laquelle

étant multipliée par le diametre 12, le produit auroit été 452
plus $\frac{16}{100}$ ou $\frac{4}{15}$. Ce produit approche plus de la surface du globe, que le premier produit 452 $\frac{4}{7}$.

On peut encore trouver la même chose par une autre methode fondée sur ce que nous venons de démontrer *, sça- * 63.
voir, que les quarrez des diametres des spheres sont comme
leurs surfaces.

Cette methode suppose que l'on connoît la surface d'une
sphere ; par exemple, celle du globe dont le diametre est de 7
pieds ; il est aisé de voir que cette surface est de 154 pieds
quarrez, parce qu'en multipliant la circonference qui est de
22 par 7, le produit est 154.

Cela posé, si on veut trouver la surface d'une sphere qui a,
par exemple, 12 pieds, il faut faire une proportion dont le premier terme soit 49, quarrés de 7 qui est le diametre de la sphere dont on connoît la surface ; le second soit 144 quarrés du diametre de la sphere dont on cherche la surface, & le troisiéme
soit 154, qui est la surface de la sphere dont le diametre est
de 7 pieds ; le quatriéme terme sera la surface cherchée ; voici
la proportion 49. 144 :: 154. X $=$ 452 $\frac{28}{49}$.

Cette fraction $\frac{28}{49}$ est égale à celle-cy $\frac{4}{7}$ qu'on a trouvée par la
premiere methode, car si on multiplie les deux termes de la
fraction $\frac{4}{7}$ par 7, (ce qui ne changera pas la valeur de la
fraction,) on aura l'autre fraction $\frac{28}{49}$.

65. Remarquez que la surface du globe qui a 12 pieds de
diametre, est moindre que 452 $\frac{4}{7}$, & plus grande que 452 $\frac{4}{15}$.
Nous en avons dit * la raison, lorsqu'il s'agissoit de trouver la
circonference d'un cercle dont le diametre est connu. * Liv. 2.
Art. 109.

DES SOLIDES OU CORPS CONSIDEREZ
selon leur solidité.

En traitant de la solidité des corps, nous parlerons 1°. de
leur égalité, 2°. de leur mesure, 3°. de leur rapport.

DE L'EGALITE' DES SOLIDES.

66. De même que la surface est composée de lignes, le
corps est aussi composé de surfaces ou de tranches d'une épaisseur infiniment petite: par exemple, le prisme est composé
d'une infinité de tranches égales & paralleles à la base ; ce sont

ces tranches qu'on nomme *élemens des solides*.

En comparant deux corps, nous supposerons toujours que les élemens de l'un ont une hauteur ou épaisseur égale à celle des élemens de l'autre.

67. Nous avons fait voir en parlant des surfaces, qu'en multipliant une ligne par une autre, le produit donne une surface : mais si on multiplie une surface par une ligne, le produit est un solide : par exemple, si on multiplie la base d'un prisme par sa hauteur, c'est-à-dire, si on prend la base du prisme autant de fois qu'il y a de points dans sa hauteur, le produit sera le prisme.

68. Remarquez que l'on considere ici la surface, comme ayant une épaisseur ou hauteur infiniment petite, parce que si on consideroit la surface sans aucune épaisseur, une infinité de surfaces posées les unes sur les autres, ne pourroient produire une solidité.

69. Lorsqu'on dit que deux corps ou solides sont égaux, cela s'entend toujours de leur solidité ; ensorte que deux corps qui ont des figures & des superficies differentes, sont cependant appellez égaux, si la solidité du premier est égale à celle du second : pour s'exprimer avec plus de précision, on dit quelquefois que les corps sont égaux en solidité, mais cela n'est pas necessaire.

70. Avant de passer aux theoremes suivans, il est à propos de remarquer, que c'est la même chose de dire que deux corps ont une même hauteur, ou qu'ils sont compris entre deux plans paralleles ; ensorte que quand deux corps ont des hauteurs égales, ils peuvent toujours être compris entre deux plans paralleles ; & réciproquement lorsque deux corps peuvent être compris entre des plans paralleles, ils ont des hauteurs égales.

THEOREME I.

71. *Deux prismes de même base & de même hauteur sont égaux, soit qu'il y en ait un droit & l'autre oblique, soit que tous les deux soient droits ou obliques.*

DEMONSTRATION.

Deux prismes sont égaux, lorsqu'ils ont le même nombre d'élemens égaux ; or deux prismes de même base & de même hauteur,

hauteur, ont même nombre d'élemens égaux. 1°. Ils ont des élemens égaux, puisque les bases sont supposées égales. 2°. Le nombre de ces élemens est égal dans les deux prismes, à cause qu'ils ont même hauteur : donc les deux prismes sont égaux en solidité. Ce qu'il fal. dem.

72. On voit aisément que la même démonstration peut être appliquée à deux cylindres de même base & de même hauteur ; & même si on compare un prisme avec un cylindre, on démontrera de la même maniere, qu'ils sont égaux, lorsqu'ils ont des bases & des hauteurs égales.

73. Il paroît d'abord difficile à comprendre qu'un cylindre droit soit égal à un cylindre oblique de même base & de même hauteur ; car le cylindre oblique est plus long que le cylindre droit ; d'ailleurs s'ils ont même base, ne sont-ils pas necessairement de pareille grosseur ? ainsi le cylindre oblique a plus de solidité que l'autre.

Il est vrai que les cylindres ayant même hauteur, l'oblique est plus long que le droit ; mais aussi il a moins de grosseur, quoique les bases soient supposées égales, parce que la base ne mesure pas la grosseur, lorsque le contour n'est pas perpendiculaire à la base, puisque la grosseur est d'autant moindre, que la même base est plus oblique sur le contour. Il faut juger des cylindres comme des parallelogrammes dont la base demeurant la même, la largeur est d'autant moindre que la base est plus oblique sur les côtez. Il faut dire la même chose du prisme droit comparé au prisme oblique.

THEOREME II.

74. *Deux pyramides de même base & de même hauteur sont égales, soit qu'il y en ait une droite & l'autre oblique, soit que toutes les deux soient droites ou obliques.*

DEMONSTRATION.

Soient les pyramides de la Figure 17, que l'on suppose de même base & de même hauteur ; je dis qu'elles sont égales. Il n'y a qu'à faire voir qu'il y a autant d'élemens dans l'une que dans l'autre, & que les élemens de l'une sont égaux aux élemens correspondans de l'autre. 1°. Il y a même nombre d'élemens dans les deux pyramides, parce qu'elles sont supposées avoir des hauteurs égales. 2°. Les élemens de l'une

Fig. 17.

V

font égaux aux élemens correspondans de l'autre : car supposons que ces pyramides soient entre deux plans parallèles,
& qu'elles soient coupées par un troisième plan parallèle aux
deux premiers, lequel forme les sections ou les surfaces correspondantes g & h. Voici comme nous démontrerons que ces
surfaces ou tranches correspondantes sont égales : à cause du
troisième plan parallèle, les deux cotez AB & Ab de la premiere pyramide sont proportionnels aux côtez DE & De de
la seconde ; ainsi on a la proportion $AB . Ab :: DE . De$. Mais
dans la premiere pyramide les deux triangles semblables BAC
& bAc donnent la proportion $AB . Ab :: BC . bc$: pareillement dans la seconde pyramide $DE . De :: EF . ef$. Or dans
la seconde & la troisième proportion les deux premieres raisons sont égales, comme il paroît par la premiere proportion :
donc les deux dernieres raisons sont aussi égales ; c'est-à-dire,
qu'on a la quatrième proportion $BC . bc :: EF . ef$; par consequent les quarrez de ces lignes sont encore proportionnels ;
ainsi $\overline{BC} . \overline{bc} :: \overline{EF} . \overline{ef}$. Or la base G & la tranche g de la
premiere pyramide sont des polygones semblables ; par con-
sequent ces figures sont comme les quarrez des côtez homo-

* Liv. 2
Art 174.

logues* ; donc on a la proportion $\overline{BC} . \overline{bc} :: G . g$. Par la même raison dans la seconde pyramide $\overline{EF} . \overline{ef} :: H . h$. Dans
ces deux dernieres proportions les premieres raisons sont éga-
les, à cause de la proportion précedente $\overline{BC} . \overline{bc} :: \overline{EF} . \overline{ef}$;
donc les secondes raisons sont aussi égales ; ainsi $G . g :: H . h$
& alternando $G . H :: g . h$; c'est-à-dire, que les deux bases sont
comme les tranches correspondantes : ainsi, puisque les bases
sont égales, les tranches le sont aussi : donc dans les pyramides de même base & de même hauteur, les élemens correspondans sont égaux. Dailleurs il y a autant d'élemens dans
l'une que dans l'autre, & par consequent ces pyramides sont
égales en solidité. Ce qu'il fal, dem.

75. Remarquez qu'il n'est pas necessaire pour la verité du
theoreme, que les bases des deux pyramides soient des polygones d'un même nombre de côtez ; il suffit que ces bases
soient égales en surface, quoique l'une soit, par exemple,
une exagone, & l'autre un pentagone regulier ou irregulier.

76. Il suit delà que les cones de même base & de même

hauteur font égaux ; parce que les cones ne font que des pyramides dont les bafes font des polygones reguliers d'une infinité de côtez.

77. Si on compare une pyramide avec un cone, on peut affurer que ces folides font égaux lorfqu'ils ont même bafe & même hauteur. Cela eft évident par rapport aux pyramides & aux cones, comme par rapport aux prifmes & aux cylindres.

Il eft prefque impoffible d'entendre bien la démonftration du theoreme fuivant, fans avoir un prifme triangulaire divifé en trois pyramides, telles qu'on les fuppofe dans la démonftration ; c'eft pourquoi fi on n'en a point, il faut en faire un de cire ou de quelque autre matiere qui foit facile à couper.

THEOREME III.

78. Une pyramide triangulaire eft le tiers d'un prifme triangulaire de même bafe & de même hauteur que la pyramide.

DEMONSTRATION.

Soit le prifme triangulaire C A D E B F ; je dis qu'une pyramide de même bafe & de même hauteur, n'eft que le tiers de ce prifme. Ce que je démontre ainfi : fi on conçoit un plan qui coupe le prifme par l'angle A, enforte qu'il paffe par les diagonales A E & A F, la fection formera la pyramide E A F B qui a la même bafe que le prifme, fçavoir, le triangle E B F, & qui a auffi la même hauteur, puifqu'elle a le même côté A B. Pareillement fi on conçoit qu'un plan coupe le refte du prifme par l'angle F, en paffant par les diagonales F A & F C, il en réfultera deux autres pyramides dont l'une eft A F C D qui a pour bafe le triangle C A D qui eft l'autre bafe du prifme, & qui a auffi même hauteur que le prifme, puifqu'elle a le même côté D F. L'autre pyramide qui réfulte de la derniere fection eft E C A F dont la figure eft fort irréguliere. Or les deux premieres pyramides E A F B & A F C D font de même bafe & de même hauteur, puifqu'elles ont chacune même bafe & même hauteur que le prifme : donc ces deux pyramides font égales entr'elles : d'ailleurs fi on compare la feconde pyramide A F C D avec la troifiéme E C A F, & qu'on prenne pour bafe de la feconde le triangle F D C, & pour bafe de la troifiéme le triangle C E F, on trouvera que ces deux pyra-

Fig. 18.

V ij

mides font égales: car 1°. les triangles qu'on a pris pour bafes font égaux, puifque ce font des moitiez du parallelogramme CEFD qui eft une des faces du prifme, & qui a été divifée également par la diagonale CF. 2°. Ces deux pyramides ont même hauteur, puifqu'elles finiffent au même point A; donc la troifiéme pyramide eft auffi égale à la premiere: ainfi les trois pyramides font égales entr'elles; par confequent une de ces trois pyramides, par exemple, la premiere qui a même bafe & même hauteur que le prifme, n'eft que le tiers du prif-me. Ce qu'il fal. dem.

COROLLAIRE I.

79. Toute pyramide eft le tiers d'un prifme de même bafe & de même hauteur: par exemple, une pyramide pentago-nale eft le tiers d'un prifme pentagonal de même bafe & de même hauteur.

DEMONSTRATION.

Si d'un point pris dans la bafe du prifme, on conçoit des li-gnes tirées au fommet des angles, qui divifent le pentagone qui fert de bafe en cinq triangles, & que le prifme pentago-nal foit divifé en cinq prifmes triangulaires, qui ayent cha-cun pour bafe un des triangles du pentagone: fi on conçoit de même, que le pentagone qui eft la bafe de la pyramide eft divifé en cinq triangles parfaitement égaux à ceux de la bafe du prifme, & que la pyramide pentagonale eft partagée en cinq pyramides triangulaires de même hauteur que la pyra-mide pentagonale, qui ayent chacune pour bafe un des trian-gles du pentagone, pour lors chacune des pyramides trian-gulaires fera le tiers du prifme triangulaire correfpondant, comme on l'a démontré dans le theoreme; par confequent la pyramide pentagonale qui eft la fomme de cinq pyramides triangulaires eft le tiers du prifme pentagonal, ou de la fom-me de cinq prifmes triangulaires. Ce qu'il fal. dem.

On voit clairement que la même démonftration peut s'ap-pliquer à toute pyramide, quelque foit la bafe, en la compa-rant avec un prifme qui ait même bafe & même hauteur.

COROLLAIRE II.

80. Le cone n'étant qu'une pyramide dont la bafe eft un

polygone d'une infinité de côtez, & le cylindre n'étant qu'un prifme, il s'enfuit que le cone eft le tiers du cylindre de même bafe & de même hauteur.

81. On peut remarquer à l'occafion du premier corollaire, que la fomme de plufieurs prifmes de même hauteur eft égale à un feul prifme dont la bafe eft égale à celle de tous les autres prifmes pris enfemble, & la hauteur égale à celle de ces mêmes prifmes. Pareillement la fomme de plufieurs pyramides de même hauteur eft égale à une feule pyramide dont la bafe eft égale à la fomme des bafes des autres pyramides, & la hauteur égale à celle de ces pyramides. Cela paroît aflez clairement après tout ce qu'on a dit jufqu'ici.

Il eft évident qu'on peut dire la même chofe des cylindres & des cones.

THEOREME IV.

82. *Une fphere eft égale à une pyramide ou à un cone qui a pour hauteur le rayon de la fphere, & une bafe égale à la furface de la fphere.*

DEMONSTRATION.

On peut concevoir que la fphere eft compofée d'une infinité de pyramides qui ont leur fommet au centre de la fphere, & dont chacune a pour bafe une partie infiniment petite de la furface de la fphere. Or la fomme de toutes ces pyramides eft égale à une feule pyramide ou à un cone, qui auroit une hauteur égale à celle de toutes les pyramides ; fçavoir, le rayon de la fphere, & dont la bafe feroit égale à la fomme de toutes les bafes des pyramides*; c'eft-à-dire, égale à la furface de la fphere : donc une fphere eft égale à une pyramide ou à un cone, qui a pour hauteur le rayon, & pour bafe la fuperficie de la fphere. Ce qu'il fal. dem.

* 81.

Après tout ce que nous venons d'établir fur l'égalité des corps folides, on entendra facilement ce qu'il y a à dire fur leur mefure; c'eft pourquoi nous en traiterons en peu de mots.

DES MESURES DES CORPS OU SOLIDES.

83. Les mefures des corps font des toifes cubiques, des pieds cubiques, des pouces cubiques, &c. Une toife cubique eft un cube compris fous fix faces, dont chacune eft une toife

quarrée. De même le pied cubique est un cube compris sous six faces dont chacune est un pied quarré.

THEOREME.

84. *Les prismes & les cylindres droits ou obliques sont égaux au produit de leur base par leur hauteur.*

DEMONSTRATION.

Soit un prisme dont la base ait six pieds quarrez & la hauteur trois pieds en longueur; je dis que la solidité de ce prisme est de 18 pieds cubiques. (18 est le produit de la base par la hauteur.)

Pour le démontrer, il faut concevoir que le prisme est partagé en autant de tranches paralleles à la base, qu'il y a de pieds dans la hauteur, c'est-à-dire, en trois, dans cet exemple, dont chacune ait un pied de hauteur. Cela étant, il est évident que les trois tranches ayant la même base que le prisme, chacune contient autant de pieds cubiques que la base contient de pieds quarrez, c'est-à-dire six; par conséquent les trois tranches prises ensemble contiennent trois fois six ou dix-huit pieds cubiques: donc la solidité d'un prisme est égale au produit de la base par sa hauteur. On peut appliquer la même démonstration au cylindre.

COROLLAIRE I.

85. Les pyramides & les cones sont égaux au produit de leur base par le tiers de leur hauteur. Cela suit de ce que les pyramides & les cones sont le tiers des prismes & des cylindres de même base & de même hauteur.

COROLLAIRE II.

86. La sphere est égale au produit de sa surface par le tiers de son rayon; car une sphere est égale à un cone, qui a pour hauteur le rayon & pour base la superficie de la sphere *.

* 82.

Ce que nous venons de dire sur la mesure des solides peut servir à trouver la solidité de tous les corps, parce qu'ils peuvent être réduits en pyramides, de même que les figures planes peuvent être réduites en triangles. Nous allons parler à present du rapport des solides.

DU RAPPORT DES SOLIDES,
considerez selon leur solidité.

87. Pour connoître le rapport des solides , on se sert des *produisans.* On entend par produisans d'un solide les lignes qu'il faut multiplier pour avoir sa solidité.

88. Il y en a trois ; car d'abord on multiplie deux lignes l'une par l'autre, afin d'avoir une surface : ensuite il faut multiplier cette surface par une troisiéme ligne , & le produit est la solidité du corps. Par exemple, dans un prisme tel qu'est celui de la Figure 19 , les deux premiers produisans sont la longueur CD, & la largeur BC, c'est-à-dire , les deux lignes qu'il faut multiplier pour avoir la base, & le troisiéme est la profondeur ou la hauteur AB du prisme.

Fig. 19.

89. Lorsqu'il s'agit d'une pyramide, le troisiéme produisant n'est pas la hauteur entiere, mais seulement le tiers de la hauteur , parce que pour avoir la solidité d'une pyramide, on ne multiplie la base que par le tiers de la hauteur. Il en est de même pour le cone.

90. On peut aussi ne considerer que deux produisans dans le solide ; sçavoir, une surface telle qu'est la base du corps , & la ligne par laquelle on multiplie la surface, afin d'avoir la solidité du corps : dans ce cas on regarde la surface comme un seul produisant. Nous verrons que pour trouver le rapport des corps, il est quelquefois utile de ne considerer que deux produisans, & que d'autres fois il en faut considerer trois.

Pour entendre ce que nous dirons sur le rapport des solides, il faut se souvenir des raisons triplées : nous allons en répeter quelque chose.

91. Une raison triplée est celle qui est composée de trois raisons égales, ou, ce qui est la même chose, c'est le produit de trois raisons égales. Or pour avoir le produit de trois raisons, il faut multiplier les trois antécedens l'un par l'autre, & multiplier de même les trois consequens : par exemple, si on a les trois raisons égales $\frac{1}{2}$, $\frac{1}{2}$, $\frac{1}{2}$, en multipliant les trois antécedens & les trois consequens, on aura les produits 12 & 96, dont la raison $\frac{12}{96}$, est triplée des trois premieres.

92. Afin qu'une raison soit triplée, il n'est pas necessaire que les raisons composantes soient exprimées par differens termes, elles peuvent être toutes trois exprimées par les mêmes ter-

mes; par exemple, au lieu des trois raisons composantes
$\frac{2}{3}$, $\frac{3}{4}$, $\frac{4}{5}$, on auroit pû prendre les suivantes $\frac{4}{7}$, $\frac{4}{7}$, $\frac{4}{7}$, dont la
raison triplée est $\frac{..}{...}$.

93. Delà, il suit que la raison qui est entre deux cubes est
triplée de celle qui est entre les racines: par exemple, la raison des cubes 27 & 216 est triplée de celle des racines 3 & 6.
De même la raison des cubes b' & d' est triplée de celle des
racines b & d. La maniere la plus ordinaire de s'énoncer pour
exprimer cette proprieté des cubes, est de dire que les cubes
sont en raison triplée des racines.

Avant de proposer les theoremes qui regardent le rapport
des corps solides, il faut exposer ici un lemme pareil à celui que nous avons démontré * sur les polygones semblables.

*Liv. 2.
155. & 156

LEMME.

*94. Lorsque deux corps sont semblables, les trois produisans de l'un
sont proportionnels aux trois produisans homologues de l'autre; ensorte
que si on appelle les trois produisans du premier A, B, C, & les trois
produisans du second a, b, c, on aura les proportions A.a::B.b::C.c.*

Cette proposition se démontre de la même maniere que nous
avons prouvé * que deux polygones semblables quelconques
ont leurs produisans proportionnels. Supposons donc deux
corps semblables; par exemple, deux globes; je dis que quoique l'on ne sçut pas quels sont leurs produisans, il est cependant évident que les produisans de l'un sont des lignes correspondantes aux produisans de l'autre; & par consequent les
produisans du premier sont proportionnels à ceux du second *:
ensorte que si les trois produisans d'un globe sont la circonference d'un de ses grands cercles, le diametre & le tiers du
rayon, les trois produisans de l'autre globe sont aussi la circonference d'un de ses grands cercles, le diametre & le tiers
du rayon. Il en est de même de tous les corps semblables reguliers ou irreguliers.

95. Remarquez que les produisans de deux corps semblables étant des lignes correspondantes, ou, ce qui est la même
chose, des lignes semblablement tirées, il s'ensuit que dans
deux corps semblables les produisans sont proportionnels à
toutes les lignes semblablement tirées: c'est-à-dire, qu'un
produisant d'un corps est au produisant homologue de l'autre,
comme

comme une ligne du premier est à une ligne semblablement tirée du second. Tout cela étant présupposé, nous allons d'abord considerer les solides, comme ayant seulement deux produisans.

Si on ne considere que deux produisans dans les solides, sçavoir, la base & la hauteur, ce que nous avons dit des surfaces, en parlant de leur rapport, convient aussi aux solides ; c'est pourquoi il n'est pas nécessaire de nous étendre beaucoup.

THEOREME I.

96. *Les prismes sont entr'eux comme les produits de leur base par leur hauteur.*

DEMONSTRATION.

Si l'on prend deux prismes, le premier est égal au produit de sa base par sa hauteur ; & de même le second est égal au produit de sa base par sa hauteur ; par consequent le premier prisme est au second, comme le produit de la base du premier par sa hauteur, est au produit de la base du second par sa hauteur.

COROLLAIRE I.

97. Les prismes qui ont des bases égales, sont comme leurs hauteurs : car lorsque des produits composez de deux racines en ont une commune, ils sont entr'eux comme les racines inégales. Or les prismes sont supposez ici avoir une racine commune, sçavoir la base : donc ils sont entr'eux comme les hauteurs qui sont les racines inégales.

COROLLAIRE II.

98. Les prismes qui ont des hauteurs égales, sont comme les bases. C'est la même démonstration que celle du Corollaire précedent.

COROLLAIRE III.

99. Lorsque la hauteur & la base d'un prisme sont reciproques à la hauteur & à la base d'un autre prisme, c'est-à-dire, lorsque la hauteur du premier prisme est à la hauteur du second, comme la base du second est à la base du premier.

X

pour lors les deux prifmes font égaux : car , dans ce cas, le premier prifme eft égal au produit des extrêmes de la proportion , & le fecond eft égal aux produits des moyens; par conféquent les deux prifmes font égaux.

THEOREME II.

100. *Les prifmes font en raifon compofée de la bafe à la bafe, & de la hauteur à la hauteur.*

DEMONSTRATION.

Si on compare la bafe du premier prifme à celle du fecond, & qu'on compare de même la hauteur du premier à la hauteur du fecond, on aura deux raifons dont la bafe & la hauteur du premier prifme feront les antécedens, & la bafe & la hauteur du fecond feront les confequens. Or le premier prifme eft égal au produit des deux antécedens , & le fecond eft égal au produit des conféquens; ainfi la raifon de ces deux prifmes eft compofée des raifons de la bafe à la bafe , & de la hauteur à la hauteur.

COROLLAIRE I.

101. Lorfque les bafes font proportionnelles aux hauteurs, enforte que la bafe de l'un eft à la bafe de l'autre, comme la hauteur du premier eft à la hauteur du fecond , pour lors les prifmes font en raifon doublée de leurs bafes ou de leurs hauteurs: car dans ce cas les raifons compofantes étant égales, la raifon des prifmes qui eft compofée de ces raifons égales, eft néceffairement doublée.

COROLLAIRE II.

102. Lorfque les bafes font proportionnelles aux hauteurs , comme dans le premier Corollaire , les prifmes font comme les quarrez des hauteurs : car on vient de faire voir , que dans ce cas, la raifon des prifmes eft doublée de celle des hauteurs. Or la raifon des quarrez des hauteurs eft auffi doublée de celle des hauteurs ; par conféquent la raifon des prifmes eft pour lors égale à celle des quarrez des hauteurs.

103. Il eft clair que ce que l'on vient de dire des prifmes dans les deux Theoremes précedens & leurs Corollaires , convient auffi aux cylindres , foit qu'on compare les cylindres en-

tr'eux, foit qu'on les compare avec des prifmes.

104 Les pyramides étant le tiers des prifmes de même bafe & de même hauteur, elles font comme ces prifmes ; & par conféquent tout ce que l'on vient de dire dans les deux theoremes & leurs corollaires, convient aux pyramides. Il en eft de même des cones comparez entr'eux ou avec les pyramides ; puifqu'ils font le tiers des cylindres de même bafe & de même hauteur, comme les pyramides font le tiers des prifmes.

Nous allons parler à préfent des rapports que l'on peut connoître, en confiderant les trois produifans des folides.

THEOREME III.

105. *Deux folides font en raifon compofée des trois produifans de l'un aux trois produifans de l'autre.*

DEMONSTRATION.

Fig. 19.

Si on prend deux folides, par exemple, deux prifmes, on peut confiderer les trois produifans de l'un comme les antécedens de trois raifons, dont les produifans correfpondans de l'autre font les conféquens. Or le premier prifme eft égal au produit des trois antécedens, & le fecond prifme eft égal au produit des confequens : donc la raifon de ces deux prifmes eft compofée des trois raifons des produifans de l'un aux produifans de l'autre. Ce qu'il fal. dem.

COROLLAIRE I.

106. Si les trois produifans d'un folide font proportionnels aux trois produifans d'un autre folide, ces corps font en raifon triplée des produifans du premier à ceux du fecond : car on vient de démontrer que la raifon de deux folides eft compofée des trois raifons des produifans de l'un aux produifans de l'autre. Or on fuppofe dans ce corollaire que ces trois raifons font égales ; ainfi la raifon des deux folides eft triplée, puifqu'elle eft compofée de trois raifons égales.

107. Remarquez qu'au lieu de dire que les folides dont les produifans font proportionnels, font en raifon triplée des trois produifans de l'un aux trois produifans de l'autre, on pourroit dire, que ces folides font en raifon triplée d'un produifant d'un folide au produifant correfpondant de l'autre : car les

trois rapports des produifans du premier folide aux produifans
du fecond étant égaux, la raifon triplée de ces trois rapports
eft la même chofe que la raifon triplée d'un feul *.

* 92.

COROLLAIRE II.

108. Si les trois produifans d'un folide font encore fuppofez
proportionnels aux trois produifans d'un autre folide, ces deux
corps font entr'eux comme les cubes des produifans correfpondans, par exemple, des hauteurs : car par le corollaire précedent & fa remarque, la raifon de deux corps qui ont les produifans proportionnels eft triplée du rapport des produifans correfpondans, par exemple, des hauteurs. Or la raifon qui eft entre les cubes des hauteurs eft auffi triplée du rapport des hauteurs * : donc la raifon qui eft entre deux corps dont les produifans font proportionnnels, eft égale à celle des cubes des produifans correfpondans.

* 93.

COROLLAIRE III.

109. Les folides femblables font en raifon triplée des trois
produifans de l'un aux trois produifans de l'autre : ils font auffi
entr'eux comme les cubes des produifans homologues. C'eft une
fuite évidente des deux corollaires précedens, puifque les
corps femblables ont les produifans homologues proportionnels *.

* 94.

COROLLAIRE IV.

110. Puifque les produifans correfpondans de deux corps femblables font proportionnels aux côtez homologues de ces corps,
& generalement aux lignes femblablement tirées * ; il s'enfuit
que les corps femblables font en raifon triplée des lignes
femblablement tirées, ou comme les cubes de ces lignes.

* 95.

COROLLAIRE V.

111. Les fpheres font en raifon triplée de leurs diametres,
ou comme les cubes des diametres. C'eft une fuite évidente du
précedent corollaire, parce que les fpheres font des corps
femblables, & que d'ailleurs les diametres font des lignes femblablement tirées. Si on veut une démonftration particuliere
de ce theoreme, en voici une :

Nous avons vû que pour avoir la folidité d'une fphere, il

faut multiplier la surface par le tiers de son rayon *. Or la surface de la sphere est égale au produit du diametre par la circonférence d'un grand cercle * ; donc les trois produisans de
la sphere sont la circonférence d'un grand cercle, le diametre
& le tiers du rayon. Si donc on compare deux spheres, il est
évident que les produisans de l'une sont proportionnels aux
produisans de l'autre ; par conséquent ces spheres sont entr'elles en raison triplée des diametres, ou comme les cubes des
diametre s : par exemple, si le diametre d'une sphere est d'un
pied, & que le diametre d'une autre sphere soit de deux pieds,
la premiere de ces spheres est à la seconde, comme 1 est à 8.
(Ces deux nombres sont les cubes de 1 & 2.) De même si les
diametres de deux spheres sont comme 3 & 5, ces spheres sont
entr'elles comme les cubes de ces nombres, c'est-à-dire, comme
27 est à 125.

112. On peut voir par-là, quel est le rapport de la terre
au Soleil, en supposant que l'on connoît le rapport de leurs
diametres : car le diametre de la terre étant à celui du Soleil à
peu près comme 1 est à 100, il s'ensuit que la solidité de la
terre est à celle du Soleil comme 1 est à 1000000, c'est-à-dire,
que le soleil est un million de fois plus gros que la terre. Pareillement le diametre de la terre étant presque à celui de la
Lune, comme 4 est à 1, la terre est environ 64 fois plus
grande que la Lune. Je dis environ, parce que le diametre
de la terre n'étant pas tout-à-fait 4 fois plus grand que
celui de la Lune, la terre n'est pas non plus 64 fois plus grande que la Lune.

Selon M. de la Hire dans ses tables astronomiques, le diametre de la terre est à celui de la Lune comme 121 est à 33,
ou comme 11 est à 3, & par conséquent la terre est à la Lune comme le cube de 11 est au cube de 3 ; c'est à-dire, qu'elle
est à peu près 49 fois plus grosse que la Lune, en supposant
ce rapport des diametres de la terre & de la Lune, dont se sert
M. de la Hire.

113. Remarquez que dans la comparaison de deux spheres, il y
a beaucoup de différence entre le rapport des circonferences
des grands cercles ; celui des surfaces de ces spheres & celui de
leurs soliditez : car 1°. les circonférences des grands cercles
sont entr'elles comme les diametres. 1°. Les surfaces de ces spheres sont en raison doublée de leurs diametres, ou comme les

quarrez de ces diametres. 3°. Enfin leurs foliditez font en raifon triplée, ou comme les cubes des mêmes diametres.

On auroit pû mettre dans ces rapports, les rayons à la
place des diametres, parce que les rayons font comme les diametres.

114. Ce rapport des fpheres paroît affez furprenant ; nous
allons ajouter un autre exemple du rapport des corps femblables qui ne le paroîtra pas moins. Si on compare un pied cubique avec un pouce cubique, la hauteur du premier corps
étant à celle du fecond, comme 12 eft à 1, leurs foliditez feront entr'elles comme le cube de 12 qui eft 1728 eft au cube
de 1 ; ainfi un pied cubique contient 1728 pouces cubiques.

115. Dans le theoreme fuivant, nous comparerons la folidité de la fphere avec celle du cylindre circonfcrit: c'eft par le
moyen des produifans de l'un & l'autre corps, que nous démontrerons leur rapport. Nous avons déja les produifans de la fphere*. Pour connoître ceux du cylindre circonfcrit, il faut faire
attention que la folidité de ce cylindre eft égale au produit de
fa bafe par fa hauteur qui eft un diametre : d'ailleurs la bafe
qui eft un grand cercle de la fphere eft égale au produit de la
circonférence par la moitié du rayon *; par conféquent les trois
produifans du cylindre circonfcrit, font la circonférence d'un
grand cercle de la fphere, le diametre & la moitié du rayon.

*III.

* Liv. 2.
Art. 42.

THEOREME IV.

116. La fphere eft au cylindre circonfcrit, comme 2 eft à 3, c'eft-
à dire qu'elle eft les deux tiers du cylindre.

DEMONSTRATION.

Fig. 20.

Les trois produifans de la fphere font, comme on l'a fait voir
dans la démonftration du cinquiéme corollaire, la circonférence d'un grand cercle, le diametre & le tiers du rayon, &
les trois produifans du cylindre circonfcrit font, comme on
vient de le dire, la circonférence, le diametre & la moitié du
rayon ; il y a donc deux produifans de la fphere, qui font les
mêmes que ceux du cylindre, fçavoir, la circonférence & le
diametre ; par conféquent ces deux corps font comme les produifans inégaux, c'eft-à-dire, comme le tiers du rayon eft à la
moitié du rayon. Or le tiers du rayon entier eft double du tiers
de la moitié du rayon, ou ce qui eft la même chofe, le tiers du

rayon entier est les deux tiers de la moitié du rayon ; donc la
sphere est les deux tiers du cylindre circonscrit. Ce qu'il falloit démontrer.

COROLLAIRE.

117. La sphere est le double du cone qui a même base &
même hauteur que le cylindre circonscrit, ou, ce qui est la
même chose, qui a pour base un des grands cercles de la sphere, & pour hauteur le diametre : car on sçait que le cone
n'est que le tiers du cylindre ; mais d'ailleurs on vient de faire
voir que la sphere est les deux tiers du même cylindre ; donc la
sphere est le double du cone.

THEOREME V.

118. *La sphere est au cube circonscrit comme la sixiéme partie de
la circonference est au diametre.*

DEMONSTRATION.

Les trois produisans de la sphere sont la circonference, le
diametre, le tiers du rayon ou la sixiéme partie du diametre :
mais à la place de la circonference entiere & de la sixiéme
partie du diametre, on peut prendre le diametre entier, & la
sixiéme partie de la circonference ; & pour lors les trois produisans de la sphere seront deux diametres, & la sixiéme partie de la circonference : mais les trois produisans du cube circonscrit sont trois diametres ; la sphere & le cube ont donc deux
produisans communs, sçavoir, deux diametres de part & d'autre ; par conséquent le premier de ces corps est au second
comme la sixiéme partie de la circonference qui est le troisiéme produisant de la sphere est au diametre qui est le troisiéme
produisant du cube.

La circonference étant au diametre à peu près comme 22 à
7, ou comme 66 est à 21, la sphere est presque au cube circonscrit, comme la sixiéme partie de 66 est à 21, ou comme 11
est à 21.

119. On trouvera par la même methode, que le cylindre
circonscrit à une sphere, est au cube circonscrit à la même
sphere, comme la quatriéme partie de la circonference est au
diametre.

Fig. 21

PROBLEME I.

120. *Trouver la solidité d'une sphere dont on connoît le dia-metre.*

* 64.

* 86.

Cherchez la surface de la sphere, comme on l'a enseigné * ; ensuite multipliez cette surface par le tiers du rayon, le pro-duit sera la solidité que l'on cherchoit : * par exemple, si le dia-metre d'une sphere est de 12 pieds, il faut chercher la surface que vous trouverez de 452 pieds quarrez, plus ÷ en suppo-sant le rapport de la circonference au diametre égal à celui de 22. à 7. Si vous multipliez cette surface par 2, qui est le tiers du rayon, le produit sera 905 pieds cubiques, plus ÷ de pied cubique ; c'est à peu près la solidité de la sphere, dont le diametre est de 12 pieds.

Si on avoit supposé le rapport du diametre à la circonfe-rence égal à celui de 100 à 314, on auroit trouvé d'abord 452 $\frac{4}{25}$ pour la surface du globe, laquelle étant multipliée par 2, le produit auroit été 904 $\frac{3}{25}$: ce produit approche plus de la solidité du globe qui a 12 pieds de diametre que le premier produit 905 ÷.

On peut encore se servir d'une autre methode pour trouver la solidité d'une sphere ; cette methode est fondée sur ce que le rapport des spheres est égal à celui des cubes des diametres; elle suppose que l'on connoît la solidité de quelque sphere ; par exemple, celle de la sphere, dont le diametre est de 7 pieds, que l'on trouve par la premiere methode être de 179 pieds, cubiques plus ÷. Cela posé, afin de trouver la solidité d'une sphere de douze pieds, il faut faire une proportion dont le pre-mier terme soit 343 cubes de 7 qui est le diametre de la sphe-re dont on connoît la solidité, le second soit 1728 cubes de 12 qui est le diametre de la sphere dont on cherche la solidité, & le troisiéme terme soit 179 ÷ qui est la solidité de la sphere qui a 7 pieds de diametre ; le quatriéme terme de cette proportion sera la solidité de la sphere dont le diametre est 12. Voici la proportion : 343. 1728 :: 179 ÷ . x = 905 $\frac{49}{343}$ pieds cubiques. Cette fraction $\frac{49}{343}$ est égale à ÷, parce que chacun des numera-teurs 49 & 1 est contenu 7 fois dans son dénominateur.

121. Remarquez que la solidité du globe qui a 12 pieds de diametre est moindre que 905 ÷ & plus grande que 904 $\frac{3}{25}$. nous

en

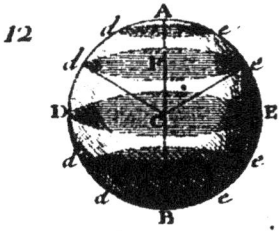

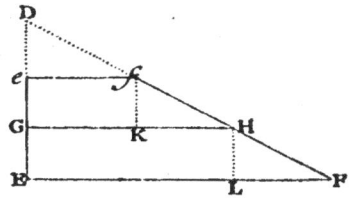

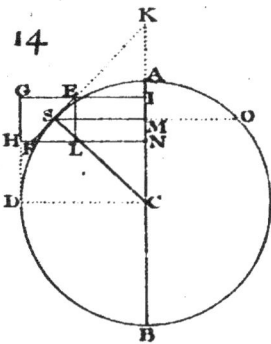

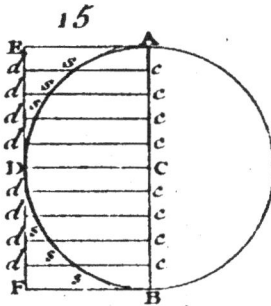

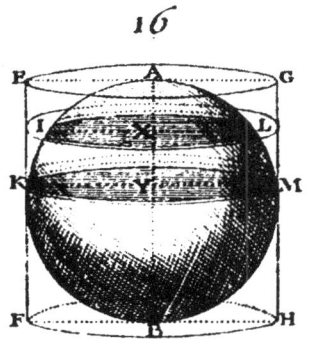

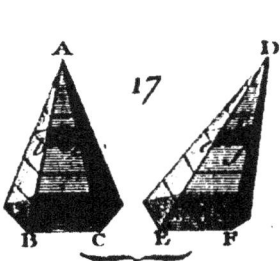

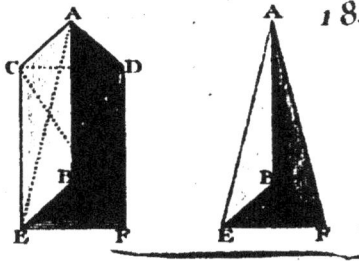

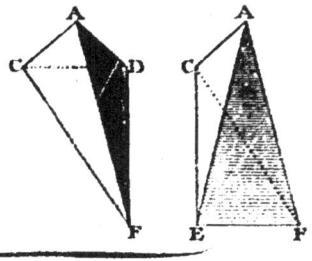

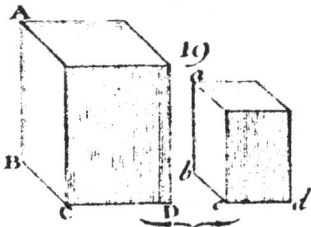

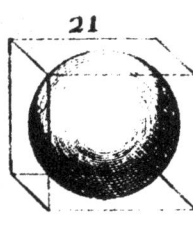

en avons rapporté la raison plusieurs fois en parlant du cercle *. *Liv. 1.
Art. 109.

A
PROBLEME II.

122. *Trouver la solidité d'un prisme, par exemple, d'un ouvrage de maçonnerie qui ait 16 toises 4 pieds 8 pouces de longueur, 2 toises 3 pieds d'épaisseur, & 7 toises 2 pieds de hauteur.*

Réduisez ces trois dimensions à la plus petite espece qui est le pouce, lequel est contenu 12 fois dans le pied & 72 fois dans la toise, parce que la toise vaut six pieds ; vous trouverez que la longueur est de 1208 pouces, l'épaisseur de 180 & la hauteur de 528. Après cette réduction, multipliez ces trois nombres l'un par l'autre, & vous trouverez au produit 114808320 pouces cubiques qui sont la solidité du corps.

Si on veut sçavoir combien ce nombre de pouces cubiques contient de toises cubes, il faut le diviser par 373248, parce que ce dernier nombre étant le cube de 72, marque combien la toise cubique contient de pouces cubiques ; on trouvera au quotient 307, & le reste 221184 qu'il faut diviser par 1728 cubes de 12, afin d'avoir le nombre des pieds cubiques contenus dans ce reste ; le quotient de cette seconde division sera 128 sans aucun reste. Par conséquent 114808320 pouces cubes valent 307 toises cubes & 128 pieds cubes.

Fin des Elemens de Geometrie.

DE LA TRIGONOMETRIE.

LA Geometrie se divise en deux parties, qui sont la Geometrie *speculative* & la *pratique*. La premiere considere les differens rapports de l'étenduë sans proposer aucune regle, soit pour tirer des lignes & faire certaines figures, soit pour mesurer l'étenduë : la seconde partie, qui est la Geometrie-pratique, donne ces sortes de regles & démontre qu'elles sont infaillibles : la premiere consiste toute en theoremes ; la seconde ne propose que des problêmes. On a traité ces deux parties dans les Elemens de Geometrie, en donnant des theoremes & ensuite des problêmes.

La Geometrie-pratique contient trois parties : sçavoir, la *longimetrie*, la *planimetrie*, & la *stereometrie* ; la premiere enseigne à mesurer les lignes, la seconde apprend à mesurer les surfaces, & la troisiéme à mesurer les corps ou solides. Ce que nous avons dit dans les Elemens de Geometrie suffit pour la mesure des surfaces & des solides, en supposant qu'on connoît la longueur des differentes lignes qu'il faut multiplier pour avoir les surfaces & les soliditez : mais il est souvent necessaire de recourir à la *trigonometrie* pour connoître la longueur des lignes.

ART. I.   La Trigonometrie est une partie de la Geometrie, qui enseigne à connoître les côtez & les angles d'un triangle dont on connoît déja deux angles & un côté, ou deux côtez & un angle, ou enfin les trois côtez.

2. Comme il y a des triangles spheriques & des triangles rectilignes, on divise la Trigonometrie en deux parties, dont l'une traite des triangles spheriques ; on l'appelle *trigonometrie-spherique*, & l'autre considere les triangles rectilignes, on l'appelle pour ce sujet *trigonometrie-rectiligne* : la premiere regarde les Astronomes ; la seconde est necessaire dans une infinité d'occasions ; c'est pourquoi nous allons en donner un Traité ; sans parler de la Trigonometrie-spherique qui n'est pas de notre dessein.

Mais comme dans la Trigonometrie on se sert des sinus, des tangentes & des secantes, il est necessaire de traiter au long de ces lignes, dont nous n'avons donné que des notions très-courtes dans les élemens de Geometrie ; & après cela nous expliquerons d'une maniere generale, & par quelques exemples comment on peut trouver ces differentes mesures pour tous les angles & pour les arcs qui leur sont égaux.

3. La methode de trouver ces mesures ; c'est-à-dire, les sinus, les tangentes & les secantes des angles ou des arcs s'appelle *constuction des tables, des sinus, des tangentes & des secantes,* parce qu'après avoir trouvé les sinus des differens angles, on en a construit des tables, dans lesquelles on a placé ces sinus à côté des angles dont ils sont la mesure. On a fait la même chose par rapport aux tangentes & aux secantes.

4. Le sinus d'un arc est une ligne tirée de l'extrêmité de cet arc perpendiculairement sur le rayon ou le diametre qui passe par l'autre extrêmité du même arc : cette ligne est aussi le sinus de l'angle mesuré par l'arc : par exemple, le sinus de l'arc G A est la ligne G H tirée de l'extrêmité G de cet arc perpendiculairement sur le rayon C A, ou le diametre B A qui passe par l'autre extrêmité A du même arc : cette ligne G H est aussi sinus de l'angle G C A dont l'arc G A est la mesure. De même la ligne E F est sinus de l'arc E A & de l'angle E C A. Pareillement la ligne G L est sinus de l'arc G D & de l'angle G C D. *Fig. 1.*

5. Le sinus de l'arc D A qui est le quart de la circonference est le rayon D C tiré de l'extrêmité D perpendiculairement sur le rayon C A qui passe par l'autre extrêmité A de l'arc. Le rayon D C est aussi le sinus de l'angle droit D C A mesuré par l'arc D A ; ainsi le sinus d'un angle droit est le rayon ; on l'appelle *sinus total.*

6. Remarquez que le sinus d'un angle est aussi sinus de son supplement : par exemple, G H est non seulement sinus de l'angle G C A, mais aussi de l'angle G C B qui est le supplement du premier. De même E F est sinus de l'angle E C A & de son supplement E C B. C'est la même chose pour les arcs qui sont les mesures de ces angles ; ensorte que G H est sinus de l'arc G A & du supplement G D B. Pareillement E F est sinus de E A & de E D B.

Cette remarque est une suite de la définition du sinus : car afin d'avoir le sinus de l'angle G C B ou de l'arc G D B, il faut tirer du point G qui est l'extrêmité de l'arc, une perpendiculaire sur le diametre A B lequel passe par l'autre extrêmité de l'arc. Or on ne peut tirer du point G d'autre perpendiculaire sur ce diametre que la ligne G H qui est sinus de l'arc G A ; ainsi la perpendiculaire G H est sinus des deux arcs G A & G D B, ou des angles G C A & G C B qui sont supplement l'un de l'autre.

7. Il paroît donc qu'un angle obtus n'a point d'autre sinus que celui de l'angle aigu qui est son supplement : & de même par rapport aux arcs, celui qui est plus grand qu'un quart de circonference a le même sinus que l'arc qui est son supplement, lequel est moindre que le quart de la circonference.

8. Le sinus d'un angle ou d'un arc étant prolongé jusqu'à la rencontre de la circonference, il en resulte une corde, laquelle est perpendiculaire sur le rayon qui aboutit à l'extrêmité de l'arc : par exemple, si on prolongeoit la ligne G H, sinus de l'arc G A jusqu'à la rencontre de la circonference, ce seroit une corde perpendiculaire au rayon C A. Or je dis que le sinus G H est la moitié de cette corde, & que l'arc G A est aussi la moitié de l'arc soutenu par la corde; car cette corde étant perpendiculaire au rayon C A par l'hypothese, le rayon lui est aussi perpendiculaire, & par consequent la corde & l'arc font chacun coupez en deux parties égales * : donc le sinus G H est la moitié de la corde, & l'arc G A est aussi la moitié de l'arc soutenu par la corde.

Liv. 1. Art. 111.

9. On peut donc dire que le sinus d'un arc est la moitié d'une corde qui soutient un arc double : par exemple, G H sinus de l'arc G A, est la moitié d'une corde qui soutient un arc double de G A. Cette seconde définition du sinus nous servira dans la suite.

10. Remarquez que le sinus d'un arc moindre que le quart de la circonference, devient d'autant plus grand que l'arc augmente : par exemple, le sinus de l'arc E G A est plus grand que celui de l'arc G A ; ensorte que le sinus du quart de la circonference est plus grand que tous les autres ; c'est pour cela qu'on l'appelle sinus total. Quant aux arcs qui surpassent le quart de la circonference, il est visible que si l'on compare deux de ces arcs, comme G D B & E D B, celui qui est le plus grand a un moindre sinus : car ces arcs n'ont point d'autres sinus, que ceux de leurs supplemens. Or le plus grand des deux arcs, sçavoir, G D B, a un moindre supplement que l'autre ; par consequent il a aussi un plus petit sinus ; ainsi lors-

que les arcs furpaſſent le quart de la circonference, les ſinus
ſont d'autant plus petits que les arcs ſont plus grands. Tout
cela doit être appliqué aux angles ; ainſi plus les angles aigus
ſont grands, plus leurs ſinus ſont grands ; & au contraire plus
les angles obtus ſont grands, plus leurs ſinus ſont petits.

11. Mais quoiqu'il ſoit vrai que plus un angle aigu ou l'arc
qui en eſt la meſure eſt grand, plus auſſi ſon ſinus eſt grand,
cependant les ſinus n'augmentent pas dans la même raiſon que
les angles aigus ou leurs arcs ; enſorte que ſi un arc eſt double d'un autre, le ſinus du premier n'eſt pas pour cela double
de celui du ſecond : car nous avons remarqué * que les cordes   *Liv. 2:
ne ſont pas proportionnelles aux arcs qu'elles ſoutiennent. Art. 95.
Or les ſinus ſont moitié des cordes ; par conſéquent les ſinus
ne ſont pas proportionnels à leurs arcs ou à leurs angles.

12. Le ſinus dont nous avons parlé juſqu'à preſent s'appelle *ſinus droit* ; on diſtingue encore une autre eſpece de ſinus
qu'on appelle *ſinus verſe* : pour entendre ce que c'eſt que ce
ſinus, il faut recourir à la premiere définition du ſinus droit :
nous avons dit que le ſinus droit d'un arc étoit une ligne tirée
de l'extrêmité de l'arc perpendiculairement ſur le rayon ou
le diametre qui paſſe par l'autre extrêmité. Or ſi on prend ſur
le diametre la partie compriſe entre le ſinus droit & l'arc,
ce ſera le ſinus verſe de l'arc : par exemple, l'arc G A dont le
ſinus droit eſt G H, a pour ſinus verſe la partie H A du diametre. De même le ſinus verſe de l'arc E G A & de l'angle
E C A eſt la partie F A du diametre.

13. Delà il ſuit que le ſinus droit d'un arc de 90 degrez ou
de l'angle droit, eſt égal à ſon ſinus verſe, parce que l'un &
l'autre eſt rayon du cercle : par exemple, le ſinus droit de l'arc
D A eſt le rayon D C, & ſon ſinus verſe eſt l'autre rayon C A.

14. Nous avons obſervé que le ſinus droit d'un angle aigu
étoit auſſi le ſinus droit de l'angle obtus qui eſt ſon ſupplement : il n'en eſt pas de même du ſinus verſe : par exemple, le
ſinus verſe de l'angle aigu G C A ou de ſon arc G A eſt H A :
mais le ſinus verſe du ſupplement G C B ou de ſon arc GDB
eſt la partie H B compriſe entre le ſinus droit & l'arc G D B.

Lorſqu'on parle du ſinus d'un angle ou d'un arc, ſans ſpe-
cifier le ſinus droit ou le ſinus verſe, il faut toujours entendre
le ſinus droit.

Nous allons donner les notions des tangentes & des ſecantes.

Fig. 2.

15. Une ligne, comme A F, tirée perpendiculairement de l'extrêmité du rayon C A & terminée de l'autre côté par le rayon prolongé C H F, est appellée *tangente* de l'arc A H compris entre ces deux rayons, ou de l'angle A C H ; le rayon prolongé C H F, terminé par la tangente, est appellé *secante* du même arc & du même angle. Pareillement A E est tangente de l'angle A C E, & de l'arc A G ; & C E en est la secante.

16. Pour avoir la tangente de l'angle droit A C D, il faudroit prolonger le rayon C D & la tangente A F, jusqu'à ce que ces deux lignes se rencontrassent : mais comme elles sont toutes les deux perpendiculaires au rayon C A, elles ne se rencontreroient jamais ; c'est pourquoi la tangente d'un angle droit, ou de son arc est infinie. Par la même raison la secante de l'angle droit est aussi infinie.

17. Comme le sinus d'un angle est aussi sinus de son supplement, de même la tangente d'un angle ou d'un arc est aussi tangente de son supplement ; ensorte qu'un angle obtus, tel que H C B, n'a pas d'autre tangente que celle de l'angle aigu qui est son supplement. Il faut dire la même chose des secantes.

Fig. 3.

18. Dans un triangle rectangle, comme C A B, si on prend un des côtez de l'angle droit pour rayon du cercle, l'autre côté de l'angle droit est la tangente de l'angle opposé, & l'hypotenuse est la secante du même angle : par exemple, si on prend le côté B A pour rayon, ensorte qu'on conçoive un arc décrit du point B comme centre, & de l'intervalle du côté B A ; il est évident que l'autre côté A C de l'angle droit est la tangente de l'angle B ; & que l'hypotenuse B C est la secante du même angle. Pareillement si on prend le côté C A pour rayon du cercle, & que l'on conçoive un arc décrit du point C, & de l'intervalle C A, l'autre côté A B sera la tangente de l'angle C, & l'hypotenuse C B sera la secante du même angle.

19. Remarquez qu'il ne s'ensuit pas de ce que nous venons de dire que deux angles differens, tels que B & C, ayent la même secante. Il est bien vrai que nous avons dit que l'hypotenuse B C ou C B étoit secante de l'un & de l'autre de ces deux angles ; mais c'est en supposant differens rayons ; sçavoir, B A & ensuite C A. Or il est évident que si l'on suppose les deux lignes B A & C A divisées en un égal nombre de par-

ties aliquotes, celles de B A seront plus petites que celles de C A, & par conséquent l'hypotenuse B C contiendra plus de parties du rayon B A, qu'elle n'en contiendra du rayon C A.

C'est pourquoi la ligne B C aura un plus grand nombre de parties étant sécante de l'angle B, que si elle étoit sécante de l'angle C; ensorte que si l'angle B est, par exemple, de 55 degrez, & l'angle C de 35; on trouvera en supposant le rayon divisé en 1000000 parties égales que l'hypotenuse CB contiendra 17434468 considerée comme sécante de l'angle B; & qu'elle n'en contiendra que 12207746 étant regardée comme sécante de l'angle C : cela paroît par les tables des sinus.

Quoique notre dessein ne soit pas d'entrer dans les calculs des sinus, des tangentes, & des sécantes; cependant nous ferons les réflexions & les remarques suivantes, tant pour en faire connoître l'usage, que pour faire concevoir d'une maniere generale comment on peut découvrir ces mesures des angles par le moyen du calcul.

20. On suppose le sinus total ou le rayon de quelque cercle que ce soit, grand ou petit, divisé en 100000, ou même en 1000000 parties égales, ensorte que l'on conçoit le rayon d'un petit cercle divisé en autant de parties que le rayon d'un grand cercle; de même que l'on suppose la circonference de tout cercle divisé en 360 degrez; & on cherche ensuite combien les autres sinus qui sont tous moindres que le sinus total, contiennent de parties égales à celles du rayon.

21. Puisque le rayon de tout cercle est divisé en autant de parties égales, il faut que les parties d'un petit rayon soient moindres que les parties d'un grand : c'est pourquoi les tables des sinus dans lesquelles on trouve combien chaque sinus contient de parties à proportion du rayon, ne font pas connoître la grandeur absoluë de ces sinus; mais seulement leur grandeur relative; c'est-à-dire, le rapport qu'ils ont entr'eux : par exemple, quoique l'on trouve que le sinus d'un angle de 30 degrez, soit de 50000 parties, comme nous l'allons voir, en supposant le rayon divisé en 100000 parties, on ne sçait pas pour cela quelle est la grandeur réelle de ce sinus; ensorte qu'on puisse dire qu'il a trois pieds, quatre pieds, &c. Mais on sçait quel est son rapport avec les autres sinus; on connoît, par exemple, que le sinus de 30 degrez est la moitié du sinus de

l'angle droit ; puiſque le premier eſt de 50000 parties, & l'auꞏ tre de 100000. Il en eſt des ſinus comme des arcs : on ne connoît pas la grandeur abſoluë des arcs, quoique l'on connoiſſe le nombre des degrez qu'ils contiennent ; ainſi, quoique l'on ſçache qu'un arc eſt de 20 degrez, on ne ſçait pas pour cela combien il a de pouces ou de pieds, à moins que l'on ne connoiſſe d'ailleurs la grandeur abſoluë de la circonference.

22. Mais quoiqu'on ne connoiſſe pas la grandeur abſoluë des ſinus, cela n'empêche pas qu'on ne puiſſe trouver la grandeur abſoluë des côtez d'un triangle dont on connoît un côté & les angles : car ſi dans un triangle on connoît deux angles & un côté, on trouvera les ſinus des angles par les tables. Or les ſinus ſont proportionnels aux côtez oppoſez aux angles, comme nous le ferons voir ; par conſequent ſi le ſinus de l'angle oppoſé au côté connu eſt le double de l'autre ſinus, le côté connu ſera auſſi le double du côté cherché : ainſi ſi le côté connu eſt de 50 toiſes, le côté qu'on cherche ſera de 25 toiſes. Il faut dire la même choſe des tangentes & des ſecantes. Ces réflexions ſuffiſent afin de faire connoître l'uſage des ſinus : nous allons à preſent en faire quelques autres, & donner quelques remarques, pour faire concevoir comment on peut découvrir ces ſinus.

23. Il eſt évident que les cordes font connoître les ſinus, puiſque la moitié d'une corde eſt toujours le ſinus de la moitié de l'arc ſoutenu par la corde * ; c'eſt pourquoi afin de trouver les ſinus, on cherche les cordes des differens arcs.

*9.

24. On voit d'abord que le ſinus d'un angle ou d'un arc de 30 degrez contient 50000 parties : car la corde de l'arc de 60 degrez, qui eſt un côté de l'exagone regulier inſcrit, eſt égal au rayon, comme on l'a démontré * ; par conſequent cette corde contient 100000 parties. (nous ſuppoſons ici le rayon diviſé ſeulement en 100000, parties égales) Or le ſinus de 30 degrez eſt la moitié de cette corde ; ainſi il contient 50000 parties.

* Liv. 2. Art. 97.

25. Remarquez que le theoreme fondamental touchant le quarré de l'hypotenuſe eſt d'un grand uſage dans la conſtruction des tables des ſinus & dans la Trigonometrie, puiſque par ce theoreme on peut toujours connoître le troiſiéme côté d'un triangle rectangle, lorſqu'on connoît les deux autres côtez ; car ſi on connoît les deux côtez qui comprennent l'angle droit,

droit, pour lors, afin de connoître l'hypotenuse, il faut prendre les deux quarrez de ces côtez, & les ajoûter enfemble,
pour en faire une fomme, de laquelle tirant la racine quarrée,
on aura l'hypotenufe cherchée : mais fi on connoiffoit l'hypotenufe & un des côtez qui forment l'angle droit, il faudroit
ôter le quarré de ce côté, du quarré de l'hypotenufe, & tirer enfuite la racine quarrée du refte ; cette racine feroit l'autre côté de l'angle droit. Suppofons donc que dans le triangle
C A B, le côté C A foit de 3 pieds, & l'autre côté A B de 4 ;
les quarrez de ces nombres font 9 & 16, qui ajoûtez enfemble font 25 : la racine quarrée de cette fomme qui eft 5, fait
connoître que l'hypothenufe C B eft de 5 pieds. Si l'hypotenufe C B étoit connuë avec un des côtez de l'angle droit tel
que C A, enforte que C B eut 5 pieds & C A en eut 3, il faudroit ôter 9 quarré de 3, 25 quarré de 5 ; & le refte 16
feroit le quarré de l'autre côté A B ; ainfi le côté A B feroit de
4 pieds, parce que 4 eft la racine quarrée de 16.

Fig. 4.

26. Il arrive prefque toujours qu'on ne peut faire exactement l'extraction de la racine quarrée ; parce qu'il refte ordinairement quelque chofe après l'opération ; de-là vient que la
plûpart des finus, tels qu'on les trouve dans les tables, ne font
pas abfolument exacts : mais pour rendre l'erreur infenfible,
on a fuppofé le rayon divifé en un grand nombre de
parties : ce nombre eft ordinairement 10000000. Or
il eft facile de faire voir par un exemple, que quand on
ne peut tirer exactement la racine, l'erreur eft moindre à proportion, lorfqu'on opere fur un grand nombre, que lorfqu'on
opere fur un petit. Suppofons qu'on veüille tirer la racine quarrée
de 10150 & celle de 22, on trouvera que celle de 10150 eft
100, & que celle de 22 eft 4 : mais ni l'une ni l'autre de ces
racines n'eft exacte, il s'en faut à peu près une unité. Or il eft
évident que 1 eft moindre par rapport à 100 que par rapport à 4.

27. La remarque de l'article 25 fert à trouver par le calcul
le finus d'un arc, lorfque l'on connoît le finus du complement
de cet arc : par exemple, connoiffant G H finus de l'arc
G A, qu'on fuppofe être de 30 degrez, voici comme je
fais pour trouver G L qui eft le finus de l'arc G D complement du premier arc G A : dans le triangle rectangle C L G,
je connois deux côtez ; fçavoir, l'hypothenufe C G qui eft un
rayon que je fuppofe de 100000 parties & le côté C L égal au

Fig. 1.

Z

finus G H qui eft de 50000 parties ; par conféquent fi du quarré de l'hypotenufe 100000, j'ôte le quarré de 50000, le refte fera le quarré du finus G L ; donc en tirant la racine quarrée de ce refte, on aura le finus G L.

28. La même remarque peut encore fervir à faire voir comment on trouve par le calcul les tangentes & les fecantes des arcs dont on connoît les finus. Soit l'arc A D dont il faut trouver la tangente A B & la fecante C B, en fuppofant que l'on connoît le finus D E. Je confidere que dans le triangle rectangle C E D, on connoît deux côtez ; fçavoir, le rayon C D qui eft l'hypotenufe, & le finus E D ; par conféquent on trouvera facilement le troifiéme côté C E. Après quoi confidérant que ce triangle rectangle C E D eft femblable au triangle rectangle C A B à caufe de l'angle C qui eft commun, ie ferai la proportion fuivante, C E . C A : : D E . A B, dont les trois premiers termes étant connus, je connoîtrai le quatriéme par la regle de trois. On connoîtra la fecante C B en faifant cette autre proportion C E . C A : : C D . C B, dont les trois premiers termes font auffi connus, puifque C D eft égal à C A.

On a des tables des finus, des tangentes & des fecantes qui ont été faites & imprimées avec beaucoup d'exactitude ; telles font celles de M. Ozanam de l'année 1685. Il ne nous refte plus que de montrer aux Commençans par quelques exemples, la maniere dont on fe fert de ces tables.

29. Pour cela il faut obferver, que la quantité des degrez eft marquée au haut de chaque page, & que les minutes font dans la premiere colomne à la gauche ; cela pofé, fi on cherche le finus d'un angle de 36 deg.18 minutes, il faut aller à la page au haut de laquelle on trouve 36 ᵈ, & chercher dans la feconde colomne qui eft celle des finus, quel eft le nombre qui répond à la dix-huitiéme minute, on trouve que c'eft 59201. 32: ce nombre eft le finus d'un angle, ou d'un arc de 36 ᵈ 18 ᵐ, la tangente du même angle eft le nombre 73457.30 qui répond auffi à la dix-huitiéme minute dans la troifiéme colomne. Enfin la fecante de cet angle, eft le nombre 124080. 52 qui répond encore à la dix-huitiéme minute dans la quatriéme colomne.

30. L'exemple qu'on vient de donner, fait voir comment par le moyen des tables, on peut trouver le finus d'un angle connu : mais il eft encore néceffaire de fçavoir comment on

trouve un angle dont on connoît le finus ; fuppofez, par exemple, qu'on ait le finus 64312. 36, & qu'on veüille fçavoir de quel angle il eft finus ; il faut chercher ce nombre dans les colomnes des finus, comme on cherche les mots dans un Dictionnaire ; on trouvera qu'il répond à la fixiéme minute dans la page, au haut de laquelle eft marqué le quarantiéme degré ; par conféquent ce nombre eft le finus d'un angle de 40 « 6 minutes ; c'eft la même chofe pour les tangentes & les fecantes.

31. Remarquez que les finus vont toujours en augmentant dans la page qui eft à gauche, au lieu qu'ils vont en diminuant dans la page qui eft à droite. Cela vient de ce que l'on a mis dans cette derniere page les angles qui font les complemens de ceux de la premiere ; par exemple, l'angle de 75 « 20 minutes fe trouve dans une page à la droite vis-à-vis de l'angle de 14 « 40 minutes qui eft à la page à gauche. Or les angles augmentant toujours dans la page à gauche, il eft néceffaire que les angles qui font marquez à la page à droite, & qui font les complemens des premiers, aillent toujours en diminuant ; & par conféquent leurs finus vont auffi en diminuant. Il faut dire la même chofe des tangentes & des fecantes.

32. Remarquez encore que le point qui eft avant les deux derniers chifres des finus, des tangentes & des fecantes, marque que l'on peut retrancher ces deux derniers caracteres fans erreur fenfible ; enforte que les chifres qui reftent après le retranchement des deux derniers, expriment les finus, les tangentes & les fecantes, en fuppofant le rayon de 100000 parties, au lieu que dans les tables on l'a fuppofé de 10000000, lequel nombre contient deux chifres de plus que 100000. Mais il faut prendre garde que fi on retranche les deux chifres d'un finus, on doit auffi retrancher les deux chifres des autres finus, tangentes & fecantes que l'on employe dans la même proportion ou dans la même opération.

Après tout ce que nous avons dit fur les finus, les tangentes & les fecantes, il ne fera pas difficile d'entendre ce que nous avons à dire fur la Trigonometrie rectiligne qui eft entierement fondée fur trois Theoremes que nous allons démontrer, & enfuite nous expoferons les Problêmes generaux, dont les problêmes particuliers pour mefurer des longueurs telles que font la diftance & la hauteur des objets, ne font que des applications.

Pour abréger le difcours , nous marquerons dans la fuite les finus des angles dont nous parlerons , en mettant un S devant les lettres qui défigneront les angles : par exemple , au lieu d'écrire le finus de l'angle B A C, nous écrirons S B A C; fi l'angle n'eft défigné que par une feule lettre comme A, on écrira S A pour fignifier le finus de l'angle A.

THEOREME I.

33. *Dans tout triangle , les finus des angles font entr'eux comme les côtez oppofez à ces angles.*

Fig. 5: Soit le triangle B A C que je fuppofe infcrit dans un cercle (ce qui eft toujours poffible,) je dis que le côté A B eft au côté A C, comme le finus de l'angle C oppofé au côté A B eft au finus de l'angle B oppofé au côté A C, ou *alternando* A B . S C :: A C . S B.

DEMONSTRATION.

L'angle C étant infcrit , a pour mefure la moitié de l'arc AB fur lequel il eft appuyé. Or le finus de la moitié de l'arc A B eft la moitié de la corde A B * : donc cette moitié de corde eft auffi le finus de l'angle C oppofé au côté A B. Pareillement l'angle B a pour mefure la moitié de l'arc A C. Or le finus de la moitié de l'arc A C eft la moitié de la corde A C : donc la moitié de cette corde eft auffi le finus de l'angle B; par conféquent les finus des angles font les moitiez des côtez oppofez. Or les moitiez font comme les tous: donc A B . A C :: S C . S B, ou , ce qui eft la même chofe , S C . S B :: A B . A C. On démontreroit de la même maniere , que A B B C :: S C . S A , & que A C . B C :: S B . S A, ou *alternando* , A B . S C :: B C . S A, & A C . S B :: B C . S A.

LEMME I.

34. *Lorfque deux quantitez font inégales , la plus grande eft égale à la moitié de la fomme , plus à la moitié de la différence ; & la plus petite eft égale à la moitié de la fomme moins la moitié de la différence.*

Si on a , par exemple , deux nombres ; dont la fomme foit 40 , & la différence foit 8, le plus grand de ces deux nombres eſt égal à la moitié de 40, plus à la moitié de 8, ces deux moitiez ſont 20 + 4 = 24, & le plus petit des deux nombres eſt égal à la moitié de la ſomme moins la moitié de la différence, c'eſt-à-dire, à 20 — 4 = 16.

Pour démontrer cette propoſition, nous ſuppoſerons deux lignes inégales jointes enſemble, comme A B & B D, qui peuvent repréſenter toutes ſortes de grandeurs inégales. Ayant partagé A D en deux parties égales au point C, & pris A E = B D. 1°. Il eſt évident que A D eſt la ſomme des lignes A B & B D. 2°. A C ou C D eſt la moitié de cette ſomme. 3°. E B eſt la différence ou l'excès de A B ſur A E. Or par l'hypotheſe A E = B D : donc E B eſt auſſi la différence de A B & de B D. 4°. C E ou C B eſt la moitié de la différence E B; car les deux lignes A C & C D étant égales, ſi on retranche les parties égales A E & B D, les reſtes C E & C B doivent être égaux, & par conſéquent ils ſont chacun la moitié de la différence E B. Cela poſé, il eſt facile de faire voir 1°. que la plus grande des deux lignes propoſées, ſçavoir A B, eſt égale à la moitié de la ſomme, plus la moitié de la différence, 2° que la plus petite qui eſt B D eſt égale à la moitié de la ſomme moins la moitié de la différence.

Fig. 6.

DEMONSTRATION.

I. PARTIE. A B = A C + C B. Or A C eſt la moitié de la ſomme des lignes A B & B D, & C B eſt la moitié de leur différence E B : donc A B eſt égale à la moitié de la ſomme plus la moitié de la différence.

II. PARTIE. B D = C D — C B. Or C D eſt la moitié de la ſomme, & C B eſt la moitié de la différence. Par conſéquent B D eſt égale à la moitié de la ſomme moins la moitié de la différence. Ce qu'il fal. dem.

COROLLAIRE.

35. C B eſt l'excès de C D ſur B D; c'eſt-à-dire, que C B eſt l'excès de la moitié de la ſomme des deux lignes A B & B D ſur la plus petite. Or on vient de voir que cet excès C B eſt la moitié de la différence de ces deux lignes; on peut donc dire en général que l'excès de la moitié de la ſomme de deux grandeurs ſur la plus petite, eſt la moitié de leur différence.

LEMME II.

Fig. 7.

36. *Dans tout triangle, comme* B A C, *si on prolonge vers* D *le côté* A B, (*je le suppose plus grand que l'autre côté de l'angle* A;) *ensorte que* AD *soit égal à l'autre côté* AC, *& qu'on joigne les deux points* D *&* C *par la ligne* DC, *afin d'avoir le triangle isocele* D A C; *si ensuite on tire du sommet* A *de ce triangle, la perpendiculaire* AF *sur la base* DC; *je dis* 1º. *que* FD *est la tangente de la moitié de la somme des angles* B *&* C *opposez aux côtez* AC *&* AB. *Par exemple, si les deux angles* B *&* C *pris ensemble valent* 116 *degrez, la ligne* F D *sera la tangente d'un angle de* 58 *degrez.* (58 *est la moitié de la somme* 116)

Car l'angle CAD est extérieur par rapport aux angles B&C du triangle BAC; par conséquent, il est égal à ces deux angles pris ensemble *; mais cet angle CAD est partagé en deux parties égales par la perpendiculaire AF *: donc l'angle DAF est la moitié de la somme des angles B & C. Or la ligne FD perpendiculaire sur AF est la tangente de cet angle, comme il paroîtra en décrivant l'arc FG du centre A, & de l'intervalle AF; donc la ligne F D est la tangente de la moitié de la somme des angles B & C.

Si on tire encore la ligne AE *parallele à* BC *base du triangle* BAC; *je dis* 2º. *que* F E *est la tangente de la moitié de la différence des mêmes angles* B *&* C. Par exemple, si la différence des angles B & C est 34 degrez, la ligne F E sera la tangente d'un angle de 17 degrez.

Car l'angle DAF est égal à la moitié de la somme de ces deux angles, comme on vient de le prouver; d'ailleurs l'angle DAE est égal au plus petit des mêmes angles, sçavoir, à l'angle B, à cause des lignes AE & BC qui sont supposées paralleles; donc l'angle EAF qui est l'excès de l'angle D AF sur DAE,

est la moitié de la différence des angles B & C *; or la tangente de cet angle EAF, est la ligne droite FE perpendiculaire sur le rayon A F de l'arc F G; donc F E est la tangente de la moitié de la différence des angles opposez, B & C.

T H E O R E M E II.

Fig. 7.

37. *Dans tout triangle, comme* B A C, *la somme de deux côtez, tels que* A B *&* A C *est à leur différence, comme la tangente de la*

moitié de la somme des angles C & B opposez aux deux côtez, est à la tangente de la moitié de la différence de ces angles.

Suppoſant les lignes tirées comme dans le ſecond Lemme, il faut encore mener du point F la ligne F H parallele à BC baſe du triangle propoſé B A C. Cela poſé :

1°. Il eſt évident que D B eſt égale à la ſomme des côtez AB & A C, puiſque par la conſtruction A D = A C. 2°. Le double de AH eſt égal à la différence des côtez AB & AC ou A D: car la ligne A F étant perpendiculaire ſur DC baſe du triangle iſocele D A C, elle coupe cette baſe en deux parties égales au point F * ; par conſéquent la ligne F H coupe auſſi DC en deux *Liv. 2: parties égales, puiſqu'elle eſt tirée du point F ; donc cette ligne Art. 24. F H étant parallele à la baſe B C de l'angle B D C, il faut auſſi qu'elle diviſe également l'autre côté D B de cet angle* ; par *Liv. 1: conſéquent D H eſt la moitié de D B, c'eſt-à-dire, de la ſomme Art. 154. des côtez A B & A C ou A D. Or A H eſt l'excès de D H ſur & 166. le petit côté A C ou A D; donc par le Corollaire *du premier *35. Lemme, A H eſt la moitié de la différence des côtez A B & A C; donc le double de A H eſt la différence entiere de ces côtez.

Ainſi DB eſt la ſomme des côtez AB & AC; le double de A H eſt la différence de ces côtez: d'ailleurs on a fait voir dans le ſecond Lemme, que FD eſt la tangente de la moitié de la ſomme des angles C & B oppoſez aux deux côtez, & que FE eſt la tangente de la moitié de la différence de ces angles. Il faut donc prouver que D B eſt au double de A H, comme F D eſt à F E.

DEMONSTRATION.

L'angle H D F ayant deux baſes paralleles, ſçavoir AE & FH par la ſuppoſition, on a la proportion *D H . A H :: F D . FE ; par conſéquent ſi on double les deux premiers termes de la premiere *Liv. 1: raiſon, la proportion ſubſiſtera toujours ; on aura donc la pro-Art. 154. portion, le double de DH qui eſt DB, eſt au double de AH :: FD. FE. C'eſt-à-dire que la ſomme des côtez A B & A C eſt à leur différence, comme la tangente de la moitié de la ſomme des angles B & C eſt à la tangente de la moitié de leur différence. Ce qu'il fal. dem.

THEOREME III.

Fig. 8.

38. *Dans un triangle, comme* BAC, *le grand côté* BC *est à la somme des deux autres* AB *&* AC, *comme la différence de ces deux est à la différence des parties du grand côté divisé par la perpendiculaire* AD *tirée de l'angle opposé* A.

Du point A comme centre & de l'intervalle du moindre côté A C décrivez une circonférence, & prolongez le côté A B au de-là du point A, jusqu'à la rencontre de la circonférence. 1° Le petit côté A C étant égal à la ligne A F, parce que ce sont des rayons du même cercle, il s'ensuit que la ligne B F est égale à la somme des côtez AB & AC. En second lieu BG est la différence des côtez A B & A C, parce que le petit côté AC est égal à A G. Enfin la perdiculaire A D coupant la corde E C en deux parties égales au point D*, il est évident que B E est la différence des parties B D & DC du grand côté BC. Il faut donc prouver que le grand côté BC est à BF somme des deux autres, comme leur différence BG est à BE différence des deux parties du grand côté : ce qui se réduit à cette proportion BC. BF :: B G, BE.

* Liv. 1. Art. 111.

DEMONSTRATION.

Considérez que les deux lignes B C & B F sont deux secantes extérieures, qui sont tirées du même point B; par conséquent la secante BC & sa partie BE hors du cercle, sont réciproques à l'autre secante BF & à la partie BG hors du cercle*. On a donc la proportion BC.BF :: BG . BE. Ce qu'il fal. dem.

* Liv. 1. Art. 170.

39. De ces trois theoremes, nous allons déduire quatre problêmes generaux, desquels dépend la pratique de la Trigonometrie & de l'arpentage. Ces quatre problêmes répondent à quatre theoremes sur la comparaison de deux triangles que nous avons démontré * égaux, lorsque de ces cinq choses, sçavoir, trois côtez & deux angles, il y en a trois dans un triangle égales aux trois correspondantes d'un autre triangle. Or puisque trois de ces cinq choses ne peuvent être égales dans deux triangles, à moins qu'ils ne soient égaux, il s'ensuit que ces trois choses; c'est-à-dire, ou deux angles & un côté, ou deux côtez & un angle, ou enfin les trois côtez déterminent un triangle; c'est pourquoi connoissant deux angles & un côté, ou deux côtez

* Liv. 1. Art. 27, 29, 30 & 33.

&

& un angle, ou les trois côtez d'un triangle, on peut connoître tout le reste. Nous en allons donner la methode dans les
quatre problèmes suivans.

40. Il faut neanmoins observer que si on ne connoît que
deux côtez & un angle aigu opposé à un de ces côtez, on ne
peut trouver le reste du triangle, parce que deux triangles peuvent être inégaux, quoique ces trois choses soient
égales dans les deux triangles; c'est pourquoi pour rendre
les triangles égaux dans ce cas, il faut y ajouter une quatrième condition marquée dans le sixième theoreme sur les
triangles*.

*Liv. 1.
Art. 30.

PROBLÈME I.

*41. Connoissant deux angles & un côté d'un triangle, trouver les
deux autres côtez.*

Soit le triangle B A C dont on connoisse les deux angles B
& C, & le côté B C. Pour trouver les deux autres côtez A B
& A C, considerez d'abord, que puisqu'on connoît deux angles de ce triangle, on connoîtra facilement le troisième, qui
avec les deux autres vaut 180 degrez : ensuite cherchez le
sinus de chacun de ces angles dans la table des sinus, & faites la proportion suivante fondée sur le premier theoreme : le
sinus de l'angle A est au côté B C, comme le sinus de l'angle
C est au côté A B; laquelle proportion se marque en cette
maniere S A . B C :: S C . A B. Or les trois premiers termes
de cette proportion sont connus; par conséquent on pourra
trouver le quatrième qui est le côté A B.

Pour avoir le côté A C, il faut faire la proportion suivante,
S A . B C :: S B . A C, dont les trois premiers termes sont aussi
connus.

A la place de ces deux proportions, on peut prendre leurs
alternes qui sont S A . S C :: B C . A B, & S A . S B :: B C . A C.

Si on suppose l'angle B de 45 degrez 24 minutes, & l'angle C de 71 degrez 42 minutes, l'angle A sera necessairement de 62 degrez 54 minutes. Si on suppose aussi le côté
B C de 30 toises, la proportion S A . B C :: S C . A B marquée
dans le problème, se réduira à celle-ci 89021 . 30 :: 94942 . x,
dont le premier terme 89021 est le sinus de l'angle A ; le second 30 est le côté B C supposé de 30 toises; le troisième

Fig. 9.

A a

terme 94942 est le sinus de l'angle C ; enfin le quatriéme terme x represente le côté AB qu'il faut chercher par la regle de trois. Or en faisant cette regle, on trouve pour quotient 31 plus $\frac{33621}{35621}$: cette fraction vaut presque un entier, c'est-à-dire, une toise, à cause que le numerateur est presque égal au dénominateur : ainsi le côté AB contient environ 32 toises.

Dans cette proportion, 89021.30::94942.x, nous avons pris les deux nombres 89021 & 94942 pour les sinus des angles A & C, quoique dans les tables on trouve ces sinus marquez par 89021.28 & 94942.55 ; ensorte que nous avons retranché les deux derniers caracteres de chacun de ces sinus : c'est ce que l'on peut toujours faire sans une erreur sensible, comme nous l'avons dit *.

* 32.

42. On peut observer pour plus grande exactitude, que quand les deux chiffres retranchez valent plus de 50, il faut ajouter une unité au reste : par exemple, dans la proportion précedente, en supposant l'angle C exactement de 71 deg. 42 min. il auroit été mieux de mettre 94943 à la place de 94942, parce que les deux chiffres retranchez qui sont 55, sont plus grands que 50 : mais en supposant que l'angle A a précisément 62 deg. 54 min. on ne pourroit prendre 89022 au lieu de 89021, parce que les deux chiffres retranchez ; sçavoir 28, sont moindres que 50.

43. Remarquez que si un angle étoit obtus, par exemple, de 120 degrez, on ne trouveroit pas cet angle dans la table ; c'est pourquoi pour avoir le sinus de cet angle, il faudroit chercher son supplement qui est l'angle de 60 degrez, lequel a le même sinus que l'angle dont il est supplement, comme on l'a fait voir *.

* 7.

44. Remarquez encore que si on veut que le terme cherché soit le second extrême, ou le quatriéme terme de la proportion, il faut, lorsqu'on cherche un côté, commencer la proportion par le sinus de l'angle opposé à un côté connu ; & si on cherche un sinus, il faut commencer la proportion par le côté opposé à un angle connu ; c'est pourquoi, comme il s'agissoit dans le problême précedent de connoître un côté, nous avons commencé la proportion par le sinus de l'angle A, dont la base ou le côté opposé BC étoit supposé connu.

PROBLEME II.

45. *Connoiffant deux côtez d'un triangle & l'angle compris entre ces côtez, trouver les deux autres angles & le troifiéme côté.*

Soit le triangle B A C dont on connoiffe le côté A B, le côté A C & l'angle A compris entre ces côtez. Afin de trouver les deux angles B & C, il faut faire la proportion fuivante qui a été démontrée dans le fecond theoreme: la fomme des cotez connus A B + A C eft à leur difference, comme la tangente de la moitié de la fomme des angles C & B, eft à la tangente de la moitié de la difference de ces angles. Dans cette proportion les trois premiers termes font connus, par confequent on trouvera le quatriéme qui eft la tangente de la moitié de la difference des angles B & C ; cette tangente fera connoître, par le moyen des tables, l'angle qui eft la moitié de la difference des angles inconnus. Or en ajoutant cet angle à la moitié de la fomme des angles inconnus, on aura par le premier lemme*, l'angle C qui eft le plus grand ; & en ôtant ce même angle de la moitié de la fomme, on aura l'angle B qui eft le plus petit des angles inconnus : après cela il faudra chercher le côté B C par la methode du premier problême.

Fig. 9.

* 37.

* 34.

Si on fuppofe le côté A B de 32 toifes, le côté A C de 24, & l'angle A de 62 degrez 54 minutes, il eft clair que la fomme des deux angles inconnus eft de 117 degrez 6 minutes, dont la moitié eft 58 degrez 33 minutes. En cherchant dans les tables la tangente de ce dernier angle , on trouve qu'elle eft de 163505.28. Je fais donc la proportion énoncée dans le problême: 32 + 24.32   24 :: 163505.x, ou bien 56.8 :: 163505.x : le 4ᵉ terme de cette proportion eft 23357 ⁺³⁄₁₆.

La tangente que l'on trouve dans les tables la plus approchante de ce 4ᵉ terme eft 23362, dont l'angle eft 13 deg. 9 min. Si donc on ajoute cet angle qui eft la moitié de la difference des angles inconnus à la moitié de la fomme, qui eft 58 deg. 33 min. on aura l'angle C qui fera de 71 degrez 42 min. & fi on ôte 13 deg. 9 min. de 58 deg. 33 min. on aura le petit angle B de 45 deg. 24 min. Enfuite pour trouver le côté B C, on pourra faire cette proportion S B . A C :: S A . B C, ou bien cette autre S C . A B :: S A . B C.

46. Remarquez que fi les deux côtez qui comprennent l'an-

A a ij

gle connu étoient égaux, les angles opposez à ces côtez seroient aussi égaux; ainsi, puisqu'on connoît la somme de ces
deux angles, on connoîtroit aussi chaque angle en particulier
indépendamment de la proportion marquée dans le problème:
par exemple, si les côtez étant égaux, l'angle qu'ils comprennent étoit de 50 degrez, la somme des autres qui seroient
égaux entr'eux, seroit de 130 degrez; & par conséquent chacun de ces deux angles vaudroit 65 degrez.

PROBLEME III.

*47. Connoissant deux côtez d'un triangle & l'angle opposé à un
de ces côtez, & de plus sçachant de quelle espece est l'angle opposé à
l'autre côté, trouver les deux angles inconnus & le troisième côté.*

Fig. 9.

Soit le triangle A B C dont on connoisse les deux côtez A B & A C, & l'angle B opposé au côté connu A C,
& que l'on sçache aussi de quelle espece est l'angle C opposé à l'autre côté connu A B; c'est-à-dire, que l'on
connoisse s'il est aigu ou obtus, sans qu'il soit necessaire de
sçavoir combien de degrez il contient, (s'il étoit droit pour
lors les trois angles seroient connus). Pour trouver combien
cet angle C contient précisément de degrez, il faut faire la
proportion suivante fondée sur le premier theoreme: A C . S B : :
A B . S C, les trois premiers termes de cette proportion sont
connus par l'hypothese; ainsi on pourra trouver le quatrième
qui est le sinus de l'angle C. Ce sinus peut convenir également à un angle aigu, & à un angle obtus qui est son supplément*; mais comme l'espece de l'angle C est déterminée par
l'hypothese, on sçaura si l'angle C est l'angle aigu qui répond
au sinus trouvé; ou si c'est l'angle obtus qui est son supplement.
On connoîtra donc deux angles dans le triangle, sçavoir,
l'angle B & l'angle C; par conséquent on sçaura la valeur du
troisième; enfin on trouvera le troisième côté B C par le premier problème.

* 7.

Si on suppose le côté A B de 32 toises, le côté A C de 24,
& l'angle B de 45 degrez 24 minutes & que l'angle C soit
aigu, la proportion A C . S B : : A B . S C; se réduira à celle-ci:
24.71203::32.x. Le quatrième terme de cette proportion est
94937 + $\frac{1}{11}$ ou $\frac{1}{7}$: ce nombre 94937 est moindre que 94942
sinus de 71 deg. 42 min. mais comme il n'en diffère pas beau-

coup, il s'enfuit que l'angle C qui a pour finus 94937 $\frac{1}{11}$ eſt environ de 71 deg. 42 min. comme on l'a ſuppoſé dans le premier problême. D'ailleurs par la ſuppoſition l'angle B eſt de 45 deg. 24 min. par conſequent l'angle A vaut à peu près 62 deg. 54 min.

A preſent, afin de trouver le côté B C, il faut faire la proportion, SB.AC::SA.BC,qui ſe réduit à celle-ci, 71203.24:: 89021.x, dont on trouvera que le quatriéme terme eſt $30+\frac{444}{71101}$: ainſi le côté B C ſera de 30 toiſes, plus la fraction $\frac{444}{71101}$ qui peut être negligée, parce que le numerateur ne contient qu'une très-petite partie du dénominateur.

Mais ſi les deux côtez A B & A C & l'angle B étant toujours les mêmes, on avoit ſuppoſé l'angle C obtus, comme l'angle A E B, pour lors, afin de trouver la valeur de cet angle, il auroit fallu faire la même proportion qu'on a faite, 24.71203::32.x, & au lieu de prendre l'angle aigu du ſinus 94942 que l'on peut regarder comme le quatriéme terme, il auroit fallu prendre l'angle obtus 108 deg. 18 min. qui eſt le ſupplement de l'angle aigu 71 deg. 42 min. ainſi l'angle C auroit eu 108 deg. 18 min. par conſequent l'angle A auroit été ſeulement de 26 deg. 18 min.

Si on cherchoit le côté B C qui répondroit à l'angle A dans cette hypotheſe, on trouveroit qu'il auroit à peu près 15 toiſes; au lieu que dans la ſuppoſition que l'angle C eſt aigu, le côté B C a été trouvé d'environ 30 toiſes.

48. Nous avons ſuppoſé que deux triangles peuvent être differens, quoique deux côtez de l'un ſoient égaux à deux côtez de l'autre, chacun à chacun, & que l'angle oppoſé à un des côtez du premier ſoit égal à l'angle correſpondant du ſecond triangle. On peut voir cela ſenſiblement ſi du point A comme centre, & de l'intervalle A C qui eſt le plus petit des côtez connus, on décrit un arc de cercle qui coupe le côté B C au point E, & qu'enſuite on tire une ligne du point A au point E: car on aura le triangle B A E dont les côtez A B & A E ſont égaux aux côtez A B & A C du triangle B A C, & de plus l'angle B eſt commun aux deux triangles.

49. Il eſt évident que dans le triangle B A E, l'angle A E B eſt obtus & ſupplement de l'angle C: car dans le triangle iſocele E A C, les deux angles E & C ſur la baſe E C ſont égaux. Or l'angle A E B eſt ſupplement de l'angle E ou A E C; par conſequent il eſt auſſi ſupplement de l'angle C.

50. Remarquez que si l'angle connu B est droit ou obtus, pour lors les deux triangles sont égaux en tout, parce que l'au-*Liv. 2. tre angle sur la base BC est necessairement aigu*, & par con-
Art. 20. sequent de même espece dans les deux triangles ; ainsi dans ce cas il est inutile de mettre la quatriéme condition marquée dans le troisiéme problème, parce qu'elle s'ensuit necessaire-ment.

PROBLEME IV.

51. *Connoissant les trois côtez d'un triangle, trouver chacun des trois angles & la perpendiculaire sur le grand côté, tirée de l'angle qui lui est opposé.*

Fig. 8.   Soit le triangle BAC dont on connoisse les trois côtez. Afin de trouver la valeur de l'angle C formé par le grand &
38. le petit côté, il faut faire la proportion suivante fondée sur le troisiéme theoreme : le plus grand côté BC est à la somme des deux autres AB & AC, comme leur difference BG est à BE difference des parties de la base, ou du grand côté divisé par la perpendiculaire AD. Dans cette proportion les trois premiers termes sont connus ; par consequent on trou-vera le quatriéme : il faudra le retrancher du grand côté BC ; & on connoîtra le reste EC, duquel prenant la moitié, on aura DC côté du triangle rectangle ADC, dans lequel il y aura trois choses connuës ; sçavoir, le côté AC, le côté DC, & l'angle droit en D ; ainsi on pourra trouver l'angle C. Cet angle qui est commun aux deux triangles ADC & BAC étant connu, on trouvera facilement la perpendiculaire AD & les deux autres angles du grand triangle.

    Si on suppose le grand côté BC de 30 toises, le côté AB de 23, & le petit côté AC de 17, on aura la proportion sui-vante marquée dans la solution du problème 30.23 + 17 :: 23 — 17 . x, ou bien 30 . 40 :: 6 . x = 8. Ensuite il faut ôter 8 du grand côté 30, le reste est 22, dont on prendra la moi-tié qui est 11 ; & dans le triangle rectangle ADC, on con-noîtra l'hypotenuse AC qui contient 17 toises par la suppo-sition, le côté DC qui en contient 11 & l'angle droit en D.

    Pour connoître l'angle C, on fera cette proportion : le côté AC est au sinus de l'angle D ou au sinus total, comme le côté DC est au sinus de l'angle CAD : voici cette proportion exprimée en nombres, 17.100000::11.x=64705 $\frac{1.4}{1.7}$: ce quatriéme terme est le sinus de l'angle CAD: en cherchant dans les tables, on trouve que le sinus qui approche le plus de ce nombre, est 64701 auquel répond l'angle de 40 deg. 19 min. qui est la valeur de l'angle CAD: mais d'ailleurs l'angle D est droit; par conséquent l'angle C que l'on cherche vaut 49 deg. 41 min.

Pour connoître la perpendiculaire AD, on fera cette proportion*: le sinus de l'angle droit en D est au côté AC, comme le sinus de l'angle C est à la perpendiculaire AD. De même pour trouver l'angle B du grand triangle, on dira*: le côté AB est au sinus de l'angle C, comme le côté AC est au sinus de l'angle B: ce dernier sinus étant connu, fera trouver l'angle B par le moyen des tables: enfin on connoîtra le troisiéme angle BAC du triangle, parce que les deux autres angles B & C seront connus.

* 41.
* 47.

52. Après avoir trouvé la partie DC de la base, on pourroit connoître la perpendiculaire AD d'une autre maniere; car le triangle ADC étant rectangle, & les deux côtez AC & DC étant connus, si on ôte le quarré de DC du quarré de AC, le reste sera le quarré de la perpendiculaire*.

* 25.

53. Remarquez qu'il n'est pas necessaire dans la pratique qu'il y ait actuellement une perpendiculaire tirée sur le grand côté, ni une circonference décrite comme dans la Figure 8, afin de trouver la valeur de chacun des angles & de la perpendiculaire, lorsqu'on connoît les côtez du triangle: il suffit de faire cette proportion marquée dans le problême: le grand côté est à la somme des deux autres, comme leur différence est à un quatriéme terme, & d'operer ensuite comme il est prescrit dans le problême. La perpendiculaire & la circonference n'ont été décrites que pour la démonstration. Il est bon de se donner à soi-même quelque exemple, en supposant les trois côtez d'un triangle d'un certain nombre de parties.

54. Remarquez encore que s'il y avoit deux côtez égaux dans un triangle dont on suppose les trois côtez connus, alors la perpendiculaire tirée du sommet de l'angle compris entre les côtez égaux, diviseroit la base en deux parties égales; c'est pourquoi on n'auroit pas besoin de la premiere proportion qu'on a faite pour connoître les parties de la base, puisque chacune en seroit la moitié: par exemple, si dans le triangle

BAC, les deux côtez AB & AC étoient égaux, les deux
parties BD & DC de la base divisée par la perpendiculaire
seroient connuës sans proportion, parce que chacune seroit la
moitié de la base BC que l'on suppose connuë *.

*Liv. 2.
Art. 24.

55. Il est évident que dans les differens cas des quatre problêmes précedens, on peut trouver la surface du triangle proposé : car la surface d'un triangle est égale au produit d'un côté
pris pour base, multiplié par la moitié de la hauteur. Or dans
les trois premiers problêmes, on a donné la methode de connoître tous les côtez d'un triangle, & dans le quatriéme on
a montré la maniere de trouver la perpendiculaire tirée de
l'angle opposé au grand côté du triangle dont on connoît les
trois côtez ; ainsi cette perpendiculaire étant la hauteur du
triangle par rapport au grand côté consideré comme base ;
il s'ensuit qu'on peut trouver la surface du triangle dans les
differens cas des quatre problêmes.

56. On a supposé dans les problêmes précedens que l'on
connoît quelqu'un des côtez du triangle : mais si on ne connoissoit que les angles, on ne pourroit trouver les côtez, parce
que la grandeur des angles ne détermine pas la longueur des
côtez, puisque deux triangles peuvent être semblables, &
avoir par consequent les angles égaux, quoique les côtez de
l'un ne soient pas égaux aux côtez de l'autre. Cependant lorsqu'on connoît les angles d'un triangle, on peut toujours connoître les rapports des côtez ; car nous avons démontré que
les sinus des angles sont comme les côtez opposez *.

* 33.

AUTRE METHODE DE RESOUDRE
les quatre Problèmes précedens.

57. Avant de faire l'application de ces quatre problêmes
generaux à des exemples particuliers, nous allons exposer en
peu de mots une autre methode de resoudre ces problêmes,
laquelle ne suppose pas les tables des sinus, & qui est indé-
pendante des trois theoremes qui ont été démontrez dans ce
Traité de Trigonometrie. Cette methode est fondée sur les
quatre theoremes que nous avons donnez dans le second Livre * touchant les conditions qui rendent les triangles semblables. Elle ne suppose qu'une échelle ; c'est-à-dire, une ligne droite, comme MN, Figure 17, divisée en un certain
nombre de parties égales : par exemple, 100, 200, &c.

*Liv. 2.
Art. 53,
55, 56,
& 59.

On

on peut se servir de la ligne des parties égales du compas de proportion. Nous allons résoudre le premier & le second problême par cette methode.

58. *Connoissant deux angles & un côté d'un triangle, trouver les deux autres côtez.*

. Soit le triangle B A C, dont on connoisse les deux angles B & C avec le côté B C, que je suppose de 30 toises. Pour trouver les deux autres côtez AB & AC; considerez d'abord, que puisqu'on connoît deux angles de ce triangle, on connoîtra facilement le troisiéme, qui avec les deux autres vaut 180 degrez. Cela posé, prenez sur l'échelle avec le compas la longueur de 30 parties égales, & tirez une ligne droite, comme *b c*, égale à cette longueur : ensuite tirez à l'extrêmité *b* une ligne qui fasse avec *b c* un angle égal à l'angle B, & à l'extrêmité *c* une autre ligne qui fasse avec *b c* un angle égal à l'angle C: ces deux lignes étant prolongées, se réüniront à un point comme *a*, & formeront le triangle *b a c* semblable au triangle B A C *; par conséquent les côtez de l'un sont proportionnels aux côtez homologues de l'autre;ainsi BC.AB::*b c*.*ab*. d'où il suit que le côté A B contient autant de parties égales à celles de BC que le côté *ab* contient de parties égales à celles de *bc*;si donc en prenant la longueur de *ab* avec le compas,&portant cette longueur sur l'échelle, pour voir combien elle contient de parties égales de l'échelle, on trouve qu'elle en contient 32;on sera assuré que AB contient 32 toises. Il faut faire la même chose pour trouver combien le côté AC contient de toises.

59. On voit par la solution de ce problême, qu'il ne s'agit que de faire un triangle semblable au triangle proposé dont on veut connoître quelque côté ou quelque angle. Or nous avons donné * dans le second Livre quatre problêmes qui enseignent à faire un triangle semblable au triangle proposé. Voici encore la solution du second problême par la même methode.

60. *Connoissant deux côtez d'un triangle & l'angle compris entre ces côtez, trouver les deux autres angles, & le troisiéme côté.*

Soit le triangle B A C, dont on connoisse le côté A B que je suppose de 32 toises, & le côté A C de 24 toises, avec l'an-

B b

Fig 9.

*Liv. 2. Art. 53.

* Liv. 2. Art. 35, 36, 37 & 38.

Fig. 8.

gle compris entre ces côtez. Afin de trouver le côté BC, il faut prendre sur l'échelle la longueur de 32 parties égales, & tirer la ligne *a b* égale à cette longueur, ensuite prendre aussi sur l'échelle 24 parties égales, & tirer du point *a* la ligne *a c* égale à cette autre longueur, & qui fasse avec *a b*, un angle égal à l'angle A; après cela, menez une ligne droite du point *b* au point *c*, & vous aurez le triangle *b a c* semblable * au triangle BAC, puisque les deux côtez *a b* & *a c* sont proportionnels aux côtez AB & AC du triangle BAC, & que l'angle *a* est égal à l'angle A; par conséquent, si en portant sur l'échelle la longueur du côté *b c*, on voit combien ce côté contient de parties égales de l'échelle, on sçaura combien le côté correspondant BC contient de toises qui sont des parties égales à celles des côtez AB & AC.

* Liv. 2 art. 55.

Pour trouver les angles B & C du triangle proposé, il faut mesurer avec le rapporteur les angles correspondans *b* & *c* du triangle semblable *b a c*.

Il est clair qu'on peut par la même methode résoudre les deux autres problêmes, en construisant des triangles semblables aux triangles proposez.

61. Si les côtez du triangle proposé ne contenoient qu'un petit nombre de toises; par exemple, 3, 4, 5, 6, 7. &c. il faudroit réduire chacun des côtez connus de ce triangle en pieds ou en pouces, afin d'avoir un plus grand nombre de parties; parce que le nombre de ces parties étant plus grand, il est plus facile de faire le triangle *b a c* semblable au premier.

62. Remarquez que cette derniere methode est plus sujette à erreur dans la pratique que la premiere, tant à cause qu'il est difficile d'avoir une échelle qui soit divisée exactement en parties égales, que parce qu'il est presque impossible de faire un triangle tout à-fait semblable à un autre.

Il ne sera pas inutile de proposer quelques problêmes particuliers sur la hauteur & la distance des objets, qui ne sont que des applications des quatre problêmes generaux dont nous venons de parler.

63. Lorsque l'on cherche quelque longueur inconnuë, par exemple, la hauteur d'une tour par le moyen d'un triangle, on se sert d'un instrument pour mesurer les angles du triangle; cet instrument est appellé *Graphometre*: c'est une circonférence, ou une demi-circonférence divisée en degrez & en minutes. Il y a une regle attachée au centre du graphometre que l'on appelle *Alidade*,

qui peut tourner autour du centre. Elle sert à diriger les rayons
visuels par le moyen des deux pinnules, c'est-à-dire, deux plaques percées qui sont attachées sur l'alidade : cet instrument
est ordinairement de cuivre. Dans la Figure 10 la circonférence
EGFH, représente un graphometre avec son alidade GH, dont
les pinnules sont les petites plaques G & H qui sont percées
vers le milieu, afin d'appercevoir l'extrémité de la tour dont
on veut mesurer la hauteur.

PROBLÈME V.

64. Mesurer une hauteur accessible.

Soit la tour accessible A C, dont il faut trouver la *Fig. 10:*
hauteur. Pour cela mesurez d'abord la distance du point B au
point C, soit avec une chaîne ou une corde, soit avec une per-
che; ensuite dirigez l'alidade du graphometre, ensorte que
l'on puisse voir l'extrêmité A de la tour au travers des pinnules par le rayon visuel B A, & remarquez quel est le degré &
la minute marquée au point H où passe le rayon visuel : enfin
disposez l'alidade horisontalement suivant la direction EF, afin
d'appercevoir le bas de la tour au travers des pinnules, & voyez
combien l'arc H F contient de degrez & de minutes ; cet
arc est la mesure de l'angle au centre HBF ou ABC ;
ainsi dans le triangle rectangle B A C, connoissant l'angle B
par l'observation, & l'angle C qui est droit, à cause
de la tour qui est perpendiculaire sur l'horison, il sera facile de
connoître l'angle A : mais d'ailleurs le côté B C a été mesuré;
c'est pourquoi, afin de trouver la hauteur cherchée A C qui est
un des côtez du triangle, il n'y a qu'à faire (premier problème
général) la proportion suivante, dont les trois premiers termes
font connus : le sinus de l'angle A est au côté BC, comme
le sinus de l'angle B est au côté AC qui est la hauteur de la tour.

65. Si on veut mesurer la hauteur de la tour sans graphometre, & sans le secours des tables des sinus, on peut le faire, *Fig. 11:*
en employant deux triangles semblables, en cette maniere.

Plantez un piquet, comme EFG, qui soit perpendiculaire
à l'horison, & par conséquent parallele à la tour, & éloignez-
vous de ce piquet à quelque distance; par exemple, en BH afin
que vous puissiez voir l'extrémité A de la tour par un rayon visuel BEA qui rase l'extrémité du piquet, lequel doit être plus

grand que la hauteur d'un homme ; enfin regardez auffi un point
de la tour tel que K, par un rayon horifontal BK , & remarquez
le point F du picquet , par lequel paffe le rayon horifontal. Tout
cela pofé , on aura deux triangles femblables , fçavoir , B E F &
B A L ; par conféquent leurs côtez homologues feront proportionnels ; ce qui donnera la proportion, BF . B L : : E F . A L,
dont les trois premiers termes font des lignes que l'on peut facilement mefurer; par conféquent on pourra connoître le quatriéme, auquel ajoutant L C $=$ B H , on aura la hauteur A C.

66. On peut encore trouver la même chofe par le moyen
de l'ombre de la tour fans graphometre, & fans les tables des
finus. Plantez un picquet E F, comme dans l'exemple précedent qui foit perpendiculaire à l'horifon,& par conféquent parallele à la tour : enfuite mefurez 10. l'ombre du piquet, 2°. la
hauteur du piquet fans y comprendre la partie enfoncée en terre , 3°. l'ombre de la tour : enfin faites la proportion : l'ombre
du piquet eft à la hauteur du piquet, comme l'ombre de la tour
eft à fa hauteur. Les trois premiers termes de cette proportion
étant connus , on trouvera facilement le quatriéme.

67. Remarquez que pour avoir l'ombre de la tour que l'on
fuppofe terminée en pointe dans les Figures 10 , 11 & 12 , il
ne fuffit pas de prendre la diftance qui eft depuis la fin de
l'ombre jufqu'à la tour ; il faut y ajouter la moitié du
diametre de la tour : par exemple , fi l'ombre de la tour
finit au point B , il ne fuffit pas de prendre B D pour
avoir la longueur de l'ombre; il faut encore ajouter D C qui eft
la moitié du diametre de la tour. Il faut obferver la même chofe
dans les deux premieres manieres de mefurer la hauteur de la
tour , c'eft-à-dire , qu'il faut prendre la diftance du point B ,
fig. 10,ou du point H,fig. 11,jufqu'au centre C de la tour,auquel
répond l'extrémité A.

PROBLEME VI.

68. *Mefurer la largeur d'une Riviere.*

Soit la largeur d'une Riviere marquée par B C. On fuppofe
que celui qui veut mefurer cette largeur foit du côté du point
B , & que le point C qui eft d'un autre côté foit un objet remarquable ; par exemple , une pierre ou le tronc d'un arbre,
ou autre chofe femblable. Pour trouver la longueur de la ligne
B C, choififfez un certain point , comme A , duquel vous puif-

fiez appercevoir le point B & le point C, & mesurez avec le graphometre l'angle A & l'angle B du triangle BAC : mesurez aussi
la ligne AB qui est la distance des deux points B & A : après
cela, vous trouverez par le premier problême, le côté BC qui
est la largeur qu'on cherche.

PROBLEME VII.

69. *Mesurer une hauteur inaccessible, comme celle de la tour AC,
qu'on suppose inaccessible.*

Choisissez à quelque distance de la tour deux lieux différens,
comme B & G, qu'on appelle *Stations*, desquels on puisse voir   Fig. 12.
l'extrémité A de la tour. Les rayons visuels BA & GA & la
ligne BG qui est l'intervalle des stations, formeront le triangle BAG dont il faudra mesurer l'angle B, l'angle G & le côté
BG : ces trois choses étant connuës, on trouvera facilement le
côté AB par le premier problême. Connoissant le côté AB,
il faudra mesurer l'angle ABC : après quoi on pourra
connoître la hauteur AC : car dans le triangle rectangle BAC,
on connoît l'angle C qui est droit ; on connoît aussi l'angle ABC
qu'en a mesuré, & d'ailleurs on a trouvé le côté AB qui est
un rayon visuel ; d'où il suit, qu'on pourra trouver aussi le reste
du triangle par le premier problême ; ainsi on pourra connoi-
tre non-seulement la hauteur AC, mais aussi la ligne BC qui
est la distance du point B au centre de la tour.

On peut de la même maniere mesurer la hauteur d'une
montagne, en choisissant deux stations au bas de la montagne,
desquelles on puisse voir le sommet.

PROBLEME VIII.

70. *Trouver la distance de deux objets inaccessibles tels que C & D.*
Prenez deux stations, comme A & B, desquelles on puisse appercevoir les deux objets, & mesurez l'intervalle de ces stations ;
ensuite du point A mesurez l'angle DAB & l'angle CAB,   Fig. 15.
formez tous les deux par des rayons visuels : du point B,
mesurez aussi les angles CBA & DBA, formez pareillement par des rayons visuels ; ainsi dans le triangle BDA
on connoîtra les deux angles DAB & DBA, & le côté
AB qui est l'intervalle des stations ; par conséquent on trouvera le côté BD par le premier problême. De même dans le
triangle ACB, on connoîtra les deux angles CBA & CAB & le

côté A B ; par conféquent on trouvera auffi BC. Enfin on conſiderera un troiſiéme triangle qui eſt C BD, dont on connoît déja les deux côtez B D & B C ; ainſi ſi l'on meſure l'angle compris D B C, on pourra trouver par le ſecond problême le côté CD qui eſt la diſtance cherchée.

On voit bien que par le moyen des deux premiers triangles BDA & ACB, on peut trouver les diſtances de chaque ſtation aux deux objets inacceſſibles.

Ce que nous avons dit juſqu'à préſent, peut ſuffire pour faire voir l'utilité de la Trigonometrie ; néanmoins afin de faire encore mieux ſentir la ſubtilité de cet Art, nous allons encore donner un problême, par lequel on verra que l'on peut par le moyen de la Trigonometrie, trouver la diſtance des Planetes à la terre.

PROBLEME IX.

71. Trouver la diſtance de la Lune à la Terre.

Fig. 14.   Dans la Figure 14, le petit cercle dont C eſt le centre & CT le rayon, repréſente la Terre, la ligne H O qui paſſe par le centre de la Terre repréſente l'horiſon; le petit globe L qui eſt dans le plan de l'horiſon repréſente la Lune ; l'autre globe I qui répond auſſi au plan de l'horiſon repréſente Jupiter: enfin FOB eſt une partie du firmament auquel on rapporte les planetes,

Si on voyoit la Lune du centre C de la terre, on la rapporteroit au point O du firmament : mais ſi on regardoit la Lune du point T, on la rapporteroit à un point inférieur du firmament, ſçavoir, au point B. Le point O auquel on rapporteroit la Lune vûë du centre de la terre, eſt appellé *le lieu vrai* de la Lune; & le point B auquel on la rapporte, étant vûe de deſſus la ſurface de la terre, eſt nommé *le lieu apparent* de la Lune, & l'arc O A B compris entre ces deux points, eſt appellé *parallaxe.* Or le firmament étant à une diſtance immenſe de la terre, de la Lune & des autres planetes, on peut regarder chacune des planetes, comme le centre du firmament ; ainſi l'arc O B eſt la meſure de l'angle OLB & de l'angle CLT oppoſé au ſommet; c'eſt pourquoi l'un & l'autre de ces deux angles eſt encore appellé *parallaxe.* Tout cela poſé, voici comme on trouve la diſtance de la Lune à la terre.

Le triangle TCL formé par le rayon de la terre CT & par les

rayons viſuels CL & TL eſt rectangle, parce que le rayon de
la terre eſt perpendiculaire à la ligne H O qui repréſente l'horiſon ; ainſi l'angle C eſt droit; par conſéquent, ſi du point T
on obſerve le point B auquel répond la Lune, lorſqu'elle eſt
préciſément à l'horiſon, & qu'on meſure avec un inſtrument
l'angle CTL formé par le rayon de la terre & par le rayon vi-
ſuel T B, on trouvera le troiſiéme angle CLT qui eſt la parallaxe horiſontale de la Lune : mais d'ailleurs on connoît encore le côté CT qui eſt un rayon de la terre que l'on ſçait être de
1432 lieuës communes de France,dont chacune contient 2282
toiſes; ainſi on pourra trouver par le premier problême le côté
C L qui eſt la diſtance de la Lune au centre de la terre.

La Lune n'eſt pas toujours également éloignée de la terre:
mais ſi on la prend dans ſa moyenne diſtance, on trouve que
l'angle T eſt d'environ 89 degrez ; & par conſéquent l'angle L
contient pour lors un degré ; on aura donc la proportion ſuivante : le ſinus de l'angle d'un degré eſt au côté C T qui eſt un
demi-diametre de la terre, comme le ſinus d'un angle de 89
dégrez eſt à C L. Voici cette proportion : 1745. 1 :: 99985.
C L = 57 $\frac{110}{1745}$.

Ainſi le côté C L qui eſt la diſtance de la Lune au centre
de la terre eſt d'environ 57 demi-diametres de la terre;par conſéquent la moyenne diſtance de la Lune à la terre, marquée
par D L, n'eſt que de 56 demi-diametres qui font environ
80000 lieuës.

72. Remarquez que la parallaxe d'une planete eſt d'autant plus
petite que la planete eſt plus éloignée de la terre: par exemple,
la parallaxe de Jupiter ſuppoſé en I eſt moindre que celle de la
Lune, comme on le voit ſenſiblement dans la Figure 14 où la
parallaxe de Jupiter eſt l'arc O A, ou l'angle C I T. Cet angle
eſt même ſi petit, qu'il devient inſenſible, & que l'angle C T I
paroît droit auſſi-bien que l'angle C; enſorte que les deux rayons
viſuels C I & T I paroiſſent paralleles, à cauſe de la grande diſtance de Jupiter ; c'eſt pourquoi on ne pourroit pas ſe ſervir
de cette methode pour connoître la diſtance de Jupiter à la
terre.

73. On peut remarquer de même par rapport aux hauteurs
que l'on veut meſurer ſur la terre, qu'il faut être à une diſtance
médiocre de ces hauteurs, afin que l'erreur inſenſible qu'il n'eſt
preſque pas poſſible d'éviter, lorſqu'on prend l'angle de hauteur,

en le faifant un peu trop grand ou un peu trop petit, ne caufe pas une erreur trop confidérable dans le calcul de la hauteur qu'on cherche. Suppofons, par exemple , qu'il s'agiffe de me-

Fig. 16. furer la hauteur A C : fi on obferve du point D, & qu'au lieu de prendre l'angle A D C tel qu'il eft , on le faffe un peu plus grand comme l'angle FDC; il eft vifible que cette erreur fera la hauteur A C plus grande qu'elle n'eft de la quantité FA qui eft plus du quart de A C : mais fi on mefure l'angle de hauteur au point B, & qu'au lieu de prendre l'angle A B C tel qu'il eft , on faffe la même erreur qu'auparavant, en prenant E B C , enforte que l'angle E B A foit égal à l'angle F D A ; il eft évident que cette derniere erreur, quoiqu'égale à la premiere, ne fera la hauteur A C plus grande qu'elle n'eft effectivement , que de la quantité E A qui eft beaucoup moindre que F A. Il en feroit de même , fi on étoit beaucoup plus près qu'il ne faut de la hauteur à mefurer. Ainfi il faut , afin de mefurer exactement une hauteur, qu'il y ait de la proportion entre la diftance de l'obfervateur à l'objet & la hauteur de cet objet, & fi cette diftance eft égale à la hauteur , (ce qui arrrive lorfque l'angle de hauteur eft de 45 degrez) pour lors on eft dans l'éloignement le plus favorable pour mefurer la hauteur.

74. Ce que l'on vient de dire touchant la mefure des hauteurs , doit auffi s'entendre de la mefure de toute autre ligne , foit qu'elle marque la largeur ou la diftance des objets; enforte qu'il faut toujours que l'éloignement qui eft entre l'obfervateur & la ligne à mefurer , ait quelque rapport fenfible avec cette ligne.

FIN.

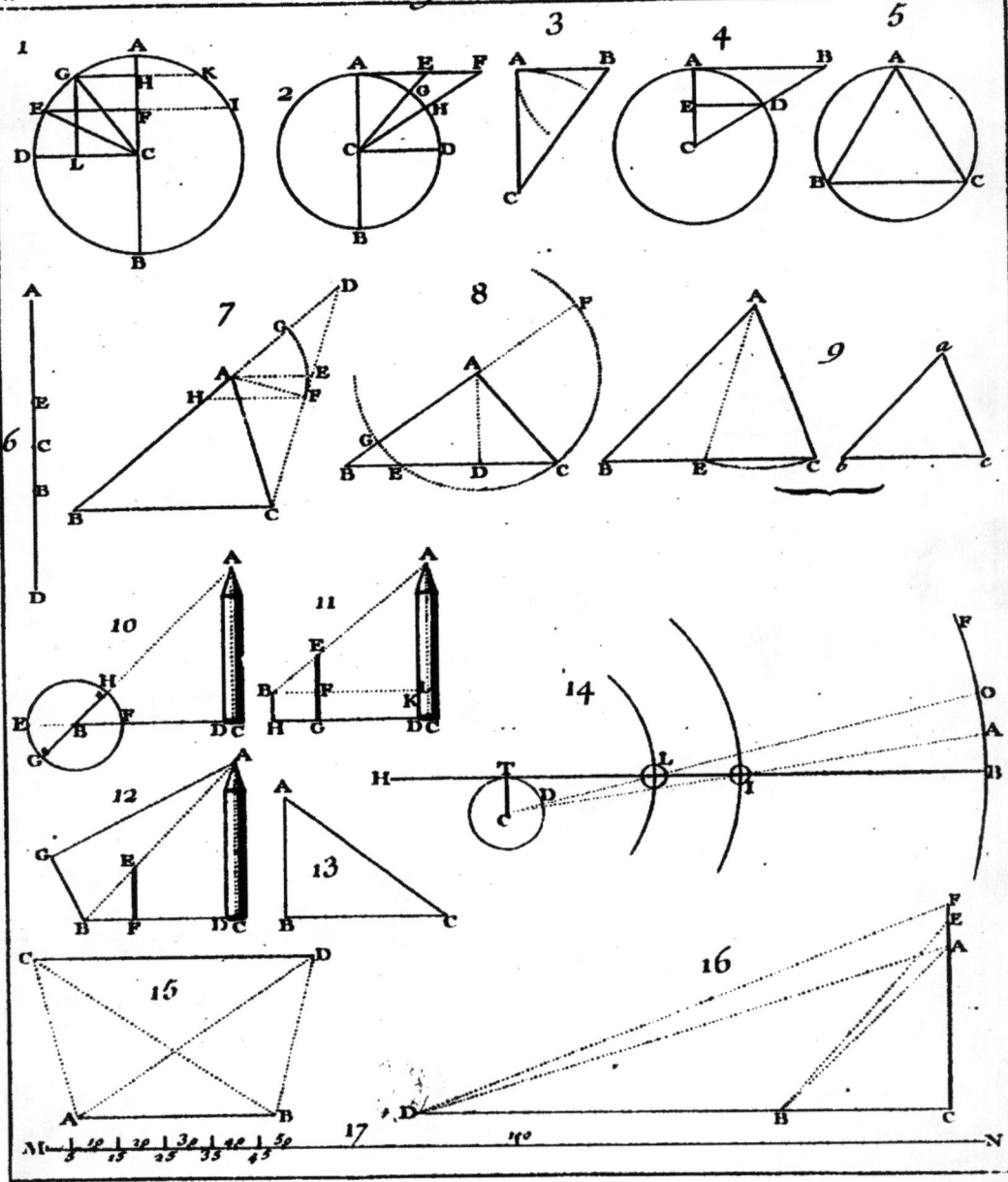

TABLE
DES ÉLEMENS DE GÉOMÉTRIE.

LIVRE PREMIER,
Des Lignes.

Des differentes pofitions des Lignes & des Angles qu'elles forment.

Des lignes perpendiculaires & des obliques.

Cc

Des lignes paralleles.

Des lignes droites considérées par rapport au cercle.

De la mesure des angles qui n'ont pas leur sommet au centre du cercle.

Des Lignes proportionnelles.

LIVRE SECOND.

DES SURFACES ET DES FIGURES PLANES.

Des figures planes considerées selon leurs côtez & leurs angles.

DES TRIANGLES. 64.

THéoreme I. & fondamental. *Les trois angles d'un triangle pris ensemble*
sont égaux à deux angles droits. 65.

Théorème II. *Lorsque dans un triangle il y a des côtez égaux, les angles oppo-*
sez à ces côtez sont aussi égaux; & reciproquement s'il y a des angles égaux,
les bases ou côtez opposez sont égaux. 67.

Théorème III. *Lorsque dans un triangle il y a des côtez inégaux, le plus grand*

C c ij

DE GEOMETRIE.

LIVRE TROISIEME.

Des Solides.

De la surface des solides. 137.

maçonnerie qui ait 16. toises 4. pieds 8. pouces de longueur, 2. toises 3. pieds
d'épaisseur, & 7. toises deux pieds de hauteur. 169.

DE LA TRIGONOMETRIE.

F I N.

www.ingramcontent.com/pod-product-compliance
Lightning Source LLC
Chambersburg PA
CBHW060538220326
41599CB00022B/3540